核生化防护技术丛书

王玄玉 主编

特种气溶胶理论与技术

TE ZHONG QI RONG JIAO LI LUN YU JI SHU

国防工业出版社

·北京·

内 容 简 介

本书介绍了气溶胶科学和大气扩散的基础理论,重点阐述了放射性气溶胶、化学气溶胶、生物气溶胶和烟幕气溶胶的形成机制和作用规律等专业理论以及相关试验技术。本书可为从事特种大气环境评价、核生化战场环境分析、特种防护装备研发、烟幕无源干扰光电对抗等方面研究的科技工作者提供参考,亦可用作高等院校相关学科专业的教材。

图书在版编目(CIP)数据

特种气溶胶理论与技术/王玄玉主编 . —北京:
国防工业出版社,2022.9
(核生化防护技术丛书)
ISBN 978 – 7 – 118 – 12564 – 1

Ⅰ.①特… Ⅱ.①王… Ⅲ.①气溶胶—研究 Ⅳ.
①O648.18

中国版本图书馆 CIP 数据核字(2022)第 135863 号

※

国防工业出版社出版发行
(北京市海淀区紫竹院南路 23 号 邮政编码 100048)
北京龙世杰印刷有限公司印刷
新华书店经售
*
开本 710×1000 1/16 印张 35¼ 字数 632 千字
2022 年 9 月第 1 版第 1 次印刷 印数 1—1500 册 定价 158.00 元

(本书如有印装错误,我社负责调换)

国防书店:(010)88540777　　书店传真:(010)88540776
发行业务:(010)88540717　　发行传真:(010)88540762

编写委员会

主　编　王玄玉
副主编　张文仲　徐　莉　姚伟召
　　　　　刘志龙　董文杰
编　者　王玄玉　张文仲　徐　莉
　　　　　姚伟召　刘志龙　董文杰
　　　　　周忠远　宋　黎　陈高云

前 言

气溶胶在自然界广泛存在,是人类生活环境、社会环境和军事环境中经常面临的物质环境之一,大气污染导致的雾霾、毒物泄漏形成的有毒云团、核爆炸形成的放射性烟云、生物战剂构成的生物气溶胶以及战场烟幕都属于气溶胶科学研究的范畴。近年来频发的危险化学品毒气泄漏、化工设施爆炸以及东京地铁沙林毒气恐怖袭击事件、美国炭疽攻击事件、日本福岛核电站泄漏、新冠疫情大规模传播等伴随特种气溶胶危害效应的重大事件就已经向世人敲响了警钟,使人们认识到掌握气溶胶形成的规律和基本特性有利于人类更好地应对各种气溶胶对生活、社会、健康以及军事行动所造成的影响,这就促使人们更加重视研究与气溶胶相关的理论和技术。

本书主要研究放射性气溶胶、化学气溶胶、生物气溶胶和烟幕气溶胶,并将上述气溶胶统称为特种气溶胶。全书共分10章。第1章阐述了气溶胶基础理论。第2章介绍了与气溶胶空气动力学规律密切相关的大气扩散基本理论。第3、4、5、6章分别阐述了放射性气溶胶、化学气溶胶、生物气溶胶、烟幕气溶胶的形成机制、影响或作用规律、相关效应预测或危害后果评估原理等理论方法。第7章介绍了气溶胶发生技术。第8章介绍了气溶胶采样分析技术。第9章介绍了气溶胶暴露试验技术。第10章介绍了其他较为常见的气溶胶作用幅员测试、烟幕消光系数测试、风洞试验等特种气溶胶试验技术。本书可为从事特种大气环境评价、核生化战场环境分析、个人及工程防护技术、特种环境防护装备研发、烟幕无源干扰光电对抗等方面研究的科技工作者提供参考,亦可作为高等院校兵器科学与技术、军事学、军事装备学、化学防护工程、兵器工程、环境工程等相关学科专业的学习教材。

王玄玉主编了第1章、第2章、第4章、第6章和第10章。张文仲主编了第3章。徐莉主编了第5章。刘志龙主编了第7章。董文杰主编了第8章。姚伟召主编了第 9 章。周忠远为第 3 章放射性气溶胶的编撰提供了部分资料,王玄玉参与编写 5.4 节生物气溶胶危害评估,宋黎参与编写 5.5 节复杂空间生物因子泄漏风险评估,陈高云参与了 8.4 节生物气溶胶采样部分的审阅,吴明飞对本书进行了审阅。

  本书在编撰过程中参阅了大量文献以及互联网等媒体上的资料,向所有原始文献的作者以及媒体资源的创作者、分享者表示崇高的敬意和衷心的感谢。

  由于作者水平有限及所掌握的文献资料不够全面,书中难免有错漏之处,热诚欢迎广大读者批评指正,以进一步促进特种气溶胶相关理论和技术更加科学、系统,并不断完善。

作者

2022 年 5 月

目 录

第 1 章 气溶胶基础

1.1 气溶胶的分类 ·· 1
  1.1.1 按气溶胶粒子的形态分类 ·· 1
  1.1.2 按气溶胶粒子的分散度分类 ·· 3
  1.1.3 按气溶胶粒子的学科属性分类 ··· 4
1.2 气溶胶粒子的基本特性 ·· 6
  1.2.1 气溶胶粒子的形状 ·· 6
  1.2.2 气溶胶粒子的大小及分布 ··· 8
  1.2.3 气溶胶粒子的密度 ··· 14
  1.2.4 气溶胶粒子的浓度 ··· 15
  1.2.5 气溶胶粒子的比表面积 ··· 16
  1.2.6 气溶胶粒子的光学性质 ··· 17
  1.2.7 气溶胶粒子的电学性质 ··· 21
1.3 气溶胶粒子的空气动力学特性 ·· 23
  1.3.1 球体的缓慢运动——斯托克斯定律 ·· 23
  1.3.2 球形粒子的阻力系数 ·· 25
  1.3.3 肯宁汉修正 ·· 27
  1.3.4 非球形粒子的阻力特征 ··· 28
  1.3.5 气溶胶粒子的布朗运动 ··· 29
  1.3.6 气溶胶粒子的凝并 ··· 30
  1.3.7 气溶胶粒子的重力沉降速度 ··· 34

第2章 大气扩散基本理论

- **2.1 扩散理论基础** ·· 37
  - 2.1.1 分子扩散与菲克定律 ································ 37
  - 2.1.2 大气扩散基础 ······································ 40
- **2.2 梯度输送理论** ·· 52
  - 2.2.1 扩散系数 ·· 53
  - 2.2.2 湍流扩散基本微分方程 ······························ 55
  - 2.2.3 瞬时点源浓度方程 ·································· 56
  - 2.2.4 连续点源 ·· 58
  - 2.2.5 瞬时体源浓度方程 ·································· 59
  - 2.2.6 梯度输送理论的数值求解 ···························· 60
- **2.3 统计理论** ·· 61
  - 2.3.1 湍流统计理论的基本处理 ···························· 62
  - 2.3.2 统计理论扩散系数 ·································· 63
  - 2.3.3 无界空间连续点源高斯扩散模式 ······················ 68
  - 2.3.4 有界空间连续点源高斯扩散模式 ······················ 70
  - 2.3.5 有界空间高架连续点源高斯扩散模式 ·················· 71
- **2.4 伴随沉降损耗的粒子扩散模式** ·························· 74
  - 2.4.1 源损耗模式 ·· 74
  - 2.4.2 粒子沉降模式 ······································ 75
- **2.5 复杂地形气溶胶扩散传播** ······························ 77
  - 2.5.1 山谷 ·· 77
  - 2.5.2 高地和凹地 ·· 79
  - 2.5.3 森林影响 ·· 81
  - 2.5.4 城市中的扩散 ······································ 84

第3章 放射性气溶胶

- **3.1 放射性衰变与辐射源** ·································· 88
  - 3.1.1 放射性衰变的种类 ·································· 89

3.1.2	描述放射性核素的特征量	91
3.1.3	放射性衰变的规律	93
3.1.4	常用的剂量学量	93
3.1.5	辐射源	97

3.2 放射性物质在大气中的行为 …… 113

3.2.1	放射性物质在大气中的化学行为	114
3.2.2	放射性物质在大气中的沉积	118
3.2.3	放射性沉积物在大气中的再悬浮	122
3.2.4	烟羽浓度耗减的修正	122

3.3 核爆炸放射性气溶胶形成机制 …… 123

3.3.1	放射性烟云的形成	124
3.3.2	稳定烟云的相关参数	126
3.3.3	气象条件对核爆炸烟云的影响	128

3.4 核爆炸放射性气溶胶评估 …… 130

3.4.1	放射性落下灰的形成	131
3.4.2	爆区空气放射性浓度	132
3.4.3	云迹区空气放射性沾染浓度	136
3.4.4	远区放射性烟云运动及沉降	138

3.5 环境辐射剂量的估算与评价 …… 140

3.5.1	环境辐射剂量估算的整体模式	141
3.5.2	常规释放所致公众受照剂量的估算	145
3.5.3	事故释放所致公众受照剂量的估算	151
3.5.4	公众受照剂量的评价	155
3.5.5	辐射环境的健康危害评价	157
3.5.6	辐射环境风险评价	159

第 4 章 化学气溶胶

4.1 化学气溶胶毒性表征与危害特点 …… 168

4.1.1	化学气溶胶的形式	168
4.1.2	化学气溶胶毒性表征	169

4.1.3 化学气溶胶危害特点 ································· 176
4.2 化学气溶胶的形成机制 ································· 177
 4.2.1 空气阻力分散 ································· 180
 4.2.2 爆炸分散 ································· 188
 4.2.3 热分散 ································· 195
 4.2.4 液滴在降落过程中的气化 ································· 199
 4.2.5 液滴在物体表面上蒸发形成再生气溶胶 ································· 204
4.3 化学战剂气溶胶危害评估 ································· 214
 4.3.1 化学齐射（齐投）时浓度和毒害剂量 ································· 214
 4.3.2 化学急袭时浓度和毒害剂量 ································· 218
 4.3.3 初生气溶胶云团的危害纵深 ································· 221
 4.3.4 人员中毒伤亡率评估 ································· 224
 4.3.5 初生气溶胶云团危害地域 ································· 226
 4.3.6 再生气溶胶云团危害时间 ································· 228
4.4 化学气溶胶云团的水平运动与防护时机估算 ································· 232
 4.4.1 云团到达时间 ································· 233
 4.4.2 云团通过时间 ································· 235
 4.4.3 初生云开始防护与解除防护的时间 ································· 237
 4.4.4 再生云开始防护与解除防护的时间 ································· 239
4.5 化学突发事故危害后果评估 ································· 239
 4.5.1 化学突发事故毒云危害的主要类型 ································· 239
 4.5.2 超压爆炸事故危害评估 ································· 240
 4.5.3 连续泄漏事故危害评估 ································· 241
 4.5.4 微风、静风条件下的扩散模式 ································· 249
 4.5.5 危害地域评估 ································· 251

第5章 生物气溶胶

5.1 生物气溶胶概论 ································· 256
 5.1.1 大气环境中的生物气溶胶 ································· 256

5.1.2	生物战剂与生物武器	260
5.1.3	生物战剂的杀伤途径	263
5.1.4	生物战剂气溶胶	263
5.1.5	能够形成气溶胶的生物战剂	264

5.2 生物战剂气溶胶形成机制 269
5.2.1	施放生物战剂气溶胶的武器	269
5.2.2	生物战剂气溶胶施放样式	275
5.2.3	施放时机	276

5.3 生物战剂气溶胶危害特性 277
| 5.3.1 | 生物战剂气溶胶杀伤特点 | 277 |
| 5.3.2 | 生物战剂气溶胶使用的局限性 | 279 |

5.4 生物气溶胶危害评估 280
5.4.1	感染剂量	280
5.4.2	衰亡规律	282
5.4.3	危害时间	285
5.4.4	致(病)死率	287
5.4.5	生物气溶胶云团危害范围	289
5.4.6	生物气溶胶云团通过目标时间	299

5.5 复杂空间生物因子泄漏风险评估 300
5.5.1	FEMLS 评估原理	302
5.5.2	生物因子泄漏风险指数计算	307
5.5.3	生物因子泄漏危害时间估算	308
5.5.4	生物因子泄漏后气溶胶浓度分布	309

第6章 烟幕气溶胶

6.1 烟幕概述 327
| 6.1.1 | 烟幕气溶胶定义 | 327 |

6.1.2	烟幕气溶胶分类	329
6.1.3	烟幕在现代战争中的作用地位	337
6.1.4	烟幕作战使用特点	340

6.2 烟幕气溶胶的消光作用机理 … 344

6.2.1	烟幕气溶胶施放原理	344
6.2.2	烟幕气溶胶的散射与吸收	346
6.2.3	大气窗口与烟幕遮蔽原理	350

6.3 烟幕估算基本原理 … 351

6.3.1	烟幕估算的主要参数	352
6.3.2	烟幕估算基本方程	362
6.3.3	烟幕遮蔽长度	363

6.4 单点施放烟幕估算 … 363

6.4.1	梯度理论估算原理	363
6.4.2	统计理论估算原理	371

6.5 多点顺风施放烟幕估算 … 374

6.5.1	各发烟点等源强不等间距	375
6.5.2	各发烟点等间距不等源强	379

第7章 气溶胶发生技术

7.1 单分散系气溶胶发生技术 … 383

7.1.1	凝聚法	383
7.1.2	流化床法	385
7.1.3	振动孔法	387

7.2 多分散系气溶胶发生技术 … 388

7.2.1	雾化气溶胶发生器	388
7.2.2	超高压射流旋转造雾技术	393
7.2.3	粉尘气溶胶发生器	394

7.3 特种气溶胶发生技术 — 397
7.3.1 纳米气溶胶发生器 — 397
7.3.2 微量气溶胶发生器 — 399
7.3.3 放射性气溶胶发生技术 — 400
7.3.4 生物气溶胶发生技术 — 402

7.4 外场条件下气溶胶的发生 — 403
7.4.1 机械布撒(洒) — 404
7.4.2 燃烧施放 — 407
7.4.3 高温雾化 — 408
7.4.4 爆炸施放 — 409

第8章 气溶胶采样分析技术

8.1 滤膜采样分析 — 412
8.1.1 过滤收集技术 — 413
8.1.2 过滤理论 — 420
8.1.3 样品分析 — 430

8.2 采样液采样 — 432
8.2.1 溶液吸收原理 — 432
8.2.2 溶液选择 — 433
8.2.3 采样收集器 — 433

8.3 放射性气溶胶检测与特殊分析 — 436
8.3.1 样品采集分析 — 436
8.3.2 放射性粒子分析 — 439
8.3.3 采样实施 — 443

8.4 生物气溶胶采样与分析 — 445
8.4.1 采样技术 — 445
8.4.2 样品分析 — 454
8.4.3 采样实施 — 455

第9章 气溶胶暴露试验技术

9.1 气溶胶暴露试验目的和作用 ... 459
9.1.1 气溶胶暴露试验的目的 ... 459
9.1.2 气溶胶暴露试验的作用 ... 460

9.2 气溶胶暴露试验种类 ... 461
9.2.1 气溶胶腐蚀试验 ... 462
9.2.2 气溶胶防护试验 ... 465

9.3 气溶胶暴露试验方法 ... 468
9.3.1 盐雾腐蚀试验 ... 469
9.3.2 气密性检查试验 ... 477
9.3.3 放射性气溶胶防护试验 ... 484
9.3.4 生物气溶胶防护试验 ... 490
9.3.5 化学气溶胶防护试验 ... 499

第10章 特种气溶胶性能测试技术

10.1 气溶胶云团物理特性测试 ... 506
10.1.1 试验场地开设 ... 506
10.1.2 气溶胶云团粒度测试 ... 508
10.1.3 气溶胶云团质量浓度测试 ... 510
10.1.4 气溶胶云团尺寸测定 ... 513

10.2 特种弹气溶胶作用幅员测试 ... 514
10.2.1 测试原理 ... 514
10.2.2 场地划分设置 ... 515
10.2.3 试验测试 ... 517

10.3 烟幕气溶胶消光性能试验技术 ... 519
10.3.1 测试原理 ... 519
10.3.2 试验设备 ... 522

10.3.3 试验步骤 ·· 525
10.4 气溶胶红外光谱测试 ·· 526
10.4.1 试验目的 ·· 526
10.4.2 气溶胶样品吸收池法 ·· 527
10.4.3 光谱辐射探测法 ·· 529
10.5 气溶胶风洞试验技术 ·· 529
10.5.1 风洞的定义与分类 ·· 529
10.5.2 组成和功能 ·· 532
10.5.3 环境风洞 ·· 536
10.5.4 风洞试验观察方法 ·· 538
10.5.5 风洞试验的主要优缺点 ······································ 540

参考文献 ··· 543

第1章

气溶胶基础

固态或液态粒子悬浮在气体介质中形成的分散体系称为气溶胶。常见的气体介质为空气。粒子是指分散于大气中的比单一气体分子大(分子直径约为 $0.0002\mu m$),但小于 $500\mu m$ 的固体或液体微粒,如空气中的细微粉尘、空气中散布的微生物、水蒸气凝结形成的雾滴、燃烧产生的烟粒等。为了理论研究上的方便,通常会假设粒子是球形的而且是坚硬的。气溶胶粒子的来源众多,粒子大小差别较大,例如,花粉等植物气溶胶的粒径为 $5\sim100\mu m$,木材及烟草燃烧产生的气溶胶粒径为 $0.01\sim1000\mu m$ 等。很多学者认为,具有军事研究价值的气溶胶粒子的最低极限通常为 $0.001\mu m$。因此,本书定义气溶胶为粒子直径分布在 $0.001\sim500\mu m$ 的大气气溶胶,重点研究该范围内的气溶胶粒子的各种性质及其对人的健康和某些军事环境的影响。

1.1 气溶胶的分类

气溶胶是由粒子和空气介质构成的混合物体系。因此气溶胶的分类与粒子的特性密切相关,通常按照气溶胶粒子的形态、分散度和学科属性进行分类。

1.1.1 按气溶胶粒子的形态分类

按照气溶胶粒子的形态可将气溶胶划分为粉尘、烟和雾三大类。

1. 粉尘

粉尘粒子主要是指固体物质的细小颗粒,其大小通常在 $100\mu m$ 以下,能暂时悬浮于空气中。

粉尘粒子的形状大多是不规则的,有些矿物粉尘粒子的形状与其结晶形态有关,例如云母粉尘的粒子是片状的,而石棉尘粒子是针状的,其长度可以是其直径的数百倍。金粒子会形成相当疏松的聚合体和长链,银粒子会形成比较紧密的聚合体和短链。

在自然界中,粉尘的最初来源发生在人的各种生产活动中,如土地耕作、矿物破碎、建材加工、煤粉输送等生产过程,沙漠风暴、地震等自然活动也会带来大量粉尘。粉尘粒子细小,在风的作用下能够传播至很远的距离,如沙尘在风的作用下能够传播数十至数百千米。

2. 烟

烟是指由燃烧产物凝结生成的细小粒子悬浮于空气中形成的气溶胶体系。原油、木材、煤、烟草、金属等大部分可燃物质燃烧时都会产生烟粒子,粒径范围为 $0.01 \sim 300 \mu m$。

物质燃烧所产生的烟粒子按其生成机理可分为气态析出型、液态剩余型和固态剩余型三种,其中气态析出型烟是由气态烃类可燃物在高温缺氧条件下进行热分解所生成的固体颗粒物,俗称炭黑或积碳。炭黑粒子的形状不规则,尺寸范围较大,小至 $0.01 \mu m$,大到 $5 \sim 10 \mu m$。液态剩余型烟是指液体可燃物燃烧时最终的固体剩余颗粒物,有时会产生表面光滑致密的絮状空心颗粒,粒径较大,分布在 $10 \sim 300 \mu m$ 之间。固态剩余型烟是指固体可燃物燃烧时所形成的固体剩余颗粒物,主要是未燃尽固定碳、灰分以及金属氧化物等组分,其中灰分的粒径分布范围为 $3 \sim 100 \mu m$。未燃尽固定碳和以金属氧化物为主要组分的烟粒多呈不规则形状,如氧化锌结晶粒子是四面体,氧化镁结晶粒子是立方体,氧化铁粒子是大小较为均一的球形长链。

3. 雾

雾是由大量微小液滴悬浮在空气中而形成的气溶胶体系。雾通常指天然雾或水雾,在很多特殊场合或处于特殊用途时还包括酸雾、碱雾、油雾等。根据雾的形成机制,雾粒子是由水蒸气及其他气体凝结而成的微小悬浮液滴,或者由液体直接雾化分散(例如喷洒)而成。自然雾来源于降雨、海水汽化、瀑布等过程。雾粒子通常视为球形,自然雾滴的大小在几微米到 $100 \mu m$ 之间,水雾滴的直径大多为 4~30μm。由超声雾化等特殊方法产生的水雾粒子可以小至 1μm，亦可小于几分之一微米。

一些工业分散相，往往是烟和雾的混合物(Smog)，大城市上空的雾霾通常是尘、烟和雾的混合物。

1.1.2 按气溶胶粒子的分散度分类

气溶胶粒子来自各种施放源，如焚烧秸秆、原煤燃烧、建材粉碎、工程爆破、人工喷雾、汽车尾气排放等。不同的施放源产生的颗粒物大小不同，例如燃烧产生的烟粒比较细小，工程爆破产生的粉尘颗粒相对较大，人工喷雾相同条件下压力高时产生的雾滴小，压力低时产生的雾滴较大。因此，无论是天然的还是人工的，形成的气溶胶体系的颗粒物在粒子直径方面存在大小差别，与之相应的动力学特性也会有很大差异。一般大气粒子的粒径为 0.001~500μm，小于 0.1μm 的粒子具有和气体分子类似的行为，在气体分子的撞击下具有较大的随机运动。在 1~10μm 之间的粒子随气体运动而运动，往往被气体所携带，形成的气溶胶体系稳定。大于 10μm 的粒子具有较为明显的沉降运动，形成的气溶胶体系稳定性较差，通常它们在大气中停留的时间和传播的距离相对较短。

定义分散度为气溶胶体系中颗粒物的平均直径，用 d_0 表示。根据上述分析，可以 0.1μm 和 10μm 为标志，按照气溶胶粒子的分散度范围将气溶胶体系划分为以下三类(表 1.1)。

1. 高分散度气溶胶

分散度 $d_0 \leq 0.1$μm 的气溶胶称为高分散度气溶胶。高分散度气溶胶在自然界比较少见，某些物质完全燃烧生成的烟粒子尺寸很小，可达 0.01μm。细炭黑形成的气溶胶分散度约为 0.03μm。此外，由纳米粉体分散形成的气溶胶，分散度通常小于或等于 0.1μm。

2. 中等分散度气溶胶

分散度在 0.1μm $< d_0 \leq 10$μm 之间的气溶胶称为中等分散度气溶胶。普通的大气气溶胶和真菌孢子、花粉气溶胶等大多属于中等分散度气溶胶。普通大气气溶胶中，分散度在 10μm 以下的气溶胶比较稳定，若由固体颗粒物构成则称

为飘尘或者浮尘；反之，分散度在 10μm 以上的气溶胶沉降趋势比较明显，体系不够稳定，若由固体颗粒物构成则称为降尘或者落尘。

3. 低分散度气溶胶

分散度在 $d_0 > 10\mu m$ 的气溶胶，称为低分散度气溶胶，又称粗分散度气溶胶。有些花粉、粉尘甚至大的雾滴构成的气溶胶都属于低分散度气溶胶。大多数花粉的分散度在 25～50μm，多组分重残油燃烧后期会生成称为煤胞的焦粒，粒径可达 300μm。

表 1.1　几种气溶胶的分散度

气溶胶	分散度/μm	气溶胶	分散度/μm
硬脂酸烟	0.2	锅炉烟	0.2～1
硫酸雾	0.8～1.6①	烟草烟	3.4
磷酸雾	1～2	大陆性积云	5～40
蒽烟幕	0.4～1.6	粗飞灰	25
细炭黑	0.03	真菌孢子	2～4

①分散度用区间表示的数据来源于不同的文献资料。

1.1.3　按气溶胶粒子的学科属性分类

气溶胶粒子除了一般的大小、密度、形态等属性外，有些气溶胶会因为其来源或者某些特殊属性而表现出特殊性质，这些性质往往与某些学科具有特定联系。例如，生物粒子、放射性粒子、化学粒子等。

按照气溶胶粒子的学科属性可以将气溶胶体系划分为普通气溶胶、放射性气溶胶、化学气溶胶、生物气溶胶、烟幕气溶胶、灭火气溶胶、医用气溶胶等。

1. 普通气溶胶

普通气溶胶是指一般性颗粒物分散在大气中形成的气溶胶，通常不会产生放射性、毒性等重大危害效应，但是当气溶胶浓度达到一定程度而出现雾霾、浮尘等天气现象时会引起大气能见度显著降低，对飞行安全、交通出行和军事侦察造成影响，经呼吸道大量吸入后对人体健康也会产生不利影响。

2. 放射性气溶胶

放射性气溶胶是指气溶胶粒子中含有放射性物质的气溶胶体系，除了具备普通气溶胶的所有特征,更显著的特征是具有放射性。放射性物质可能是放射性元素,也可能是普通气溶胶粒子吸附的放射性成分,如 α 粒子、β 粒子、γ 射线、中子或正电子。军事上,核武器爆炸产生的放射性裂变产物被大气中的颗粒物吸附是形成放射性气溶胶的主要途径。放射性气溶胶是造成人体内照射的主要威胁,对人体健康和环境都具有重大危害。

3. 化学气溶胶

化学气溶胶是指主要由化学物质构成或者特指化学物质分散到大气环境中构成的气溶胶体系,通常情况下对人体健康和环境具有破坏作用或产生不利影响。例如酸雾和液化气、氯气泄漏等大规模化学事故形成的化学气溶胶。军事上最典型的化学气溶胶是化学武器使用后产生的化学毒云。国内外广泛使用的化学防暴弹爆炸、燃烧后产生的云团均属于化学气溶胶。

4. 生物气溶胶

生物气溶胶是来自于各种生物源的气溶胶,如悬浮在空气中的病毒、花粉、细菌、菌类孢子及其碎片。有些病毒能够借助外部介质形成气溶胶传播,2020年初出现的新型冠状病毒除了人体直接接触传播之外,另一个主要途径就是通过气溶胶传播,其中气溶胶传播大多是因为各种受到污染或携带病毒的飞沫混合在空气中,形成气溶胶被人员吸入后导致感染。

5. 烟幕气溶胶

烟幕气溶胶特指军事上人工施放用于隐身防护或迷盲干扰等作战目的的气溶胶体系,通常由专门的发烟剂和制式发烟装备器材通过燃烧、爆炸或者机械布撒形成,对可见光、红外等电磁信号具有显著的遮蔽干扰作用。

6. 灭火气溶胶

灭火气溶胶特指用于灭火的气溶胶体系,通常由专门的灭火气溶胶发生器或者灭火弹施放,能够破坏燃烧反应、吸收热量、降低火场温度,起到阻隔火焰传播或扑灭火焰的作用。

7. 医用气溶胶

医用气溶胶特指具有一定疗效或防疫效果的气溶胶,常见的有活血散瘀、消肿止痛的药用喷雾,针对口腔、鼻腔等特定器官进行辅助治疗的医学喷雾以及用于空气消毒杀菌的气溶胶等。

8. 其他气溶胶

其他气溶胶包括工业上用于车间除尘的细水雾、海关对进口木材等货物进行熏蒸的气溶胶、菜农对大棚蔬菜进行烟熏的气溶胶等具有特殊用途的气溶胶。

本书重点研究放射性气溶胶、化学气溶胶、生物气溶胶和烟幕气溶胶等与核生化防护及战场烟幕防护密切相关的几种特种气溶胶。

1.2 气溶胶粒子的基本特性

1.2.1 气溶胶粒子的形状

分析气溶胶粒子的形状主要借助光学显微镜和电子显微镜。大多数粉尘的粒子形状是不规则的,偶尔也有规则的结晶状态,如图 1.1 所示。图 1.2 所示为非球形粒子。常见的非球形粒子包括片状、棒状、针状、多面体、树枝状等不规则形状。存在于雾中的液体粒子近似于球形。

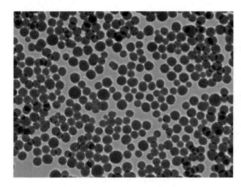

图 1.1　球形粒子　　　　　　图 1.2　非球形粒子

粒子的不规则形状根据其在三维空间中的尺寸特征可概括为三大类。

Ⅰ类:近似立方体——粒子在三个方向的尺寸有大致相同的大小,视为三维粒子,如粉尘。

Ⅱ类:板状——在两个方向上有比第三个方向上更大的长度,视为二维粒子,如石墨烯、云母粉等。

Ⅲ类:针状——在一个方向上有比另外两个方向上更大的长度,视为一维粒子,如各种纤维粒子、针状石棉粉等。

在等效概念下,不规则几何形状的粒子可以用球、立方体、圆柱体、回转椭圆体等规则几何形状来近似的描述。

球体:直径 d。

立方体:边长 a。

圆柱体:长 l;直径 d。

回转椭圆体:极半径 b;赤道半径 r,若 $\beta = b/r$,对于球体 $\beta = 1$,对于长椭圆体 $\beta > 1$,对于扁椭圆体 $\beta < 1$。

对于Ⅰ类粒子可用球及立方体来近似,Ⅱ类粒子可近似于 l/d 很小的圆柱体或 $\beta \to 0$ 的扁圆形,Ⅲ类粒子可以认为是 l/d 很大的圆柱体或 $\beta \to \infty$ 的长椭圆体,椭圆系统可用于几乎所有情况。

研究粒子形状的目的在于了解粒子形状对其运动的影响。1934年维德尔(Waddell)提出了粒子球形度的概念,规定球形度 Ψ 为与粒子同体积的球的表面积 S_g 和粒子的实际表面积 S_p 之比:

$$\Psi = \frac{S_g}{S_p} \tag{1.1}$$

式中:S_g 为与粒子同体积的球的表面积(m^2);S_p 为粒子的实际表面积(m^2)。

由于同体积的几何形状中球的表面积最小,因此 Ψ 值永远小于1,其值越小表示颗粒形状与圆球的差异越大,如表1.2所列。对于立方体,$\Psi = 0.806$;对于正四面体,$\Psi = 0.67$。某些粒子球形度的实测值见表1.2。

表1.2 一些常见粒子的球形度

材料	Ψ	材料	Ψ
煤粉	0.75	铁催化剂	0.58
碎玻璃	0.65	水泥	0.57
烟煤	0.625	粉煤	0.696
食盐	0.84	沙子	0.75~0.98
钨粉	0.85	二氧化硅	0.554~0.628
钾盐	0.70	云母粉	0.28

气溶胶粒子按其形成过程还可以分为一次粒子和二次粒子,其中一次粒子是指以固体或液体的形式进入空气中形成的初始粒子,而二次粒子是空气中的凝聚粒子或者再分散粒子,因此,气溶胶粒子的形状和大小随着时间的推移会因为凝聚或者分裂而发生变化。

1.2.2 气溶胶粒子的大小及分布

气溶胶粒子的大小通常用粒径来表示。建立粒子粒径的概念是为了对固体或液体分散相进行研究和分类,但只有对球形粒子才可用直径唯一表征粒子大小。对非球形粒子,通常用各种等效直径来规定粒子的大小。

1. 不规则粒子的等效直径

等效直径可以按不同方法来规定,例如对不规则的粉尘粒子,可以按三个方向相互垂直的轴的平均长度来确定等效直径,或以同体积的球的直径来确定,或以同表面积的球的直径表示。任何近似都是利用了粒子的某一物理性质,如利用粒子在给定流体中的沉降速度相同确定的等效直径即斯托克斯直径。不规则形状粒子的常用等效直径如表 1.3 所列。显然,不规则形状粒子的大小与用来确定平均粒径(或等效直径)所使用的方法有关,任何两种方法所得到的结果都会存在差异,要根据研究的目的或场合来选择合适的等效直径。例如在研究除尘机理时,使用斯托克斯直径是合理的,而在研究粒子对光的散射效应时,则可以采取基于表面积的等效直径。

表 1.3 不规则形状粒子的常用等效直径

等效直径	定义	数学定义
长度直径	粒子在某一给定方向上的长度	$d = l$
平均直径	在 n 个给定方向上测量粒子粒径的平均长度	$d = \dfrac{1}{n}\sum^{n} d_i$
投影-周长直径	与粒子有相同投影周长的圆的直径	$d = \dfrac{L}{\pi}$
投影-面积直径	与粒子有相同投影面积的圆的直径	$d = \sqrt{\dfrac{4A_p}{\pi}}$
表面积直径	与粒子有相同表面积的球的直径	$d = \sqrt{\dfrac{A_s}{\pi}}$
体积直径	与粒子有相同体积的球的直径	$d = \sqrt[3]{\dfrac{6V}{\pi}}$

(续)

等效直径	定义	数学定义
质量直径	与粒子有相同质量、相同密度的球的直径	$d=\sqrt[3]{\dfrac{6M}{\pi\rho_p}}$
斯托克斯直径	与粒子同密度同沉降速度的球的直径	$d=\sqrt{\dfrac{18\mu u}{(\rho_p-\rho_a)g}}$

注：
L——粒子的投影周长；　　　　　　M——粒子的质量；
A_p——粒子的投影面积；　　　　　ρ_p——粒子的密度；
A_s——粒子的表面积；　　　　　　ρ_a——空气的密度；
V——粒子的体积；　　　　　　　　μ——空气的黏度；
u——粒子的沉降速度；　　　　　　l——长度

单一粒径的气溶胶体系在自然界中是很少见的，但可以在实验室中用气溶胶发生器等特殊方法产生。单一粒径气溶胶粒子可以用简单的粒径来表示，对不同大小的粒子混合物只用粒子的"平均粒径"来表示气溶胶体系的粒度特征是不够的，还应包括粒子大小的分布特征，可以用直方图、分布曲线等形式来表示。

2. 空气动力学直径

空气动力学直径又称气体动力学当量直径，是表述粒子运动的一种"假想"粒度。斯托伯（W. Stober）把它定义为：单位密度（$\rho_0=1\text{g}/\text{cm}^3$ 或者 $\rho_0=1000\text{kg}/\text{m}^3$）的球形粒子，在静止空气中作低雷诺数（$Re<1$）运动时，达到与实际粒子相同的最终沉降速度（$v_t$）时的直径。也就是某一种类的粒子，不论其形状、大小和密度如何，如果它在空气中的沉降速度与一种密度为 $1\text{g}/\text{cm}^3$ 或者 $\rho_0=1000\text{kg}/\text{m}^3$ 的球形粒子的沉降速度一样，则这种球形粒子的直径即为该种粒子的空气动力学直径。由于通常不能测得实际颗粒的粒径和密度，而空气动力学直径则可直接由动力学的方法或空气动力学直径测定仪测量求得，因此可使具有不同形状、密度、光学与电学性质的颗粒粒径有了统一的量度。

空气动力学直径一般用 d_a 表示，除了用专门的空气动力学粒度仪测定外，也可根据其他球形粒子的直径进行计算。例如，根据斯托克斯定律，低雷诺数时球形粒子的最终沉降速度为

$$v_t=\frac{\rho_p g d_s^2}{18\mu}(\text{m}/\text{s}) \tag{1.2}$$

式中:d_s 为根据斯托克斯定律计算的球形粒子的直径。

令 $\rho = 1000 \text{kg/m}^3$,根据空气动力学直径的定义可知:

$$\frac{\rho_p g d_s^2}{18\mu} = \frac{1000 g d_a^2}{18\mu} \tag{1.3}$$

可以求得:

$$d_a = d_s \sqrt{\frac{\rho_p}{1000}} \tag{1.4}$$

式中:ρ_p 的单位为 kg/m^3。

空气动力学直径在很多研究领域都有应用,例如,有资料表明,穿透到肺泡的粒子沉降速度必须低于 $3 \times 10^{-3} \text{m/s}$,相当于直径为 $7\mu\text{m}$ 的单位密度粒子的沉降速度,而空气动力学直径在 $10\mu\text{m}$ 以上的粒子一般不能穿过鼻咽部。大于 $50\mu\text{m}$ 的粒子虽然可以随呼吸动作到达口、鼻部,但很难被吸入,当然,这样大的粒子在空气中沉降较快,一般也不会停留太久。因此,粒子的空气动力学直径在对其评价时最为重要。

3. 直方图

由粒子集合组合而成的气溶胶必须依据粒子的总体浓度、不同大小粒子的数量百分数或质量百分数的分布来描述。分析粒子的粒径分布对于全面研究气溶胶体系的特性非常重要。对气溶胶粒子样品进行测试统计可以得出各个粒径区间的分布数据,一般是以各个粒径范围内的粒子数目的形式给出的,如表1.4所列。

表1.4 粒径范围与粒子数量分布

区间编号	粒径范围/μm	粒子数量/n_i
1	0~2	100
2	2~5	220
3	5~10	300
4	10~20	240
5	20~30	140
6	>30	0
总 数		1000

图1.3中所表示的粒度分布直方图是用表1.4中的原始数据画出的。

第1章 气溶胶基础

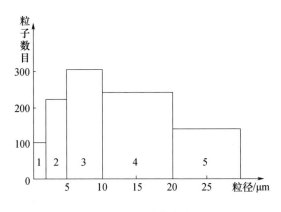

图 1.3 粒度分布直方图

粒度分布的直方图能够反映出粒子大小分布的基本规律,例如可以直观判断大多数粒子所具有的直径,如果用原始数据画出直方图后看不出清晰的规律,就应该怀疑测试数据是否准确和充分,有必要做进一步的核对或重新测试。

4. 频率和累积百分数

粒度分布的原始数据可以换算成频率值和累积百分数。图 1.3 粒度分布直方图可以转换为不同大小粒子发生的频率分布图和累积分布图(又称分布曲线)。其中第 i 个区间中的粒子占粒子总数的百分数(或频率值)为

$$f_i = \frac{n_i}{\sum n_i} \tag{1.5}$$

累积百分数为

$$F_j = \sum_{i=1}^{j} f_i \tag{1.6}$$

显然,当 $j = n$ 时 $F_n = 1$。根据表 1-4 得到粒度频率分布和累积分布的有关数据如表 1.5 所列。

表 1.5 粒度频率分布和累积分布表

区间编号	粒径范围/μm	粒数频率/%	累积粒数频率/%
1	0~2	10	10
2	2~5	22	32
3	5~10	30	62
4	10~20	24	86

(续)

区间编号	粒径范围/μm	粒数频率/%	累积粒数频率/%
5	20~30	14	100
6	>30	0	100

根据表 1.5 中的不同粒径范围粒子发生的频率数据画出的累积百分数曲线,如图 1.4 所示。

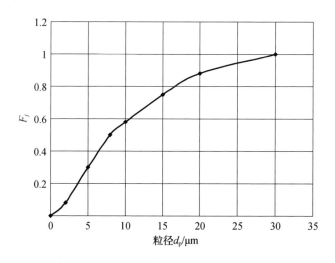

图 1.4　累积百分数曲线

5. 密度函数

密度函数可分别表述为数量密度函数和质量密度函数。以数量密度函数为例,定义为

$$p = \frac{\mathrm{d}F}{\mathrm{d}(d_\mathrm{p})} \tag{1.7}$$

数量密度 p 是粒径 d_p 的连续函数,可以对累积曲线进行数学拟合,得到各种分布方程,目前已经用一些半经验方程来描述气溶胶粒子的粒度分布特征:

(1)正态分布。又称高斯分布,完全符合正态分布的气溶胶比较少见,但它是各种分布的基础。

(2)对数正态分布。是经常应用的分布函数,可用来描述大气中的气溶胶及很多生产过程中的粉尘。

(3)具有粒径上限的对数正态分布。当需要特别描述最大粒径时应用,例如用来描述喷雾的粒径分布。

（4）韦布尔(Weibull)分布。可用来表达生产过程中的粉尘,特别是具有一极限最小粒径的气溶胶的分布。

（5）洛森-莱姆莱尔(Rosin-Rammler)分布。用来描述比较粗的粉尘和雾,它是韦布尔分布的特殊情况。

（6）洛莱尔(Roller)分布。用来描述粒径分布较宽的工业粉尘。

（7）贯山-棚泽分布。用来描述由雾化产生的气溶胶。

6. 示性直径、中位直径与平均直径

研究工作中常用示性直径、中位直径和平均直径等来描述气溶胶粒子大小的分布。

通常粒度频率分布曲线具有单个峰值,峰值表示了最常发生的粒径,称为示性直径,又称为形态直径,对应了粒度频率分布曲线的最高峰值。图1.5测试结果中示性直径为 11.5μm。

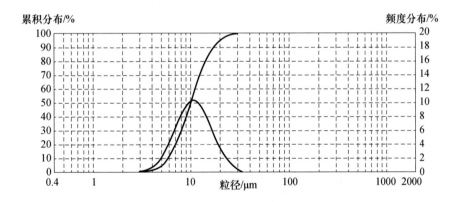

图 1.5 激光粒度仪测试的粒度分布曲线

累积分布曲线中 $F = 0.5$ 时对应的直径称为中位直径,数目中位直径用 NMD 表示,此时有一半数量的粒子直径大于该粒径,一半数量的粒子直径小于该直径。图 1.5 中 NMD = 10.2μm。

平均直径也可用来表现气溶胶体系的粒度特征,一般采用的平均直径有几个不同的定义：

（1）数目平均直径为

$$\bar{d}_{\mathrm{pn}} = \frac{\sum n_i d_{\mathrm{p}i}}{\sum n_i} \tag{1.8}$$

（2）表面积平均直径为

$$\bar{d}_{\mathrm{ps}} = \left(\frac{\sum n_i d_{\mathrm{p}i}^2}{\sum n_i}\right)^{1/2} = \left(\sum f_i d_{\mathrm{p}i}^2\right)^{1/2} \tag{1.9}$$

（3）体积平均直径为

$$\bar{d}_{\mathrm{pv}} = \left(\frac{\sum n_i d_{\mathrm{p}i}^3}{\sum n_i}\right)^{1/3} = \left(\sum f_i d_{\mathrm{p}i}^3\right)^{1/3} \tag{1.10}$$

1.2.3 气溶胶粒子的密度

气溶胶粒子很多都源自各种粉体，粉体的密度是指单位体积粉体的质量。由于粉体的颗粒内部和颗粒之间存在空隙，因此粉体的体积在计量上会有较大差别。为便于区分，通常将粉体的密度分为真密度、表观密度和松装密度三种。

1. 真密度

真密度是指粉体质量 W 除以不包括颗粒内外空隙的体积（即真体积）V_T 求得的密度，在数值上等于构成颗粒的原材料的密度，用 ρ_T 表示，即

$$\rho_T = W/V_T \tag{1.11}$$

2. 表观密度

表观密度是指粉体质量除以包括开口微孔与封闭微孔在内的颗粒体积（即表观体积）V_P 所求得的密度，用 ρ_P 表示，即

$$\rho_P = W/V_P \tag{1.12}$$

3. 松装密度

松装密度是指粉体质量除以该质量粉体不经过振实所占容器的体积（即容积体积）V_B 求得的密度，又称堆密度或堆积密度，用 ρ_B 表示，即

$$\rho_B = W/V_B \tag{1.13}$$

气溶胶粒子的密度是影响粒子运动的重要因素，通常采用表观密度进行表征。而松装密度主要反映粉体材料的堆装特性。一般而言，粒子材料的化学组成规定了其真密度的大小，可在有关资料或手册中查到。但粒子的表观密度与

大块相同材料的真密度不同,尤其是在气体介质中测定的粒子的表观密度通常比相应材质的真密度低 2~10 倍,这是因为粒子结构存在大量空隙,而这些空隙则由密度极小的气体介质所填充。

粒子单位体积的表面积比相同材质的大块物质的表面积大很多。粒子分散得越细小,表面积增加越显著。由于有气体吸附在更大的表面积上,会进一步导致粒子的表观密度减小。但是,越细小的粒子通常具有越强的凝聚趋向,从而形成粒子丛,可用显微镜观察到,如图1.6所示。

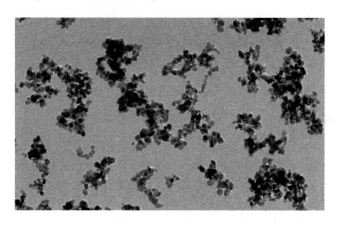

图 1.6　显微镜下观察到的细粒子凝聚现象

对于有多孔结构的颗粒物,设粒子的表观密度为 ρ_p,构成粒子的材料的真密度为 ρ_T,粒子的孔隙率为 ε,则真密度和表观密度之间存在以下关系:

$$\rho_p = \rho_T(1-\varepsilon) \tag{1.14}$$

适当大小的某些种类的粒子丛在空气中的行为可以表现得和单个粒子一样,其表观密度同样小于粒子材料的真密度。例如,粉煤燃烧产生的飞灰颗粒,含有熔凝的煤胞(空心球结构),其表观密度约为 $1070 kg/m^3$,真密度约为 $2200 kg/m^3$。

1.2.4　气溶胶粒子的浓度

气溶胶一般由气体介质和微小颗粒物构成。其中颗粒物的含量用浓度表示,常用的有质量浓度、体积浓度和粒数浓度。

1. 质量浓度

单位体积气溶胶中颗粒物的质量称为该气溶胶的质量浓度,在工程实践中使用最为广泛,通常用符号 C 或者 C_M 表示,单位为 g/m^3 或者 kg/m^3。记为

$$C_M = \frac{M}{V} (g/m^3) \tag{1.15}$$

式中:M 为气溶胶样品中颗粒物的质量(g);V 为气溶胶样品的体积(m^3)。

气体介质一般为空气,介质中颗粒物含量越多,气溶胶的质量浓度越高。

2. 体积浓度

对大气气溶胶,颗粒物的含量还可用体积浓度来表示。体积浓度是指每立方米的大气中含有颗粒物的体积数(cm^3 或 mL),用符号 C_V 表示,常用单位是 ppm(part per million,百万分之一),即

$$1 \text{ppm} = 1 \text{mL}/m^3 = 10^{-6} \tag{1.16}$$

除 ppm 外,还有 ppb(part per billion,十亿分之一)和 ppt(part per trillion,万亿分之一),它们之间的关系为

$$1 \text{ppm} = 10^3 \text{ppb} = 10^6 \text{ppt} \tag{1.17}$$

体积浓度不同于体积百分比浓度,后者通常指两种气体介质构成的混合物中各气体组分的体积份数。

3. 粒数浓度

粒数浓度简称数浓度,是指单位体积的气溶胶中包含的颗粒数量,用符号 C_N 表示,单位为 $1/m^3$,用公式表示为

$$C_N = \frac{N}{V} \tag{1.18}$$

式中:N 为气溶胶样品中的颗粒物数量;V 为气溶胶样品的体积(m^3)。

1.2.5 气溶胶粒子的比表面积

比表面积是指单位质量物料所具有的总面积,分外表面积、内表面积两类,单位通常为 m^2/g。理想的非孔性物料只具有外表面积,如硅酸盐水泥、石墨微粉等粉粒;有孔和多孔物料同时具有外表面积和内表面积,如石棉纤维、硅藻土等。对大多数气溶胶体系而言,比表面积在不加说明的情况下通常指其外表面

积,可以通过容积吸附法、重量吸附法、流动吸附法、透气法、气体附着法等方法进行测试。比表面积的大小,对它的热学性质、吸附能力、化学稳定性、空气动力学特性、消光特性等均有明显的影响。

一般来说粗粒子表面积小,同质量的细粒子的表面积会增加很多。边长为 1cm 的立方体,表面积为 $(1^2\times6)\,cm^2$,若分割为 $1/n$ cm 边长的小立方体,单个小立方体表面积降为 $(6\times1/n^2)\,cm^2$,但在边长为 1cm 的立方体中有 n^3 个小立方体,总表面积变为 $6n^3/n^2=6n\,cm^2$,是原来的 n 倍,这意味着比表面积增大了许多。

粒子的比表面积分布在很宽的数值范围内,可以从 $50\,cm^2/g$(粉尘)到 $1000000\,cm^2/g$(炭黑),而且由实测得到的表面积通常比计算的值大,因为计算中往往忽略了表面粗糙致使表面积增加这一因素。表 1.6 所列为几种常见工业粉尘分散相的中位径和比表面积。

表 1.6　常见工业粉尘分散相的中位径和比表面积

分散相名称	质量中位径/μm	比表面积/(cm²/g)
细炭黑	0.03	1100000
新生成的烟草烟	0.6	100000
细飞灰	5	6000
高炉烟尘	8	4000
水泥窑粉尘	13	2400
粗飞灰	25	1700
细砂	500	50

1.2.6　气溶胶粒子的光学性质

大气中气溶胶粒子对光的散射,使能见度降低,这已成为现代社会常见的一种空气污染现象,尤其是大中城市中这种现象比较多发。此外,在科学领域,粒子对光的散射也是测定气溶胶的浓度、粒子大小和决定气溶胶云团光效应的基本依据。

概括地说,单个粒子对光的散射与其粒径、折射指数、粒子形状和入射光的波长有关。光线射到气溶胶粒子上后会有两个不同过程发生:粒子接收到的能量可被粒子以相同波长再辐射,再辐射可发生在所有方向上,但不同方向上有不同强度,这个过程叫作散射。另外,辐射到粒子上的辐射能可转变为其他形式的能,如热能、化学能或不同波长的辐射,这些过程叫作吸收。在可见光范围内,光的衰减对黑烟是吸收占优势,而对水滴是散射占优势。

对于光的衰减,考虑任意粒径和形状的单一粒子被一平面电磁波照射,规定被粒子散射的能量除以粒子截获的总能量为散射效率。同理,被粒子吸收的那部分入射光的能量除以粒子截面积上截获的能量为吸收效率。粒子散射、吸收和截获的能量与粒子散射入射电磁波的截面积以及粒子自身的几何截面有关。若粒子对入射电磁波的散射、吸收和消光截面分别用 σ_{sc}、σ_{ab}、σ_{ex} 表示,假设粒子为球形且粒子的半径为 r,则粒子对入射电磁波的散射效率因子 Q_{sc}、吸收效率因子 Q_{ab} 和消光效率因子 Q_{ex} 可分别根据式(1.19)~式(1.21)计算:

$$Q_{sc} = \sigma_{sc}/\pi r^2 \quad (1.19)$$

$$Q_{ab} = \sigma_{ab}/\pi r^2 \quad (1.20)$$

$$Q_{ex} = \sigma_{ex}/\pi r^2 \quad (1.21)$$

且有

$$\sigma_{ex} = \sigma_{sc} + \sigma_{ab} \quad (1.22)$$

$$Q_{ex} = Q_{sc} + Q_{ab} \quad (1.23)$$

式中:Q_{ex}、Q_{sc}、Q_{ab} 统称消光因子。定义无因次数:

$$x = 2\pi r/\lambda \quad (1.24)$$

式中:λ 为入射光的波长。

根据 x 的大小可以判断粒子对光的散射机理并定量计算消光效率。对于远小于光波波长的细微粒子($x<0.1$),它们对光的散射称为瑞利(Rayleigh)散射,例如大气分子对光的散射就属于这种情况。若气溶胶粒子对光线的折射率为 n,以散射效率因子计算为例:

$$\sigma_{sc} = \frac{128\pi^5 r^6}{3\lambda^4}\left(\frac{n^2-1}{n^2+2}\right)^2 \quad (1.25)$$

$$Q_{sc} = \frac{\sigma_{sc}}{\pi r^2} = \frac{128\pi^4 r^4}{3\lambda^4}\left(\frac{n^2-1}{n^2+2}\right)^2 \quad (1.26)$$

显而易见,此时散射光的强度与波长的 4 次方成反比,没有云雾时天空呈现蓝色也正是由于反射的蓝光多于红光的缘故。图 1.7 所示为不同折射率的气溶胶粒子对光线的消光效率因子 Q_{ex} 计算结果。从中可见,粒子的折射率对消光效果具有明显影响。

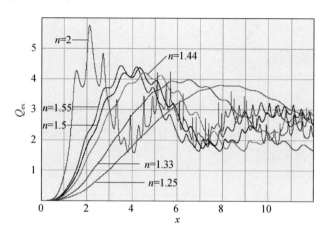

图1.7 不同折射率的气溶胶粒子对光线的消光效率因子 Q_{ex} 计算结果

对于远大于入射光波长的粒子($x > 0.1$,甚至远远大于1),或者当粒子直径为 $0.1 \sim 1.0 \mu m$ 时瑞利散射理论不再适用,而对大粒子散射理论,这样的粒子又太小,Mie(1908年)提出一种处理均一球体散射和吸收平面波的一般问题的理论,他发现效率因子仅是 x 和 m 的函数,m 是粒子的复折射指数。若给定气溶胶粒子的复折射率为 $m = m_r - im_i$,其中 m_r、m_i 分别表示折射率实部和虚部,则效率因子分别由式(1-27)~式(1-29)式计算:

$$Q_{sc}(m,x) = \frac{2}{x^2} \sum_{n=1}^{\infty} (2n+1)(|a_n|^2 + |b_n|^2) \quad (1.27)$$

$$Q_{ex}(m,x) = \frac{2}{x^2} \sum_{n=1}^{\infty} (2n+1) \operatorname{Re}(a_n + b_n) \quad (1.28)$$

$$Q_{ab} = Q_{ex} - Q_{sc} \quad (1.29)$$

式中:a_n、b_n 分别为反映电场振荡和磁场振荡对散射影响的米氏(Mie)散射参数,可用下式表达。

$$a_n = \frac{\varphi_n'(mx)\varphi_n(x) - m\varphi_n(mx)\varphi_n'(x)}{\varphi_n'(mx)\zeta_n(x) - m\varphi_n(mx)\zeta_n'(x)} \quad (1.30)$$

$$b_n = \frac{m\varphi_n'(mx)\varphi_n(x) - \varphi_n(mx)\varphi_n'(x)}{m\varphi_n'(mx)\zeta_n(x) - \varphi_n(mx)\zeta_n'(x)} \quad (1.31)$$

式中：$\varphi_n = \sqrt{\dfrac{\pi x}{2}} J_{n+\frac{1}{2}}(x)$；$J_{\pm(n+\frac{1}{2})}(x)$ 表示第一类贝塞尔(Bessel)函数。

$$\zeta_n(x) = \sqrt{\dfrac{\pi x}{2}}\left[J_{n+\frac{1}{2}}(x) - \mathrm{i}(-1)^{n+1} J_{-n-\frac{1}{2}}(x)\right] \quad (1.32)$$

计算收敛条件取：

$$n_{\max} = x + 4x^{1/3} + 2 \quad (1.33)$$

通过计算机编程可以计算各种大小的气溶胶粒子对不同波长入射电磁波的 Q_{ex}、Q_{sc}、Q_{ab} 等效率因子。图 1.8、图 1.9 分别为不同大小的磷烟粒子对 1.06μm 和 10.6μm 激光的消光曲线。

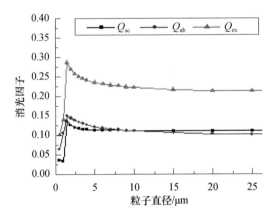

图 1.8　磷烟粒子对 1.06μm 激光的消光曲线

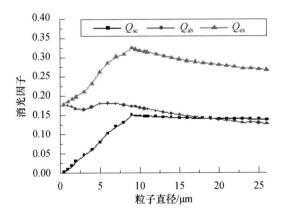

图 1.9　磷烟粒子对 10.6μm 激光的消光曲线

由图 1.8、图 1.9 可知,不同大小的气溶胶粒子对不同波长的入射光线产生的吸收与散射效应存在显著差别。

粒子云团的消光特性常用来测定气溶胶的浓度,表示在单位长度光路中被气溶胶云团吸收和散射的入射光的份数,称为消光系数,一般由两部分构成,即

$$\eta_{ex} = \eta_{sc} + \eta_{ab} \quad (1.34)$$

式中:η_{sc} 为散射作用对消光系数的贡献;η_{ab} 为吸收作用对消光系数的贡献。每一项都是波长的函数,在给定的粒径范围内,系数与消光截面积及粒径分布函数有关。若消光系数与光束穿过气溶胶的距离无关(例如在气溶胶浓度均一的条件下),则光束在气溶胶中传输距离 L 后强度的减弱可表示为

$$I = I_0 \exp(-\eta_{ex} L) \quad (1.35)$$

式中:η_{ex} 为常数,对给定分散系,它与单位体积中的粒子数量、粒径、粒子形状及粒径分布有关,通常称为气溶胶的线性消光系数。若 L 的单位取 m,则 η_{ex} 单位为 1/m。

式(1.35)称为朗伯(Lambert)定律,阐明了物质对光的衰减和光在物质中传输的距离之间的关系。对气溶胶而言,表示光的强度随其在气溶胶中传输距离的增大按指数规律减少,若气溶胶厚度固定,光强度随常数 η_{ex} 而变化,但 η_{ex} 与粒子浓度、粒子大小和粒径分布、入射光的波长等因素有关。

1852 年奥古斯特·比尔(August Beer)又提出光的吸收程度和吸光物质浓度也具有类似关系,即

$$I = I_0 \exp(-M_c C L) \quad (1.36)$$

式中:M_c 为气溶胶、溶液等介质的质量消光系数;C 为气溶胶、溶液等介质的质量浓度。

式(1.36)一般称为朗伯 – 比尔定律(Lambert – Beer Law),定量描述了均匀介质对某一波长光衰减的强弱与介质的浓度及其厚度间的关系。

1.2.7 气溶胶粒子的电学性质

气溶胶粒子的电性质主要反映在粒子所带电荷的大小和极性方面。几乎所有的粒子,无论是天然的,还是人造的,都会一定程度荷电。

所有的自然粉尘和工业粉尘在宏观上表现出的正电荷与负电荷两部分几

乎相等,所以任何悬浮粉尘在整体上多呈中性。雾和烟的荷电程度比粉尘低,新鲜的雾是不荷电的,烟的电荷不是来源于机械作用,而是来源于高温火焰的作用。低温烟雾没有离子来源,因此它们最初也是不荷电的。

粒子之间出现相对运动时会导致电荷转移。鲁奇(Rudge,1912—1914)发现粉尘中产生的电荷是由于不同大小及不同表面条件的粒子间的摩擦与接触,结果产生两群化学组成相同的荷电粒子。后来其他研究者进一步发现两个系统荷电粒子的总荷电量为0。康凯尔(Kunkel)指出把已经接触在一起的粉尘粒子分离也会发生荷电。戴德哈尔(Deadhar,1927)发现粉尘粒子上的电荷符号随材料性质而变化,例如石英尘荷负电荷者在数量上占优势,镍粉尘荷正电荷者占优势。

德·布劳格莱(De Broglie,1910)最早对雾化产生的液滴的荷电状态进行研究,他认为非极性液体的雾化不产生荷电粒子,而在极性液体的粒子上会发现可观的电荷。后来的研究者指出,非极性液体也会产生荷电液滴,但它们比极性液体的荷电要少几个数量级。

在中等温度下产生的凝结气溶胶粒子是不荷电的,但它们逐渐变为荷电的,这是由于气体离子扩散到它们上面直到达到稳定状态。在没有其他影响的条件下,大气中粒子的电荷也可能是由于宇宙射线产生的气体离子扩散到粒子上而产生的,且在宏观上正负电荷总是相等的。

部分分散相的荷电情况见表1.7。

表1.7 部分分散相的荷电情况

分散相	电荷分布/%			比电荷/(C/g)	
	+	-	中	+	-
飞灰	31	26	43	6.3×10^{-6}	7×10^{-6}
石灰膏	44	50	6	5.3×10^{-6}	5.3×10^{-6}
炼铜厂粉尘	40	50	10	0.66×10^{-6}	1.3×10^{-6}
铅雾	25	25	50	0.01×10^{-6}	0.01×10^{-6}
实验室油雾	0	0	100	0	0

从表1.7可知,分散相中正负电荷分布基本均衡,飞灰对外表现出荷正电,石灰膏、炼铜厂粉尘对外表现出荷负电,而铅雾对外呈电中性,实验室的油雾不荷电。

1.3 气溶胶粒子的空气动力学特性

作用于气溶胶粒子上的力主要有重力、静电力以及介质的阻力。气溶胶粒子间的距离相对于粒子的直径是很大的,因此可以把粒子的运动看成彼此无关的,必要时可以对粒子间相互作用的影响进行修正。在力的作用下粒子发生的等速直线运动是气溶胶动力学中最简单的情况,因此本节首先对其进行讨论。

1.3.1 球体的缓慢运动——斯托克斯定律

1. 雷诺数

对于气体介质,气体的惯性力与气体在表面运动的摩擦力是影响运动特性的重要因素,二者之比常用雷诺数(Re)表示。雷诺数没有因次,它是气溶胶力学中一个非常重要的参数:

$$Re = \frac{du\rho}{\mu} = \frac{du}{\nu} \tag{1.37}$$

式中:ρ 为气体介质的密度(kg/m^3);d 为球形粒子的直径(m);u 为气体介质的流速(相对于颗粒物)(m/s);μ 为气体介质的动力黏度(Pa·s);ν 为气体介质的运动黏度,$\nu = \mu/\rho$。

2. 斯托克斯定律

设直径为 d 或半径为 r 的球形颗粒以速度 u 在无界的黏性静止流体(气体)中做等速运动(图1.10),因为 r 与 u 都很小,而流体的黏性很大,故雷诺数很小。若考虑流体对球的绕流,如图1.11所示,仍然具有很小的雷诺数。

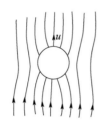

图 1.10 球形颗粒在静止介质中的运动

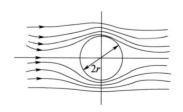

图 1.11 流体对静止球形颗粒的绕流运动

在此条件下,流体的惯性影响比流体的黏性影响小得多,因而惯性项与黏性项相比完全可以忽略。可以证明球体上所受的阻力主要由摩擦阻力和压力阻力两部分构成,即

$$F = F_x + F_P \tag{1.38}$$

式中:F_x 为摩擦阻力;F_P 为压力阻力,且有

$$F_x = 4\pi\mu r u \tag{1.39}$$

$$F_P = 2\pi\mu r u \tag{1.40}$$

因此

$$F = 4\pi\mu r u + 2\pi\mu r u = 6\pi\mu r u = 3\pi\mu d u \tag{1.41}$$

根据式(1.41),球形粒子所受阻力与其粒径和运动速度成正比,式(1.41)是斯托克斯(Stokes)于1851年导出的,称为斯托克斯定律。

式(1.41)是在与黏滞力相比,惯性力可以忽略的情况下斯托克斯导出的阻力表达式,因为气溶胶粒子小、运动速度低,大部分气溶胶粒子的运动属于低雷诺数区,所以斯托克斯阻力定律广泛用于气溶胶研究。

在流体力学中,与牛顿阻力定律相对应,经常把斯托克斯阻力定律适用的区间称为"斯托克斯区",把服从斯托克斯定律的粒子称为"斯托克斯粒子"。斯托克斯定律对研究大气质点的沉降以及大气颗粒物(气溶胶)采样器的设计都是很有用的。

3. 奥森公式

奥森(Oseen)在讨论同一问题时,由于不完全忽略惯性项,而保留了运动方程中惯性项中较重要的一些项,假设以均匀流速 u 流过球体时,在球的附近沿三个方向上流速发生微小变动 u'、v'、w',这时,在 x、y、z 三个方向上的流速为

$$u_x = -u + u' \tag{1.42}$$

$$u_y = v' \tag{1.43}$$

$$u_z = w' \tag{1.44}$$

此时的运动方程为

$$-\rho u \frac{\partial u_x}{\partial x} = -\frac{\partial P}{\partial x} + \mu \Delta u_x \tag{1.45}$$

$$-\rho u \frac{\partial u_y}{\partial x} = -\frac{\partial P}{\partial y} + \mu \Delta u_y \tag{1.46}$$

$$-\rho u \frac{\partial u_z}{\partial x} = -\frac{\partial P}{\partial z} + \mu \Delta u_z \tag{1.47}$$

式中：P 为流体的压力。积分后得到的解为

$$F = 6\pi\mu r u \left(1 + \frac{3}{16} Re\right) \tag{1.48}$$

在 $Re < 1$ 时，斯托克斯公式与奥森公式均被试验所证实，但奥森公式比斯托克斯公式在理论上更严密。

1.3.2 球形粒子的阻力系数

根据牛顿1726年提出的绕流阻力计算公式可知：

$$F = C_s \frac{\pi d^2}{4} \frac{\rho u^2}{2} \tag{1.49}$$

式中：C_s 为流体对球形颗粒的阻力系数。图 1.12 所示为 C_s 的实验结果，$Re < 1$ 范围属于斯托克斯区域，$1 \leq Re < 500$ 属于艾伦区域，$Re = 500 \sim 2 \times 10^5$ 范围属于牛顿区域。

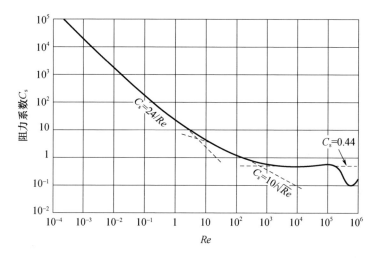

图 1.12 球形粒子的阻力系数

1. 斯托克斯公式的阻力系数

由式(1.41)与式(1.49)可得

$$C_s = \frac{24}{Re} \tag{1.50}$$

式(1.50)在图 1.12 上为一直线,在 $Re<1$ 的范围内与实验结果吻合,该式计算上比较简单,因而在应用上有时扩大到 $Re<2$。Re 再继续增大,式(1.50)与实验结果将会产生较大偏离。

2. 奥森公式的阻力系数

由式(1.48)和式(1.49)可得

$$C_s = \frac{24}{Re}\left(1 + \frac{3}{16}Re\right) \tag{1.51}$$

式(1.51)的应用范围仍是 $Re<1$,当 $Re>1$ 后,计算结果向实验值的上部偏离。

3. 高尔德斯坦(Goldstein)公式

$$C_s = \frac{24}{Re}\left(1 + \frac{3}{16}Re - \frac{16}{1280}Re^2 + \frac{71}{20480}Re^3 - \cdots\right) \tag{1.52}$$

式(1.52)的计算结果比理论值偏大。

4. 实验公式

$$\sqrt{C_s} = 0.63 + (4.8/\sqrt{Re}) \tag{1.53}$$

为了应用方便,更常应用的阻力系数计算通式为

$$C_s = k/Re^\varepsilon \tag{1.54}$$

把图 1.12 中的曲线分成三段,在不同的 Re 范围内分别决定相应的 k、ε 值。

(1) 在 $Re<1$ 时,属层流领域,此时

$$k = 24, \varepsilon = 1, C_s = 24/Re \tag{1.55}$$

(2) 在 $Re = 1 \sim 500$ 时,属于过渡区,艾伦得到:

$$k = 10, \varepsilon = 1/2, C_s = 10/Re^{1/2} \tag{1.56}$$

(3) 在 $Re = 500 \sim 2\times 10^5$ 时,属于乱流区或牛顿区:

$$k = 0.44, \varepsilon = 0, C_s = 0.44 \tag{1.57}$$

此外,在 $0.5<Re<800$ 时,克絮艾奇科(Klyachko,1934)给出:

$$C_s = \frac{24}{Re} + 4Re^{1/3} \tag{1.58}$$

其误差为 3%～4%。

而对于 $Re < 3000$ 范围内迪金森(Dickinson)和马歇尔(Marshall,1968)给出：

$$C_s = 0.22 + 24(1 + 0.15Re^{0.6})/Re \tag{1.59}$$

其误差在 ±7% 以内。

斯托克斯定律是气溶胶力学中非常重要的理论基础之一,对很多问题的分析都以此为出发点。

例 1.1 设 $d = 100\mu m, u = 100cm/s, t = 20℃$,计算球形粒子穿过静止的干空气时的阻力。

解:在 20℃时,查表知：

$$\rho_a = 1.205 kg/m^3$$

$$\mu = 1.81 \times 10^{-5} Pa \cdot s$$

又已知 $d = 100\mu m, u = 100cm/s$,首先计算 Re:

$$Re = \frac{100 \times 10^{-6} \times 100 \times 10^{-2} \times 1.205}{1.81 \times 10^{-5}} \approx 6.66$$

$0.5 < Re < 800$,可应用克累艾齐科公式(式(1-58))计算 C_s:

$$C_s = \frac{24}{6.66} + 4 \times 6.66^{1/3} = 11.13$$

结果比实验值大,若按式(1.56)计算则会比实验值小。

根据式(1.49)可得

$$F = 11.13 \times \frac{\pi \times (100 \times 10^{-4})^2}{4} \times \frac{1.205 \times (100 \times 10^{-2})^2}{2} \approx 5.26 \times 10^{-4}(N)$$

1.3.3 肯宁汉修正

对非常细小的粒子(粒度接近气体分子运动的平均自由程,也有学者认为小于 $1\mu m$),有可能会发生分子滑动,导致依据前面公式的计算值大于实际阻力,因此需要对斯托克斯公式加以修正。粒子直径越小,这一修正越有必要,即

$$F = 6\pi\mu a u/C \tag{1.60}$$

式中：C 为肯宁汉修正系数，$C > 1$。斯特劳斯（Strauss）给出的修正系数计算式为

$$C = 1 + \frac{2\lambda}{d}(1.257 + 0.400\exp(-0.55d/\lambda)) \tag{1.61}$$

式中：λ 为气体分子平均自由程。对于标准状态的空气，$\lambda = 0.0667\mu m$。

由于气体分子平均自由程与温度和压力有关，因此肯宁汉修正系数也随温度和压力发生变化。式（1.61）仅对空气在 80℃ 和 1atm（1atm = 101.3kPa）条件下是有效的，不适用于高温高压条件。

1.3.4 非球形粒子的阻力特征

固体气溶胶粒子一般都不是球形，其运动特点是粒子运动的方向和介质阻力未必在同一直线上，自由下落的轨迹和垂直线有一定偏差。当 Re 达到某一临界值（0.05～0.1）时，长粒子趋向于采取介质阻力最大的位置，例如，对于板状及针状粒子，它们较大的面和较长的棱取垂直于运动方向的位置，而对于立方体和四面体，趋于使其一个面垂直于这个方向，随 Re 的增大这种取向作用也增强，粒子的迁移率也随之减小。在气溶胶力学的研究内容中，对于给定的粒子，通常认为其运动速度与作用于其上的力成正比，比例系数即粒子的迁移率 B 有

$$u = FB \tag{1.62}$$

根据式（1.41）可知

$$B = 1/6\pi\mu r = 1/3\pi\mu d \tag{1.63}$$

运动速度相同时非球形粒子的阻力大于球形粒子的阻力，但非球形粒子的阻力系数很难进行理论计算。1934 年，韦德尔提出用球形度（Sphericity）ψ 的概念来描述非球形粒子的阻力系数。韦德尔得到的非球形粒子的球形度 ψ 与阻力系数 C_s 的关系见图 1.13。

根据图 1.13，在 Re 一定的条件下，阻力系数 C_s 随球形度 ψ 减小而增大。对于小 Re 情况下，计算非球形粒子的阻力仍可用斯托克斯公式，只要加以形状修正即可。如果介质对非球形粒子的阻力和对同体积球形粒子阻力之比 k 称为粒子的"动力形状系数"，那么，非球形粒子的阻力为

$$F = 6\pi\mu ruk \tag{1.64}$$

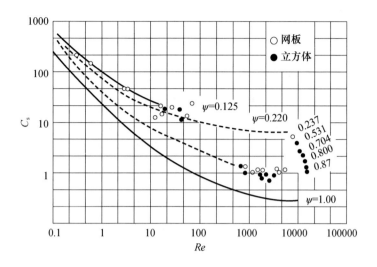

图 1.13 非球形粒子的球形度与阻力系数的关系

如果两个粒子密度相等,以 d_c 表示等效直径,d_s 表示沉降直径,且非球形粒子的沉降速度与同体积球形粒子的沉降速度相等,即

$$\frac{\gamma_g d_c^2}{18\mu k} = \frac{\gamma_g d_s^2}{18\mu} \qquad (1.65)$$

所以有

$$k = d_c^2 / d_s^2 \qquad (1.66)$$

式中:k 为动力形状系数,等于等效直径与沉降直径之比的平方。对于球体,$k = 1.0$;对于非球形粒子,等效直径总是大于沉降直径,所以 k 值总是大于 1.0。例如:对长椭球体,$k = 1.28$;对扁椭球体,$k = 1.36$。

派梯·约翰(Petty John)建立了球形度与动力形状系数之间的数值关系,即

$$k = \left(0.843 \lg \frac{\psi}{0.065}\right)^{-1} \qquad (1.67)$$

如果确定了粒子的球形度 Ψ,就可以利用式(1.67)与式(1.66)进行等效直径与沉降直径之间的换算,同时也可以根据式(1.64)计算非球形粒子的阻力。

1.3.5 气溶胶粒子的布朗运动

布朗运动是指悬浮在流体中的微粒受到流体分子与粒子的碰撞而发生

的不停息的随机运动。1827年,英国植物学罗伯特·布朗(Robert Brown)在利用显微镜观察悬浮于水中的花粉迸裂出微粒时,发现微粒会呈现不规则状的运动,因而称之为布朗运动。这些小的颗粒为液体的分子所包围,由于液体分子的热运动,小颗粒受到来自各个方向液体分子的碰撞,布朗粒子受到不平衡的冲撞,而做沿冲量较大方向的运动。又因为这种不平衡的冲撞,使布朗微粒得到的冲量不断改变方向,所以布朗微粒做无规则的运动。温度越高,布朗运动越剧烈。它间接显示了物质分子处于永恒的、无规则的运动之中。但是,布朗运动并不限于上述悬浮在液体或气体中的布朗微粒,一切很小的物体受到周围介质分子的撞击,也会在其平衡位置附近不停地做微弱的无规则颤动。

布朗运动同样存在于各种气溶胶体系中,由于气溶胶粒子受周围不对称分子作用力而不断产生。对于较大的粒子,由于惯性的作用,布朗运动很微弱,而重力作用下的沉降运动非常显著。对于较小的粒子,尤其是半径为 10^{-7} cm 的粒子,它们的布朗运动的速度要比重力作用下的运动速度大许多倍,见表1.8,从而会在空气中悬浮很长的时间而不落到地面。

表1.8 微小粒子的重力沉降和布朗运动速度比较

粒子半径/μm	静止空气介质中沉降速度/(cm/s)	布朗运动平均速度/(cm/s)
5	0.3	2.2×10^{-8}
1	0.013	0.0005
0.5	0.0035	0.00074
0.1	0.00023	0.0021
0.05	0.000084	0.0036

气溶胶粒子的布朗运动是无规则的,四面八方都有,因此不会直接引起气溶胶体系的质量浓度发生改变。

1.3.6 气溶胶粒子的凝并

凝并是气溶胶粒子相互碰撞而导致较小的粒子凝聚成较大粒子的生长过程。如果是由布朗运动造成的碰撞引起的,则该凝并过程称为热凝并;如果是外力引起的运动碰撞,则称为动力凝并。热凝并是其他粒子扩散到另一个粒子的表面而并非分子扩散到该粒子表面,通常没有逆过程发生。内力作用也会引起粒子的凝并,例如范德华力、荷电粒子、电偶极子和磁极子等。在经典的斯莫鲁克夫斯基(Smoluchowski)平均场理论中,斯莫鲁克夫斯基 1917 年率先给出了多分散系中粒数浓度凝并变化的离散型数学模型。1928 年穆勒(Muller)进一步给出了该问题的微积分方程,即

$$\frac{\partial n}{\partial t} = \frac{1}{2}\int_0^V \beta(\tilde{V}, V-\tilde{V})n(\tilde{V},t)n(V-\tilde{V},t)\mathrm{d}\tilde{V} - \int_0^\infty \beta(V,\tilde{V})n(V,t)n(\tilde{V},t)\mathrm{d}\tilde{V} \tag{1.68}$$

式中:$\beta(V,\tilde{V})$ 为碰撞频率函数;$n(V,t)$ 为 t 时刻的颗粒尺寸分布方程;$\beta(V,\tilde{V})$ 为体积为 V 和 $\tilde{V}$ 的两个颗粒的碰撞核。方程右边的第一项表示体积为 $V-\tilde{V}$ 和 $\tilde{V}$ 的颗粒相碰撞使得体积为 V 的颗粒数目的增量。方程右边第二项表示体积为 V 的颗粒和其他颗粒相碰撞造成体积为 V 的颗粒数目的减量。穆勒方程虽然很难求得其解析结果,但已成为对离散系进行研究的理论基础之一。进一步的科学研究表明,粒子的凝并或凝聚速度与气溶胶粒子的粒数浓度的平方成正比,这一规律可通过球形粒子数量浓度的变化进行描述:

$$-\frac{\mathrm{d}n}{\mathrm{d}t} = \frac{2}{3}\frac{kT}{\mu}n^2 C \tag{1.69}$$

式中:k 为玻耳兹曼(Boltzmann)常数(1.38×10^{-23} J/K 或者 1.38×10^{-16} dyn·cm/K);T 为热力学温度(K);μ 为气体介质的黏度(Pa·s 或者 kg/(m·s));t 为时间(s);n 为气溶胶的粒数浓度($1/\mathrm{m}^3$);C 为肯宁汉滑流修正系数,可以根据下式进行计算,即

$$C = 1 + \frac{2.492\lambda}{d} + \frac{0.84\lambda}{d}\exp\left(-\frac{0.435d}{\lambda}\right) \tag{1.70}$$

式中:d 为粒子的直径(μm);λ 为气体介质的平均分子自由程(μm)。当 $d > \lambda$ 时,为研究方便,可令

$$K_s = \frac{2}{3}\frac{kT}{\mu}C \tag{1.71}$$

此即凝并系数 K_s(m^3/s)的一般表达式。式(1.71)代入式(1.69)可得

$$-\frac{dn}{dt} = K_s n^2 \tag{1.72}$$

假定不存在其他损失,并假定所有碰撞都是有效的,那么对式(1.72)积分,可以得到气溶胶体系粒数浓度变化的基本方程:

$$\frac{1}{n} - \frac{1}{n_0} = K_s t \tag{1.73}$$

根据式(1.74)可以求得任意时刻 t 时的粒数浓度:

$$n = \frac{n_0}{1 + n_0 K_s t} \tag{1.74}$$

根据式(1.75)可以得到粒数浓度减少至初始浓度 1/2 所需要的时间,即粒数浓度的半衰期:

$$t_{1/2} = \frac{1}{n_0 K_s} (\text{s}) \tag{1.75}$$

式(1.70)表明,肯宁汉滑流修正系数 C 与颗粒物直径有很大关系,因此,对于多分散体系,凝并系数会呈现一定分布而非恒定值,分布规律与粒度分布的不均一性、不同物质的粒子混合在一起在粒子形状等方面产生的差异,还有分散介质的影响、电的效应、温度、压力和黏性的影响等因素有关。表1.9所列为在温度293K条件下不同粒度粒子的凝并系数,表1.10给出了几种气溶胶的凝并系数。

表1.9 在温度293K条件下不同粒度粒子的凝并系数

粒子直径/μm	凝并系数/(m³/s)	粒子直径/μm	凝并系数/(m³/s)
5	3.0×10^{-16}	0.1	7.2×10^{-16}
1	3.4×10^{-16}	0.05	9.9×10^{-16}
0.5	5.8×10^{-16}		

根据表1.9可知,粒子直径越小,凝并系数越大,凝并速度越快。随着粒子数的减少,凝并速度将迅速减慢。通常,在气溶胶形成的初期,粒子浓度非常大,一般在 1cm^3 的空间中会有 $10^{11} \sim 10^{12}$ 个粒子,巨大的粒子浓度必然会引起粒子的迅速凝并,而随着粒子浓度的变化,凝并系数也会发生相应的变化。随后,在气溶胶形成过程的约 2/3 的时候,粒子浓度将会降到 1cm^3 的空间中约有 $10^6 \sim 10^7$ 个粒子。

第1章 气溶胶基础

表1.10 几种气溶胶的凝并系数

分散物质名称	质量浓度/(g/m³)	凝并系数/(cm³/min)
硬脂酸	13.5	3.1×10^{-8}
氯化铵	20.0	$(3.7 \sim 4.3) \times 10^{-8}$
氧化镉	50.0	$(5.1 \sim 5.3) \times 10^{-8}$
氧化铁	16.5	$(4.0 \sim 4.1) \times 10^{-8}$
氨基偶氮苯	10.0	4.5×10^{-8}
二甲氨基偶氮苯	10.0	3.33×10^{-8}

斯莫鲁克夫斯基在穆勒研究的基础上,针对具有恒定凝并系数的单分散度气溶胶体系,考虑肯宁汉滑流修正,认为粒子浓度的变化也可用下式进行计算:

$$\frac{1}{n} - \frac{1}{n_0} = \frac{1}{2} K_s t \quad (1.76)$$

其中

$$K_s = \frac{8}{3} \frac{kT}{\mu} C \quad (1.77)$$

所以

$$n = \frac{n_0}{1 + n_0 \frac{K_s t}{2}} \quad (1.78)$$

令 $n = n_0/2$,代入式(1.78)可以推得单分散体系粒子浓度的半衰期为

$$t_{1/2} = \frac{2}{n_0 K_s} (\text{s}) \quad (1.79)$$

例1.2 设气溶胶为单分散体系,初始直径 $d = 0.35 \mu m$,初始粒子浓度 $n_0 = 1.25 \times 10^7 / \text{cm}^3$,粒子的凝并系数为 $2.45 \times 10^{-10} \text{cm}^3/\text{s}$,计算该气溶胶体系的半衰期及分散后2min时气溶胶的粒子浓度。

解:根据式(1.79)得

$$t_{1/2} = \frac{2}{1.25 \times 10^{13} \times 2.45 \times 10^{-16}} \approx 653(\text{s})$$

又根据式(1.78)可知

$$n_{t=2\min} = \frac{1.25 \times 10^{13}}{1 + 1.25 \times 10^{13} \times \frac{2.45 \times 10^{-16} \times 120}{2}} = 1.06 \times 10^{13} (1/\text{m}^3)$$

事实上,粒子凝并会导致粒子的直径变大,粒子的数量浓度不断降低。设凝并前粒子的直径为 d_0,如果在凝并过程中粒子体系的质量浓度不变,则根据式(1.80)可以推得发生凝并后 t 时刻的粒子直径 d_t 为

$$d_t = d_0(1 + n_0 K_s t)^{1/3} \tag{1.80}$$

例 1.3 条件同例 1.2,计算分散后 5min 时气溶胶体系的直径。

解:根据式(1.80)可得

$$d_{t=5\min} = 0.35 \times (1 + 1.25 \times 10^{13} \times 2.45 \times 10^{-16} \times 5 \times 60)^{1/3} = 0.435(\mu m)$$

1.3.7 气溶胶粒子的重力沉降速度

球形粒子在黏性流体中的自由沉降为重力沉降,可分为加速阶段和等速阶段,其中在等速阶段,粒子所受重力、浮力和阻力三者处于平衡状态,此时粒子相对于流体的运动速度称为沉降速度或最终沉降速度。

设气体介质的密度为 ρ_g,气溶胶粒子的密度为 ρ_p,根据式(1.49)可知,直径为 d_p 的颗粒物在气体中自由沉降所受到的阻力为

$$F = C_s \frac{\pi d_p^2 \rho_g u^2}{4 \quad 2} \tag{1.81}$$

颗粒物所受的重力 F_g 和在气体中所受的浮力 F_f 分别为

$$F_g = \frac{\pi}{6} d_p^3 \rho_p g \tag{1.82}$$

$$F_f = \frac{\pi}{6} d_p^3 \rho_g g \tag{1.83}$$

粒子在重力作用下在流体中做自由沉降的等速运动时,应满足

$$F = F_g - F_f \tag{1.84}$$

将式(1.81)~式(1.83)代入式(1.84)中,得

$$C_s \frac{\pi d_p^2 \rho_g u^2}{4 \quad 2} = \frac{\pi}{6} d_p^3 \rho_p g - \frac{\pi}{6} d_p^3 \rho_g g \tag{1.85}$$

根据式(1.85)解得球形粒子在气体介质中自由沉降时粒子的最终沉降速度为

$$u_t = \sqrt{\frac{4(\rho_p - \rho_g) g d_p}{3 \rho_g C_s}} \tag{1.86}$$

式(1.86)是计算球形粒子在流体中最终沉降速度的通式。前已述及,球形粒子的阻力系数 C_s 随雷诺数的变化可以分为三个区间,相应地,球形粒子最终的沉降速度计算也需要按雷诺数的变化分为三种情况。

(1) $Re < 1$: $C_s = 24/Re$,则由式(1.86)得

$$u_t = \frac{(\rho_p - \rho_g)g d_p^2}{18\mu} \qquad (1.87)$$

因为 $\rho_p \gg \rho_g$,所以式(1.87)可以简化为

$$u_t = \frac{\rho_p g d_p^2}{18\mu} \qquad (1.88)$$

(2) $Re = 1 \sim 500$,处于艾伦区,$C_s = 10/Re^{1/2}$,由式(1.86)可得

$$u_t = \left[\frac{4}{225} \frac{(\rho_p - \rho_g)^2 g^2}{\rho_g \mu}\right]^{1/3} d_p \qquad (1.89)$$

同理,忽略分子中的 ρ_g 后,得

$$u_t = \left[\frac{4}{225} \frac{\rho_p^2 g^2}{\rho_g \mu}\right]^{1/3} d_p \qquad (1.90)$$

(3) $Re = 500 \sim 2 \times 10^5$,处于牛顿区,$C_s = 0.44$,所以

$$u_t = \sqrt{\frac{(\rho_p - \rho_g)g d_p}{0.33 \rho_g}} \qquad (1.91)$$

忽略分子中的 ρ_g 后,得

$$u_t = \sqrt{\frac{\rho_p g d_p}{0.33 \rho_g}} \qquad (1.92)$$

在应用式(1.87)~式(1.92)计算粒子的最终沉降速度时,需要事先知道粒子运动的 Re,才能选择适当的公式进行计算。但 Re 通常是未知的,而阻力系数 C_s 在每个 Re 区段中是不同的,为了避免烦琐的反复试算,可以应用下列近似计算法:

(1) 在未知 Re 的情况下,应用式(1.87)或式(1.88)计算出粒子的最终沉降速度 u_t';

(2) 以 u_t' 计算雷诺数 Re';

(3) 按图1.14,查出对应的修正系数 u_t/u_t';

(4) 根据修正系数 u_t/u_t' 计算出正确的最终沉降速度 u_t 为

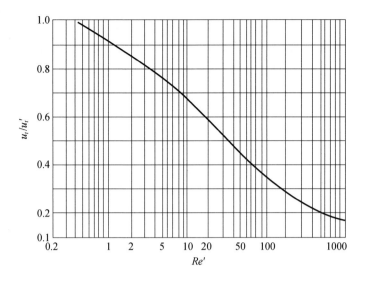

图 1.14 修正系数 u_t/u_t'

$$u_t = u_t' \times (u_t/u_t') \tag{1.93}$$

例 1.4 计算平均粒径为 $100\mu m$，密度为 $2830 kg/m^3$ 的粉尘粒子在 20℃ 大气中的最终沉降速度。

解：查干空气的物理性质表知 20℃ 空气 $\mu = 1.81 \times 10^{-5} (kg \cdot m/s)$，$\rho = 1.205 (kg/m^3)$

$$u_t' = \frac{\rho_p g d_p^2}{18\mu} = \frac{2830 \times 9.81}{18 \times 1.81 \times 10^{-5}} \times (100 \times 10^{-6})^2 = 0.852 (m/s)$$

$$Re' = \frac{1.205 \times 0.852 \times 100 \times 10^{-6}}{1.81 \times 10^{-5}} = 5.672$$

由图 1.14 查出 $u_t/u_t' = 0.75$，再由式(1.93)得

$$u_t = 0.852 \times 0.75 = 0.639 (m/s)$$

前面所讨论的内容在无限大流场中是正确的，但对具有约束条件的场合，如纤维过滤器、袋式除尘器和流体输送管道中粒子的运动，均属于粒子在有界流体中的运动，此时绕粒子的流线会受到边界的干扰，其影响大小与边界的具体情况有关，因此对斯托克斯定律及最终沉降速度需要视情况做进一步修正和灵活运用。

第 2 章

大气扩散基本理论

气溶胶在大气环境中扩散传播遵从大气扩散的基本规律,可用大气扩散基本理论进行描述。大气扩散根据其特性也称为大气湍流扩散。湍流扩散的基本理论主要包括梯度输送理论(K 理论)、统计理论(泰勒公式)和相似理论。目前大气环境科学中实际应用的大多数大气扩散模式是由梯度理论导出的,统计理论不仅可以导出类似的模式,更重要的是它为现场实测扩散参数的某些重要方法奠定了理论基础,故本章主要介绍大气扩散的梯度输送理论和统计理论。

2.1 扩散理论基础

大气扩散理论是在分子扩散理论的基础上逐步发展完善的。分子扩散的主要规律是菲克定律,其本质是分子或原子的无规则热运动在浓度差的推动下所产生的迁移过程。

2.1.1 分子扩散与菲克定律

1. 分子扩散

分子扩散也称分子传质,是指在静止系统中由于存在浓度梯度而发生的质量迁移现象,是质量传递的一种基本形式,其本质是在浓度差或其他推动力的作用下,由于分子、原子等的热运动所引起的物质从高浓度区向低浓度区迁移的过程。

分子扩散是自然界和工程上最普遍的扩散现象,广泛存在于气体、液体甚至固体介质中,例如双组分气体混合物中各组分之间的扩散,液体介质中溶质在溶剂中的扩散等,可以是气-气扩散、气-液扩散、液-液扩散、固-液扩散、固-固扩散等方式。

2. 菲克第一定律

1855年,德国科学家菲克(Adolf Fick)提出了描述分子扩散规律的基本定律:在单位时间内通过垂直于扩散方向的单位截面积的扩散物质流量(称为扩散通量)与该截面处的浓度梯度成正比,也就是说,浓度梯度越大,扩散通量越大,这就是菲克第一定律,即

$$J = -D\frac{\partial C}{\partial x} \tag{2.1}$$

式中:J 为扩散通量($kmol \cdot s/m^2$ 或者 $kg \cdot s/m^2$);D 为分子扩散系数(m^2/s);C 为扩散物质的浓度($kmol/m^3$ 或者 kg/m^3);$\frac{\partial C}{\partial x}$ 为浓度沿扩散方向随距离的变化梯度($kmol/m^4$ 或者 kg/m^4);x 为扩散距离(m)。

负号表示分子扩散方向为浓度梯度的反方向,即分子总是由高浓度区向低浓度区扩散。

对于三维扩散体系,扩散通量 J 可分解为 x、y、z 坐标轴方向上的三个分量 J_x、J_y、J_z,此时扩散通量可写成

$$J_x = -D_x\frac{\partial C}{\partial x} \tag{2.2}$$

$$J_y = -D_y\frac{\partial C}{\partial y} \tag{2.3}$$

$$J_z = -D_z\frac{\partial C}{\partial z} \tag{2.4}$$

$$J = J_x + J_y + J_z = -\left(D_x\frac{\partial C}{\partial x} + D_y\frac{\partial C}{\partial y} + D_z\frac{\partial C}{\partial z}\right) \tag{2.5}$$

式中:D_x、D_y、D_z 分别为 x、y、z 方向的分子扩散系数。因为分子扩散具有各向同性,故可令

$$D_x = D_y = D_z = D \tag{2.6}$$

所以

第 2 章 大气扩散基本理论

$$J = -D\left(\frac{\partial C}{\partial x} + \frac{\partial C}{\partial y} + \frac{\partial C}{\partial z}\right) \tag{2.7}$$

3. 菲克第二定律

扩散物质在扩散介质中的浓度分布随时间发生变化的扩散称为不稳定扩散,其扩散通量随位置与时间变化。对于不稳定扩散,可以从物质的平衡关系着手,建立第二扩散微分方程式。

菲克第二定律是在第一定律的基础上推导出来的。菲克第二定律指出,在非稳态扩散过程中,在距离 x 处,浓度随时间的变化率等于该处的扩散通量随距离变化率的负值,即

$$\frac{\partial C}{\partial t} = -\frac{\partial J}{\partial x} \tag{2.8}$$

将式(2.1)代入式(2.8),得

$$\frac{\partial C}{\partial t} = \frac{\partial}{\partial x}\left(D\frac{\partial C}{x}\right) \tag{2.9}$$

这就是菲克第二定律的数学表达式。如果扩散系数 D 随距离 x 变化不大,可近似看成常数,则式(2.9)可以写成

$$\frac{\partial C}{\partial t} = D\frac{\partial^2 C}{\partial x^2} \tag{2.10}$$

式中:t 为扩散时间(s)。实际上,扩散系数 D 是随浓度和距离变化的,但为了便于求解扩散方程,往往近似地把 D 看作恒量处理。

对于三维扩散体系,菲克第二扩散方程可写为

$$\frac{\partial C}{\partial t} = D_x\frac{\partial^2 C}{\partial x^2} + D_y\frac{\partial^2 C}{\partial y^2} + D_z\frac{\partial^2 C}{\partial z^2} \tag{2.11}$$

考虑分子扩散各向同性,将式(2.6)代入式(2.11),得

$$\frac{\partial C}{\partial t} = D\left(\frac{\partial^2 C}{\partial x^2} + \frac{\partial^2 C}{\partial y^2} + \frac{\partial^2 C}{\partial z^2}\right) \tag{2.12}$$

菲克第二扩散定律描述了不稳定扩散条件下介质中各点物质浓度由于扩散而发生的变化。根据各种具体的起始条件和边界条件,对菲克第二扩散方程进行求解,便可得到相应体系物质浓度随时间、位置变化的规律。

通常扩散系数与系统的温度、压力、浓度以及物质的性质有关。对于双组分气体混合物,组分的扩散系数在低压下与浓度无关,只是温度及压力的函数。

气体扩散系数可从有关资料中查得,其值一般在 $1\times10^{-5}\sim1\times10^{-4}\ \mathrm{m^2/s}$ 范围内。

2.1.2 大气扩散基础

物质在大气环境中的存在及其行为、影响后果与大气扩散规律密切相关。物质分散到大气中构成气溶胶,而人类对气溶胶的研究除了微观分析之外,更多的是研究其宏观运动规律。例如化工厂毒物泄漏后形成的有毒云团、化学弹爆炸后形成的毒剂云团、核电站泄漏后产生的放射气溶胶等,类似的气溶胶体系在大气环境中普遍存在,其运动变化的规律同样遵循大气扩散规律。气溶胶云团随气流一起运动,同时向四周扩散的过程称为气溶胶云团的传播。讨论气溶胶云团传播的目的,是为了掌握气溶胶浓度的时空分布规律,估算其影响范围的大小,确定具有军事研究价值的气溶胶云团尺寸和影响区域等效应随时间的变化规律,从而为部队或相关区域居民采取防护、洗消等措施,或实施烟幕防护、特种救援行动提供科学依据。

本节简要介绍湍流扩散、影响湍流扩散的主要因素、湍流扩散速率和湍流扩散模式等基础知识和概念。

1. 湍流扩散

大气的运动除了风以外,还存在着不同于主流方向(平均风向)的各种尺度的次生运动或涡漩运动,即湍流运动。大气湍流运动能将进入它内部的气体或微粒迅速扩散开来,因此大气湍流运动又称大气湍流扩散。

大气湍流与一般工程上遇到的湍流有着明显的不同。流体在管道内流动时,湍涡的大小是被限制着的。大气中空气的流动则是没有约束的,因为大气不存在上界。由于大气是半无限介质,特征尺度很大,只要极小的平均风速就会有很大的雷诺数,从而达到湍流状态。因此,低层大气的流动通常都是处于湍流状态。在大气边界层内,气流直接受到下垫面的强烈影响,湍流运动尤为强烈。

湍流的主要特征是它的不规则性,即在湍流中存在不同于主流方向的、各种尺度的不规则次生运动,其结果是造成流体各部分之间的强烈的混合。此时,只要在流场中存在或出现某种属性的不均匀性(梯度),就会因湍流的混合和交换作用将这种属性从它的高值区向低值区传输,进行再分布。湍流输送的速度是很快的,在大气中湍流输送速度比分子输送速度大几个数量级。当气溶胶从施放源进入大气时,气溶胶物质在流场中的分布也是不均匀的,总会形成浓度梯度。此时,它们除了随大气做整体的飘移外,由于湍流混合作用,还不断将周围的清洁空气卷入气溶胶云团中,同时将气溶胶物质带到周围的清洁空气中去。这种湍流混合和交换,造成整个气溶胶云团从高浓度区向低浓度区输送,使它们逐渐被分散、稀释,并最终导致气溶胶云团的体积不断扩大、浓度不断降低,如图2.1所示。

图2.1 湍流扩散过程中气溶胶云团体积不断扩大

描述大气输送与扩散有两种基本处理方法,即欧拉方法和拉格朗日方法。按照欧拉方法处理,是相对于固定坐标系描述物质的输送与扩散;按拉格朗日方法,则是由跟随流体移动的粒子来描述物质的浓度及其变化。两种方法虽然采用了不同类型的描述进入空气中物质浓度的数学表达式,但都能正确地描述湍流扩散过程。按照梯度输送理论,大气中一个固定点上的扩散与局部浓度梯度成正比,研究流体相对于空间固定坐标的运动性质,属欧拉方法。统计理论研究跟随流体粒子的运动,属拉格朗日方法。

2. 影响湍流扩散的主要因素

大气是气溶胶云团传播的介质,气象条件是制约气溶胶在大气中输送、扩散、稀释、转化、消光的重要因子。事实说明,气象条件对气溶胶浓度分布具有相当明显的影响,因而,气溶胶物质散布的外部主要影响因子就是气象条件。气象变化是非常复杂的,因而影响气溶胶物质散布的气象因子也是多种多样的。

1)大气边界层结构及其特征

气象学中的大气是指地球引力作用下包围地球的空气层,其最外层的界限难以确定。通常把自地面至1200km左右范围内的空气层称作大气圈或大气层,而空气总质量的98.2%集中在距离地球表面30km以下。超过1200km的范围,由于空气极其稀薄,一般视为宇宙空间。大气的结构是指垂直方向上大气的密度、温度及其组成的分布状况。地球周围的大气圈具有层状结构,根据大气在垂直方向热状况的分布,由地表向外,依次将大气划分为对流层、平流层、中层和暖层,其中对流层是大气圈最靠近地面的一层,集中了大气质量的75%和几乎全部的水蒸气、微尘杂质。受太阳辐射与大气环流的影响,对流层中空气的湍流运动和垂直方向混合比较强烈,主要的天气现象云、雨、风、雪等都发生在这一层,有可能形成气溶胶易于扩散的气象条件,也可能生成不利于扩散的逆温气象条件。因此,该层对大气环境中物质的扩散、输送和转化影响最大。

大气对流层的厚度不恒定,随地球纬度增高而降低,且与季节的变化有关,赤道附近约为15km,中纬度地区为10~12km,两极地区约为8km;同一地区,夏季要比冬季厚。一般情况下,对流层中的气温沿垂直高度自下而上递减,约每升高100m平均降低0.65℃。各种物质排放进入大气层后主要分布在对流层,其活动取决于各种尺度的大气过程,首先受到大气边界层湍流活动的支配。

从地面向上至1~1.5km高度范围内的对流层称为大气边界层,该层空气流动受地表影响最大。由于气流受地面阻滞和摩擦作用的影响,风速随高度的增加而增大,因此又称为摩擦层。地表面冷热的变化使气温在昼夜之间有明显的差异,可相差十几乃至几十度。由于从地面到100m左右的近地层在垂直方向上热量和动量的交换甚微,所以上下气温之差只有1~2℃。大气边界层对人类生产和生活的影响最大,污染物的迁移扩散和稀释转化也主要在这一层进行。

按动力学特征,常把大气边界层分为贴地层、近地层和上部摩擦层或艾克曼(Ekman)层三层,其中贴地层厚度在1m以内,近地层高度可达50~100m。由于直接受下垫面的影响,近地层内气象要素有明显的日变化,大气与地面的相互作用主要依赖于垂直方向的湍流对动量、热量、水汽的输送。在近地层中,动量、热量和水汽的湍流垂直输送通量随高度变化很小,因此又称为常值通量层。并且,在近地层内风速随高度升高近似满足线性增大的关系。

气象条件是影响大气中物质扩散的主要因素。在气象学中,气象要素主要包括气压、气温、气湿、云、风、能见度以及太阳辐射等。这些要素都能通过观测直接获得,并随着时间经常变化,彼此之间相互制约。不同的气象要素组合呈现不同的气象特征,因此对气溶胶云团在大气中的输送扩散具有不同的影响。其中风和大气不规则的湍流运动是直接影响气溶胶物质扩散的气象特征,而气温的垂直分布又制约着风场与湍流结构。

2)气温与大气稳定度

大气稳定度是指大气中的某一气团在垂直方向上的稳定程度。由于大气温度随高度的分布不同,实际大气中可能出现三种层结:稳定层结、中性层结、不稳定层结。在稳定层结条件下,随高度升高,位温上升,抑制了垂直方向的运动,因而在这种情况下,不利于大气湍流的存在和发展,使大气对气溶胶云团的扩散能力下降。在不稳定层结条件下,随高度上升,位温下降,有利于垂直方向运动,大气湍流得到充分发展,扩散能力很强。中性层结介于稳定和不稳定之间。

人们把 30～50m 以下的空气层,称为近地面空气层,简称地面层。因为气溶胶云团在近地面层的运动规律与大气湍流运动状况是一致的,所以近地面层中风和垂直稳定度分布与变化直接影响气溶胶云团的传播方向、传播纵深和扩散范围等。

由于在 30～50m 以下的大气层中气压随高度的变化是很小的,所以,当气温随高度增高而降低时,大气密度会随高度增高而增加,从而引起空气在垂直方向的流动,此时的大气稳定度称为对流。而气温随高度增高而增加时,大气密度会随高度增高而减小,空气在垂直方向几乎不流动,此时的大气稳定度称为逆温。当垂直温度差接近 0 时,大气稳定度称为等温。

图 2.2 和图 2.3 所示分别为等温和逆温条件下的烟幕气溶胶云团扩散传播,表明了大气稳定度对烟云在大气中的扩散具有很大影响。不言而喻,大气越不稳定,气溶胶云团的扩散速率就越快,传播纵深越短。反之,则越慢,云团贴着地面传输距离较远。

事实上,大气垂直稳定度与天气现象、时空尺度及地理条件密切相关,其级

图 2.2　等温条件下烟幕气溶胶云团传播

图 2.3　逆温条件下烟幕气溶胶云团传播

别的准确划分非常困难。目前国内外对大气稳定度的分类方法也已多达十余种,除上述分类之外,应用较广泛的有风速比判据、萨顿(Sutton)判据、帕斯奎尔(Pasquill) - 特纳尔(Turner)判据、拉赫特曼判据和 SR 数表示法。

下面列举部分常用的大气稳定度判据。

(1)风速比判据。风速比判据为

$$r_u = u_5/u_1 \tag{2.13}$$

式中:u_1 为离地 1m 高的风速(m/s);u_5 为离地 5m 高的风速(m/s)。

当 $r_u > 1$ 为逆温,$r_u < 1$ 为对流,$r_u = 1$ 为等温。

(2)萨顿判据。萨顿判据为

$$n = \frac{2\ln(u_2/u_1)}{\ln(z_2/z_1) + \ln(u_2/u_1)} \quad (2.14)$$

式中:z_2、z_1 为垂直方向任意两高度(m);u_2、u_1 为任意两高度处的平均风速(m/s)。

$n=1/5$ 对流,$n=1/4$ 等温,$n=1/3$ 弱逆温,$n=1/2$ 强逆温。

(3)帕斯奎尔-特纳尔判据。英国气象学家 F. Pasquill(1961)利用风速和太阳辐射强度来判别大气垂直稳定度,美国公共卫生局的气象学家 D. B. Turner(1967)又进行了改进完善。其中太阳辐射强度是根据云量和太阳高度角定出。风速是指 10m 高处的风速。稳定度等级分 A、B、C、D、E、F 六级,A 为极不稳定,B 为不稳定,D 为中性稳定,E 为稳定,F 为很稳定。应用时先按表 2.1 查取太阳辐射等级,然后再由表 2.2 确定当时的稳定度。

表 2.1 太阳辐射等级

总云量/低云量	夜晚	太阳高度角(h_θ)			
		$h_\theta \leq 15°$	$15° < h_\theta \leq 35°$	$35° < h_\theta \leq 65°$	$h_\theta > 65°$
≤4/≤4	-2	-1	+1	+2	+3
5~7/≤4	-1	0	+1	+2	+3
≥8/≤4	-1	0	0	+1	+1
≥5/5~7	0	0	0	0	+1
≥8/≥8	0	0	0	0	0

表 2.1 中,太阳高度角由天球坐标公式计算:

$$h_\theta = \arcsin(\sin\varphi\sin\delta + \cos\varphi\cos\delta\cos(15t + \lambda - 300)) \quad (2.15)$$

式中:h_θ 为太阳高度角(°);φ 为当地纬度(°);λ 为当地经度(°);t 为观测时间(h);δ 为太阳赤纬(亦称太阳倾角)(°)。

太阳赤纬 δ,一年中在 $-23.5° \sim +23.5°$ 之间变化,其随日期的变化符合

$$\delta = (0.006918 - 0.399912\cos\theta_0 + 0.070257\sin\theta_0 - 0.006758\cos2\theta_0 +$$
$$0.000907\sin2\theta_0 - 0.002697\cos3\theta_0 + 0.001480\sin3\theta_0) \times 180/\pi \quad (2.16)$$

式中:$\theta_0 = 360d_n/365$(°);d_n 为一年中日期的序列,0、1、2、3…、364。

表 2.2 所列为大气稳定度分类。

表 2.2　大气稳定度分类

地面平均风速[①]/(m/s)	太阳辐射等级					
	+3	+2	+1	0	-1	-2
≤1.9	A	A~B	B	D	E	F
2~2.9	A~B	B	C	D	E	F
3~4.9	B	B~C	C	D	D	E
5~5.9	C	C~D	D	D	D	D
≥6	C	D	D	D	D	D

注：①地面平均风速指离地面 10m 高度处 10min 的平均风速

（4）拉赫特曼判据。拉赫特曼考虑热力因素和动力因素，将稳定度判据分为对流、等温和逆温三大类，通常用离地 20cm 的气温与 150cm 高的气温差 Δt 被离地 100cm 高风速平方除的得数表示，有时用 50cm 高的气温与 200cm 高气温差 Δt 被离地 200cm 高风速平方除的得数表示稳定度即

$$n = 1 - \frac{\Delta t}{u^2}$$

$$= 1 - \frac{t_{20cm} - t_{150cm}}{u_{100cm}^2} \tag{2.17}$$

$$n = 1 - \frac{t_{50cm} - t_{200cm}}{u_{200cm}^2} \tag{2.18}$$

式中：n 为稳定度等级；u_1 为离地 1m 处的平均风速（m/s）；Δt 为离地 0.2m 高与离地 1.5m 高的气温差（℃）。

$n=1$ 时为等温，$n>1$ 时为逆温，$n<1$ 时为对流。这种判断比较简略。

根据大量的实验资料，总结出不同的空气稳定度与 n 之间的关系及其出现的时机，详见表 2.3。

表 2.3　各种稳定度及其出现时机

稳定度	n	可能出现的天气和时机
逆温	$n \geq 1.1$	风速较小的无云或少云的夜间
弱逆温	$1.1 > n \geq 1.05$	（1）晴天日出后、日落前后 1~2h； （2）风速较大的夜间；
等温	$1.05 > n > 0.95$	（3）阴天、雾天和雨雪天； （4）较大水域上空

(续)

稳定度	n	可能出现的天气和时机
弱对流	$0.95 \geq n > 0.9$	辐射较弱的白天
对流	$n \leq 0.9$	晴朗的白天或中午前后

(5)SR 数表示法。将 4m 高气温减去 0.5m 高气温被 2m 高风速的平方除,即

$$\mathrm{SR} = \frac{T_4 - T_{0.5}}{u_2^2} \tag{2.19}$$

显然等温时 SR≈0,逆温时 SR<0,对流时 SR>0。

除了上述稳定度判据外,还有其他多种判定方法。各稳定度判据之间的关系见表 2.4。

表 2.4 各稳定度判据之间的关系

稳定度判定法	强对流极不稳定	对流不稳定	弱对流弱不稳定	等温中性	逆温稳定	强逆温很稳定
帕斯奎尔-特纳尔	A	B	C	D	E	F
风速比 u_5/u_1	—	—	<1	1	>1	—
萨顿 n	—	—	1/5	1/4	1/3	1/2
拉赫特曼 n	—	≤0.9	0.91~0.95	0.96~1.04	1.05~1.09	≥1.1
SR 数	脱离<-0.3	<-0.10	<-0.02	-0.02~0.02	>0.02	≥0.10

3)风

风是指空气在水平方向的运动。空气的大规模运动形成风。地球两极和赤道之间大气的温差、陆地与海洋之间的温差以及陆地上不同局部地貌之间的温差对空气产生热力作用,形成各种类型的风,如海陆风、季风、山谷风、峡谷风等。

风的运动规律可用风向和风速描述。风向是指风的来向,通常可用 16 个或 8 个方位表示,如西北风指风从西北方来。此外也可用角度表示,见图 2.4,以北风为 0°,8 个方位中相邻两方位的夹角为 45°,正北与风向的反方向的顺时针方向夹角称为风向角,如东南风的风向角为 135°。

风速是指空气在单位时间内水平运动的距离。气象台站预报的风向和风速一般指的是距地面 10m 高处在一定时间内观测到的平均风速。在自由大气

中,风受地面摩擦力的影响很小,一般可以忽略不计,风的运动视为水平的匀速运动。但在大气边界层中,空气运动受到地面摩擦力的影响,使风速随高度升高而增大。在离地面几米以上的大气层中,平均风速与高度之间的关系一般可以利用各种风速廓线方程来描述。

风是一个矢量,既有大小,又有方向。有风时,排放到大气中的物质将向下风向输送,而不会传播到上风向。并且风速越大,单位时间内气溶胶物质被输送的距离就越远,与空气的混合也越充分,单位体积空气中气溶胶物质的含量就越低,即浓度越低。由于风既能输送气溶胶物质,又能使气溶胶物质与空气混合降低浓度,因而风对气溶胶浓度的分布起很大作用。

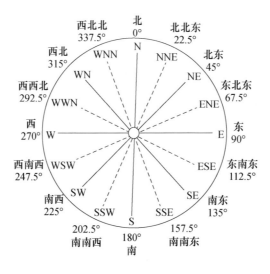

图 2.4　风向图

风向对物质浓度分布也有影响。根据污染气象学,一般在考虑风对污染影响时,常使用污染系数 API(Air Polution Index)的概念：

$$\text{API} = \frac{f}{u} \tag{2.20}$$

风频 f 越低,平均风速 u 越高,则该方向污染系数就越小,污染浓度就越低。对于气溶胶云团而言,相当于气溶胶云团的浓度就越低。

4) 风速廓线

平均风速为 0 的高度用符号 Z_0 表示,称为粗糙度。Z_0 的大小随大气稳定度

第 2 章 大气扩散基本理论

及地形而异。

近地面层风速随高度而加大的程度,与该层空气的稳定度有关,当前还不能用数理方程来准确描述这种变化,而是各气象工作者根据不同的资料和对湍流的不同认识,提出不同的带有一定经验性的风速廓线方程。

(1) 夫罗斯特风速廓线方程如下:

$$u = u_1 \left(\frac{z}{Z_1}\right)^P \qquad (2.21)$$

式中:z、Z_1 分别为两个高度;u、u_1 分别为高度 z、Z_1 上的风速。P 的推荐值如表 2.5 所列。

表 2.5　P 的推荐值

稳定度	A	B	C	D	E	F
城市、森林	0.10	0.15	0.20	0.25	0.4	0.6
农村、湖泊、海洋	0.07	0.07	0.10	0.15	0.35	0.55

(2) 萨顿风速廓线方程如下:

$$u = u_1 \left(\frac{z}{Z_1}\right)^{n/(2-n)} \qquad (2.22)$$

式中:u 为 z 高度上的风速(m/s);Z_1 为固定参考高度(m);u_1 为固定参考高度上的风速(m/s)。

(3) 拉赫特曼风速廓线方程如下:

$$\frac{u}{u_1} = \frac{z^{n-1} - Z_0^{n-1}}{Z_1^{n-1} - Z_0^{n-1}} \qquad (2.23)$$

式中:u 为 z 高度的风速(m/s);z 为垂直高度(m);Z_1 为固定参考高度(m);u_1 为固定参考高度上的风速(m/s);Z_0 为下垫面的粗糙度(m);n 为大气垂直稳定的特性系数。

当 $n=1$ 时,用洛必达法则有

$$\frac{u}{u_1} = \frac{\ln z - \ln Z_{00}}{\ln Z_1 - \ln Z_{00}} \qquad (2.24)$$

式中:Z_{00} 为等温时下垫面的粗糙度。其余符号意义同前。

在非等温条件下的粗糙度 Z_0 与等温时下垫面的粗糙度 Z_{00} 之间的关系由实验得出,见表 2.6。

表 2.6　稳定度和粗糙度的关系

强对流	等温	弱逆温	强逆温
$Z_0 \approx 2Z_{00}$	$Z_0 = Z_{00}$	$Z_0 = \frac{2}{3}Z_{00}$	$Z_0 = \frac{1}{3}Z_{00}$

根据实际测量,部分常见下垫面等温时的粗糙度列于表 2.7。

表 2.7　粗糙度 Z_{00} 值

下垫面	h_0/m[①]	Z_{00}/m[②]
结构土壤	0.07	0.010
休耕地	0.157	0.022
草原	0.295	0.039
草原	0.235	0.032
草原	0.117	0.025
草原	0.105	0.015
小麦,黑麦地	0.332	0.045
厚而结实的平坦雪地	0.0364	0.005
薄而松软的积雪	0.14	0.020
中等厚度的不平雪地	—	0.010
甜菜地	0.493	0.067

注:①h_0 表示凸起物的平均高度;②$Z_{00} = 1/7 h_0$。

前已述及,气象部门提供的风速资料通常是 10m 高度定时观测值。在大气边界层内,风向、风速都在随高度增加而变化,在一般的大气环境模式计算中不考虑风向随高度的变化,但风速随高度的变化不容忽略。按照我国国家标准,当高度大于 240m 时,利用风速廓线方程计算风速时只需按照 240m 代入即可,即当高度大于 240m 时,计算风速统一按 240m 考虑。

5)辐射、云与天气形势

太阳辐射是地球大气的主要能量来源,地面和大气层一方面吸收太阳辐射能,另一方面不断地放出辐射能。地面及大气的热状况、温度的分布和变化,制约着大气运动状态,影响着云与降水的形成,对空气中物质的扩散起着一定的作用。在晴朗的白天,太阳辐射首先加热地面,近地面层的空气温度升高,使大气处于不稳定状态;夜间地面辐射失去热量,使近地层气温下降,形成逆温,大气层结稳定。

云对太阳辐射有反射作用,它的存在会减少到达地面的太阳直接辐射,同时云层对大气逆辐射又有加强作用,从而减小了地面的有效辐射,因此云层的存在可以减小气温随高度的变化。有探测结果表明,某些地区冬季阴天时,温度层结几乎没有昼夜变化。

在缺乏温度层结观测资料的情况下,可以根据季节、时间和云量来估计大气的稳定度状况,再结合风速的大小可以进一步判定大气的扩散能力。

云量是气象观测中非常重要的一个参量。如图2.5(a)所示,云遮蔽天空的份额称为云量。我国规定将视野内的天空分为10等分,云遮蔽的成数即为云量。例如:云密布的阴天云量为10;云遮蔽天空3成时云量为3;当碧空无云的晴天时,云量则为0。而国外是把天空分为8等分,仍按云遮蔽的成数来计算云量。

(a) 总云　　　　　　(b) 低云　　　　　　(c) 高云

图2.5　天空云量

云底距地面的高度称为云高。按云高的不同范围分为:云底高度在2500m以下称为低云;云底高度在2500~5000m之间称为中云;云底高度大于5000m称为高云。低云当中包括浓密灰暗的层云、层积云(不连续的层云)和浓密灰暗兼带雨的雨层云等,通常颜色较深,俗称为黑云,如图2.5(b)所示。高云离地面远,在这高度的水都会凝固结晶,所以高云都是由冰晶体所组成的。高云一般呈纤维状,薄薄的并多数透光性强,外观上颜色较浅,又称为白云,如图2.5(c)所示。

天气现象与气象状况都是在相应的天气形势背景下产生的。一般情况下,在低气压控制时,空气有上升运动,云量较多,如果风速稍大,大气多为中性或不稳定状态,有利于气溶胶物质的扩散。相反,在高气压控制下,一般天气晴朗,风较小,并伴有空气的下沉运动,往往在几百米到2km的高度上形成下沉逆温,抑制湍流的向上发展,夜间有利于形成辐射逆温,不利于气溶胶物质的扩散,容易造成地面气溶胶云团浓度过高。

降水、雾等对空气物质的扩散也有影响。降水对清除大气中的气溶胶物质起着重要的作用,而且有些气溶胶成分能溶解在水中,在水中起化学反应产生其他新物质。

地形和下垫面的非均匀性,对气流运动和气象条件会产生动力及热力的影响,从而改变气溶胶物质的扩散条件。例如城市上空的热岛效应和粗糙度效应,有利于气溶胶物质的扩散,但在一些建筑物背后局地气流的分流和滞留则会使气溶胶物质积聚。地形的影响会使地表面受热不均,从而形成山谷风,以及由于地表性质不均而形成的海陆风等,都会改变大气流场和温度场的分布,从而影响空气中气溶胶物质的散布。

2.2 梯度输送理论

德国科学家菲克在1855年发表了一篇题为"论扩散"的著名论文,在研究分子扩散规律时首先提出了梯度扩散理论,并在菲克定律中进行了应用表述。湍流梯度输送理论的基本假定是:由湍流所引起的局地的某种属性的通量与这种属性的局地梯度成正比,通量的方向与梯度方向相反,比例系数 K 称为湍流扩散系数。

梯度输送理论是近代大气湍流扩散的基本理论之一,它的主要思想是将湍流涡旋对动量、热量和标量物质的输送作用与流体分子的扩散输送作用相比较,用平均场物理量的梯度来描述湍流场的输送作用。受到分子热通量与宏观温度梯度成正比的启发,湍流的梯度输送理论仿照分子运动理论,将湍流看作无数个大小不等的湍涡组成,因此湍流热通量 H 也应当与平均温度的梯度成正比,利用这个关系,将微观上的湍流运动对热量的输送作用,定量地用宏观的温度梯度表示出来,而宏观的温度分布是容易模拟计算或测量的,因而可以求出湍流热通量。类似于热量输送的处理办法,湍流动量通量、水汽成分等湍流的标量物质通量均能够运用梯度输送理论进行描述。

梯度输送理论也叫 K 理论,是研究湍流平均场常用的半经验理论。也就是说,湍流通量可用该量平均场的梯度及扩散系数的乘积来表示。扩散系数作为已知数,它是气象条件、下垫面等因素的函数。在这个假定基础上,便可建立气溶胶浓度所满足的微分方程。对于具体问题分别建立相应的初始条件或边界条件,对方程积分求解,便能获得浓度分布。

2.2.1 扩散系数

在梯度输送理论中,假设动量、热量和物质等物理属性量的湍流通量正比于物理属性量的平均梯度,比例系数称为湍流扩散系数。分子扩散中扩散系数通常用 D 表示,而在大气扩散中,扩散系数通常用 K 表示,可分为水平扩散系数 K_0 和垂直扩散系数 K_z。

拉赫特曼认为,平坦地面上水平方向的扩散系数是相同的,即

$$K_x = K_y = K_0 \tag{2.25}$$

垂直方向的扩散系数 K 取决于离地面的高度 z、地面的粗糙度 Z_0、风速 u 和大气的垂直稳定度 n,即

$$K_z = f(z, Z_0, u, n) \tag{2.26}$$

拉赫特曼根据普兰特混合长度理论,得

$$K_z = l^2 \frac{\mathrm{d}u}{\mathrm{d}z} \tag{2.27}$$

混合长度 l 不能直接测量,根据对风速测量结果,认为混合长度 l 与空气垂直稳定度及地区的粗糙程度有关,即

$$l = k \frac{Z_0^{n-1}}{2-n} z^{2-n} \tag{2.28}$$

式中:z 为高度(m);Z_0 为地面粗糙度(m);$n = 1 - (\Delta t/u_1^2)$ 为大气垂直稳定度的特性参数;$k = 0.4$ 为卡门常数。

把式(2.28)代入式(2.27),得

$$K_z = \left(k \frac{Z_0^{n-1}}{2-n} z^{2-n}\right)^2 \frac{\mathrm{d}u}{\mathrm{d}z} = \frac{k^2 Z_0^{2(n-1)} z^{2(2-n)}}{(2-n)^2} \frac{\mathrm{d}u}{\mathrm{d}z} \tag{2.29}$$

为了得出 K_z,必须解决 $\dfrac{\mathrm{d}u}{\mathrm{d}z}$,因此需利用风速廓线方程:

$$\frac{u}{u_1} = \frac{z^{n-1} - Z_0^{n-1}}{Z_1^{n-1} - Z_0^{n-1}} \tag{2.30}$$

把 n、u_1、Z_1、Z_0 作为常数处理,并微分式(2.30),得

$$du = \frac{u_1(n-1)}{Z_1^{n-1} - Z_0^{n-1}} z^{n-2} dz \tag{2.31}$$

所以

$$\frac{du}{dz} = \frac{u_1(n-1)z^{n-2}}{Z_1^{n-1} - Z_0^{n-1}} \tag{2.32}$$

把式(2.32)代入式(2.29),得

$$K_z = \frac{k^2 u_1(n-1) Z_0^{2(n-1)} z^{2-n}}{(Z_1^{n-1} - Z_0^{n-1})(2-n)^2} \tag{2.33}$$

在等温($n=1$)时利用洛必达法则,得

$$K_z = \frac{k^2 u_1}{\ln(Z/Z_{00})} z \tag{2.34}$$

令 $Z_1 = 1\text{m}$,则 1m 高度的湍流垂直扩散系数 K_1 和风速 u_1 之比为

$$\frac{K_1}{u_1} = \frac{k^2(n-1)Z_0^{2(n-1)}}{(1-Z_0^{n-1})(2-n)^2} = p(Z_0, n) \quad (\text{非等温}) \tag{2.35}$$

$$\frac{K_1}{u_1} = \frac{k^2}{\ln(1/Z_{00})} = p(Z_{00}) \quad (\text{等温}) \tag{2.36}$$

将式(2.35)和式(2.36)分别代入式(2.33)、式(2.34)便可以计算任意高度 z 处的垂直扩散系数。亦可以通过下式计算任意高处的垂直扩散系数,即

$$K_z = pu_1 z^{2-n} \quad (\text{非等温}) \tag{2.37}$$

$$K_z = pu_1 z \quad (\text{等温}) \tag{2.38}$$

式中:K_z 为 z 米高处的湍流垂直扩散系数(m^2/s);u_1 为 1m 高处的平均风速(m/s);$p = K_1/u_1$。

由上面的分析可知,湍流垂直扩散系数随高度而增加,这与实际情况是符合的。

关于水平方向的湍流扩散系数,由试验结果初步认为它随高度的变化很小,而且它在两个方向的分量相等,即 $K_x = K_y = K_0$,其值比 K_1 大,相当于 13.5m 高处的垂直湍流扩散系数。即

第 2 章 大气扩散基本理论

$$K_0 = pu_1(13.5)^{2-n} \quad （非等温） \tag{2.39}$$

$$K_0 = 13.5pu_1 \quad （等温） \tag{2.40}$$

该湍流扩散系数 K 只适合于近地面层里,同时下垫面是平坦的,它不适用于高空和起伏地。对于尺度小于 10km 的情形,按梯度输送理论处理时,大多将水平扩散系数 K_0 沿水平方向的变化忽略不计。

2.2.2 湍流扩散基本微分方程

梯度输送理论认为,由湍流引起的动量通量与局地风速梯度成正比,比例系数 K 即湍流扩散系数,亦称湍流交换系数。类似地,若该物理量为扩散物质的质量浓度 C,则由湍流运动引起的局地质量通量与该处扩散物质的平均浓度梯度成正比。取坐标系使 x 轴与平均风向一致,z 轴垂直向上,比例系数 K_x、K_y、K_z 分别为 x、y、z 三个方向的湍流扩散系数。这个理论处理是欧拉方式的,适用于研究流体相对于空间固定坐标系的运动性质。

湍流扩散理论是在下列基本假定下获得的：

(1)气溶胶云团中气溶胶物质的质量在传播过程中守恒；

(2)在传播过程中气象条件恒定；

(3)传播在平坦的下垫面上空进行；

(4)湍流扩散与分子扩散相似,但后者小到可以忽略。

在上述基本假定下,得到了与分子扩散类似的湍流扩散微分方程：

$$\frac{dC}{dt} = \frac{\partial}{\partial x}\left(K_x \frac{\partial C}{\partial x}\right) + \frac{\partial}{\partial y}\left(K_y \frac{\partial C}{\partial y}\right) + \frac{\partial}{\partial z}\left(K_z \frac{\partial C}{\partial z}\right) \tag{2.41}$$

当 $K_x = K_y = K_z = D$ 时,式(2.41)即为分子扩散方程,D 为分子扩散系数。

对于气溶胶云团传播来说,C 是气溶胶浓度,它是随地点和时间而变的。利用全微分和偏微分的关系：

$$\frac{dC}{dt} = \frac{\partial C}{\partial t} + u_x \frac{\partial C}{\partial x} + u_y \frac{\partial C}{\partial y} + u_z \frac{\partial C}{\partial z} \tag{2.42}$$

式中：u_x、u_y、u_z 为风在三个方向上的分量。

根据式(2.41)和式(2.42)即可得出气溶胶云团浓度随时间变化的传播方程：

$$-\frac{\partial C}{\partial t} = u_x \frac{\partial C}{\partial x} - \frac{\partial}{\partial x}\left(K_x \frac{\partial C}{\partial x}\right) + u_y \frac{\partial C}{\partial y} - \frac{\partial}{\partial y}\left(K_y \frac{\partial C}{\partial y}\right) + u_z \frac{\partial C}{\partial z} - \frac{\partial}{\partial z}\left(K_z \frac{\partial C}{\partial z}\right)$$

(2.43)

拉赫特曼根据具体情况,把式(2.43)按下述条件加以改变。

(1)气溶胶云团沿其中的一个方向随风移动是占主要的。故取 x 轴与风向平行,其风速为平均风速 u,而其余两个方向上的风速为0,即

$$u_x = u \tag{2.44}$$

$$u_y = u_z = 0 \tag{2.45}$$

(2)水平方向上的湍流扩散系数应该是相同的,因为在平坦地面上气溶胶云团在 x 和 y 向的扩散,不可能是不同的,所以用水平湍流扩散系数 K_0 表示,即

$$K_x = K_y = K_0 \tag{2.46}$$

(3)湍流垂直扩散系数 K_z 与测定浓度处的高度 z 和表示空气垂直稳定度的示性数 n 有关,即

$$K_z = K_1 \left(\frac{z}{Z_1}\right)^{2-n} = pu_1 \left(\frac{z}{Z_1}\right)^{2-n} \tag{2.47}$$

由此,得到拉赫特曼的气溶胶云团传播微分方程:

$$\frac{\partial C}{\partial t} + u\frac{\partial C}{\partial x} = K_0\left(\frac{\partial^2 C}{\partial x^2} + \frac{\partial^2 C}{\partial y^2}\right) + \frac{\partial}{\partial z}\left[K_1\left(\frac{z}{Z_1}\right)^{2-n}\frac{\partial C}{\partial z}\right] \tag{2.48}$$

如果平均风速很小,即 $u \to 0$,则式(2.48)可进一步简化为

$$\frac{\partial C}{\partial t} = K_0\left(\frac{\partial^2 C}{\partial x^2} + \frac{\partial^2 C}{\partial y^2}\right) + \frac{\partial}{\partial z}\left[K_1\left(\frac{z}{Z_1}\right)^{2-n}\frac{\partial C}{\partial z}\right] \tag{2.49}$$

式(2.48)即为根据梯度输送理论导出的普遍形式湍流扩散方程,它说明流体中某物质的散布是由湍流扩散所引起的。这样,对大气扩散问题的处理就成为在一定的边界条件下求解方程式(2.48)的问题。

2.2.3 瞬时点源浓度方程

下面以瞬时点源为例,结合具体的气溶胶施放方式和起始边界条件求解方程式(2.48)。

原来聚集在一点的气溶胶物质,在某一瞬时进入空气而形成了气溶胶云团。这种源称作瞬时点源。瞬时点源是其他各种扩散源的基础。略去求解过

程,仅给出下列起始、边界条件下的解:

(1)在下垫表面上不发生物质的交换,即

当 $z \to 0$ 时,有

$$\lim K_z \frac{\partial C}{\partial z} = 0 \tag{2.50}$$

(2)源未作用时,空间任何一点的浓度为0,即

当 $t=0, x、y、z \neq 0$ 时,有

$$C(x、y、z、t) = 0 \tag{2.51}$$

(3)源作用后,于无穷远处的浓度为0,即

当 $t>0, x、y、z \to \infty$ 时,有

$$C(x、y、z \to \infty) = 0 \tag{2.52}$$

(4)进入空气中的分散物质量 Q 守恒,即

$$Q = \iint_{-\infty}^{+\infty} dxdy \int_0^{+\infty} Cdz \tag{2.53}$$

在上述条件下,其解如下:

(1)对移动坐标,有

$$C(x,y,z) = \frac{Q}{4\pi K_0 t \left(K_1 n^2 z_1^{n-2} t\right)^{1/n} \Gamma(1+1/n)} \exp\left(-\frac{x^2+y^2}{4K_0 t} - \frac{z^n}{K_1 n^2 z_1^{n-2} t}\right) \tag{2.54}$$

(2)对固定坐标,有

$$C(x,y,z) = \frac{Q}{4\pi K_0 t \left(K_1 n^2 z_1^{n-2} t\right)^{1/n} \Gamma(1+1/n)} \exp\left(-\frac{(x-ut)^2+y^2}{4K_0 t} - \frac{z^n}{K_1 n^2 z_1^{n-2} t}\right) \tag{2.55}$$

式中:$C(x,y,z)$ 为某点 (x,y,z) 在 t 时的气溶胶浓度(g/m^3);Q 为从瞬时点源进入空气中的分散物质的质量(g);u 为平均风速(m/s);K_0 为湍流水平扩散系数(m^2/s);K_1 为 Z_1 高处的湍流垂直扩散系数(m^2/s);$\Gamma(1+1/n)$ 为随 n 变化的函数,见表2.8。

表2.8 随 n 变化的 $\Gamma(1+1/n)$

n	1.10	1.05	1.00	0.95	0.90
$\Gamma(1+1/n)$	0.96523	0.97988	1.00000	1.02269	1.05266

由式(2.54)可得如下结论：

(1)浓度沿 ox 和 oy 轴的分布为高斯分布；

(2)浓度与源强成正比，$C \propto Q$；

(3)气溶胶云团中心的浓度为

$$C_0 = \frac{Q}{4\pi K_0 t \ (K_1 n^2 z_1^{n-2} t)^{1/n} \Gamma(1+1/n)} \tag{2.56}$$

而边缘上的浓度随 x、y、z 方向按指数降低。

2.2.4 连续点源

连续点源的扩散情形是实际应用中最常遇到的，也是最具实际意义的，其浓度分布可通过直接求解有风时的扩散方程而得。为讨论方便，假设：

(1)坐标原点取在排烟口上，取平均风向沿 x 轴方向，即 $u_x \gg u_y$、u_z，z 轴垂直向上，y 轴水平向与 x 轴相垂直。

(2)有风条件下，平流输送项 $u\dfrac{\partial C}{\partial x}$ 比 x 方向上的湍流扩散项的作用大得多，即

$$u\frac{\partial C}{\partial x} \gg \frac{\partial}{\partial x}\left(K_x \frac{\partial C}{\partial x}\right) \tag{2.57}$$

这种情形下式(2.48)中 x 方向的湍流扩散项可略去。

(3)对连续源，为定常条件，可有 $\dfrac{\partial C}{\partial t} = 0$。

(4)$K_x = K_y = K_z = K$ 为常数。

于是扩散方程式(2.48)变为

$$u\frac{\partial C}{\partial x} = K_y \frac{\partial^2 C}{\partial y^2} + K_z \frac{\partial^2 C}{\partial z^2} \tag{2.58}$$

由此方程出发求解有风连续点源问题。取边界条件如下：

(1)$x, y, z \to \infty$ 时，$C \to 0$，$C(0, 0, 0) \to \infty$；

(2)当 $x > 0$ 时，有

$$\int_{-\infty}^{\infty} \int_{-\infty}^{\infty} uC \mathrm{d}y \mathrm{d}z = Q \tag{2.59}$$

(3) 当 $z \to 0, x, y > 0, K_z \dfrac{\partial C}{\partial z} \to 0$。

对式(2.59)积分可解得有风时连续点源浓度分布,即

$$C(x,y,z;t) = \frac{Q}{4\pi Kx}\exp\left[-\frac{u(y^2+z^2)}{4Kx}\right] \qquad (2.60)$$

考虑 $x=ut$,并令 $\sigma_y^2 \approx \sigma_z^2 \approx 2Kt$,则式(2.60)变为

$$C(x,y,z;t) = \frac{Q}{2\pi u \sigma_y \sigma_z}\exp\left[-\frac{y^2}{2\sigma_y^2}\right]\exp\left[-\frac{z^2}{2\sigma_z^2}\right] \qquad (2.61)$$

式中:Q 为连续点源的源强(g/s);σ_y 为统计理论在 y 方向扩散参数(m);σ_z 为统计理论在 z 方向扩散参数(m);

式(2.61)即统计理论中连续点源的扩散方程,可见两种理论在本质上是统一的。

式(2.60)和式(2.61)均表明,对于有风连续点源:

(1)扩散物质浓度与源强成正比;

(2)离源距离越远,浓度越低;

(3)湍流扩散系数越大,浓度越低;

(4)扩散物质浓度在横侧风向及垂直方向均符合正态分布。

以上这些定性分析关系,结论均与试验结果一致。

2.2.5 瞬时体源浓度方程

液化气储罐爆炸、化学炮弹爆炸、烟幕炮(炸)弹的爆炸都是典型的瞬时体源。瞬时体源在爆炸瞬时所形成的气溶胶云团,称为初生云团。它借爆炸能量,把装填物分散开来并迅速抛向四周,形成一定初始大小的气溶胶云团;然后,在湍流扩散作用下,气溶胶云团继续扩大,后一扩大过程,与瞬时点源十分相像。所以,可以把瞬时体源视为"扩大了的瞬时点源",从而推出瞬时体源的浓度表达式。对地面爆炸来说,设爆炸瞬间气溶胶云团的水平尺寸为 $2r$,垂直尺寸为 h。参照式(2.54),得出瞬时体源的浓度表达式:

$$C(x,y,z) = \frac{QK_u}{\pi(4K_0 t + r^2)(K_1 n^2 z_1^{n-2} t + h^n)^{1/n} \Gamma(1+1/n)} \times \exp\left(-\frac{x^2+y^2}{4K_0 t + r^2} - \frac{z^n}{K_1 n^2 z_1^{n-2} t + h^n}\right)$$

$$(2.62)$$

式中：Q 为爆炸容器或弹药内被分散物质的质量(g)；K_u 为物质转化为气溶胶的百分率(%)。

其他符号的意义同前。

从式(2.62)，可以得出如下结论：

(1) 当 $r = h = 0$，即气溶胶云团起始尺寸为 0 时，这就是瞬时点源。此时式(2.62)变为式(2.54)。

(2) 当 $t = 0$，即瞬时爆炸时，外界的湍流扩散还未起作用，而且 $n = 1$，则得

$$C(x, y, z) = \frac{QK_u}{\pi r^2 h} \exp\left(-\frac{x^2 + y^2}{r^2} - \frac{z}{h}\right) \quad (2.63)$$

式(2.63)表示气溶胶云团在爆炸瞬间的浓度水平分布为正态分布。

(3) πr^2 是爆炸瞬时气溶胶云团的水平面积，所以 $\pi(4K_0 t + r^2)$ 是烟云经过 t 秒后的水平面积。

(4) h 是爆炸瞬间气溶胶云团的高度，$(K_1 n^2 z_1^{(n-2)} t + h^n)^{1/n}$ 是气溶胶云团经过 t 秒后的高度。

上述结论基本上反映了事物的客观情况，但实际测定结果表明，气溶胶浓度在水平方向的分布并不完全是正态分布，因此，上述结论有待于在实践中继续完善。

2.2.6 梯度输送理论的数值求解

为了对梯度输送理论的数值求解方法有个初步的了解，下面以一维扩散方程为例予以说明。设风向与 x 方向平行，平均风速为 u，根据式(2.48)可以得到气溶胶体系的质量守恒方程为

$$\frac{\partial C}{\partial t} + \frac{\partial}{\partial x}(uC) = K_x \frac{\partial^2 C}{\partial x^2} + S \quad (2.64)$$

式中：S 为反映扩散源影响的一个函数。式(2.64)的一阶显式差分方程为

$$\frac{C_i^{t+1} - C_i^t}{\Delta t} + \frac{u_{i+\frac{1}{2}}^t C_{i+\frac{1}{2}}^t - u_{i-\frac{1}{2}}^t C_{i-\frac{1}{2}}^t}{\Delta x} = K_y \frac{C_{i+1}^t - 2C_i^t + C_{i-1}^t}{\Delta x^2} + S_i^t \quad (2.65)$$

式中：上标 t 表示运动时刻；下标 i 表示空间位置；以 $i + \frac{1}{2}$ 表示第 i 和 $i+1$ 网格

边界上的数值；Δt 为时间步长；Δx 为空间格距。由式(2.65)可以用已知 t 时刻的浓度来计算 $t+1$ 时刻的浓度，即

$$C_i^{t+1} = C_i^t + \Delta t \left(\frac{u_{i-\frac{1}{2}}^t C_{i-\frac{1}{2}}^t - u_{i+\frac{1}{2}}^t C_{i+\frac{1}{2}}^t}{\Delta x} + K_y \frac{C_{i+1}^t - 2C_i^t + C_{i-1}^t}{\Delta x^2} + S_i^t \right) \quad (2.66)$$

于是只要知道 t 时刻的浓度 C_i^t 及其分布，就能计算得到 $t+1$ 时刻的浓度 C_i^{t+1} 及其分布，差分方程式(2.66)与原方程式(2.64)相比，出现了误差项。

设 u 等于常数且不计高阶项，则误差项为

$$\varepsilon = \left[\frac{u \Delta x}{2} \left(1 - \frac{u \Delta t}{\Delta x} \right) \right] \frac{\partial^2 C}{\partial x^2} \quad (2.67)$$

方括号内的量相当于"扩散系数"，称为虚拟扩散系数，用 D' 表示，即

$$D' = \frac{u \Delta x}{2} \left(1 - \frac{u \Delta t}{\Delta x} \right) \quad (2.68)$$

式中：$u\Delta x/2$、$u^2\Delta t/2$ 分别为由空间和时间的优先截断而引起的截断误差。显然，它依赖于时间步长 Δt 和空间格距 Δx。上述差分格式要求 $u\Delta t/\Delta x < 1$，否则误差累积会导致数值计算不稳定。为克服此类不稳定性，研究者提出了各种不同的数值计算方法或各种不同的数值解格式。不同类型的模式采用不同数值计算方法。目前，多数模式取固定网格型并采用差分方法求解，即以差分方程近似扩散方程。迄今用于求解扩散方程的主要数值方法有：有限差分法、有限元法、谱方法、伪谱法和多项式插值法等。

随着计算流体力学技术的发展和 Fluent 等先进计算软件的相继推出，现在已经能够借助计算机直接用数值求解方法来求解比较完全的扩散方程，使得由梯度输送理论得出的 K 模式得以发挥其理论优势并大大增强其实用价值。因为它可以考虑风场、湍流扩散、源强的时空分布的同时加入干湿沉积、化学变化等对源的损耗和清除迁移过程并以欧拉方式求得区域气溶胶物质的散布及其变化规律，故适于区域性较大尺度的大气输送与扩散沉积问题的处理。

2.3 统计理论

泰勒(Taylor)是湍流统计理论的创始人之一。他在 1921 年发表的论文中，

首先应用统计学的方法来研究湍流扩散问题,提出了著名的泰勒公式。它把描写湍流的扩散参数和另一统计特征量相关系数 R 建立起关系,只要能找到相关系数的具体函数,通过积分就可求出扩散参数,物质在湍流中扩散问题就得到解决。萨顿首先找到了相关系数的具体表达式,应用泰勒公式,提出了解决物质在大气中扩散的实用模式,成为这一领域的先驱者。在大量实测资料分析的基础上,大气科学家应用湍流统计理论得到了正态分布假设下的扩散模式,即高斯模式。

2.3.1 湍流统计理论的基本处理

湍流运动具有高度随机性,速度和其他特征量都是时间和空间的随机量,单个微团(粒子)的运动表现极不规则,但大量微团的运动却呈现出一定的统计规律。湍流统计理论采用拉格朗日处理方法,从研究湍流脉动场的统计性质出发,如相湍流强度、湍谱等,它是从研究个别流体微团(粒子)的运动历史入手,并据此确定代表扩散的各种统计性质,描述流场中扩散物质的散布规律。与此相应,研究气溶胶物质(粒子)在大气中的输送扩散规律时,必然会涉及初始($t=0$)时刻,从源发出的大量气溶胶粒子在经过一定时间 T 后的散布情况。

假设流体微团在 x、y、z 三个方向上的瞬时速度分量 u、v、w 为相应的平均速度分量与脉动速度之和,即

$$u = \bar{u} + u' \tag{2.69}$$

$$v = \bar{v} + v' \tag{2.70}$$

$$w = \bar{w} + w' \tag{2.71}$$

考虑从源出发的一个标记粒子,取 x 轴与平均风向平行,经过 T 时间,粒子在 x 方向移动了 $x = uT$ 距离。由于湍流脉动速度 v'、w' 的作用,粒子在 y 方向和 z 方向也会发生位移,但该位移是多少? 以 y 方向为例:一方面,由于湍流运动的随机性,在 $t=T$ 时刻,y 方向位移可能取一切可能的量值;另一方面,如果多次重复同样的试验可以发现,大量粒子的集合趋向于一个稳定的统计分布(概率分布)。例如,大量 $y(t)$ 的平均值无限接近于 0,即如果从源施放出很多粒子,在经 T 时间以后的任一时刻,粒子在 x 轴上出现的概率最高,这也意味着 x 轴上的粒子浓度最高。若已知粒子在点 (x,y) 处出现的概率密度函数为 $P(x,y)$,源

强为 Q,则该点浓度分布为

$$C(x,y) = QP(x,y) \tag{2.72}$$

粒子分布的方差也可以用它的概率密度函数表示。对上述二维问题,则

$$\overline{Y^2}(x) = \int_{-\infty}^{+\infty} y^2 P(x,y) \mathrm{d}y \Big/ \int_{-\infty}^{+\infty} P(x,y) \mathrm{d}y \tag{2.73}$$

如果是瞬时点源,以排放源的中心为原点,则

$$\overline{Y^2}(t) = \int_{-\infty}^{+\infty}\int_{-\infty}^{+\infty}\int_{-\infty}^{+\infty} y^2 P(x,y,z;t) \mathrm{d}x\mathrm{d}y\mathrm{d}z \Big/ \int_{-\infty}^{+\infty}\int_{-\infty}^{+\infty}\int_{-\infty}^{+\infty} P(x,y,z;t) \mathrm{d}x\mathrm{d}y\mathrm{d}z$$

$$\tag{2.74}$$

同理可得到关于 $\overline{X^2}$、$\overline{Z^2}$ 的表达式。

泰勒把浓度分布标准差 σ 与湍流脉动统计量联系起来,认为粒子 y 向位移的方差 $\overline{Y^2}$ 就是 σ_y^2,首次用湍流脉动场的统计量来表征湍流扩散参数,从而得

$$\sigma_y = \sqrt{\overline{Y^2}} \tag{2.75}$$

同理,得

$$\sigma_z = \sqrt{\overline{Z^2}} \tag{2.76}$$

$$\sigma_x = \sqrt{\overline{X^2}} \tag{2.77}$$

由于湍流的不确定性,不同时刻粒子偏离轴线的距离即 y 值很难直接进行统计测量,因此需要通过对瞬时气象参数的统计测量进行间接分析。

2.3.2 统计理论扩散系数

在统计理论中,常常用物质浓度分布的标准差来表示湍流扩散速率的大小。浓度分布标准差本来是表征物质散布范围的特征量,但是,在相同条件下物质散布范围越广,表示大气的湍流扩散速率越大,所以可以用它来表示扩散速率。扩散速率可分为水平纵向、水平侧向和铅直方向扩散参数,通常分别以 σ_x、σ_y、σ_z 表示。一般地,大气扩散能力强的时候扩散参数大。其大小与下风距离(或扩散时间)、稳定度和地面粗糙度等因素有关,其规律可通过实验直接测量,亦可采用经验综合。

1. 萨顿计算 σ 的方法

萨顿应用泰勒公式建立了利用可观测气象数据计算扩散系数的方法。以 y

方向扩散参数为例：

$$\sigma_y^2 = \frac{2N^n}{(1-n)(2-n)\overline{v'^2}}(\overline{v'^2}t)^{2-n} = \frac{1}{2}C_y^2(ut)^{2-n} = \frac{1}{2}C_y^2 x^{2-n} \quad (2.78)$$

其中

$$C_y^2 = \frac{4N^n}{(1-n)(2-n)u^n}\left(\frac{\overline{v'^2}}{u^2}\right)^{1-n} \quad (2.79)$$

式中：$\overline{v'^2}$ 为 y 方向的湍流强度(m^2/s^2)；u 为平均风速(m/s)；v' 为微团在 y 方向的脉动速度(m/s)；N 为宏观黏度(m^2/s)。

N、n、u 按下式计算：

$$N = u_* \times Z_0 \quad (2.80)$$

$$u = u_1\left(\frac{z}{Z_1}\right)^P \quad (2.81)$$

$$n = 2P/(1+P) \quad (2.82)$$

式中：u_* 为摩擦速度(m/s)；Z_0 为粗糙度(m)；P 为式(2.81)所示风速廓线方程中的指数。同理可根据下式计算 σ_z、σ_x：

$$\sigma_z^2 = \frac{2N^n}{(1-n)(2-n)\overline{w'^2}}(\overline{w'^2}t)^{2-n} = \frac{1}{2}C_z^2 x^{2-n} \quad (2.83)$$

$$\sigma_x^2 = \frac{2N^n}{(1-n)(2-n)\overline{u'^2}}(\overline{u'^2}t)^{2-n} = \frac{1}{2}C_x^2 x^{2-n} \quad (2.84)$$

$$C_z^2 = \frac{4N^n}{(1-n)(2-n)u^n}\left(\frac{\overline{w'^2}}{u^2}\right)^{1-n} \quad (2.85)$$

$$C_x^2 = \frac{4N^n}{(1-n)(2-n)u^n}\left(\frac{\overline{u'^2}}{u^2}\right)^{1-n} \quad (2.86)$$

式中：u'、v'、w' 分别为 x、y、z 方向微团的脉动速度；C_x、C_y、C_z 为普遍化扩散参数。由于风在 x 方向的平流输送作用远大于扩散作用，故一般只研究与风向垂直的 y 方向和 z 方向的扩散效应。萨顿提出根据气象观测确定 σ_y、σ_z 的方法，但对气象观测要求很高，需要进行脉动气象参数测量，且计算量也很大，实际应用中面临很多困难，如果没有专门的风速脉动观测仪则无法实现。

2. P-G-T 法计算 σ_y 和 σ_z

英国气象学家 F. Pasquill(1961)基于 200 多次扩散试验资料分析，建立了

第 2 章 大气扩散基本理论

一套用常规气象观测的资料确定 σ_y、σ_z 的估算方法,后经美国核气象学家 P. Gifford(1961)和美国公共卫生局的气象学家 D. B. Turner(1967)改进完善,绘制了图 2.6 所示不同稳定度条件下扩散参数 σ_y、σ_z 随下风扩散距离变化的曲线,广泛应用于高斯扩散模式体系中估算扩散参数 σ_y、σ_z。

方法的要点是:首先根据云况和日照以及地面风速,将大气稳定度划分为 A~F 六个等级;然后根据扩散曲线读出不同下风距离处的扩散参数。只要根据常规气象观测确定当时所属的稳定度级别后,就可由图 2.6 所示扩散曲线上读出不同离源距离(水平 100km 范围)处的扩散参数 σ_y、σ_z(m)。需要说明的是,图 2.6 给出的扩散参数 σ_y、σ_z 均是 10min 时段的平均值,对不同的采样时段应予以校正。

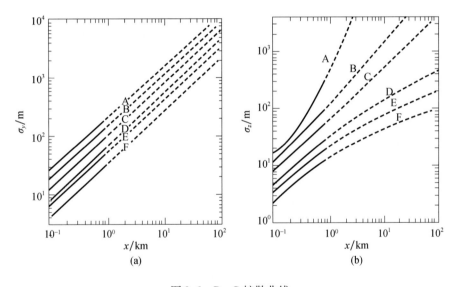

图 2.6 P-G 扩散曲线

3. 扩散曲线法的修正与完善

从 20 世纪 70 年代开始,在我国的环境保护研究实践中,曾相当广泛地应用扩散曲线法确定扩散参数。在应用实践中对扩散曲线法积累了不少经验,根据国情做了修改与总结,并将相关成果用于国家标准 GB/T1320—91(1992)供作规范使用。方法的主要修改是适应我国大量地面气象观测站无云高观测资料的客观情况,改为仅以总云量和低云量来确定太阳辐射等级。为便于确定扩散参数,将 P－G－T 法的图表曲线方式,修改为指数表达形式,见表 2.9 和表 2.10。

表 2.9　横向扩散参数幂函数表达式系数值 $\sigma_y = \gamma_1 x^{\alpha_1}$（取样时间 30min）

稳定度	α_1	γ_1	下风距离/m
A	0.901074 0.850934	0.425809 0.602052	0~1000 >1000
B	0.914370 0.865014	0.281846 0.396353	0~1000 >1000
B－C	0.949325 0.865014	0.229500 0.314238	0~1000 >1000
C	0.924279 0.885157	0.177754 0.232123	0~1000 >1000
C－D	0.926849 0.886940	0.143940 0.189396	1~1000 >1000
D	0.929419 0.888723	0.110726 0.146669	1~1000 >1000
D－E	0.925118 0.892794	0.098563 0.124308	1~1000 >1000
E	0.920818 0.896864	0.086400 0.101947	1~1000 >1000
F	0.929418 0.888723	0.055363 0.733348	0~1000 >1000

表 2.10　垂直扩散参数幂函数表达式系数值 $\sigma_z = \gamma_2 x^{\alpha_2}$（取样时间 30min）

稳定度	α_2	γ_2	下风距离/m
A	1.12154 1.51360 2.10881	0.0799904 0.00854771 0.000211545	0~300 300~500 >500
B	0.964435 1.06356	0.127190 0.057025	0~500 >500
B－C	0.941015 1.00770	0.114682 0.0757182	0~500 >500
C	0.917595	0.106803	>0

(续)

稳定度	α_2	γ_2	下风距离/m
C-D	0.838628 0.756410 0.815575	0.126152 0.235667 0.136659	0~2000 2000~10000 >10000
D	0.826212 0.632023 0.55536	0.104634 0.400167 0.810763	1~2000 2000~10000 >10000
D-E	0.776864 0.572347 0.499149	0.111771 0.528992 1.03810	1~2000 2000~10000 >10000
E	0.788370 0.6561888 0.414743	0.0927529 0.433384 1.73241	0~1000 1000~10000 >10000
F	0.784400 0.525969 0.322659	0.0620765 0.370015 2.40691	0~1000 1000~10000 >10000

表中扩散参数适用于 30min 采样时间,对大于这个时段的情形,垂直扩散参数不变,水平扩散参数则按下式换算:

$$\sigma_{y\tau 2} = \sigma_{y\tau 1} \left(\frac{\tau_2}{\tau_1}\right)^q \tag{2.87}$$

式中:τ_1、τ_2 分别为两种不同的采样时间;q 为时间稀释指数,规定 $q=0.3(1h \leqslant \tau < 100h)$,$q=0.2(0.5h \leqslant \tau < 1h)$。

一般认为,下垫面粗糙度对水平扩散参数也有一定影响,具体表现为

$$\sigma_y \propto Z_0^{0.2} \tag{2.88}$$

据此建立下垫面粗糙度对水平扩散参数的修正公式:

$$\frac{\sigma_{y1}}{\sigma_{y2}} = \left(\frac{Z_{01}}{Z_{02}}\right)^{0.2} \tag{2.89}$$

式中:Z_{01}、Z_{02} 分别为两种大小的下垫面粗糙度;σ_{y1}、σ_{y2} 为与之对应的水平扩散参数。

针对不同下垫面确定扩散参数时还应视情况考虑以下修正:

(1)平原地区农村及城市远郊区的扩散参数选取,对 A、B、C 类可由表直接

查算,对 D、E、F 类则需向不稳定方向提半级后查算。

(2)工业区或城区中点源的扩散参数选取,A、B 类不提级,C 类升级到 B 类,D、E 和 F 类则向不稳定方向提一级后查算。

(3)丘陵山区的乡村或城市,其扩散参数选取原则同城市工业区。

不同源高和下垫面对扩散参数的计算结果也有影响。P-G 扩散曲线的试验依据是平坦理想条件下,大量低矮源(或地面源)扩散试验结果,因此,实际应用中需要研究对不同源高和不同下垫面条件下应用扩散曲线法确定扩散参数的修正与方法选择。

2.3.3 无界空间连续点源高斯扩散模式

从统计理论出发,在平稳、均匀湍流的假定下可以证明粒子扩散位移的概率分布符合正态分布形式。对连续点源发出的烟流的大量试验研究和观测事实表明,尤其是对于平均烟流的情形,其浓度分布是符合正态分布的。因此,按照统计理论的处理途径,假定概率分布函数的形式为高斯分布,便可获得相应的连续点源烟流高斯扩散公式。这是一种至今仍普遍应用的大气扩散公式,也是许多实用模式中扩散公式的基础。

高斯模式的坐标系为:以排放点(无界点源或地面源)或高架源排放点在地面的投影点为原点,平均风向为 x 轴,y 轴在水平面内垂直于 x 轴,y 轴的正向在 x 轴的左侧,z 轴垂直于水平面,向上为正方向,即为右手坐标系。在这种坐标系中,烟流中心或与 x 轴重合(无界点源),或在 xoy 面的投影为 x 轴(高架点源)。

高斯模式的四点假设为:①物质在空间 yoz 平面中按高斯分布(正态分布),在 x 方向只考虑迁移,不考虑扩散;②在整个空间中风速是均匀、稳定的,风速大于 1m/s;③源强是连续均匀的;④在扩散过程中物质的质量是守恒的。

理想条件下湍流场均匀定常。考虑图 2.7 所示的无界空间的一个点源,它位于直角坐标系中,x 轴与平均风向一致并以它为烟流浓度分布轴线。

烟流呈现锥形向下风向扩散,浓度在 y 向和 z 向对称并符合正态分布。排放烟流的点源源强为 $Q(g/s)$。于是,可令浓度分布为

$$C(x,y,z) = A(x)\exp(-ay^2)\exp(-bz^2) \tag{2.90}$$

高斯分布条件下,有

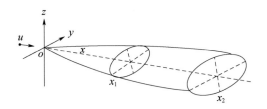

图 2.7　无界情形点源烟流扩散

$$a = \frac{1}{2\sigma_y^2} \quad (2.91)$$

$$b = \frac{1}{2\sigma_z^2} \quad (2.92)$$

代入浓度公式

$$C(x,y,z) = A(x)\exp\left(-\frac{y^2}{2\sigma_y^2}\right)\exp\left(-\frac{z^2}{2\sigma_z^2}\right) \quad (2.93)$$

假设气溶胶物质在大气中是被动的无反应性粒子,根据质量守恒原理,在源的下风方任意垂直于 x 轴的面上气溶胶物质的总通量应等于排放源强,即

$$\int_{-\infty}^{\infty}\int_{-\infty}^{\infty} uC(x,y,z)\mathrm{d}y\mathrm{d}z = Q \quad (2.94)$$

将式(2.93)代入式(2.94)并积分,可得

$$A(x) = \frac{Q}{2\pi u \sigma_y \sigma_z} \quad (2.95)$$

再将式(2.95)代入式(2.93),就可得到无界情形连续点源高斯扩散公式,即

$$C(x,y,z) = \frac{Q}{2\pi u \sigma_y \sigma_z}\exp\left(-\frac{1}{2}\left(\frac{y^2}{\sigma_y^2}+\frac{z^2}{\sigma_z^2}\right)\right) \quad (2.96)$$

由式(2.96)可知,若已知 Q、u,只要再知道 σ_y、σ_z 便可以求得空间任意点的气溶胶浓度。这里 σ_y、σ_z 即为大气扩散参数(m)。$\exp\left(-\frac{y^2}{2\sigma_y^2}\right)$ 和 $\exp\left(-\frac{z^2}{2\sigma_z^2}\right)$ 值大于 0 且小于等于 1,表示气溶胶物质浓度自烟流轴线向两侧(y 向)或上下(z 向)按正态分布形式降低。

当 $y = 0$ 时,$\exp\left(-\frac{y^2}{2\sigma_y^2}\right) = 1$,计算给出的是轴线浓度 $C(x,0,z)$;

当 $y = \infty$ 时,$\exp\left(-\dfrac{y^2}{2\sigma_y^2}\right) = 0$,计算给出的浓度 $C(x,0,z) \to 0$。无界情形,z 向分布与此类似。

在梯度输送理论中,考虑到 $x = ut$,并假设 $\sigma_y^2 = \sigma_x^2 = 2Kt$ 时则两种理论在对连续点源的描述上具有良好的一致性。

2.3.4 有界空间连续点源高斯扩散模式

由于地面的存在导致烟流的散布是有界的。例如军事上常见的发烟罐、发烟车通常在地面上使用,所以在研究扩散时必须考虑地面的影响,而且地面及其覆盖物的差异很大,对气溶胶物质散布的影响也就相当复杂。

考虑最简单的情形,假设地面无吸收和吸附作用,气溶胶物质本身是无沉降的被动成分,地面对气溶胶物质散布的作用犹如一个全反射体,则地面以上的气溶胶浓度将会增大 1 倍:

$$C(x,y,z) = \dfrac{2Q}{2\pi u \sigma_y \sigma_z} \exp\left(-\dfrac{1}{2}\left(\dfrac{y^2}{\sigma_y^2} + \dfrac{z^2}{\sigma_z^2}\right)\right) \tag{2.97}$$

$$C(x,y,z) = \dfrac{Q}{\pi u \sigma_y \sigma_z} \exp\left(-\dfrac{1}{2}\left(\dfrac{y^2}{\sigma_y^2} + \dfrac{z^2}{\sigma_z^2}\right)\right) \tag{2.98}$$

式(2.98)即为有界情形地面连续点源扩散公式。

例 2.1 如图 2.8 所示,利用发烟罐施放烟幕,平坦开阔地,发烟罐源强 0.36kg/min,晴天,风速 2m/s,稳定度 D 类,试计算下风点(100,1,2)处的烟幕浓度。

解: 发烟罐在地面上施放烟幕属于典型的有界空间地面连续点源,其源强为

$$Q = 0.36 \times 1000/60 = 6(\text{g/s})$$

根据稳定度 D 类和下风距离 $x = 100$m,通过查表 2-9 可确立 σ_y 的幂函数表达式系数值为

$$\gamma_1 = 0.110726, \quad \alpha_1 = 0.929419$$

根据表 2.10 可以分别确立 σ_z 的幂函数表达式系数值为

$$\gamma_2 = 0.104634, \quad \alpha_2 = 0.826212$$

代入扩散参数的幂函数表达式后可求得

$$\sigma_y = \gamma_1 x^{\alpha_1} = 0.110726 \times 100^{0.929419} = 8.0(\text{m})$$

第 2 章 大气扩散基本理论

图 2.8 连续点源施放烟幕

$$\sigma_z = \gamma_2 x^{\alpha_2} = 0.104634 \times 100^{0.826212} = 4.7\,(\mathrm{m})$$

因此
$$C(x,y,z) = \frac{Q}{\pi u \sigma_y \sigma_z} \exp\left(-\frac{1}{2}\left(\frac{y^2}{\sigma_y^2} + \frac{z^2}{\sigma_z^2}\right)\right)$$

$$= \frac{6}{2\pi \times 8.0 \times 4.7} \exp\left(-\frac{1}{2}\left(\frac{1^2}{8.0^2} + \frac{2^2}{4.7^2}\right)\right)$$

$$= 0.0254 \exp(-0.09835)$$

$$= 0.023\,(\mathrm{g/m^3})$$

如果计算下风地面轴线浓度,令 $y=0$、$z=0$ 即可。

运用上述连续点源烟流高斯扩散公式,通过积分求解可以分别给出连续线源、面源和体源扩散计算的基本公式。例如,设气溶胶施放点连续排列构成的连续作用线源与风向垂直,则该线源地面浓度方程可以由连续点源地面浓度方程对线源的横风距离积分求得。

2.3.5 有界空间高架连续点源高斯扩散模式

高架源就是考虑到地面的影响,并高出地面一定高 H 的施放源,如图 2.9 所示。地面对施放源形成的气溶胶扩散的影响是很复杂的,最简单的处理方法是参照前面所述的有界空间内把地面当作一面镜子,并假设该镜面对气溶胶起着全反射的作用,于是利用"像源法"来处理这类问题就比较容易了。如

图 2.10 所示,P 点的浓度可以看作两部分之和:一部分是不存在地面影响时由位置在$(0,0,H)$的实源贡献的浓度;另一部分是由于地面的反射作用所增加的气溶胶物质浓度,这相当于地面不存在时由位置在$(0,0,-H)$的虚源所贡献的浓度。

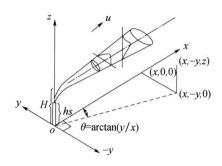

图 2.9　高架连续点源坐标系

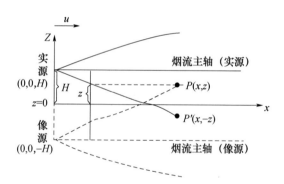

图 2.10　像源法处理原理示意图

计算实源对 $P(x,z)$ 点贡献的浓度时垂直坐标 z 应由以地面为原点的 z 坐标进行换算,相当于该点距离烟流中心线的垂直距离变为$(H-z)$,代入无界空间的浓度公式(式(2.96))后得

$$C(x,y,z;H) = \frac{Q}{2\pi u \sigma_y \sigma_z} \exp\left(-\frac{1}{2}\left(\frac{y^2}{\sigma_y^2} + \frac{(H-z)^2}{\sigma_z^2}\right)\right) \quad (2.99)$$

式(2.99)习惯上写为

$$C(x,y,z;H) = \frac{Q}{2\pi u \sigma_y \sigma_z} \exp\left(-\frac{1}{2}\left(\frac{y^2}{\sigma_y^2} + \frac{(z-H)^2}{\sigma_z^2}\right)\right) \quad (2.100)$$

第 2 章　大气扩散基本理论

同理,计算像源在图中 $P(x,z)$ 处的贡献,相当于实源在 $P'(x,-z)$ 处所贡献的浓度。$P'(x,-z)$ 点偏离实源烟流浓度分布中心线的距离为 $-(z+H)$。此时由于已进行坐标变换,相当于实源在该点的坐标变为 $(z+H)$,代入无界空间的浓度公式(式(2.96))后得

$$C(x,y,z;H) = \frac{Q}{2\pi u \sigma_y \sigma_z} \exp\left(-\frac{1}{2}\left(\frac{y^2}{\sigma_y^2} + \frac{(z+H)^2}{\sigma_z^2}\right)\right) \quad (2.101)$$

该部分浓度相当于像源反射贡献的浓度。将式(2.100)和式(2.101)所示浓度相加即为 $P(x,z)$ 的总浓度,即

$$C(x,y,z;H) = \frac{Q}{2\pi u \sigma_y \sigma_z}\left(\exp\left(-\frac{1}{2}\left(\frac{y^2}{\sigma_y^2} + \frac{(z-H)^2}{\sigma_z^2}\right)\right) + \exp\left(-\frac{1}{2}\left(\frac{y^2}{\sigma_y^2} + \frac{(z+H)^2}{\sigma_z^2}\right)\right)\right)$$

$$(2.102)$$

式(2.102)通常写为

$$C(x,y,z;H) = \frac{Q}{2\pi u \sigma_y \sigma_z}\exp\left(-\frac{y^2}{2\sigma_y^2}\right)\left(\exp\left(-\frac{(z-H)^2}{2\sigma_z^2}\right) + \exp\left(-\frac{(z+H)^2}{2\sigma_z^2}\right)\right)$$

$$(2.103)$$

式(2.102)或式(2.103)即为有界情形高架连续点源扩散公式,其物理意义与式(2.96)相同,只是引入了施放源的离地高度 H,该高度包括施放点的离地高度和烟流的抬升高度。

除了梯度输送理论和统计理论,湍流扩散的相似理论也在不断发展之中。湍流扩散的相似理论,最早始于英国科学家里查森和泰勒。后来,经过许多科学家的努力,特别是俄国科学家的贡献,使湍流扩散相似理论得到很大发展。湍流扩散相似理论的基本观点是,湍流由许多大小不同的湍涡所构成,大湍涡失去稳定分裂成小湍涡,同时发生了能量转移,这一过程一直进行到最小的湍涡转化为热能为止。从这一基本观点出发,利用量纲分析的理论,建立起某种统计物理量的普适函数,再找出普适函数的具体表达式,从而解决湍流扩散问题。有些学者又把这种理论称为相似扩散理论。最早把相似理论应用于粒子扩散问题的是 Monin(1959)。此后 Batehelor(1959,1964)、Gifford(1962)等进一步发展了湍流扩散相似理论,成为研究近地层大气湍流扩散的又一种理论处理方法。

根据研究对象的不同,相似理论可以分为 Momin – Obukov(M – O)相似、混

合层相似、局地相似、局地自由对流相似、罗斯贝数相似等。其中 M-O 相似用于研究近地层的风、温度垂直分布。在中性层结下,影响近地层风速垂直分布的主要物理原因是地面的摩擦应力、距离地面的高度,这两个物理量分别用摩擦速度 u_* 和 z 表示,即存在未知函数关系:

$$\frac{\partial u}{\partial z} = f(u_*, z) \tag{2.104}$$

由量纲分析可知

$$\frac{\partial u}{\partial z} \frac{z}{u_*} = k \tag{2.105}$$

式中:k 为常数,积分后有

$$u = \frac{u_*}{k} \ln\left(\frac{z}{z_0}\right) \tag{2.106}$$

这就是前述的近地层风速廓线。

湍流扩散的相似理论是在量纲分析基础上发展的,是研究近地层大气湍流的一种有效的理论方法,但至今发展仍较迟缓。

2.4 伴随沉降损耗的粒子扩散模式

大气气溶胶粒子的粒度分布范围较宽,按照其在空气中的动力学表现,将空气动力学直径小于 100μm 的粒子称为总悬浮微粒,其中小于 10μm 的粒子称为飘尘或可吸入颗粒物,能够在空气中较长时间存在。直径大于 100μm 的粒子称为降尘,在重力作用下会很快沉降,在一般天气条件下传播距离都比较小。其他大部分粒子都会在扩散过程中伴随一定的沉降损耗,但经典扩散理论只考虑了风的平流输送和大气的湍流扩散作用,没有考虑干沉积、重力沉降等因素造成的源损耗及其对气溶胶浓度分布的影响,因此,如果沉降损耗比较明显就应考虑进行修正。

2.4.1 源损耗模式

1953 年,张伯伦(Chamberlain)在一份研究报告中从源的方面研究了干沉降问题(即不考虑降雨造成的湿沉降),提出了源损耗模式。源损耗的概念是将

第 2 章 大气扩散基本理论

在下风 x 处气溶胶云团由于干沉积所造成的浓度减少归结为源强的损耗。此时,x 处有沉积气溶胶的浓度相当于直到 x 处,由于干沉积而损耗后的物质总量的剩余量所产生的无沉积情况下气溶胶的浓度。

根据扩散物质质量守恒的原理,源强的损耗等于由 $0 \sim x$ 处由于干沉降作用而造成的扩散物质在空气中总量的损耗。

1968 年,范登霍文(Van de Hoven)针对地表沉降提出了一种损耗模式,他认为,若忽略重力沉降,仅考虑地面阻隔、吸附等作用造成的干沉积,则损耗后在下风 x 处的有效源强为

$$Q(x) = Q_0 \left[\exp\left(\int_0^x \frac{\mathrm{d}x}{\sigma_z \exp(H^2/(2\sigma_z^2))} \right) \right]^{-\sqrt{\frac{2}{\pi}} \frac{V_d}{u}} \qquad (2.107)$$

于是,针对地表沉积的源损耗模式可表述为

$$C(x,y,z) = \frac{Q(x)}{2\pi u \sigma_y \sigma_z} \exp\left(-\frac{y^2}{2\sigma_y^2} \right) \left(\exp\left(-\frac{(z+H)^2}{2\sigma_z^2} \right) + \exp\left(-\frac{(z-H)^2}{2\sigma_z^2} \right) \right)$$

$$(2.108)$$

式中:V_d 为比例系数。1945 年,格雷戈里(Gregory)研究发现,气溶胶粒子沉积率 ω 与近地表层的气溶胶浓度成正比。1958 年,张伯伦进一步定义了比例系数 V_d,即对地面某点 (x,y) 处存在以下正比关系:

$$\omega(x,y) = V_d C(x,y,0) \qquad (2.109)$$

根据式(2.109)可通过试验确定比例系数 V_d。

2.4.2 粒子沉降模式

考虑重力沉降的修正模式包括倾斜烟云模式、部分反射的倾斜烟云模式和全吸收的倾斜烟云模式。

1. 倾斜烟云模式

在实际应用中,可以通过一些简化模型来处理沉积问题,得到形式上更简单的解。作为最简单的简化模型,可以采用倾斜烟云的方法。

假定有沉积的气溶胶扩散分布与无沉积时有相同的分布形式,但是整个烟云在离开源后以 V_g 速度下降。此时,只要将式(2.103)所示无沉积的气溶胶浓度分布函数中的有效源高 H 用 $(H - V_g x/u)$ 来置换,即可得到有沉积气溶胶的

浓度分布函数：

$$C(x,y,z)=\frac{Q}{2\pi u\sigma_y\sigma_z}\exp\left(-\frac{y^2}{2\sigma_y^2}\right)\left[\exp\left(-\frac{(z+H-V_g\frac{x}{u})^2}{2\sigma_z^2}\right)+\exp\left(-\frac{(z-H+V_g\frac{x}{u})^2}{2\sigma_z^2}\right)\right]$$

(2.110)

式中：V_g相当于重力沉降速度。

式(2.110)充分考虑了颗粒物的重力沉降过程，但是在烟云轴线着地以后 ($H-V_g x/u<0$)，上述方程仍可继续进行计算，无法自动收敛，这意味着整个烟云在地面以下继续往下倾斜，这显然是不合理的。但是，如果在烟云轴线着地时 ($H-V_g x/u=0$) 立即停止计算，又会出现计算值突然下降为0的现象，也是不合理的。所以，只能用于烟云轴线着地之前气溶胶浓度的修正计算。

2. 部分反射的倾斜烟云模式

1976年，欧维开普（Overcamp）提出了部分反射烟云倾斜模式，主要是在倾斜烟云模式的基础上考虑了地面的沉积作用，认为气溶胶只能部分反射，所以在反射项中乘上了一个部分反射因子α，相当于反射率。于是，式(2.110)变为

$$C(x,y,z)=\frac{Q}{2\pi u\sigma_y\sigma_z}\exp\left(-\frac{y^2}{2\sigma_y^2}\right)\left\{\alpha\cdot\exp\left(-\frac{(z+H-V_g\frac{x}{u})^2}{2\sigma_z^2}\right)+\exp\left(-\frac{(z-H+V_g\frac{x}{u})^2}{2\sigma_z^2}\right)\right\}$$

(2.111)

如果令$z=0$，式(2.111)经过展开后，整理后得到常用的形式：

$$C(x,y,z)=\frac{Q(1+\alpha)}{2\pi u\sigma_y\sigma_z}\exp\left(-\frac{y^2}{2\sigma_y^2}\right)\exp\left(-\frac{(H-V_g\frac{x}{u})^2}{2\sigma_z^2}\right) \quad (2.112)$$

3. 全吸收的倾斜烟云模式

如果颗粒物直径较大，可以认为颗粒物到达地面以后立即全部沉淀，不会在风的作用下再扬起来，相当于被地面全部吸收了。此时，反射因子$\alpha=0$，所以式(2.111)就变为

$$C(x,y,z)=\frac{Q}{2\pi u\sigma_y\sigma_z}\exp\left(-\frac{y^2}{2\sigma_y^2}\right)\exp\left(-\frac{(z-H+V_g\frac{x}{u})^2}{2\sigma_z^2}\right) \quad (2.113)$$

同理，如果令$z=0$，式(2.113)变为

$$C(x,y,z) = \frac{Q}{2\pi u \sigma_y \sigma_z} \exp\left(-\frac{y^2}{2\sigma_y^2}\right) \exp\left(-\frac{\left(H - V_g \dfrac{x}{u}\right)^2}{2\sigma_z^2}\right) \qquad (2.114)$$

上述倾斜烟云模式忽略了地表沉积作用,会导致计算的气溶胶浓度偏高。全吸收模式过分估计了地表的沉积作用,会导致计算的气溶胶浓度系统偏低。相对而言,部分反射倾斜烟云模式较全面地考虑了各种影响,计算结果会相对合理,但需要科学选择计算参数,使计算结果尽可能准确。

2.5 复杂地形气溶胶扩散传播

前面讨论了平坦下垫面上的传播,若考虑地形地理条件的变化,就限制了上述结论的适用性,需要进一步探讨山地、峡谷等特殊地形地理条件下气溶胶传播扩散的问题,通常结合试验结果建立经验公式进行计算。

2.5.1 山谷

山谷中的传播,由于地形动力的影响,谷中风可以与盛行风有很大区别。盛行风横过山谷,则由于山脊本身的阻力作用,山谷中可以形成局部环流。如果盛行风占据整个山谷,则由于山谷占有很大的体积,谷中的风速将比谷外的小得多。若盛行风沿谷的长度方向吹,谷的宽度不一致时,则狭窄处风速增大,如图 2.11 所示。如果山谷是南北向,则由于日照的关系,当向阳面受日照时空气受热密度低于背阳面,形成压力差,构成局地环流使气溶胶云团与周围清洁大气更快地混合,见图 2.12。

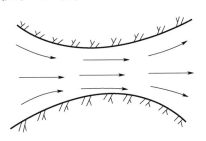

图 2.11 山谷变窄

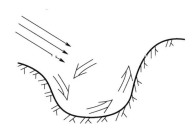

图 2.12 局地环流

山谷中特有的山谷风不仅造成局地环流,而且造成特殊温度分布,对气溶胶云团传播有很大影响。白天,风由谷底吹向山坡,夜晚由于山坡冷却冷空气吹向谷底,这就造成了夜间冷空气谷底聚集,常常形成"逆温层"(图2.13),这种情况下的"逆温层"要比没有这种地形影响造成的逆温强,一般这种逆温白天就会消失,但在个别适宜的天气条件下,这种逆温可持续到几天,积聚在"逆温层"底的气溶胶在日出后又会扩展到地面上造成空气污染,所以对狭窄的山谷,两边山又很高且陡时,要特别注意。

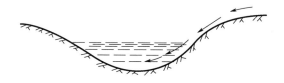

图 2.13　谷底逆温层

对于比较狭长的山谷,谷壁的界面限制作用会改变气溶胶云团的浓度分布规律,使其偏离正态分布,其结果相当于实源和像源的叠加。当风向与谷地走向一致时,气流在谷地中运行,与河流在河床中流动相似。谷地两侧和河流两侧一样会限制气溶胶的横向扩散。山谷对气溶胶扩散的影响如图 2.14 所示。

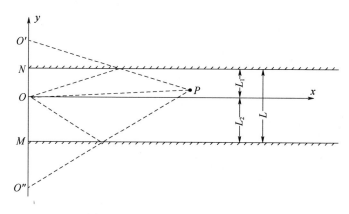

图 2.14　山谷对气溶胶扩散的影响

如果有一个点源位于 O 点,即坐标原点,x 轴为风向,建立图 2.14 所示坐标系,水平方向 y 和垂直方向 z 轴均垂直于 x 轴,其中 L_1 是原点到最近谷壁的距离,L_2 是原点到最远谷壁的距离,L 是山谷的宽度,$L = L_1 + L_2$,P 为待求的任一点,设有效源高为 H。图 2.14 中,O' 为虚源的坐标原点。考虑虚源的叠加效应,谷地扩散可分为以下三种情况。

(1) 谷地一侧内壁有影响,则

$$C(x,y,H) = \frac{Q}{\pi u \sigma_y \sigma_z} \left\{ \exp\left(-\frac{y^2}{2\sigma_y^2}\right) + \exp\left(-\frac{(2L_1-y)^2}{2\sigma_y^2}\right) \right\} \exp\left(-\frac{H^2}{2\sigma_z^2}\right)$$

(2.115)

(2) 谷地两侧内壁有影响,则

$$C(x,y,H) = \frac{Q}{\pi u \sigma_y \sigma_z} \left\{ \exp\left(-\frac{y^2}{2\sigma_y^2}\right) + \exp\left(-\frac{(2L_1-y)^2}{2\sigma_y^2}\right) + \exp\left(-\frac{(2L_2+y)^2}{2\sigma_y^2}\right) \right\} \exp\left(-\frac{H^2}{2\sigma_z^2}\right)$$

(2.116)

(3) 谷地中浓度横向混合均匀后。烟云在谷地中扩散,由于两侧坡地对横向扩散交叉反射,向下游扩散一段距离后,横向浓度逐渐接近均匀分布,此后下游浓度为

$$C(x,y,H) = \frac{Q}{\pi u \sigma_y \sigma_z} \sqrt{\frac{2}{\pi}} \exp\left(-\frac{H^2}{2\sigma_z^2}\right) \qquad (2.117)$$

2.5.2 高地和凹地

气溶胶云团在遇到高地时,可从高地越过、从两侧绕过、改变运动方向,或者各种情况同时产生,这里只讨论等温时越过高地的情况。

野外测风结果表明,对于倾斜度 $6° \sim 12°$ 的高地,在迎风面的顶端,其风速为平地的 1.4~1.6 倍,而在背风面的底部,其风速却小于平地的 1/2,形成一个"乱流区",乱流区的长度 l,一般约为高地高度的 10 倍以上,见图 2.15。

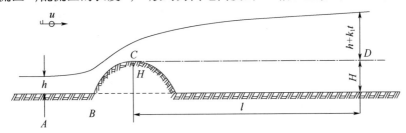

图 2.15 高地影响

试验结果表明,气溶胶云团越过高地后的特点是气溶胶云团的高度迅速增加,而浓度急剧降低,传播纵深缩短。以化学齐射产生的毒剂初生云的染毒浓度计算为例,设气溶胶云团的起始高度为 h(在再生云中 $h=0$),高地的高度为 H,K_1 为 1m 高处湍流垂直扩散系数,在 AB 段的传播按平地规律计算,气溶胶云团的高度为 $\sqrt[n]{K_1 n^2 z_1^{(n-2)} t + h^n}$,其中参考高度 $z_1 = 1$m。考虑 $n=1$,则云团高度为 $(K_1 t + h)$。在 BC 段,由于风速增加引起的 K_1 增大,但传播相同距离所需的时间 t 将缩短,而且认为 K_1 的增大倍数近似等于 t 的缩小倍数,即其乘积 $K_1 t$ 与平地的相同,所以其高度仍按 $(K_1 t + h)$ 增高,但在 C 点以后的背风区,气溶胶云团进入湍流区,不但继续向上扩散,而且还向下风扩散到 D 线以下,于是气溶胶云团的高度迅速增加到 $(K_1 t + h + H)$。研究表明,高地的影响,将使传播纵深缩短的距离为

$$\Delta x = u_1 H / K_1 = H / p \tag{2.118}$$

式中:H 为高地的高度(m);$p = \dfrac{K_1}{u_1}$。

显然,缩短距离 Δx 与高地高度 H 成正比。

例 2.2 有一高地,其高度 $H = 30$m,当 $n=1$,$Z_{00} = 0.01$m 时,则 $p = K_1/u_1 = 0.03474$m,试计算气溶胶云团在平坦地上运动时,再经过多大距离(Δx)后,其浓度与通过高地后的浓度相同。

解:根据式(2.118),有

$$\Delta x = \frac{H}{p} = \frac{30}{0.03474} = 864(\text{m})$$

当气溶胶云团遇到凹地时,根据风向与凹地的相对位置以及当时的空气垂直稳定度情况,判断部分气溶胶云团是停留在凹地内或沿凹地传播,还是超过凹地。

当宽而浅的凹地垂直于气溶胶云团运动方向时,若气溶胶云团是从高处往下运动,则可以看作其在高地后的运动,若气溶胶云团是由凹地向上运动,则可以看作其在平坦地上运动。当然,这种情况只适用于凹地的宽度不小于 100~150m。如果是窄而深的凹地,则只会有小部分气溶胶云团停留在凹地内,这部分气溶胶云团对传播纵深的影响,可以忽略不计。

当气溶胶云团运动方向平行于较深较宽的凹地时,其浓度变化可按平坦地

的方法计算,但必须知道凹地底部的风速和温度梯度。

2.5.3 森林影响

气溶胶云团在遇到森林时,可进入森林、从林顶越过、从林的两侧绕过,或各种情况同时产生。分别叙述如下。

1. 气溶胶云团进入林内

气溶胶云团进入林内,或穿过森林,或停留其中,但无论怎样,其运动速度逐渐减小。根据林内测风的结果,林内风速随距离的变化,即

$$u = u_0 \exp\left(-\frac{x}{a}\right) \tag{2.119}$$

式中:u_0 为林边开阔地的风速(m/s);u 为深入林内距离为 x(m)处的风速(m/s);a 为衰减系数(m),其值随森林的性质而变,见表 2.11。

表 2.11 衰减系数

序号	森林性质	a/m
1	有叶盖住,高 6~8m 的混合林,或带有小树而很密的无叶混合体	43~56
2	有叶盖住,高 14~15m 的混合林,或很密而无叶,高约 10m 的混合林	59~62
3	稀的或很稀的,且没有小树的松树林	111~125
4	稀的有小树的无叶林,或几乎无小树的稀高的树林	159~172

从表 2.11 中可以看出,属于第二种性质的森林,若在开阔地上的风速为 10m/s,则离开林缘 60m 处(下风方向)的林内风速应该下降到 3.67m/s。在 120m 处的林内风速应该下降到 1.35m/s。在 240m 处的林内风速应该下降到 0.18m/s。因此,在该处即可找到避开气溶胶云团影响的地方。当然,有时也不完全这样,如气溶胶云团从森林上面通过时,森林起伏不平引起乱流,促使云团从上面卷入森林中,若林间有空地,云团就会在此停留。

关于气溶胶云团在林内传播 x 所需的时间,可令 $u = d_x/d_t$,代入式(2.119)中,得

$$\frac{dx}{dt} = u_0 \exp\left(-\frac{x}{a}\right) \tag{2.120}$$

$$dt = \frac{1}{u_0} \exp\left(\frac{x}{a}\right) dx \tag{2.121}$$

积分,得

$$t = \frac{a}{u_0}\left(\exp\left(\frac{x}{a}\right) - 1\right) \quad (2.122)$$

对于较大较密的森林,往往存在无风区($u \leq 0.1 \text{m/s}$)。设无风区前端距受风林缘的距离为 x,取 $u = 0.1 \text{m/s}$,则根据式(2.119)可得

$$x = a(2.3 + \ln(u_0)) \quad (2.123)$$

至于气溶胶云团在森林中的浓度分布,可按前述的浓度公式计算,其中的湍流水平扩散系数在数值上近似为 $K_0 = 1.4 u_1$。

2. 气溶胶云团越过林顶

气溶胶云团越过林顶与越过高地一样,其特点是引起传播纵深缩短,但森林与高地的情况不同,因此可用不同的方法来处理。设气溶胶云团在平坦地传播了 X_1 后,越过纵深为 l 的森林,最后又在平坦地传播 X_2,如图 2.16 所示,这里忽略了进入林内的部分气溶胶云团。

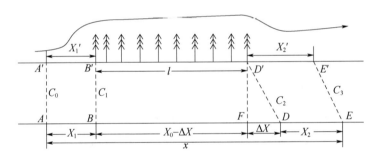

图 2.16 气溶胶云团越过林顶

根据实际观察,林顶可以当作一个下垫表面,只是它的粗糙度较大。通常,平坦地的粗糙度 $Z_0 = 0.05 \sim 0.1 \text{m}$。而林顶的粗糙度 $Z_1 = 0.1 \sim 0.3 \text{m}$。同时,林顶上空的大气垂直稳定度非常接近于等温状态。

为了求得缩短距离 ΔX,假设一个与林外平坦地条件相同的传播,图 2.16 中注 C_0、C_1、C_2 和 C_3 的虚线为等浓度线。分析图 2.16 可知:$X_1 = X_1'$,$X_2 = X_2'$,$X_0 > l$,从图上还可以看出在 D 和 D' 处的浓度相等,可以证明

$$\frac{[C_2]_{\text{平}}}{[C_2]_{\text{林}}} = \frac{\sqrt[n]{k_{1\text{林}} n^2 t_{\text{林}} + h^n}}{\sqrt[n]{k_{1\text{平}} n^2 t_{\text{平}} + h^n}} = 1 \quad (2.124)$$

第 2 章 大气扩散基本理论

当传播距离大于 500m 时 h 可忽略不计,并设林顶大气垂直稳定度为等温状态($n=1$),则

$$\frac{[C_2]_{\text{平}}}{[C_2]_{\text{林}}} = \frac{k_{1\text{林}} t_{\text{林}}}{(\sqrt[n]{k_{1\text{平}} t_{\text{平}}} n^2)} = \frac{p_{\text{林}} u_1 l / u_1}{\sqrt[n]{p_{\text{平}} u_1 n^2 X_0 / u_1}} = \frac{p_{\text{林}} l}{\sqrt[n]{p_{\text{平}} n^2 l}} \frac{\sqrt[n]{l}}{\sqrt[n]{X_0}} \quad (2.125)$$

即

$$X_0 = l F_{cl}^{\ n} \quad (2.126)$$

其中

$$F_{cl} = p_{\text{林}} l / \sqrt[n]{p_{\text{平}} n^2 l} \quad (2.127)$$

其值列于表 2.12 中。于是得出缩短距离为

$$\Delta X = X_0 - l = l[F_{cl}^{\ n} - 1] \quad (2.128)$$

式(2.128)的条件:气溶胶云团必须越过整个森林,即 $X_2' \geq 0$,若在 D' 的左边气溶胶云团就消失了,则式(2.128)就不成立了。由图 2.16 可知,条件 $X_2 \geq 0$,可以改写为

$$x - X_1' \geq l \cdot F_{cl}^{\ n} \quad (2.129)$$

式中:x 为气溶胶云团在平地上的传播距离;X_1' 为施放源到迎风林缘的距离;l 为森林的纵深;F_{cl} 为气溶胶在不同下垫面条件下传播的浓度比,见表 2.12;n 为空气垂直稳定度的特性数。

表 2.12 气溶胶在不同下垫面条件下传播的浓度比 F_{cl}

平地 $Z_0 = 0.03/m$	植物层 Z_{00}/m	森林的纵深 l/m									
		1000	1500	2000	2500	3000	4000	5000	6000	8000	10000
$n=1.20$	0.1	3.585	3.836	4.054	4.178	4.307	4.519	4.691	4.836	5.074	5.267
	0.2	5.132	5.489	5.758	5.981	6.166	6.469	6.715	6.923	7.263	7.359
	0.3	6.845	0.334	7.689	7.987	8.234	8.639	8.968	9.245	9.700	10.068
$n=1.10$	0.1	2.425	2.516	2.583	2.636	2.680	2.751	2.807	2.854	2.930	2.990
	0.2	3.469	3.600	3.695	3.771	3.834	3.936	4.016	4.083	4.191	4.277
	0.3	4.638	4.812	4.940	5.041	5.125	5.261	5.369	5.459	5.603	5.718
$n=1.05$	0.1	1.942	1.980	2.007	2.028	2.046	2.074	2.096	2.115	2.144	2.167
	0.2	2.778	2.832	2.871	2.902	2.927	2.967	2.999	3.025	3.067	3.100
	0.3	3.713	3.786	3.838	3.878	3.913	3.967	4.009	4.044	4.100	4.143

(续)

平地 $Z_0 = 0.03/m$	植物层 Z_{00}/m	森林的纵深 l/m								
		1000	1500	2000	2500	3000	4000	5000	6000	8000	10000
$n=1.00$	0.1	1.523									
	0.2	2.179	(与距离无关)								
	0.3	2.912									

例 2.3 发烟弹在林边爆炸,若在平地上能传播 10km。试问经过 $l=2$km 的森林,可传播多少千米？条件:平地为逆温($n=1.1$),$Z_0=3$cm,森林上空为等温,$Z_{00}=10$cm。

解:根据条件,查表 2.12 得 $F_{cl}=2.583$,代入式(2.129)可知

$$10 - 0 \geqslant 2 \times (2.583)^{1.1} = 5.68\text{km}$$

算式是成立的,于是根据式(2.128)求得

$$\Delta X = 2 \times [(2.583)^{1.1} - 1] = 3.68\text{km}$$

所以越过 $l=2$km 的森林的情况下,可传播

$$10 - 3.68 = 6.32\text{km}$$

3. 气溶胶云团由林侧绕过

气溶胶云团由林侧绕过的情况多半发生在气溶胶云团的面积较大或森林较小的微风的晴夜。由于逆温的存在,气溶胶云团不易上越,沿林边的一侧或两侧绕过。

2.5.4 城市中的扩散

城市中的扩散是相对于野外乡村平坦地的扩散而言的。城市温度普遍比乡村高,这是由于城市里有许多人工热源,使地面热性质及地面蒸发率不同所致。温度层结的差异造成大气垂直稳定程度的差异,这种差异在晴朗的白天相差不大。但夜间近地面层不稳定,气溶胶云团可以扩散到地面,使城市地面的浓度比乡村高。再者城市由于下垫面极端复杂,对风的影响也显得很复杂,很难寻求精确的规律。一般地,城市下垫面建筑的影响,对城市上空风廓线的影响可以看作导致了下垫面粗糙度的增加。

1. 城市下垫面粗糙度

勒托(H. H. Lettau,1974)建议用下面的经验公式估算城市的粗糙度:

$$Z_0 = \frac{H}{2A} \tag{2.130}$$

式中:H 为建筑物平均高度;A 为某区域的面积对该区域中建筑物出现于风中的截面积之比。

这样得到的 Z_0 是近似的。由于城市下垫面的影响,城市上空,风速要比平旷地区小些,但机械湍流要比平旷地区大得多,相应地垂直运动也更强。不论是水平还是垂直方向,湍流混合均要比乡村地区大得多,应用时必须对使用的经验公式进行必要订正。

2. 计算平均浓度的"箱"模式

"箱"模式是将城市看作一个具有平均面源强度的巨大的立方体或者圆柱体,其高度为城市的混合层高度,认为在此高度以内面源的源强处处相等,因而浓度分布也处处相同,即整个城市只有一个平均浓度。

设城市面源平均强度为 $Q(\text{g}/(\text{s} \cdot \text{m}^2))$,城市混合层高度是 h,混合层平均风速 u,若城市为方形,边长为 l,则城市内平均浓度可根据质量浓度的定义式求得,即

$$C = \frac{Q\dfrac{l}{u}l^2}{l^2 h} = \frac{Ql}{uh} (\text{g}/\text{m}^3) \tag{2.131}$$

若城市为矩形,顺风长为 a,横风长为 b,则平均浓度为

$$C = \frac{Q\dfrac{a}{u}(ab)}{abh} = \frac{Qa}{uh} (\text{g}/\text{m}^3) \tag{2.132}$$

若城市为圆形,直径为 d,则平均浓度为

$$C = \frac{Q\dfrac{d}{u}\dfrac{\pi d^2}{4}}{\dfrac{\pi d^2}{4}h} = \frac{Qd}{uh} (\text{g}/\text{m}^3) \tag{2.133}$$

式(2.133)表明,根据箱模式计算的平均浓度主要取决于源强、平均风速、混合层高度和顺风长度,与城市的横风长度无关。除了源强之外,科学判定城

市的混合层高度对分析结果也有显著影响。

地表受热,促使大气增温,引起对流,从上而下会发生冷热空气混合并趋于稳定,这一混合层分布的垂直高度称为混合层高度,一般会随着时空发生变化,同一地区夏季混合层高度大,冬季较小。一天当中(晴天),14 点左右达到最大,日出前后一般很低。在国家标准(GB/T13201—91)中对混合层高度的计算做了规定,当大气稳定度为 A、B、C、D 时,有

$$h = a_s u_{10}/f \tag{2.134}$$

当大气稳定度为 E、F 时,有

$$h = b_s \sqrt{u_{10}/f} \tag{2.135}$$

式中:u_{10} 为 10m 高处平均风速(m/s)(大于 6m/s 时,取 6m/s);a_s、b_s 为混合层系数,可从表 2.13 中查取;f 为地转参数

$$f = 2\Omega\sin\varphi \tag{2.136}$$

式中:Ω 为地转角速度,取为 7.29×10^{-5} rad/s;φ 为地理纬度。

表 2.13 混合层系数

地区	a_s				b_s	
	A	B	C	D	E	F
新疆、西藏、青海	0.090	0.067	0.041	0.031	1.66	0.70
北京、天津、河北、河南、山东、山西、内蒙古、宁夏、陕西(秦岭以北)、甘肃(渭河以北)、黑龙江、吉林、辽宁	0.073	0.060	0.041	0.019	1.66	0.70
上海、广东、广西、湖南、湖北、江苏、浙江、安徽、海南、台湾、福建、江西	0.056	0.029	0.020	0.012	1.66	0.70
云南、贵州、四川、陕西(秦岭以南)、甘肃(渭河以南)	0.073	0.048	0.031	0.022	1.66	0.70

例 2.4 我国甘肃(渭河以北)某城市工业园区纬度 36.4285°,顺风长 5km,横风宽 2km,园区内数家企业平均排放颗粒物 $0.035\text{g}/(\text{s}\cdot\text{m})^2$,试计算大气稳定度为 D 类时园区内排放产生的气溶胶浓度。设 10m 高处平均风速 4m/s。

解: 根据园区特性,可采用式(2.132)所示矩形箱模型估算排放形成的气溶胶浓度。其中 $Q = 0.035\text{g}/(\text{s}\cdot\text{m})^2$,$a = 5000\text{m}$,$u_{10} = 4\text{m/s}$,混合层高度 h 依据

式(2.134)计算。

根据表 2.13 查得稳定度为 D 类时 $a_s=0.019$，又

$$f=2\Omega\sin\varphi=2\times7.29\times10^{-5}\times\sin(36.4285)=8.6578\times10^{-5}$$

则

$$h=\frac{a_s u_{10}}{f}=\frac{0.019\times4}{8.6578\times10^{-5}}=877.8(\text{m})$$

混合层平均风速可近似取 1/2 高度处的风速，即 438m 高度的风速。按照我国国家标准，依据风速廓线计算风速时若高度大于 240m 就按 240m 考虑，于是平均风速按照 240m 高度的风速计算。已知 10m 高处风速为 4m/s，稳定度为 D 类，可以按照式(2.21)所示风速廓线方程进行计算，其中系数 P 通过表 2.5 查得城市下垫面、D 类稳定度时为 0.25。代入式(2.21)可得

$$u=u_1\left(\frac{z}{Z_1}\right)^P=4\times\left(\frac{240}{10}\right)^{0.25}=8.85(\text{m/s})$$

所以

$$C=\frac{Qa}{uh}=\frac{0.035\times5000}{8.85\times877.8}=0.0225(\text{g/m}^3)$$

事实上，城市面源的强度是不可能完全均等的，因此，对具有多源或复杂源强分布特征的情况，可将城市分成若干区域，将每个区内的面源视为一点源或线源。即把面源集到一个点或线，给以适当的源强和源高，然后计算在不同地区造成的污染物浓度(例如用高斯模式)，某一地点的污染浓度是各区对该点贡献的总和，这种处理又称为多箱模式或 ATDL 模式。

箱模式形式简单，计算方便，也可以得到较好的预测结果，可广泛用于城市面源模式计算中。但是，箱模式设定在整个城市内，即整个箱内浓度是均匀相等的，从而无法得到气溶胶浓度在城市空间的分布情况，所以不适用于分析局地范围内的浓度分布细节。具体计算时应考虑到风向、风速、稳定度的变化，这有利于准确判断箱的长度、高度，从而使预测结果更有价值。此外，基于调查分析，正确地选定一个源强及源高是箱模式、多箱模式准确运用的关键。

第 3 章

放射性气溶胶

1896 年,法国物理学家贝可勒尔发现,某些物质能放射一种人的眼睛看不见的射线。1899 年后,吉赛尔、维拉德、卢瑟福等相继对射线的性质进行了研究,发现放出的射线有三种类型,根据其在磁场中表现出的不同偏转行为,分别称为 α 射线、β 射线、γ 射线。α 射线是具有很高速度的氦原子核($^4_2$He)流;β 射线是高速运动的电子流;γ 射线是波长比 X 射线还短的电磁波。某些核素自发地放出 α、β 等带电粒子或 γ 射线以及在轨道电子俘获后放出 X 射线,甚至还会发生自发裂变的性质,核素具有的这种性质称为放射性。把具有放射性的核素称为放射性核素。自然界存在的核素所具有的放射性称为天然放射性,而有些核素被中子辐照后所具有的放射性称为感生放射性。放射性气溶胶是指气溶胶粒子中含有放射性物质的气溶胶体系,放射性气溶胶对人员和环境具有重大危害,为了减少和预防放射性气溶胶对人员和环境的危害,需要对放射性气溶胶的基本特性、形成机制和危害规律及相关评价技术进行分析研究。放射性物质气溶胶具有非放射性物质气溶胶的所有特征,其物理形式对气体力学行为和测量技术的选择具有极大影响,其化学形式对生物和环境表现以及测量技术的选择也具有相似的重要影响。放射性气溶胶具有放射性,使其更容易识别,但在对其进行测量过程中会有更大风险。

3.1 放射性衰变与辐射源

原子核是由 Z 个带正电荷的质子和 N 个不带电荷的中子组成的,一般用 A

表示原子核的质量数,则 $A = Z + N$。如果用 X 代表元素的种类(符号),核素一般表示为 $_Z^A X$ 的形式,为了方便亦可记作 $^A X$,如放射性核素钴 60 可表示为 $_{27}^{60}\text{Co}$,亦可写成 ^{60}Co。

3.1.1 放射性衰变的种类

放射性衰变(或核衰变)是指某些核素的原子核自发地放出 α、β 等粒子而转变成另一种核素原子核的行为,或者原子核从它的激发态跃迁到基态时,放出光子(γ 线)的行为过程。通常把衰变发生前的原子核称为母核,衰变之后的原子核称为子核。

1. α 衰变

在 α 衰变过程中,放射性核素原子核放射 α 粒子,而变为另一种核素的原子核。由于 α 粒子是高速运动的氦原子核,它由 2 个质子和 2 个中子组成,其所带正电荷为 2e,其质量即为氦原子核的质量。

放射性核素的原子核发生 α 衰变后形成的子核比母核的原子序数即核电荷数减少 2,在周期表上前移 2 位(左移法则),而质量数较母核减少 4,α 衰变可用下式表示:

$$_Z^A X \longrightarrow {}_{Z-2}^{A-4} Y + \alpha \tag{3.1}$$

例如

$$_{88}^{226}\text{Ra} \longrightarrow {}_{86}^{222}\text{Rn} + \alpha \tag{3.2}$$

α 衰变主要发生在重元素原子核上,发生 α 衰变的天然放射性核素中,绝大部分原子序数 Z 大于 82,如镭、铀、钍原子核都会自发进行 α 衰变,当它们被人体吸入时,会沉积在呼吸道上,如果这类核素被人体吸入量过大,会损坏肺部细胞或肺部周围组织,对人体健康产生严重影响,如肺纤维化和癌症等病变。

2. β 衰变

在这种衰变过种中,原子核电荷数改变 ±1,质量数保持不变。β 衰变包括 β^-、β^+ 和轨道电子俘获(EC)三种形式。

β^- 衰变可以看作母核中的一个中子转化为质子,同时放出 β^- 粒子和反中

微子 $\bar{v}$ 的过程;β^+ 衰变是指从核内放射出一个正电子 e^+ 的过程,可以看作母核内的一个质子转变为一个中子而放出 β^+ 和中微子 v 的过程;EC 过程是指原子核俘获一个核外轨道电子,而使核内一个质子转化为中子并放出中微子的过程。

由原子核发射的电子称为 β 粒子(射线),上述三个过程可用下式表示:

$$_{Z}^{A}X \longrightarrow _{Z+1}^{A}Y + \beta^- + \bar{v} \tag{3.3}$$

$$_{Z}^{A}X \longrightarrow _{Z-1}^{A}Y + \beta^+ + v \tag{3.4}$$

$$_{Z}^{A}X + e^- \longrightarrow _{Z-1}^{A}Y + v \tag{3.5}$$

式中:v、$\bar{v}$ 分别为中微子和反中微子,均不带电,其静止质量近似为 0。

β 射线具有连续能量,其能谱范围很宽,一般使用其最大能量值作为其特征值。^{131}I、^{137}Ce 以及 ^{90}Sr 是 β 放射性核,在涉及核反应堆的事故中,需要特别关注这些放射性核。β 射线能穿透皮肤表层,可以造成皮肤灼伤。

当带电粒子在原子核附近穿过时,入射粒子在原子核电场中产生加速运动,按经典物理学的观点,带电粒子将以正比于其加速度平方的概率辐射电磁波,这就是韧致辐射,带电粒子通过韧致辐射方式引起的能量损失称作辐射能量损失,这是高能电子在物质中损失能量的主要方式。

3. γ 衰变

各种类型的核衰变往往致子核处于各种能量的激发态;靶核被其他粒子轰击或吸收一定能量后,也可处于激发态。处于激发态的原子核可以通过退激方式到达基态,原子核从激发态向基态(或较低能态)跃迁时会发射光子,这种过程称为 γ 衰变。如:

$$_{83}^{208}Bi \xrightarrow{11.8h} _{82}^{208}Pb^m + \beta^+ + v \tag{3.6}$$

$$_{82}^{208}Pb^m \xrightarrow{5.1s} _{82}^{208}Pb + \gamma \tag{3.7}$$

在 γ 衰变过程中,原子核的质量和原子序数都没有改变,仅仅是原子核的能量状态发生了改变,这种变化称为同质异能跃迁。

γ 射线产生于原子核的放射性衰变过程,其本质是一种电磁辐射。对于每个放射性原子核,γ 射线都具有不连续性。γ 射线与 α 粒子、β 粒子相比,具有较强的穿透能力,这三种射线穿透能力比较情况如图 3.1 所示。

第 3 章 放射性气溶胶

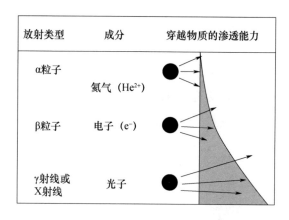

图 3.1 α 粒子、β 粒子和 γ 射线穿透能力比较

需要注意的是：α 射线虽然穿透力最弱，但其电离能力最强；β 射线比 α 射线的穿透力要强，电离能力次之；由于 γ 射线不带电，其穿透能力最强，可以导致深部的物质原子电离，进而产生各类辐射效应。

3.1.2 描述放射性核素的特征量

1. 放射性活度

放射性活度简称活度，是指处于特定能态的一定量的某种放射性核素在单位时间内发生衰变的数目，即

$$A = -\frac{\mathrm{d}N}{\mathrm{d}t} \tag{3.8}$$

放射性活度的 SI 单位是 1/s，SI 单位是贝可勒尔（Becquerel），简称贝可，符号为 Bq，1Bq = 1 次衰变/s。其他单位还有 MBq(10^6Bq)、GBq(10^9Bq)、TBq(10^{12}Bq)等。非法定计量单位为居里，符号为 Ci，另外，还使用毫居或微居等单位：

$$1\mathrm{Ci} = 3.7 \times 10^{10} \mathrm{Bq} \tag{3.9}$$

2. 半衰期

放射性原子核衰变的速率一般用半衰期描述，即放射性原子核数目因为衰变而减少到原来数目的 1/2 时所需要的时间称为半衰期，半衰期是放射性物质收集、处理、进行样品定量时重要考虑因素。例如一些半衰期短的物质可能需要在采集后立即分析，或进行实时分析。实验室对半衰期的确定可对放射性核

素进行辅助识别。放射性衰变的公式为

$$A(t) = A_0 \exp(-\lambda t) \tag{3.10}$$

式中：λ 为衰变常数；t 为衰变时间（与 $t_{1/2}$ 的单位相同）；A_0 为样品在 $t=0$ 时刻的活度（每秒钟衰变）；$A(t)$ 为样品在衰变 t 时间后的活性。

衰变常数 λ 与 $t_{1/2}$ 为放射性核素半衰期之间关系，用公式可表示为

$$\lambda = \frac{0.693}{t_{1/2}} \tag{3.11}$$

于是，式（3.10）也可以表示为

$$A(t) = A_0 \exp\left(-0.693 \frac{t}{t_{1/2}}\right) \tag{3.12}$$

例3.1 某放射性核素在 $t=0$ 时刻的活度为 A_0，半衰期 $t_{1/2}=428\mathrm{h}$，试计算 6 周后该核素的活度降为原来的多少？

解：根据题设

$$t = 6 \times 7 \times 24 = 1008\mathrm{h}$$

$$t_{1/2} = 428\mathrm{h}$$

根据式（3.12）可得

$$\frac{A(t)}{A_0} = \exp\left(-0.693 \times \frac{t}{t_{1/2}}\right) = \exp\left(-0.693 \times \frac{1008}{428}\right) = 0.1955$$

即经过 6 周时间的衰减，放射性活度只有起始活度的 19.55%。

如果按衰变发生后的半衰期数目 n，表示剩余放射性核素的活度 A 或原子核数目 N，则有

$$A = A_0 (1/2)^n \quad \text{或} \quad N = N_0 (1/2)^n \tag{3.13}$$

因此，2 个半衰期后，只有 1/4 的放射性原子核存在，7 个半衰期后，只有 1/128（0.8%）的放射性原子核存在。

不同核素的半衰期 $t_{1/2}$ 值差别很大，为了方便，半衰期 $t_{1/2}$ 单位可用年（a）、天（d）、小时（h）、分（m）、秒（s）表示，例如 ^{232}Th 的半衰期为 1.39×10^{10} a，而 ^{212}Po 的半衰期只有 3.0×10^{-7} s。

3. 放射性气溶胶质量浓度

单位质量或单位体积放射性物质的放射性活度分别称为放射性质量活度（单位为 Bq/kg）和放射性体积活度或放射性浓度（单位为 Bq/m³）。

第 3 章　放射性气溶胶

气溶胶的质量浓度 $C_m(\text{g/m}^3)$ 取决于已知的放射性空气浓度 $C_a(\text{Bq/m}^3)$，并与物质的放射性质量活度 $A(\text{Bq/g})$ 有关，即

$$C_m = \frac{C_a}{A} \tag{3.14}$$

每立方米空气中的数量浓度 C_n（粒子数/m³）同样取决于已知的放射性空气浓度 $C_a(\text{Bq/m}^3)$，并与放射性活度 A、粒子密度 $\rho(\text{g/m}^3)$ 以及气溶胶粒子的体积存在类似关系。假设粒子是单分散性的，形状为球形（体积为 $\frac{\pi d_p^3}{6}$，并且粒子直径 d_p 的单位为 m），则存在关系式

$$C_n = C_a \Big/ \left(A\rho\,\frac{\pi d_p^3}{6}\right) \tag{3.15}$$

3.1.3　放射性衰变的规律

放射性核素的衰变与周围环境中的温度、压力和有无磁场存在等因素均无关，它只与原子核本身性质密切相关，放射性原子核在发生衰变时，遵循指数衰减规律，例如，某种放射性核素原子核最初共有 N_0 个，经过时间 t 以后，剩下的原子核数 N 和 N_0 之间存在如下关系：

$$N = N_0 \exp(-\lambda t) \tag{3.16}$$

式中：λ 为衰变常数，表示某种放射性核素原子核，在单位时间内进行自发衰变的概率，即

$$\lambda = -\frac{1}{N}\frac{dN}{dt} \tag{3.17}$$

式中：N 为 t 时刻的放射性核素数目；dN 为在 t 到 $t+dt$ 时间间隔内衰变数；$-\frac{dN}{N}$ 为单个放射性原子核衰变的概率，衰变常数具有时间倒数的量纲，常用 1/s 表示。

3.1.4　常用的剂量学量

1. 照射量

照射量只对空气而言，仅适用于 γ 射线（或 X 射线），照射量 X 是 dQ 除以

dm 所得的商,即

$$X = \frac{dQ}{dm} \quad (3.18)$$

式中:dQ 为在质量为 dm 空气中,由光子释放的全部电子(负电子和正电子)完全被阻止在空气中时,产生的一种类型离子总电荷的绝对量(单位是 C)。

照射量的 SI 单位是 C/kg,专用单位是伦琴(Roentgen),符号为 R,与 SI 单位的关系为

$$1R = 2.58 \times 10^{-4} C/kg \quad (3.19)$$

伦琴的定义:在 1R 的 X 射线或 γ 射线照射下,在 0℃ 和 760mm Hg 大气压力(1mm Hg = 133.3Pa)条件下的 1cm³ 干燥空气(相当于空气的质量为 0.001293g)中,产生的所有次级电子在空气形成总电荷量为 3.336×10^{-10} C,也即有

$$1R = 3.336 \times 10^{-10} C/1.293 \times 10^{-6} kg = 2.58 \times 10^{-4} C/kg \quad (3.20)$$

2. 吸收剂量

若 dE 是致电离辐射给予质量为 dm 千克的受照物质的平均能量(J),则吸收剂量定义为 dE 除以 dm 所得的商,即

$$D = \frac{dE}{dm} \quad (3.21)$$

吸收剂量的 SI 单位是 J/kg,专用名称是戈瑞(Gray),用符号 Gy 表示,非法定计量单位为拉德(rad)。

$$1Gy = 1J/kg = 100rad \quad (3.22)$$

吸收剂量可以适用于任何类型的电离辐射,反映被照介质吸收辐射能量的程度;照射量只能作为 X 射线或 γ 射线辐射场的量度,用于描述 X 射线或 γ 射线在空气中的电离本领。在空气中次级电子达到平衡或准平衡的条件下,可以用以 R 为单位的照射量值表示空气中的吸收剂量值,X 射线或 γ 射线在空气中的照射量为 1R 时,相应的吸收剂量约为 0.873rad,在人体软组织中的吸收剂量平均值约为 0.931rad。如果小于 15% 的数值差异可予忽略,那么在电子平衡或准平衡条件下,可以用 R 为单位的照射量值,近似地看作以 Rad(cGy)为单位的空气、水和肌肉的吸收剂量值。

第 3 章 放射性气溶胶

3. 剂量当量

相同的吸收剂量未必能够产生同样程度的生物效应,因为生物效应还与受照的辐射类型、吸收剂量与吸收剂量率、照射条件等因素有关,另外也与生物种类、生物个体生理差异等因素有关。为了比较不同类型辐射引起的生物效应严重性,在辐射防护中引进了一些系数作为修正因子,可以在同一尺度上比较不同类型辐射照射所造成的生物效应的严重程度。

剂量当量只限于辐射防护中应用,组织中某点处的剂量当量 H 是 D、Q 和 N 的乘积,即

$$H = D \times Q \times N \tag{3.23}$$

式中:D 为吸收剂量(Gy);Q 为品质因子;N 为其他修正系数的乘积,目前指定 N 值为 1。

品质因子依不同类型辐射而异,与传能线密度关系非常密切。传能线密度又称线性能量传递(Linear Energy Transfer,LET)。

剂量当量 H 的 SI 单位是 J/kg,专用单位是希沃特或西弗(Sv)。旧时专用单位是 rem,换算关系为:$1\text{Sv} = 1\text{J/kg} = 100\text{rem}$。

4. 当量剂量

某种类型的辐射 R 在组织或器官 T 中产生的当量剂量为

$$H_{T,R} = W_R \cdot D_{T,R} \tag{3.24}$$

式中:$D_{T,R}$ 为辐射 R 在组织或器官 T 中产生的平均吸收剂量;W_R 为辐射权重因子,国际辐射防护委员会(ICRP)指定的辐射权重因子的值列于表 3.1 中。由于 W_R 是无量纲量,当量剂量的 SI 单位与吸收剂量的相同,也是 J/kg,其专用名称也是希沃特或西弗(Sv)。

定义当量剂量对时间的导数为当量剂量率 $\dot{H}_{T,R}$(Sv/s)。

表 3.1 辐射权重因子[①]

辐射类型和能量范围[②]		辐射权重因子 W_R
光子	所有能量	1
电子和 μ 子	所有能量[③]	1
中子	<10keV	5
	10~100keV	10

(续)

辐射类型和能量范围②		辐射权重因子 W_R
中子	100keV～2MeV	20
	2～20MeV	10
	>20MeV	5
质子(反冲质子除外)	>2MeV	5
α粒子,裂变碎片,重核	所有能量	20

① 所有数值与身体接受的辐射有关；
② 对于其他辐射,可以通过计算 ICRU 球④10mm 深度处的 Q 得到 W_R 的近似值；
③ 不包括结合在 DNA 分子内的核素发射的俄歇电子；
④ 国际辐射单位和测量委员会定义的一个直径 30cm 的组织等效球体

当量剂量中的辐射权重因子 W_R 相当于剂量当量中的品质因数 Q,在小剂量时选定的 W_R 值,使其能代表这种辐射在诱发随机性效应方面的相对生物效应(RBE)数值差别。当辐射场是由具有不同能量、不同类型的辐射构成时,为确定总的当量剂量,必须把吸收剂量细分为一些组,每组的吸收剂量乘以相应的 W_R 值,然后再求和,即有

$$H_T = \sum_R W_R \cdot D_{T,R} \tag{3.25}$$

W_R 值大致与 Q 值一致,与 Q 值相比,W_R 要相对简单些。一方面,W_R 不再与传能线密度 LET 直接联系；另一方面,W_R 可由照射到人体表面的辐射类型和能量确定,因而 W_R 不依赖于组织或器官在人体中的位置和对辐射的取向方式。

5. 有效剂量

吸收剂量和当量剂量是对物质或组织中指定点定义的,人体不同部位的吸收剂量或当量剂量不可相加,但是辐射对人体产生的危害在某种意义上是可以相加的,例如人肺部和甲状腺同时接受照射,产生的致死性肺癌的概率和致死性甲状腺癌的概率之和,就是接受这次照射的个体因辐照而死于癌症的概率。

有效剂量就是计及各组织和器官的权重因子之后,人体各组织当量剂量的加权和,表示在非均匀照射下随机性效应发生率与均匀照射下随机性效应发生率相同时,所对应的全身均匀照射的当量剂量。

对各组织或器官接受的当量剂量被其相应的随机性效应危险度加权后,再

对这些量求和,最后获得的量称为有效剂量 H_E,用公式表示为

$$H_E = \sum W_T H_T \qquad (3.26)$$

式中:H_T 为组织 T 接受的当量剂量;W_T 为组织 T 的权重因子,各组织的 W_T 值如表 3.2 所列。

表 3.2 人体各组织(或器官)的权重因子

组织 T	组织权重因子 W_T
性腺	0.20
红骨髓	0.12
结肠	0.12
肺	0.12
胃	0.12
膀胱	0.05
乳腺	0.05
肝脏	0.05
食道	0.05
甲状腺	0.05
皮肤	0.01
骨表面	0.01
其余组织	0.05
全身均匀照射	1.00

3.1.5 辐射源

地球上每一个人都受到各种天然辐射和人工辐射的照射。其中:来自天然辐射源的电离辐射称为天然辐射;来自人工辐射源的电离辐射称为人工辐射。对人类群体造成照射的各种天然及人工辐射源称为环境辐射源。

1. 天然辐射源

天然辐射来源于宇宙辐射、陆地辐射、氡和矿物开采所致的辐射。

1) 宇宙辐射

宇宙空间充满着由各种来源、各种能量的粒子所产生的辐射。宇宙射线造

成的辐射来源可分为捕获粒子辐射、银河宇宙辐射和太阳粒子辐射三类。

初级宇宙射线通过各种不同的核反应,在大气层生物圈和岩石层中产生一系列放射性核素。就对人类照射的剂量贡献而言,主要的宇生放射性核素是^{3}H、^{7}Be、^{14}C和^{22}Na,对人照射最重要的途径是^{14}C的食入。

2）陆地辐射

除宇生放射性核素之外,地壳中还存在着自地球形成以来就有的天然放射性核素,显然,这类原生放射性核素都是长寿命的,其半衰期可与地球年龄相比较。

就对人的外照射剂量贡献而言,主要的原生放射性核素为^{40}K($T_{1/2}=1.28\times10^9$a)、^{232}Th($T_{1/2}=1.41\times10^{10}$a)和^{238}U($T_{1/2}=4.47\times10^9$a),次要的有^{235}U($T_{1/2}=7.04\times10^8$a)和^{87}Rb($T_{1/2}=4.7\times10^{10}$a),其中^{238}U及^{232}Th为两个天然放射系的母体核素,其许多子体核素也会对人造成照射。

由于种种原因,空气、水、有机物质和各种生物体内也不同程度地存在着原生放射性核素,因此,人会受到来自原生放射性核素的各种不同能量辐射的外照射和内照射。

3）氡

氡是一种放射性惰性气体,地球上三个原生的天然放射系中,分别存在氡的三个同位素,即^{222}Rn(^{238}U系)、^{220}Rn(^{232}Th系)和^{219}Rn(^{235}U系)。由于岩石和土壤中^{235}U含量很低,^{219}Rn的半衰期又很短,因此,它对人的照射没有太大的意义。同样,由于^{220}Rn的半衰期很短,只有在岩石和土壤中^{232}Th含量高的地区,其对人的照射才有必要加以考虑。^{222}Rn的照射是人受天然辐射照射最重要的来源。一般情况下,室内空气中^{222}Rn及其短寿命子体的浓度远比室外高,因此,吸入室内空气中^{222}Rn及其短寿命子体是最重要的照射途径。

4）矿物的开采和应用

除作为核燃料原料的含铀矿物以外,煤、石油、泥炭、天然气、地热水(或蒸汽)、磷酸盐矿物和某些矿砂中天然放射性核素的含量也比较高,其开采和应用一定程度上会增加公众的天然辐射照射。

2. 人工辐射源

除大气层核试验造成的全球性放射性污染之外,核能生产、放射性同位素的生产和应用也会导致放射性物质伴随着气载或液态流出物的释放而直接进入环境。放射性废物或核材料储存、运输及处置，则可能造成放射性物质间接地进入环境，对公众造成自然条件下原本不存在的辐射照射，这类辐射源称为人工辐射源。

1) 核试验

(1) 大气层核试验。核试验中核装置的爆炸能量来自重核 ^{235}U 和 ^{239}Pu 的链式裂变反应，或氘和氚的热核聚变反应，其大小常以 TNT 当量表示。大气层核爆炸后裂变产物、剩余的裂变物质和结构材料在高温火球中迅速气化，近地面大气层爆炸时，火球中还夹带着大量被破碎分散的土壤和岩石颗粒，火球迅速上升扩展，其中的气态物质冷凝成分散度各不相同的气溶胶颗粒，这些颗粒具有很高的放射性比活度。

颗粒较大的气溶胶粒子因重力作用而沉降于爆心周围几千米的范围内（局地性沉降）；较小的气溶胶粒子则在高空存留较长时间后，降落到大面积范围的地面上，其中进入对流层的较小颗粒主要在同一半球同一纬度区内围绕地球沉降（对流层沉降），进入平流层的微小颗粒则造成世界范围的沉降（全球沉降或平流层沉降）。

放射性核素在平流层中的存留时间因核爆的地点、时间和高度而异。^{90}Sr 在平流层内的平均存留时间为 1a，^{14}C 存留时间会更长；各种核素在对流层中的平均存留时间约为 30d，底层大气中的放射性气溶胶会因降雨作用而导致湿沉积。

放射性沉降物中大多是短寿命放射性核素，只在爆炸后短时期内对公众造成内外照射，目前对公众造成照射的，主要是其中的长寿命核素。

放射性沉降物对公众的照射包括经由吸入近地空气中的放射性核素及食入放射性污染的食物和水引起的内照射、空气中核素造成的浸没外照射和地面核素沉积造成的直接外照射。导致内照射的主要核素有 ^{14}C、^{137}Cs、^{90}Sr、^{106}Ru、^{144}Ce、^{3}H、^{131}I、$^{239-241}Pu$、^{55}Fe、^{241}Am、^{89}Sr、^{140}Ba、^{238}U 和 ^{54}Mn 等，其中 ^{131}I 主要经由"牧草－牛奶－人"途径进入人体，也可经由蔬菜摄入，主要蓄积于人的甲状腺组织中。导致外照射的主要核素有 ^{137}Cs、^{95}Zr、^{106}Ru、^{140}Ba、^{144}Ce、^{103}Ru 和 ^{140}Ce 等。

表 3.3 及表 3.4 分别给出 1980 年底以前大气层核试验产生的放射性核素造成的全球公众人均有效剂量负担及集体有效剂量的估计值。

表 3.3 大气层核试验造成的全球人均有效剂量负担

核素	有效剂量负担/μSv			
	外照射	食入	吸入	总计
³H	—	66	3.3	47
¹⁴C	—	2600	0.26	2600
⁵⁴Mn	57	—	0.13	57
⁵⁵Fe	—	8.2	0.02	8.2
⁸⁹Sr	—	1.4	1.9	3.3
⁹⁰Sr	—	102	9.0	111
⁹¹Y	—	—	2.8	2.8
⁹⁵Zr	85	—	1.9	87
⁹⁵Nb	40	—	0.82	41
¹⁰³Ru	12	—	0.56	13
¹⁰⁶Ru	44	—	26	69
¹²⁵Sb	27	—	0.08	28
¹³¹I	1.4	48	2.0	51
¹³⁷Cs	300	170	0.35	470
¹⁴⁰Ba	15	0.25	0.21	16
¹⁴¹Ce	1.0	—	0.43	1.5
¹⁴⁴Ce	14	—	38	52
²³⁸Pu	—	0.0005	0.72	0.72
²³⁹Pu	—	0.18	18	18
²⁴⁰Pu	—	0.13	12	12
²⁴¹Pu	—	0.003	5.4	5.4
²⁴¹Am	—	0.87	14	15
合计	600	2980	140	3700

表 3.4 大气层核试验所致全球人口的集体有效剂量

核素	集体有效剂量/(×10³人·Sv)			
	外照射	食入	吸入	总计
¹⁴C	—	25800	2.6	25800
¹³⁷Cs	1210	677	1.1	1890
⁹⁰Sr	—	406	29	435

(续)

核素	集体有效剂量/($\times 10^3$ 人·Sv)			
	外照射	食入	吸入	总计
^{95}Zr	272	—	6.1	278
^{106}Ru	140	—	82	222
^{3}H	—	—	13	189
^{54}Mn	181	176	0.4	181
^{144}Ce	44	—	122	165
^{131}I	4.4	154	6.3	164
^{95}Nb	129	—	2.6	131
^{125}Sb	88	—	0.2	88
^{239}Pu	—	1.8	56	58
^{241}Am	—	8.7	44	53
^{140}Ba	49	0.81	0.66	51
^{103}Ru	39	—	1.8	41
^{240}Pu	—	1.23	38	39
^{55}Fe	—	26	0.06	26
^{241}Pu	—	0.01	17	17
^{89}Sr	—	4.5	6.0	11
^{91}Y	—	—	8.9	8.9
^{141}Ce	3.3	—	1.4	1.4
^{238}Pu	—	0.003	2.3	2.3
合计	2160	27200	440	30000

居住在核武器试验场址附近的公众接受的剂量要比表 3.3 中所列的全球人均剂量高得多。美国内华达试验场在 1951—1962 年间进行了 100 次地面和近地表核试验,总爆炸当量为 1Mt,公众剂量评价表明,场址周围儿童的甲状腺平均剂量高达 1Gy,180000 人所受的外照射集体剂量估计为 500 人·Sv。苏联某试验场曾进行过多次大气层核试验和近 300 次地下核试验,其周围 10000 人所受的外照射集体剂量约为 2600 人·Sv,食入内照射集体剂量为 2000 人·Sv,甲状腺的集体吸收剂量高达 10000 人·Gy。

(2)地下核试验。封闭较好的地下核爆炸对参试人员及公众造成的剂量或剂量负担都很小,但偶然情况下泄漏和气体扩散会使放射性物质从地下泄出,造成局部范围的污染。美国内华达试验场进行了 500 多次地下核试验,其中 32 次发生了泄漏,共向大气释放了 5×10^{15} Bq 的 ^{131}I,对周围公众造成的总集体有效剂量约为 50 人·Sv。全球地下核试验中释出的 ^{131}I 造成的集体有效剂量估计为 150 人·Sv。

用于开挖作业的浅层地下核爆炸和采矿操作中的较深层地下核爆炸也都会导致放射性物质向环境释放,内华达试验场进行的一次 10^4 kt TNT 当量的成坑试验中,对周围 10 万公众导致的集体有效剂量为 3 人·Sv。

2)核武器制造

军用放射性物质生产和核武器制造可能导致放射性核素的常规和事故释放,造成局地和区域性环境污染,对当地公众产生一定程度的辐射照射。

核武器中的放射性核素有 ^{239}Pu、^{238}U、^{235}U、^{3}H 和 ^{210}Po 等,其生产过程包括铀矿开采、水冶、^{235}U 的浓缩、^{239}Pu 和 ^{3}H 的生产、武器的制造、组装维修、运输及核材料的再循环使用等,这些都会因核素的释放而对工作人员和公众造成照射。美国汉福特钚生产厂 1944—1956 年间向大气释放 ^{131}I 的数量估计为 2×10^{16} Bq,其对公众造成的集体有效剂量约为 8000 人·Sv,苏联某军用钚生产设施,1949—1956 年间向附近河流中排放了 1×10^{17} Bq 的液态放射性物质,其中包括 ^{89}Sr、^{90}Sr、^{137}Cs、稀土同位素、^{95}Zr-^{95}Nb 和放射性钌,公众成员的最大个人累积有效剂量超过 1Sv,集体有效剂量约为 15000 人·Sv。据估计,军用钚、氚生产造成局地和区域公众集体剂量为 800 人·Sv,全球人口为 40000 人·Sv。

3)核能生产

核能生产涉及整个核燃料循环,其中包括的主要环节有铀矿开采、水冶、^{235}U 的浓缩、燃料元件制造、核反应堆发电、乏燃料储存或后处理及放射性废物的储存和处置,放射性物质在整个核燃料循环的各环节间循环。

各类核设施造成的个人受照剂量因设施的类型及所在地点不同而有很大的差异。一般情况下,个人剂量随与给定源距离的增大而迅速降低,通常用归一化的单位电能生产量相应的集体有效剂量(人·Sv/GW)说明核燃料循环中各种设施因核素排放造成的总的环境影响。

(1)铀矿开采和水冶。具有开采价值的铀矿石中天然铀的含量为千分之一至百分之几,矿石开采出来后,在水冶设施中加工制成重铀酸铵、三碳酸铀酰铵、八氧化三铀、二氧化铀等初级制品。根据矿区地形条件和矿床赋存特点,铀矿物采用地下和露天两种开采方式。开采出来的矿石经放射性分选后,经破磨、浸出、离子交换、萃取、沉淀和结晶等水冶工艺,制备出铀化学浓缩物和核纯产品。铀的浸取一般采用酸法或碱法流程。酸法流程中铀的浸出率为95%,回收率为90%左右;碱法流程铀的浸出率为92%,回收率为85%左右。

铀矿石开采过程中崩落的围岩、覆盖岩石和表外矿石,分选过程中产生的尾矿统称为废石,其产生量因开采方式不同而异(地下开采为矿石产量的0.9~1.5倍,露天开采为矿石产量的5~8倍),水冶过程中每处理1t矿石约产生1.2t尾矿。废石除部分回填外,均堆存于专用的露天堆场内作永久储存,水冶尾矿矿浆经石灰乳中和后,泵入专用尾矿库内永久储存。

采矿过程中,每开采1t矿石产生0.5~3.0t废水(坑道废水及凿岩工艺废水),经离子交换回收铀后排放。水冶厂每处理1t矿石产生8~10t废水,除部分返回复用外,与尾矿矿浆合并中和后泵入尾矿库,尾矿库废水经除镭处理后排放。

氡是铀矿开采和水冶设施释放的最主要的气载放射性核素,矿井中氡的当量析出率为110~180Bq/(m·s),废石场及尾矿库内为0.1~2.0Bq/(m·s),水冶厂粗砂、细泥中氡的释放分数约为20%。

水冶尾矿中残留的铀含量为0.001%~0.01%,而且,矿石中原含的^{234}U以下的衰变产物全部残留于尾矿中,因此,露天堆放的水冶尾矿是大气中^{222}Rn的长期释放源。为此,应采用表面覆盖、固定化处理等方法降低尾矿堆表面氡的析出,降低周围环境中的γ外照射剂量,并防止风雨作用导致尾矿流失而扩大污染范围。

(2)^{235}U的浓缩及铀燃料元件制造。水冶厂的铀浓缩物产品经进一步纯化后转化为四氟化铀(UF$_4$)或六氟化铀(UF$_6$),采用气体扩散或超速离心工艺使天然铀中^{235}U的含量由0.7%提高到2%~3%,再转化为铀氧化物或金属铀,制成反应堆燃料元件。

铀的转化、浓缩和燃料元件制造过程中放射性核素的释放量很小,主要包括长寿命铀同位素^{234}U、^{235}U和^{238}U,以及^{238}U的短寿命子体^{234}Th和^{234m}Th,固体废物的产生量也很少。表3.5所列为^{235}U浓缩和元件制造设施放射性流出物的排放量。

吸入是气载流出物对人造成照射的主要途径,以距设施 2000km 范围内人口密度为 25 人/km² 计,其集体有效剂量为 2.8×10^{-3} 人·Sv/GW,液体排放所致的集体剂量则更低。

表 3.5　^{235}U 浓缩和元件制造设施放射性流出物的排放量

核素	大气释放/(MBq/GW)			水体释放/(MBq/GW)		
	转换	浓缩	制造	转换	浓缩	制造
^{226}Ra	—			0.11		
^{228}Th	0.022	—	—	—	—	—
^{230}Th	0.4			—	—	—
^{232}Th	0.022			—	—	—
^{234}Th	130	1.3	0.34			170
^{234}U	130	1.3	0.34	94	10	170
^{235}U	6.1	0.06	0.0014	4.3	0.5	1.4
^{238}U	130	1.3	0.34	94	10	170

(3) 反应堆运行。核电厂通常采用热中子反应堆生产电能。铀燃料元件装入反应堆中,天然铀中的 ^{235}U 吸收中子而发生裂变反应,产生大量的裂变产物核素并放出中子,同时释放大量的能量,经一回路及二回路系统将水转化为蒸汽,驱动汽轮发电机运行而生产电能。裂变过程中产生的一部分中子维持 ^{235}U 的链式反应,另一部分则被天然铀中的 ^{238}U 吸收,使之转化为 ^{239}Pu。燃料元件中 ^{235}U 达到一定的燃耗时,即从堆中卸出,在冷却水池中冷却到一定的时间后,乏燃料元件即作为高放射性废物储存、处置,或送到后处理厂进行处理。

在反应堆正常运行的情况下,燃料元件中 ^{235}U 裂变而产生的各种气态及颗粒态裂变产物核素都包容在元件包壳内,但个别元件包壳的破损会使其因扩散而向大气释放或进入冷却剂中。此外,堆结构材料和包壳材料的腐蚀产物在堆芯区也会被中子活化,由此导致冷却剂的污染。因此,各类反应堆都装有净化装置,去除气载及液态放射性核素。表 3.6 所列为 1985—1989 年间全球各种类型的反应堆气载流出物中惰性气体(氩、氪、氙)、^{3}H、^{14}C、^{131}I、颗粒物和液体流出物中 ^{3}H 及其他放射性核素的归一化释放量。

世界上大部分核电厂位于北欧和美国东北部地区,根据这一地区的人口分布状况,以平均人口密度为 20 人/km² 计,一典型厂址周围 2000km 范围内总人口为

2.5亿,厂址周围50km范围内人口密度则按400人/km²计,按表3.6给出的核素归一化释放量,采用适当的剂量估算模式和转换因子,1985—1989年间全世界反应堆核素释放导致的归一化全人口集体剂量估计为1.4人·Sv/GW(表3.7)。截至1989年,所有反应堆运行导致的集体剂量总和估计为3700人·Sv,除^{3}H和^{14}C外,绝大部分集体剂量是由局地和区域范围内居民承受的。

表3.6 1985—1989年间各类反应堆放射性核素的释放量

核素		释放量/(TBq/GW)						
		压水堆	沸水堆	气冷堆	重水堆	轻水石墨堆	快中子增殖堆	总计①
气载核素	惰性气体	81	290	2100	190	2000	150	330
	^{3}H	2.8	2.5	9.0	480	26②	96	30
	^{14}C	0.12	0.45	0.54	4.8	1.3	0.12②	0.52
	^{131}I	0.0009	0.0018	0.0014	0.0002	0.014	0.0009	0.0018
	其他粒子	0.0020	0.0091	0.0007	0.0002	0.012	0.0002	0.0040
液态核素:^{3}H		25	0.79	120	370	11②	2.9	41
其他核素		0.045	0.036	0.96	0.030	0.045②	0.028	0.079

①按不同类型反应堆发电量的加权平均值;
②估计值

表3.7 1985—1989年间反应堆核素释放导致的集体剂量

堆型	发电量/%	集体有效剂量/(人·Sv/GW)						
		气载流出物					液态流出物	
		惰性气体	^{3}H	^{14}C①	^{131}I	粒子	^{3}H	其他核素
压水堆	62.13	0.010	0.030	0.22	0.0003	0.011	0.020	0.0009
沸水堆	22.35	0.075	0.028	0.81	0.0009	0.049	0.0006	0.0061
气冷堆	3.98	0.024	0.099	0.97	0.0007	0.0038	0.097	0.038
重水堆	5.26	0.023	5.3	8.6	0.0001	0.0011	0.30	0.0006
轻水石墨堆	5.88	0.24	0.29	2.3	0.0069	0.065	0.0089	0.0009
快中子增殖堆	0.40	0.018	1.1	0.22	0.0005	0.0010	0.0023	0.0006
加权评价		0.039	0.33	0.94	0.0008	0.022	0.033	0.004
总计		1.3688						

①仅为局地和区域部分

(4) 乏燃料后处理。反应堆乏燃料元件在冷却水池中冷却一定时间后,卸入溶解器中进行湿法去壳,然后进行铀芯溶解,溶解后的料液经去污后,采用萃取分离方法,先使铀、钚和裂变产物分离,而后再将铀和钚分离。铀、钚料液分别纯化,制成合格的铀、钚产品。

后处理产生的气载废物中主要含有反应堆运行过程中燃料元件内因活化和裂变反应而产生的惰性气体,以及 ^{3}H、^{14}C、^{129}I 和 ^{90}Sr、^{137}Cs、^{239}Pu 气溶胶,分别经储存衰变、除碘和高效过滤装置净化处理,最后经烟囱排入大气。

后处理工艺废液经蒸发、脱硝、降低酸度和减容后,高放浓缩液送地下储罐储存,中、低放浓缩液经中和后储存,冷凝液经多级处理合格后排放。非工艺废液经砂滤、蒸发、离子交换处理,经任何一级处理并检测合格即可排放,蒸残液亦送地下储罐储存。

(5) 全球弥散的放射性核素。反应堆和乏燃料后处理厂气载及液态流出物中的 ^{3}H、^{14}C、^{85}Kr 及 ^{129}I 易于迁移和弥散,可在全球范围内广泛分布,且具有足够长的寿命(^{129}I 的半衰期长达 1.5×10^7a),可在几千年以至几千万年的时期内对全球公众造成照射。表 3.8 所列为反应堆和乏燃料后处理厂释出的这类全球弥散的放射性核素的释放量及相应的 10000a 内的集体有效剂量,由此求得截至 1989 年全球反应堆及后处理厂释放的这类核素导致的 10000a 内全球人口集体有效剂量为 123000 人·Sv,其中 99% 以上为 ^{14}C 的贡献。

表 3.8 10000a 内全球弥散放射性核素导致的集体有效剂量

核素	释放活度/(TBq/GW)			集体有效剂量/(人·Sv/GW)
	反应堆①	后处理②	总计③	
^{3}H	71	684④	98	0.09
^{14}C	0.52	2.54	0.62	53
^{85}Kr	—	12300	490	0.1
^{129}I	—	0.038	0.0015	0.006
总计	71.52	12986.58	588.62	53.20

①对总发电量;
②对燃料后处理;
③对总发电量归一化,燃料后处理份额为 0.14;
④海洋释放 643 TBq/GW,其余释放入空气

(6)固体废物的处置和运输。反应堆运行及乏燃料后处理、整备和处置中产生的中、低放射性固体废物一般在近地表设施内埋藏处置,高放固体废物则倾向于深地层地质处置,退役后的反应堆也将成为未来固体废物管理的一个组成部分。

固体废物处置对公众造成照射的主要途径是废物中所含的放射性核素被地下水浸出而造成的核素迁移。反应堆废物导致的归一化集体剂量约为 0.5 人·Sv/GW,几乎全部是其中 ^{14}C 引起。乏燃料后处理和整备废物归一化集体剂量约为 0.05 人·Sv/GW。

各种放射性物质及废物的运输会对沿途公众产生小剂量的外照射,其归一化集体有效剂量约为 0.1 人·Sv/GW。

4) 放射性同位素的生产和应用

放射性同位素的生产及其在工业、医疗、教学、研究等部门日益广泛的应用和相关的废物处置,也会对公众造成一定剂量的照射。密封源中的放射性同位素一般不会被释放到环境中,但放射性药盒中的同位素、^{14}C 和 ^3H 最终会向环境释放,其释放总量与生产总量大致相当。病人治疗过程中口服 ^{131}I 后,第一天随尿液排出量即达 2/3,但经医院储罐储存衰变处理之后,最终排放的液体流出物中 ^{131}I 的含量仅为服用量的 5×10^{-4},对城市下水道及天然水系统的污染影响极小。

商用及医用同位素的生产量一般很难估计,对其生产和应用过程中的释放报道也很少见。据估计:日本每百万人的 ^{14}C、^{125}I、^3H 及 ^{131}I 使用量分别为 5.2GBq、6.1GBq、14GBq 和 34GBq;美国每百万人对 ^{14}C 标记化合物使用量为 30GBq。1987 年英国商用 ^{14}C 生产厂流出物排放总量为 32TBq,相当于每百万人 55GBq。

5) 核事故

民用和军用核设施及核材料运输都发生过事故,其中有些事故对环境造成了严重污染,产生了相当大的公众照射剂量。

(1)民用核反应堆事故。迄今为止,民用核反应堆发生过三次比较严重的事故,即 1979 年 3 月的美国三里岛反应堆事故、1986 年 4 月的苏联切尔诺贝利反应堆事故和 2011 年 3 月日本福岛反应堆事故。

造成三里岛事故的直接原因是未能关闭减压阀,使没有冷却的燃料遭到严重破坏。损坏的燃料元件向反应堆安全壳内释放大量的放射性物质,由于安全壳仍保持完好,放射性核素向环境的释放量相对较小,惰性气体释放量约为370PBq,其中主要是^{133}Xe和^{131}I的释放,其释放量约为550GBq。事故释放对工厂周围80km范围内公众造成的人均剂量为15μSv,最大个人γ外照射剂量估计为850μSv,80km内公众集体有效剂量为20人·Sv,总的局地和区域公众集体有效剂量为40人·Sv。

苏联切尔诺贝利核灾难发生在1986年4月26日,当时4号反应堆的技术人员正进行透平发电机试验,即在停机过程中靠透平机满足核电站的用电需求。由于人为失误导致一系列意想不到的突然功率波动,安全壳发生破裂并引发大火,放射性裂变产物和辐射尘埃释放到大气中。当时的辐射云覆盖欧洲东部、西部和北部大部分地区,有超过33.5万人被迫撤离疏散区。此次核事故的直接死亡人数为53人,另有数千人因受到辐射患上各种慢性病。如图3.2所示,发生事故的切尔诺贝利核电站如今依然如一座死城。图3.3所示为切尔诺贝利核事故中^{137}Cs污染范围。

图3.2 发生事故的切尔诺贝利核电站

造成切尔诺贝利事故的原因是低功率工程试验过程中出现失控性不稳定状态,当反应堆功率回升时,反应堆失去保护,热量带不出来,温度不断升高,以致2000多吨堆芯石墨过热而燃烧,最终引起化学爆炸和大火,使反应堆遭到破坏,导致放射性气体和颗粒物向环境释放。事故发生后第十天,火被扑灭,放射

第 3 章　放射性气溶胶

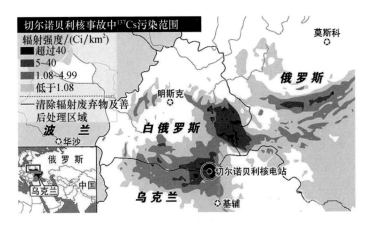

图 3.3　切尔诺贝利核事故中 ^{137}Cs 污染范围

性物质释放随即停止。事故发生后 3 个月内共有 31 人死亡(其中大多数人是烧伤致死的),死者均为反应堆操作人员和消防人员。事故中释放的放射性核素总量估计为 1~2EBq,主要的放射性核素为 ^{131}I(630PBq)、^{134}Cs(35PBq)和 ^{137}Cs(70PBq),其中弥散到其他国家的核素量 ^{131}I 为 210PBq、^{137}Cs 为 39.2PBq。事故发生后约有 135000 名居民从反应堆周围 30km 的隔离带撤出,大多数撤出人员受到的外照射剂量低于 0.25Sv,最大个人剂量为 0.3~0.4Sv,相应的外照射集体剂量为 16000 人·Sv。人均甲状腺剂量为 0.3Gy(儿童个人甲状腺剂量可能高达 2.5Gy),相应的集体甲状腺剂量 40000 人·Gy。苏联境内约 10000km^2 地区内 ^{137}Cs 的地面污染强度大于 560kBq/m^2,21000km^2 地区内大于 190kBq/m^2。当时,将 786 个居民点划定为严格控制区,实行了防止食用污染食品的措施,即使如此,控制区内 270000 居民在事故发生后 1 年内受到的人均有效剂量仍达到 37mSv,1987—1989 年间总计为 23mSv。切尔诺贝利事故所造成的全球人口集体有效剂量估计为 600000 人·Sv,其中,苏联领土内公众约占 40%,其他欧洲国家占 57%,北半球其他国家占 3%。

2011 年 3 月 11 日下午,日本发生 9 级强烈地震,后引发了海啸,导致日本福岛核电站(图 3.4)柴油机房被彻底淹没,应急柴油机工作停止,备用蓄电池在为冷却系统供电 8h 后停止,堆芯冷却暂时停止。为防止压力容器超压爆炸,操作员在卸压过程中,放射性核素被释放到厂房内。后因各种原因卸压操作暂时中断,但余热继续积累,安全壳内温度和压力不断上升,堆芯裸露,炽热堆芯包壳(锆)和水发生剧烈反应,产生了大量氢气,通过卸压水箱简单降温和过滤就被排放到厂房大气中,当地时间 12 日下午 3 点 10 分左右,随着一声巨响,反应堆厂房顶盖被氢气爆炸完全摧毁,随后 2 天内 3 号、2 号、4 号机组也相继发生爆炸,向外界排放了大量含有^{131}I 和^{137}Cs 的蒸气,如图 3.5 所示,致使核电站周围环境放射性水平严重超标。日本福岛核电站发生此次放射性泄漏事故,致距离核电站 20km 半径范围内的 20 多万居民全部撤离,20~30km 半径范围内的居民需要举家隐蔽,直到目前,核电站周围居民区的辐射水平仍远远超过事故前的值,年均有效剂量达 30mSv 以上,撤离的居民甚至将永远回不到原址居住。

图 3.4 日本福岛核电站(发生泄漏事故前)

图 3.5 日本福岛核电站(因地震引发爆炸事故导致大量放射性物质泄漏)

第 3 章 放射性气溶胶

日本受损的福岛核电站排放的 ^{131}I 和 ^{137}Cs 水平接近切尔诺贝利核事故发生后的水平,此次核电站事故等级最后直接提高到 7 级。

图 3.6 所示为日本福岛核电站泄漏事件后根据大尺度气象场通过数值模拟计算的 3 天、6 天、10 天等不同时间福岛核电站泄漏形成的放射性危害区域的变化情况。

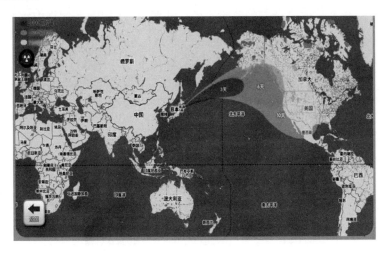

图 3.6 不同时间福岛核电站泄漏形成的放射性危害区域的变化情况

根据图 3.6,从宏观而言,放射性气溶胶的大范围危害与气象要素尤其是高空风速、风向具有密切联系,各种程度的危害地域在形状上受主导风向的影响发生了显著的变化。

(2) 军用核设施。迄今已报道的造成可测得的公众照射的军用核设施事故,是 1957 年 9 月发生的苏联车尔雅宾斯克钚生产中心事故和同年 10 月发生在英国的温茨凯尔反应堆事故。

车尔雅宾斯克钚生产中心一个容量为 300m³ 的储存罐中存放着 70~80t 的硝酸盐－乙酸盐高放废液,其放射性活度为 1EBq。由于腐蚀及程序监测系统失效导致冷却系统损坏,罐内温度升高,水分蒸发,沉渣干燥后温度高达 300~350℃,随即发生爆炸,其当量达 70~100t TNT,罐中放射性核素有 10%(约为 100PBq)因弥散而释入环境,其中主要是 ^{144}Ce + ^{144}Pr(66%)、^{95}Zr + ^{95}Nb(24.9%)、^{90}Sr + ^{90}Y(5.4%)和 ^{106}Ru + ^{106}Rh(3.7%)等核素,此外还有少量的 ^{137}Cs、^{89}Sr、^{147}Pm、^{155}Eu

和 ^{239}Pu、^{241}Pu 核素等。

事故发生时,放射性烟云上升到约 1000m 的高空,11h 内在厂区周围约 300km 范围内形成一个椭圆形的放射性沉积区,其边界上 ^{90}Sr 的地面沉降表面活度为 4kBq/m^2(为全球落下灰水平的 2 倍)。此后,已沉积的核素在一定程度上又出现了再分布,1 年后污染区面积达到 15000 ~ 23000km^2,涉及人口约 27 万。事故后几个月内公众主要受照途径是外照射,随后则是食物中锶污染造成的食入内照射,事故后 10d 撤离的居民平均个人外照射剂量为 170mSv,胃肠道剂量为 500mSv,平均有效剂量为 520mSv,集体剂量为 1300 人·Sv。未撤离的居民第一年所受剂量占总有效剂量的 50%,前 10a 占 90%,前 30a 几乎占 100%。在 ^{90}Sr 沉积表面活度为 4 ~ 40kBq/m^2 的地区内,25000 人在 30a 内受到的总集体有效剂量为 1200 人·Sv。

温茨凯尔气冷反应堆由于操作失误致燃料过热起火,火情持续 3d,造成大量放射性核素的释放。事故中释放 ^{131}I 活度为 740TBq、^{137}Cs 为 22TBq、^{106}Ru 为 3TBq、^{133}Xe 为 1.2PBq,此外还有 8.8TBq 的 ^{210}Po(堆芯中的中子活化产物)。事故释放造成大范围牧区的污染,对公众造成照射的主要核素是 ^{131}I,主要途径是经"牧草 – 奶牛 – 牛奶"途径的摄入,场址附近公众中,成人甲状腺剂量约 10mGy,儿童可能高达 100mGy。事故在英国及其他欧洲国家造成的总集体有效剂量估计为 2000 人·Sv,其中地面沉积外照射占 300 人·Sv,吸入内照射占 900 人·Sv,食入内照射占 800 人·Sv。主要贡献来自 ^{131}I(37%)、^{210}Po(37%)和 ^{137}Cs(15%)。

(3)核武器运输。1966 年 1 月在西班牙地中海岸曾发生装运核武器的飞机坠毁事故,未能及时打开降落伞的核武器击地引起炸药爆炸,导致易裂变物质释放,2.26km^2 的城乡地区受到 ^{239}Pu 和 ^{240}Pu 的污染。事故发生后,α 核素沉积表面活度大于 1.2MBq/m^2 的区域内,对污染的蔬菜及表层 10cm 的土壤进行了放射性废物收集、分类和处置,在污染水平较低的区域内,耕地进行了灌溉、深耕和混匀操作,或人工做了必要的清除。据估计,有 55 人的 70 年待积有效剂量为 20 ~ 240mSv,集体有效剂量约为 1 人·Sv。1968 年 1 月发生于格陵兰的一起飞机坠毁事故造成约 0.2km^2 的区域受到污染。此外,还发生过多起海上运输事故。

(4)卫星重返。曾发生过几起卫星重返地面造成的事故,1964 年,以 ^{238}Pu 为动力的 SNAP – 9A 卫星重返大气层时燃烧,约 600TBq 的放射性核素释入平流层中,由于事故发生于南半球,因此,事故造成的南半球人均食入剂量负担为1.2nSv,北半球为0.3nSv,以人口加权的全球人口平均为0.4nSv。对于半衰期较长的^{238}Pu,该事故导致的食入集体有效剂量估计为2.4人·Sv,吸入所致的集体有效剂量估计为2100人·Sv。

(5)辐射源丢失。国内外发生过多次工业和医用小密封源丢失事故,涉及的公众成员造成过相当大的外照射剂量,甚至发生了放射病致死案例,破碎的辐射源还造成一定范围的环境污染。

3.2 放射性物质在大气中的行为

地球大气层的厚度为2000~3000km,其底部1~2km内低层大气称为大气边界层或行星边界层,这部分大气的运动受下垫面(地面)的影响十分明显,其中下垫面以上100m左右范围内的最底层大气又称近地层或摩擦边界层,近地层以上至大气边界层顶之间称为过渡层。人为产生的气载污染物一般都排入大气边界层中。

放射性物质释入大气后的物理、化学行为与其本身的理化性质和大气的性质有关。一部分放射性气体可被大气中的尘埃或液体微滴吸收或溶解,氡一类惰性气体的衰变产物为固态金属微粒,可因扩散及静电吸附等作用与空气中的气溶胶颗粒结合而形成放射性气溶胶;有些放射性核素可与氧及二氧化碳发生氧化或碳酸化反应;气态氚可因氧化反应生成氚水蒸气(HTO);^{14}CO 或 ^{14}CH$_4$ 可与含氧自由基反应生成^{14}CO$_2$。

污染物质释入大气后将随风的运动向下风向输运,污染物分布不均匀形成的浓度梯度导致其在水平和铅直方向上扩散,空气流场的切变(流速分布的不均匀)则导致污染物的弥散。输运过程中放射性核素将逐渐衰变,其子体核素则逐渐积累;雨雪的清洗作用导致核素的湿沉积,粒径较大(>20μm)的固体颗粒会因重力作用而沉降,粒径较小的气溶胶、蒸气和气体成分则会因碰撞而被地面附着物截留,发生干沉积;风的作用又会导致沉积物的再悬浮,造成空气的二次污染。

空气的放射性污染将对人(尤其是皮肤及浅表组织)直接造成外照射;人会

因吸入污染的空气而受到内照射;沉积造成的地面污染会造成外照射;沉积导致的农作物污染会经食物链途径对人造成内照射。

3.2.1 放射性物质在大气中的化学行为

大气又称大气圈,是维持和保护地球上一切生命所必需的,它的组成极其复杂,主要成分是氮和氧,此外还含有许多其他物质,如 CO_2、水蒸气、稀有气体和飘尘等。高层大气中还可含有离子和电子激活的物质。流星进入大气层以及火山爆发、尘暴、森林大火、城市空气污染、飞机排气都会使大气组成及其化学行为发生更为复杂的变化。

1. 大气的化学组成

大气的总质量约为 5.15×10^{15} t,是一个多组分的混合体,其主要成分(体积比)是氮(78.09%)、氧(20.95%)和氩(0.934%),CO_2 是一种可变成分(近地大气层中平均含量为 0.033%),其他还有微量的稀有气体、CO、水蒸气、CH_4、H_2、N_2O、O_3、CH_2O 和飘尘等(表 3.9),此外,大气中还会含有自由基,离子和其他含硫、卤素甚至金属(主要是流星引入的 Na、Ca、Li、Fe 等)微量组分,其中有些组分以气溶胶状态存在于大气中。由于地球重力场的作用,大气层各组分具有分层分布的结构特征。地面以上约 90km 范围内的大气层称为同质层或均匀层,其化学组成稳定,各组分相对比例基本不变。大气层 99.9% 以上的气体质量存在于地面以上 50km 的范围内。

表 3.9 中纬度地区大气的相对组成

组分	体积浓度/(% 或 10^{-6})	质量浓度/(% 或 10^{-6})	总质量/($\times 10^{22}$ g)
N_2	>8.09(%)	>5.51(%)	38.648
O_2	20.95(%)	23.15(%)	11.841
Ar	0.934(%)	1.28(%)	0.655
CO_2	0.033(%)	0.046(%)	0.0233
He	5.24	0.72	0.000037
Ne	18.18	12.5	0.000636
Kr	1.14	2.9	0.000146
Xe	0.087	0.36	0.000018

(续)

组分	体积浓度/(% 或 10^{-6})	质量浓度/(% 或 10^{-6})	总质量/($\times 10^{22}$ g)
H_2O	可变	可变	0.015
CH_4	1.4	0.9	0.000043
H_2	0.5	0.03	0.0000002
NH_3	6×10^{-3}	—	—
N_2O	0.25	0.8	0.00004
CO	0.08		
O_3	0.025	0.6	0.000031
NO	2×10^{-3}	—	—
HNO_3	≤0.02	—	—
NO_2	4×10^{-3}	—	—

根据大气层内温度的垂直变化,可将大气层分为对流层、平流层、中间层和热层,其中前三层均属同质层。热层则为异质层(非均匀层),因受宇宙射线的影响,其中含有较高密度的带电粒子,故又称为电离层。热层以上为散逸层,其中,与人类关系最密切的是对流层和平流层。

2. 大气中的一般化学过程

在太阳辐射、宇宙射线、X射线和闪电引起的放电效应等因素的作用下,大气中会发生一系列化学反应,其中最重要的是光化学反应。

大气中的主要成分 N_2 和 O_2,可以吸收太阳辐射而引起光致离解,产生氮原子和两种氧原子,即基态 $O(^3P)$ 和第一激化电子态 $O(^1D)$:

$$O_2 \longrightarrow O(^3P) + O(^1D)$$

在平流层,氧通过紫外线的光化学反应生成 O_3,形成臭氧层:

$$O + O_2 \longrightarrow O_3$$

臭氧能强烈吸收紫外线,使外层空间射向地球表面的高能紫外线强度大为减弱,为地球上生物的生存、进化和繁衍创造了条件。另外,臭氧(层)对紫外线的吸收也会引起光致离解,形成氧分子第一激化电子态 $O_2(^1\Delta)$,基态 O_2 和原子氧:

$$O_3 \longrightarrow O_2(^1\Delta) + O_2(基态) + O$$

O_3 与原子氧反应也生成 O_2:

$$O_3 + O \longrightarrow 2O_2$$

光化学反应在大气中生成的这些活性物质具有很强的化学反应能力,可进一步与其他大气组分反应,在热层的主要光化学反应有

$$O_2 \longrightarrow 2O(^3P)$$
$$2NO \longrightarrow N_2 + 2O(^3P)$$
$$H_2O, H_2 \longrightarrow 2H$$
$$CO_2 \longrightarrow CO + O(^3P)$$

在中间层,主要的光化学反应有

$$O_2 \longrightarrow 2O(^3P)$$
$$HNO_3 \longrightarrow NO_3 \longrightarrow NO_2 \longrightarrow NO \longrightarrow N_2$$
$$CH_4, H_2O \longrightarrow H_2, H$$
$$CH_4 \longrightarrow CH_2O \longrightarrow CO \longrightarrow CO_2$$

在平流层,主要的光化学反应有

$$O(^3P) + O_2 \longrightarrow O_3$$
$$N_2O \longrightarrow NO \longrightarrow NO_2 \longrightarrow HNO_3$$
$$CH_4, H_2O \longrightarrow H_2O_2$$
$$CH_4 \longrightarrow CO \longrightarrow CO_2$$

在对流层,主要的光化学反应有

$$CO_2 \longrightarrow O_2$$
$$N_2, NH_4NO_3 \longrightarrow N_2O, NO_2, NH_3, NO$$
$$H_2O \longrightarrow H_2, NH_3, CH_4$$
$$CO_2 \longrightarrow CH_4, CO$$

宇宙射线、太阳紫外线和 X 射线等可引起大气组分电离,这主要发生在 60km 以上的大气层,可形成 O^+、NO^+ 和 O_2^+,也有少量的 N_2^+,还会形成一些负离子,如 O_2^-、NO_2^- 和 NO_3^-、CO_3^- 等,这些离子也可引起一系列的化学反应。

大气层中另一类重要的化学反应是由大气中的污染物质造成的,如低层大气中酸雨引起的化学反应,氮氧化物和烃类等污染物的光化学反应等,这些反应机理十分复杂,会形成各种有毒产物,对人类威胁很大。

3. 放射性物质在大气中的化学行为

大气中的放射性物质可发生一系列的化学变化,其中主要有氧化反应、光

第 3 章 放射性气溶胶

化学反应和同位素交换反应,气溶胶的形成和吸附现象,云雾、雨滴对放射性物质的溶解、吸收等。

1)放射性气溶胶的形成

液态或固态放射性核素虽也能存在于大气中,但绝大部分均被大气气溶胶捕集而形成放射性气溶胶,飘浮在大气中。大气气溶胶主要包括微尘、有机碳化合物微粒和液态的雾。

核武器爆炸时生成的大量放射性物质,随高温气团上升到对流层顶部,然后被随温度逐渐下降而形成的固体微粒或水滴捕集形成放射性气溶胶。由大地散到大气中的氡,经衰变生成钋、铋、铅等放射性子体,通过扩散或静电吸附而被大气气溶胶捕集,也能形成放射性气溶胶。一般认为,放射性核素大多被 $0.07 \sim 10 \mu m$ 的大气气溶胶所捕集。此外,核设施也向大气中释放放射性气溶胶。对切尔诺贝利核电厂事故释放的放射性核素 ^{103}Ru、^{106}Ru、^{106}Rh、^{131}I、^{132}Te、^{132}I、^{134}Cs、$^{99}Mo \sim ^{99m}Tc$、$^{140}Ba \sim ^{140}La$ 气溶胶进行的粒度分布测定发现,其中 $50\% \sim 80\%$ 的气溶胶粒径小于 $1.1 \mu m$。

无论是哪一种途径形成的放射性气溶胶,都在大气中随气流而迁移,或在高空成为雨、雪的凝聚核心,或通过溶解和化学反应与水滴结合,降落到地面。沉降于地面的放射性物质又可通过水的蒸发、风的作用而重新进入大气,形成放射性气溶胶。

2)化学反应

大气中的放射性物质在迁移、扩散过程中,因其本身的化学活性或大气中其他物质的化学活性而发生多种化学反应。其中,与 O_2、CO_2 的反应是大气中最容易发生的化学反应。核爆炸生成的许多放射性核素就经历了由氧化生成氧化物,再与 CO_2 反应生成碳酸盐的过程,例如,放射性元素锶(Sr)就存在如下反应过程:

$$Sr \xrightarrow{O_2} SrO \xrightarrow{H_2O} Sr(OH)_2 \xrightarrow{CO_2, H_2O} SrCO_3 \text{ 或 } Sr(HCO_3)_2$$

氚在自身 β 射线的激发下,也能与 O_2 发生氧化反应,生成氚水:

$$T_2 \longrightarrow 2T$$
$$2T + O_2 \longrightarrow T_2O$$

此外,大气中发生的化学过程与大气吸收太阳辐射引起的大气光化学过程有密切关系。大气中的某些放射性气体在太阳光的照射下,也可直接发生光化学反应。例如,气态氚在太阳光的作用下与大气中形成的 OH 自由基反应可生成氚水,此反应速度与 OH 自由基浓度成正比。大气中的 OH 自由基平均含量为 $10^5 \sim 4 \times 10^6$ 个自由基/cm^3,且在一天中变化较大,在太阳光最强的中午达最大值,此时上述光化学反应也最强。平流层中的 $^{14}CO_2$ 在太阳光紫外线的作用下可转化为 ^{14}CO;而 CO、CH_4 等气体与 OH 自由基反应也可转化为 CO_2,从大气中 $CO_2 \sim CO$ 之间的平衡来看,CO_2 浓度比 CO 高得多,因此,后一种光化学反应占主导地位,此外,^3H、^1H、^{14}C 与稳定碳之间还可发生同位素交换反应:

$$T_2 + H_2O \longrightarrow HTO + HT$$

$$HT + H_2O \longrightarrow HTO + H_2$$

$$^{14}CO + CO_2 \longrightarrow {^{14}CO_2} + CO$$

$$^{14}CO_2 + CH_4 \longrightarrow {^{14}CH_4} + CO_2$$

3.2.2 放射性物质在大气中的沉积

放射性气溶胶在大气中向下风向输运和弥散的同时,存在着污染物向地面的沉积过程,这将导致地表土壤和农作物的污染,并不同程度地导致烟羽浓度的耗减。

在风的作用下,直径小于 $50\mu m$ 的沉积物颗粒会从地面重新进入空气中,在一定条件下,这种再悬浮过程是空气二次污染的重要来源。

1. 重力沉降

粒径和密度较大的颗粒物质,可根据重力沉降预测其向地面的沉积量。空气中的颗粒物向地面降落时,由于重力加速度的作用,开始时沉降速度是逐渐增大的,与此同时,空气介质对颗粒沉降运动的阻力也逐渐增大,当重力与介质阻力相等时,颗粒的沉降速度即达到某一个平衡值 V_g,即沉降末速度。

重力沉降导致空气中可沉降颗粒物在地表面上的沉积率为

$$W_g = \bar{\chi} V_g \tag{3.27}$$

式中:W_g 为地面沉积率($g \cdot Bq/(m^2 \cdot s)$);V_g 为颗粒的沉降末速度(m/s);$\bar{\chi}$ 为

近地空气中可沉降颗粒物的浓度(Bq/m^3)。

2. 干沉积

1) 干沉积速度

干沉积速度对于放射性气溶胶和某些放射性气体的地面沉积,起主要作用的因素是因其不规则随机运动,与地表面相遇时同地面之间的碰撞、静电引力、吸附和各种可能的化学作用,这些机制导致的干沉积过程,使细小颗粒和气体成分在晴天条件下,也能从空气中得以清除而沉积于地面。

干沉积涉及的影响因素十分复杂,至今尚未建立可普遍适用的计算模式,一般通过野外试验,在一定条件下经验地确定地面沉积率与近地空气污染浓度之间的关系。试验结果表明,特定的放射性气溶胶或气体的干沉积率与近地空气污染浓度成正比,由此,可定义干沉积速度为

$$V_d = W_d / \chi \tag{3.28}$$

式中:V_d 为干沉积速度(m/s);W_d 为地面干沉积率($Bq/(m^2 \cdot s)$)。

显而易见,干沉积速度 V_d 的大小与众多因素有关,其中包括:①气溶胶颗粒或气体的性质,如颗粒的大小、密度和形状,以及静电荷、表面化学性质及与其他颗粒之间的凝聚能力;②地表面特征,如地面的结构与粗糙度,是否存在植物等毛状物或其他突出物,静电荷、表面化学性质及有效表面积;③气象条件,如风速廓线、湍流强度(大气稳定度)与相对湿度。表 3.10 所列为野外试验中测得的某些核素在不同类型地面上的干沉积速度。

表 3.10 某些核素在不同类型地面上的干沉积速度

核素	表面	说明	V_d/(cm/s)
^{131}I	草	200~600g 草/m^2	1.1~3.7
	三叶草叶片	—	0.5~1.3
	纸	—	0.3~2.0
	草	150~246g 草/m^2	0.6~1.0
	土壤		0.2
	黏性纸	—	0.2~0.6
^{137}Cs	水	<10μm 粒子	0.9
	土壤	<10μm 粒子	0.04

(续)

核素	表面	说明	$V_d/(cm/s)$
^{103}Ru	草	<10μm 粒子	0.2
	水	<10μm 粒子	2.3
	土壤	<10μm 粒子	0.4
$^{95}Zr \sim {}^{95}Nb$	草	<10μm 粒子	0.6
	水	<10μm 粒子	5.7
	土壤	<10μm 粒子	2.9
^{238}Pu	豆叶	辐照室,1.5~1.8μm 粒子	0.003~0.02
^{141}Ce	落叶树叶片	由落下灰数据计算	0.3~0.8
^7B	海水	—	0.6~5.3
^{134}CS 及 ^{141}Ce	草	亚微米气溶胶	0.02~0.07
	北美艾灌丛	亚微米气溶胶	0.15~0.18

2) 干沉积所致地面沉积率

根据干沉积速度定义,可知干沉积所致的地面沉积率为

$$W_d = \bar{\chi} V_d \tag{3.29}$$

由式(3.29)可知,采用不同条件下相应的浓度计算公式,求得的近地空气中某种核素的浓度 $\bar{\chi}$ 乘以相应的干沉积速度 V_d,即可求得同一地点处核素的地面干沉积率($Bq/(m^2 \cdot s)$),并进一步求得年沉积量($Bq/(m^2 \cdot a)$)或时间积分沉积量(Bq/m^2)。

3. 湿沉积

(1) 降雨对烟羽中的颗粒物及气溶胶具有清洗作用,可溶性气体与蒸气亦可溶于雨水中,降雨过程造成的这类湿沉积是导致放射性气溶胶和气体向地面沉积的一重要机制,通常以冲洗系数 $\Lambda(1/s)$ 描述降雨对烟羽中污染物清洗作用的大小,显然,Λ 值与气溶胶颗粒的直径、气体的溶解度及降雨强度有关。Λ 值也可按下式计算:

$$\Lambda = aI$$

式中:a 为冲洗比例常数($h \cdot mm/s$);I 为降雨强度(mm/h)。表3.11列出了冲洗比例常数 a 的虚定值。

第 3 章 放射性气溶胶

表 3.11 冲洗比例常数 α 的虚定值

核素类型	$\alpha/(\text{h}\cdot\text{mm/s})$
气溶胶粒子	1.6×10^{-4}
元素碘	1.1×10^{-4}
有机碘	$\leqslant 1.0\times10^{-4}$

（2）湿沉积所致的地面沉积率短期释放时，降雨冲洗导致的地面湿沉积率，可通过冲洗系数 Λ 与空气污染浓度 χ 的乘积，在烟羽整个垂直高度范围内的积分求得：

$$W_w(x,y) = \frac{\dot{Q}(x)\Lambda}{\sqrt{2\pi}\sigma_y \bar{u}}\exp\left(-\frac{y^2}{2\sigma_y^2}\right) \tag{3.30}$$

式中：$W_w(x,y)$ 为下风向 (x,y) 点处地面湿沉积率（Bq/(m·s)）；$\dot{Q}(x)$ 为考虑湿沉积所致烟羽耗减的源强修正值（Bq/s）。

若以年释放量 $Q(x)$ 取代式中 $\dot{Q}(x)$，则可求得整个释放期间 (x,y) 点处地面的时间积分湿沉积量（Bq/m²）。

长期释放时，i 方位扇形区内距离 x 处地面的年平均湿沉积率为

$$W_{w,i}(x) = \frac{8\dot{Q}(x)}{\pi x}\sum_{i,k,I}\frac{P_{i,j,k}^I \Lambda_I}{u_{j,k}} \tag{3.31}$$

式中：$W_{w,i}(x)$ 为 i 方位扇形区内距离 x 处地面年均湿沉积率（Bq/(m²·s)）；$P_{i,j,k}^I$ 为 $P_{i,j,k}$ 按降雨强度 I 再划分若干组后各组联合频率；Λ_I 为相应于降雨强度 I 冲洗系数（1/s）。

若以年释放量 $Q(x)$（Bq/a）取代式中 $\dot{Q}(x)$，则可求得年湿沉积量（Bq/(m²·s)）。为简化计算，亦可按下式作近似估算：

$$W_{w,i}(x) = \frac{8Q(x)CR_i}{\pi x u_i} \tag{3.32}$$

式中：$W_{w,i}(x)$ 为 i 方位扇形区内距离 x 处地面的年湿沉积量（Bq/(m²·s)）；$Q(x)$ 为经耗减修正后的源强（Bq/a）；R_i 为相应于 i 风向的年降雨量（mm/a）；u_i 为相应于 i 风向的年平均风速（m/s）；C 为虚设的冲洗常数（a·mm/s），对气溶胶颗粒，C 值可取 1.8×10^{-8}，对元素碘，可取 1.2×10^{-8}。

3.2.3 放射性沉积物在大气中的再悬浮

气载放射性物质沉积在地面上以后,其中的颗粒物质可因风或人为活动扰动而扬起,造成空气二次污染。对于难以通过食物链向人转移的核素,可能吸入再悬浮颗粒物质造成的内照射是必须重视的一个照射途径。

在地面被污染的地区,再悬浮导致的空气污染浓度,可采用再悬浮因子 K 进行估算,于是有

$$\chi = KC_G$$

式中:χ 为再悬浮导致的空气污染浓度(Bq/m^3);C_G 为地面的面积污染浓度(Bq/m^3);K 为再悬浮因子($1/m$)。

再悬浮因子数值大小与放射性物质沉积到地面后的时间 t 有关,通常可用两个指数项之和表示两者之间的关系:

$$K = A\exp(-\lambda_1 t) + B\exp(-\lambda_2 t) \tag{3.33}$$

式中:第一、二两项分别表示地面沉积物通过再悬浮向空气转移的快组分和慢组分,相应的转移份额和速率分别为 A、B 和 λ_1、λ_2($A = 1 \times 10^{-5}/m$,$B = 1 \times 10^{-9}/m$,$\lambda_1 = 1 \times 10^{-2}/d$,$\lambda_2 = 2 \times 10^{-5}/d$)。

3.2.4 烟羽浓度耗减的修正

在不同程度上,沉积过程会导致烟羽中污染物浓度的耗减,此外,短寿命核素在输运、弥散过程中的衰变也是导致耗减的重要原因,一般引入相应系数对源强 Q 作必要的修正,以考虑这些过程所导致的烟羽浓度耗减的影响。

1. 干沉积导致的烟羽耗减

对于干沉积导致的烟羽耗减,采用干沉积耗减因子对源强 $\dot{Q}$ 进行修正:

$$\dot{Q}(x) = \dot{Q}F_D(x) \tag{3.34}$$

式中:$\dot{Q}$ 为未修正的实际源强(Bq/s);$\dot{Q}(x)$ 为距离 x 处经耗减修正后相应的虚设源强(Bq/s);$F_D(x)$ 为距离 x 处的干沉积耗减因子。

干沉积耗减因子 $F_D(x)$ 的值与下风向距离、大气稳定度类型及有效释放高度等因素有关,通过相关资料,可以知道 $V_d = 1cm/s$,$\bar{u} = 1m/s$ 的各种稳定度及

释放高度条件时的干沉积耗减因子,对应于其他 V_d 及 $\bar{u}$ 值的 $\dot{Q}(x)/\dot{Q}$ 值可按下式计算:

$$(\dot{Q}(x)/\dot{Q})_2 = (\dot{Q}(x)/\dot{Q})_1 \bar{u}_1 V_{d2}/\bar{u}_2 V_{d1} \tag{3.35}$$

式中:$(\dot{Q}(x)/\dot{Q})_1$ 为由曲线求得的相应于 $V_{d1} = 1\text{cm/s}, u_1 = 1\text{cm/s}$ 时的耗减因子;$(\dot{Q}(x)/\dot{Q})_2$ 为相应于要求的 V_{d2} 及 u_2 条件下的耗减因子。以 $\dot{Q}(x)$ 取代 $\dot{Q}$,即可求得各种条件下,考虑干沉积耗减修正后的近地空气污染浓度。

2. 湿沉积导致的烟羽耗减

对于湿沉积导致的烟羽耗减,采用湿沉积耗减因子对源强 $\dot{Q}$ 进行修正:

$$\dot{Q}(x) = \dot{Q} F_W(x) \tag{3.36}$$

$$F_W(x) = \exp(-\Lambda x/u) \tag{3.37}$$

式中:$F_W(x)$ 为距离 x 处的湿沉积耗减因子;Λ 为降雨冲洗因子(1/s)。

以 $\dot{Q}(x)$ 取代 $\dot{Q}$,即可求得各种条件下,考虑湿沉积耗减修正后的近地空气污染浓度。

3. 核素衰变导致的烟羽耗减

对于核素衰变导致的烟羽耗减,采用衰变耗减因子对源强 $\dot{Q}$ 进行修正:

$$\dot{Q}(x) = \dot{Q} F_R(x) \tag{3.38}$$

$$F_R(x) = \exp\left(-\frac{\lambda_r x}{u}\right) \tag{3.39}$$

式中:$F_R(x)$ 为距离 x 处的衰变耗减因子;λ_r 为核素衰变常数(1/s)。

以 $\dot{Q}(x)$ 取代 $\dot{Q}$,即可求得各种条件下考虑衰变耗减修正后的近地空气污染浓度。当短寿命核素衰变与干(湿)沉积耗减必须同时考虑时,$\dot{Q}$ 应同时乘以 $F_R(x)$ 及 $F_D(x)$(或 $F_W(x)$),以求得 $\dot{Q}(x)$。

3.3 核爆炸放射性气溶胶形成机制

核武器是利用重原子核链式裂变反应或轻原子核自持聚变反应瞬间放出的巨大能量产生爆炸作用,并具有大规模杀伤破坏效应的武器。核武器爆炸具有释放能量大、毁伤因素多和毁伤面积广等特点。

放射性烟云是指核爆炸火球熄灭后形成的放射性云团。核爆炸产生的放射性烟云是一种放射性气溶胶,气溶胶中的微粒可随空气流飘移很远的距离,其中较大的放射性微粒逐渐沉降到地表面,造成烟云径迹地带沾染区,较细小的放射性微粒可随气流环绕地球漂浮移动,造成全球性放射性沉降。

3.3.1　放射性烟云的形成

核爆炸在极短时间、有限空间内释放出巨大能量,形成高温、高压的火球。火球急剧膨胀扩大,迅速上升,体积增大,变冷后逐渐变成一团烟云,如图 3.7 所示。

图 3.7　原子弹爆炸形成的气溶胶云团

核爆后在烟云内部发生如图 3.8 所示的激烈内循环运动,由于这种激烈的内循环运动,加之烟云的迅速上升,会在爆心投影点附近产生一股强烈向上抽吸的气流,使更多的空气从火球底部吸入,并将地面掀起的尘土、碎石卷进去,形成从地面升起的尘柱。

放射性烟云上升到一定高度,就不再上升,此时的烟云称为稳定烟云,随后,烟云边缘起毛,轮廓开始模糊,并逐渐被风吹散。这里指的是"可见烟云",它与"放射性烟云"略有区别。后者除了可见部分外,在四周还有一部分看不见且具有放射性的物质围绕可见烟云。

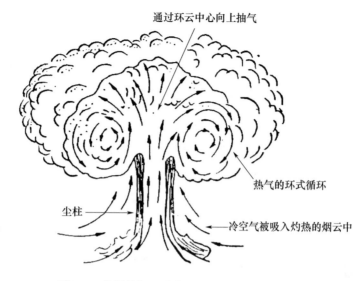

图 3.8　放射性烟云形成过程中的环式运动示意图

一般认为,不论哪一种爆炸方式,在初始烟云中,放射性物质几乎是均匀分布的。烟云不断上升,受内部涡旋运动及粒子重力影响,使这种均匀性逐步遭到破坏。

从飞机穿云测量结果看,烟云中放射性水平分布是不均匀的。由于爆后取样较晚,取样位置也各不相同,要用这些数据来回推算稳定烟云中的放射性分布是困难的。

烟云中放射性的垂直分布目前没有可靠的测量数据,只有少部分数据是爆后几小时或更晚时候测到的,所以难以据此确定稳定烟云中放射性垂直分布。

为确定核爆方式,经常使用"比高"概念。定义"比高"为核武器爆炸高度与爆炸当量立方根的比值,用 h 表示,即

$$h = \frac{H}{\sqrt[3]{Q}} \tag{3.10}$$

式中:h 为比高($m/kt^{1/3}$);H 为核武器爆炸高度(m);Q 为爆炸当量(kt)。

核武器爆炸形成的火球接触地面时为地面爆炸,一般为 $0 \leqslant h \leqslant 60 m/kt^{1/3}$;否则视为空爆,空爆又根据比高大小进一步区分为低空爆炸、中空爆炸、高空爆炸和超高空爆炸等。

例 3.2 某核爆观察哨测得核爆炸的高度为 3.5km,核爆炸当量为 210 万吨,计算比高是多少? 并判断是否属于空爆。

解:根据题设可知
$$H = 3500\mathrm{m}$$
$$Q = 210 \text{ 万吨} = 2100\mathrm{kt}$$

代入式(3.40)可得
$$h = \frac{H}{\sqrt[3]{Q}} = \frac{3500}{\sqrt[3]{2100}} = 273.3 (\mathrm{m/kt^{1/3}})$$

因为
$$h > 60\mathrm{m/kt^{1/3}}$$

所以本次核爆炸属于空爆。

比高大于 $200\mathrm{m/kt^{1/3}}$ 的空爆,裂变碎片全部集中在烟云里。对于尘柱能够穿入烟云的空爆,由于尘柱粒子混入烟云,沾上放射性并向下沉降,稳定时尘柱可能有少量放射性物质。随着比高减小,尘柱放射性也随着增加。

在稳定烟云中,放射性在垂直方向上的分布随爆炸方式而不同。地面核爆炸时,一开始就有大量的地表物质卷入火球,这些被卷入的物质,有的被气化,有的被熔融,并和烟云中的放射性物质充分混合,最后变成具有高放射性的颗粒。地爆稳定烟云的蘑菇头中,放射性物质约占总放射性的 90%,尘柱中仅占总放射性的 10% 左右,且主要集中在尘柱上部的 1/3 体积内。火球不接触地面的空中爆炸,卷入烟云中的地表物质随比高增加而渐渐减少,对于 $h_1 < 150\mathrm{m/kt^{1/3}}$ 空爆,尘柱被可以赶上烟云;开始放射性几乎全部集中在蘑菇头中,当尘柱上升与蘑菇头相接时,尘柱的上端会有一定量或很少量的放射性物质。当 $h_1 > 150\mathrm{m/kt^{1/3}}$ 时,烟云和尘柱不相接。在烟云中,放射性在水平方向上的分布是以烟云(或尘柱)中心为轴,近似轴对称分布。放射性物质在轴心附近最多,随着距轴心距离的增加而减少,在烟云(或尘柱)的边缘最少。

3.3.2 稳定烟云的相关参数

核爆炸产生的放射性烟云不断上升,当烟云内的温度和压力与周围大气相近时,烟云基本处于不再上升的稳定状态,此时的烟云称为"稳定烟云"。随后烟云轮廓开始模糊(边缘"起毛"),并逐渐被风吹散。

1. 稳定烟云几何参数

根据相关参考资料,获得了稳定烟云几何参数的经验公式。

烟云稳定时间为

$$t_M = 648 Q^{-0.117} (s) \tag{3.41}$$

稳定烟云顶高为

$$H_{TM} = 7.35 Q^{0.131} + H (km) \tag{3.42}$$

式中:Q 为当量(kt);H 为爆炸高度(从地面起算)(km)。

例3.3 某次核爆炸当量为 50 万吨,爆炸高度距地面 1000m,试计算烟云的稳定时间和稳定烟云的顶高。

解:由式(3.41)可知

$$t_M = 648 Q^{-0.117} = 648 \times 500^{-0.117} = 313.2 (s)$$

根据式(3.42)可知

$$H_{TM} = 7.35 Q^{0.131} + H = 7.35 \times 500^{0.131} + 1 = 13.3 (km)$$

计算表明,核爆炸当量大小对于其爆炸形成的烟云特性具有显著影响。

对于低当量($1 \leq Q \leq 15$)的稳定烟云顶高应用下式计算:

$$H'_{TM} = 3.68 Q^{0.406} (km) \tag{3.43}$$

稳定烟云底高为

$$H_{BM} = 5.31 Q^{0.113} + H (km) \tag{3.44}$$

稳定烟云直径为

$$D_M = 2.19 Q^{0.304} (km) \tag{3.45}$$

尘柱直径(地爆)为

$$D_{SM} \approx \frac{2}{5} D_M (km) \tag{3.46}$$

2. 烟云随时间的变化

烟云顶高随时间的变化关系为

$$H_T(t) = 20 Q^{0.131} \frac{t}{t_M} \exp\left(-\frac{t}{t_M}\right) + H \tag{3.47}$$

式中:t_M 为稳定时间(s),公式适用于 $5 < Q < 5000$;$0.1 \leq t/t_M \leq 1$。

烟云底高随时间的变化关系为

$$H_B(t) = \left[5.31Q^{0.113}\sin\left(\frac{t}{t_M}\frac{\pi}{2}\right)\right]\left[1+0.4\left(1-\frac{t}{t_M}\right)^3\exp\left(-\frac{Q-80}{80}\right)\right]+H \tag{3.48}$$

当 $Q>80\text{kt}, t\geqslant 40\text{s}$ 时，式(3.48)可简化为

$$H_B = 13\sin\left(\frac{t}{t_M}\frac{\pi}{2}\right)+H \tag{3.49}$$

式(3.48)、式(3.49)适用于 $0.1\leqslant t/t_M\leqslant 1$。

烟云直径随时间的变化为

$$D(t) = 0.514Q^{0.316}+2.29\times 10^{-0.3}Q^{0.457}(t-40) \tag{3.50}$$

适用于 $5<Q<5000, 40\leqslant t<t_M$。

当量大于80kt时，用下式计算较为精确，即

$$D(t) = 22.4Q^{-0.5}t^{0.12}Q^{0.23} \tag{3.51}$$

3.3.3 气象条件对核爆炸烟云的影响

气象条件对烟云的发展有着十分明显的影响，特别是烟云发展的后期，其影响更大。

1. 垂直温度分布的影响

大气温度层结构是影响烟云发展的重要因素。假定烟云在上升时是绝热膨胀冷却的过程，由大气温度层结构所引起的垂直加速度为

$$\dot{V} = g\frac{\gamma-\gamma_d}{T}Z \quad (\text{m/s}^2) \tag{3.52}$$

式中：g 为重力加速度；γ 为大气温度直减率(℃/100m)；γ_d 为干绝热直减率(1℃/100m)；T 为大气热力学温度；Z 为烟云上升高度。

当 $\gamma-\gamma_d>0$ 时，加速度为正值；当 $\gamma-\gamma_d<0$ 时，加速度为负值。负加速度越大，烟云发展受到的抑制作用越强。烟云在减速上升过程中，上升到对流层顶附近出现了横向扩散，上升速度显著减慢。这主要是因为对流层顶处 γ 值很小，有时可能是负值，会产生较大的负加速度，强烈抑制烟云的上升运动。

2. 垂直位温梯度的影响

位温是指将未饱和气块按绝热过程运动到标准气压1000mb处时,气块会达到的温度值,用符号 θ 表示,它与大气热力学温度 T、大气压强 P 之间关系为 $\theta = T(1000/P)^{0.288}$。

假设烟云主要是由卷入冷空气与烟云混合冷却,那么烟云上升的最大高度为

$$H_{T\max} = \frac{1}{2}\ln\left(1 + \frac{\alpha}{\gamma_\theta}\Delta\theta_0\right) \tag{3.53}$$

最大高度高于对流层顶时,有

$$H'_{T\max} = H_D + \frac{1}{\alpha'}\ln\left(1 + \frac{\alpha'}{\gamma'_\theta}\Delta\theta_{D0}\right) \tag{3.54}$$

式(3.53)和式(3.54)中:$H_{T\max}$、$H'_{T\max}$ 为烟云最大高度(km);α 为对流层内比卷入率的平均值,取 $\alpha = 0.5$/km;α' 为平流层内比卷入率的平均值,取 $\alpha' = 0.33$/km;γ_θ 为对流层内垂直位温梯度平均值(℃/km);γ'_θ 为平流层内垂直位温梯度平均值(℃/km);$\Delta\theta_0$ 为起始高度上烟云与环境的位温差(℃);$\Delta\theta_{D0}$ 为对流层顶高度上烟云与环境的位温差(℃);H_D 为对流层顶高(km)。式中高度均为海拔高度。

$\Delta\theta_{D0}$ 可由经验关系求出:$\Delta\theta_0 = \frac{1}{7}Q$,式中当量 Q 以吨计。

$\Delta\theta_{D0}$ 可由下式求出:

$$\Delta\theta_{D0} = \left(\Delta\theta_0 + \frac{\gamma_\theta}{\alpha}\right)\exp(\alpha(H_D - h)) - \frac{\gamma_\theta}{\alpha} \tag{3.55}$$

式中:h 为爆炸高度(km)。

从式(3.54)和式(3.55)可以看出,比卷入率和垂直位温梯度对烟云发展也有一定影响。一般说来,对流层顶越高,比卷入率越小,大气稳定率越小,爆高越高,则烟云上升得越高。式(3.54)和式(3.55)可以作为烟云最大高度的半经验计算公式。

3. 大气湍流的影响

大气湍流的强弱主要对宽度的增长有影响。湍流越强,烟云宽度增长越快。

决定大气湍流强弱的因素主要是大气稳定度 γ、空气平均温度 $\overline{T}$、风向切变角 $\Delta\alpha$ 及风速垂直梯度 $\Delta V/\Delta Z$。如果大气不稳定、温度高、风向切变大、风速垂直梯度大,则湍流发展强。反之,湍流发展弱。

3.4 核爆炸放射性气溶胶评估

爆炸后核武器中的 Pu 和 U 等裂变材料、金属氧化物、裂变产物(如 I、Sr、Cs 等)及其他放射性物质被大气中的悬浮物吸附,从而形成放射性气溶胶。放射性气溶胶在空气中的运动规律同样遵从流体力学原理,其显著特征是沉降、扩散和热运动。放射性气溶胶微粒大小一般在 $0.05\sim10\mu m$ 之间,能够长时间悬浮在空气中向纵深传播。

和平时期,能产生大范围放射性损伤危害的放射性气溶胶事件通常源于核电站泄漏事故和恐怖分子发动的脏弹袭击。脏弹是恐怖分子采用炸药爆炸分散放射性物质的一种装置,因此分散机理属于爆炸分散,在结构上以混合装药为主,形成的放射性物质扩散源可近似处理为瞬时体源。脏弹爆炸以后放射性物质以气溶胶形式进入大气,在风的作用下扩散传播。放射性气溶胶的浓度变化服从大气湍流扩散理论,但其危害纵深、危害范围除了与现场气象、地理条件有关外,还与放射性物质的活度、品质因子以及照射剂量大小有密切关系。

本节以核爆炸为例,研究放射性气溶胶在大气环境中形成的大范围危害形成规律。凡受放射性物质污染的地区都应称为沾染区,沾染区内辐射一般用地面辐射水平表示。地面辐射水平是指距离地面 $0.7\sim1m$ 高度处的 γ 剂量率,单位为 cGy/h。若地面受到放射性沾染,定义地面辐射水平达到 2cGy/h 时为沾染区边界,超过 2cGy/h 的地区为沾染区。根据地面辐射水平的高低,将核爆炸沾染区划分为轻微、中等、严重和极严重四个等级。

受到放射性沾染的地域,称为沾染地域。核爆炸造成的沾染地表,按照沾染的形成过程,沾染区一般分为爆炸地域沾染区(简称爆区)和烟云径迹地带沾染区(简称云迹区)。

3.4.1 放射性落下灰的形成

随着烟云的发展而逐渐形成放射性落下灰,裂变产物在凝结成落下灰粒子的过程中,各核素之间物理、化学性质的差别,使得不同粒子中所包含的放射性核素不同,所以,不同核弹类型、不同爆炸方式,在不同时间、距离处形成的辐射沾染场不一样。放射性落下灰粒子的形成包含以下几种途径。

1. 气态和液态物的冷却

核爆炸产生极高的温度,使得裂变产物、未裂变的核装料连同弹头壳和核弹各部件材料(包含少量感生放射性物质),都被汽化形成热气团。热气团经过辐射、膨胀,随之与冷空气混合而逐渐冷却。地面物质如土壤、岩石、房屋建筑等物质的混入,加速了热气团的冷却和凝聚,一部分熔融而未汽化的土壤借重力作用,首先沉降在爆心附近。热气团继续冷却,经过结晶过程和不同程度的共凝,加之又有一些冷空气和地面物质的混入,因此又有更多的大颗粒落下灰凝聚而沉降在爆心附近,称为"爆区沉降"。

2. 凝聚

凝聚发生在落下灰粒子未固化前。凝聚形成的几种途径:①粒子表面饱和蒸气压的不同,引起小粒子数目的减少,大粒子数目的增多。液态粒子在固化前,小液滴的表面蒸气压比大液滴要大。小液滴为了保持其原来的表面饱和蒸气压,也为了保持其表面蒸气压与环境蒸气压的平衡,小粒子不断蒸发。而大液滴粒子的表面蒸气压较小,气相中的蒸气分子不断地向大液滴表面凝聚。这样,小液滴粒子不断减少,而大液滴粒子越来越多。②固化前液态粒子的碰撞,加速凝聚。最早凝聚的液滴很小,其运动方式是布朗运动,运动的结果是相互碰撞而凝聚变大,尤其是对于 $0.1\mu m$ 以下的粒子,随着粒子的增大,布朗运动很快削弱,对于 $0.1\mu m$ 以上的粒子来说,经布朗运动而凝聚的速度是非常缓慢的。热气团中的湍流运动,加快了 $0.5\mu m$ 以上的粒子互相碰撞速度,粒子碰撞时的粘连使粒子越来越大,在重力作用下,使之逐渐沉降在爆区附近的地面上。

3. 微小粒子继续上升

很微小的放射性粒子会随烟云继续上升,有的可上升到对流层顶,甚至进入平流层。上升的高度,取决于核爆炸的当量与爆高,当量越大,爆高越高,烟云一般也会升得越高。留在对流层的微粒会随着雪、雨的净化作用而逐渐沉降到地面;留在对流层顶部中的小颗粒,会随高空风环绕地球运行,并逐渐沉降到地面。而到达平流层的粒子,由于平流层内气体的垂直运动很慢,因此会在平流层中滞留很长时间,可以达几个月到几年,导致裂变产物中短寿命的核素已衰变殆尽,只剩下了半衰期较长的核素,其中最重要的是 ^{90}Sr、^{137}Cs 等。

3.4.2 爆区空气放射性浓度

1. 地爆情况

地面核爆炸时,地表沾染主要是由于烟云中放射性物质沉降到地面造成的,称为"放射性沉降"。爆区地表沾染,一般在爆后几分钟内就可以形成,除了放射性沉降外,还有感生放射性沾染,但其份额不大,爆区放射性沾染的地面辐射水平,主要是裂变产物放出的核辐射所造成。

核爆炸产生的放射性落下灰的沉降持续时间相当长,降落范围相当大。按放射性沉降时间的长短,可分为早期沉降和延缓沉降。较大颗粒的落下灰,大约在爆后24h之内可以沉降完毕,一般能使下风方向数百千米内的地区受到放射性沾染,这要视高空风的风速大小而定。这种沉降称为早期沉降,由于它一般降落到近区,故又称近区沉降或局部沉降。微小颗粒的落下灰,能在大气中飘浮更长的时间,沉降在更大的范围。核爆炸24h后沉降的称延缓沉降,因其可使广大地区,甚至全球受到沾染,故又称为远区沉降或全球沉降。

地面核爆炸时,爆区地面辐射水平分布的总趋势是:爆心附近的地面辐射水平最高,但分布不均匀;随着距爆心距离的增加,地面辐射水平急剧下降,但沾染仍很严重,地面辐射水平仍很高;距爆心更远时,地面辐射水平随距离的增加而缓慢下降,见图3.9。在距爆心同一距离上,上风方向的地面辐射水平比侧上风的低,比下风方向更低。

为了进一步研究地面核爆炸爆区地面辐射水平分布的特点,可把爆区分成三个区域来讨论。

1) 不规则区(抛掷区)

不规则区是爆心附近的放射性熔渣被强冲击波抛射而形成的放射性沾染不均匀分布的地区。其地面辐射水平及其分布具有下列特点:

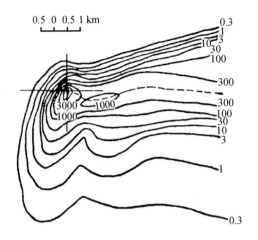

图 3.9　风对爆区沾染分布的影响(cGy/h)

(1)沾染极为严重,爆后 1h 的地面辐射水平均在 10^3 cGy/h 量级,触地爆的地面辐射水平可达 10^4 cGy/h。

(2)地面辐射水平分布不规则,从爆心抛掷出来的熔渣,放射性活度极强,落到哪里,哪里的地面辐射水平就高,并形成热点。而核爆炸形成的弹坑,由于放射性活度极强的土壤、岩石等被抛出,弹坑地面辐射水平往往比其四周还要低。

(3)局部变化极为强烈。不规则区半径 R_1 与核爆炸当量 Q、比高 h 有密切关系,可用下式粗略计算:

$$R_1 = 15Q^{0.727}\exp(-0.0093h)\ (\mathrm{m}) \tag{3.56}$$

2)剧变区(过渡区)

剧变区是由从爆心抛掷出来的熔渣及早期从烟云、尘柱中落下的大颗粒落下灰形成的,这种双重沾染使得剧变区的地面辐射水平很高,通常达 $10^2 \sim 10^3$ cGy/h。剧变区地面辐射水平分布的特点是:随着距爆心距离的增加,地面辐射水平急剧地下降,但有一定的规律性。

剧变区半径 R_2 也与核爆炸当量 Q、比高 h 有密切关系,可用下式粗略估算:

$$R_2 = 15Q^{0.416}\exp(-0.0011h)\ (\mathrm{m}) \tag{3.57}$$

根据式(3.56)和式(3.57)可以计算出 $Q=120\mathrm{kt}$、$h=20\mathrm{m/kt}^{1/3}$ 地面核爆炸相应的 $R_1=587\mathrm{m}$、$R_2=824\mathrm{m}$,这个距离可以从表 3.12 中得到反映。表 3.12 是假

设 $Q = 120\text{kt}$、$h = 20\text{m}/\text{kt}^{1/3}$ 地面核爆炸上风方向距爆心不同距离的地面辐射水平。

表 3.12　地面核爆炸上风方向距爆心不同距离的地面辐射水平

R/m	0	50	100	150	200	250	300
$\dot{D}/(\text{cGy/h})$	6.6×10^4	4.3×10^4	3.0×10^4	2.4×10^4	2.0×10^4	1.6×10^4	1.2×10^4
R/m	350	400	450	500	550	600	650
$\dot{D}/(\text{cGy/h})$	8.8×10^3	8.5×10^3	1.0×10^4	1.1×10^4	1.1×10^4	8.0×10^3	4.1×10^3
R/m	700	750	800	900	1000	1200	1500
$\dot{D}/(\text{cGy/h})$	800	230	100	30	12.8	2.8	0.33

从表 3.12 可以看出：距爆心 550m 以内地面辐射水平 $\dot{D}$ 很高，而且很不规则；550~800m 范围内变化很剧烈，如 650m 处为 4100cGy/h，750m 处只有 230cGy/h。R 相差仅 100m，而 $\dot{D}$ 相差 18 倍。

3) 缓变区(沉降区)

缓变区主要是尘柱和烟云中沉降下来的落下灰造成的。其地表沾染的特点是：沾染比较均匀，随着距爆心距离的增大，地面辐射水平缓慢地下降，起伏很小；上风方向的分布更均匀些，侧风方向略有起伏。

地爆后的地面空气的放射性沾染主要由裂变产物造成。在放射性沉降结束以后，地面剂量率在 0.01~1.0cGy/h 的沾染范围内，空气沾染浓度不会随地面剂量率的增加而增加。即使地面剂量率相等，空气浓度的涨落也很大。当量为万吨到十万吨级的地面爆炸，在放射性沉降结束以后，在小于或等于 1cGy/h 的沾染地区内，空气浓度一般不会大于 $(1 \sim 5) \times 10^{-11}$ Ci/L，这样的浓度不至于对人造成伤害。上风地区的空气也会受到沾染，但沾染浓度不会太高，持续时间也不会太长。

2. 空爆情况

空中核爆炸时，火球不触地，爆区不会有大量裂变产物混入地面熔渣中而形成严重沾染。

中比高以上的空中核爆炸，由于尘柱与烟云相接时，烟云中气态的裂变产物已经凝结成微小的放射性粒子，不会和尘柱中的地面物质相粘连，并且不会很快沉降在爆区地表形成爆区沾染。所以，爆区地表的放射性沾染，基本上是核爆中子流照射地面，使土壤产生感生放射性核素造成的。即使对于小比高空中核爆炸,放射性沉降所占份额也很少,地表沾染的主要贡献仍来自感生放射性核素的沾染。

空中核爆炸爆区地面辐射水平的分布与地面核爆炸爆区相比有下列特点:

(1)爆区地面辐射水平低,沾染范围小。原因主要有以下三点:①空爆时火球不接触地面,不会形成放射性熔渣。②空爆爆区地表放射性沾染主要是由核爆炸中子流作用于地面形成的感生放射性物质造成的。③放射性烟云中的放射性粒子很小,沉降到爆区的落下灰粒子也很少。

(2)爆区地面辐射水平随距爆心投影点距离的增大而均匀下降。空中核爆炸,爆区地面辐射水平以爆心投影点处为最高,随距心投影点距离的增大而均匀下降,几乎没有起伏,这主要是因为核爆炸中子流的发射是各向同性并随距离的增大而减弱。因此只要爆心投影点附近土壤成分无特殊的差别,空中核爆炸爆心附近地表沾染的形状(等地面辐射水平线图)基本上为几个同心圆组成(图3.10)。从图中可以看出距爆心投影点相同距离处的地面辐射水平基本相同,而爆心投影点处的地面辐射水平最高。但对于小比高空中核爆炸,尤其是比高接近 $60\text{m}/\text{kt}^{1/3}$ 的空中核爆炸,尘柱与烟云相接较早,可能有较大的落下灰粒子形成,并在爆区下风方向沉降。这样爆区下风方向的等地面辐射水平线便会相应地凸出。

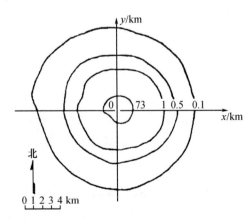

图 3.10　空爆爆区地面辐射水平分布(单位:cGy/h)

(3)地面以下一定深度处的感生放射性比地表面的感生放射性强。核爆炸的中子流,可以穿透地面以下 1m 左右的土壤层,使其产生感生放射性。土壤的感生放射性最强点不是在地表面,而是在地下一定深度处。当中子流到达这一深度时,慢中子增多,容易被原子核俘获。

空爆爆区空气放射性浓度与比高、爆炸高度都有关。在晴天,比高大于或等于150,当量为万吨至百万吨级的空中爆炸,爆炸0.5h以后,整个爆区的空气沾染浓度一般不会大于1×10^{-10}Ci/L。空气沾染浓度大于或等于1×10^{-13}Ci/L的持续时间只有3~5天。核武器空中爆炸后0.5h,整个爆区的空气放射性浓度一般不会超过战时容许标准。

3.4.3 云迹区空气放射性沾染浓度

云迹区是指放射性烟云在扩散、飘移的路径上,从烟云中降落放射性落下灰所形成的沾染区。云迹区的地表沾染是由放射性落下灰形成的。中比高以上的空中核爆炸,不可能造成明显的地表放射性沾染;小比高空爆,随着比高的降低,云迹区地面会形成一定的沾染,其地面辐射水平随着比高降低而增高,对人员有一定影响的沾染范围也逐渐增大,但沾染程度和沾染范围与地面核爆炸相比要小得多。

通常认为,放射性烟云到达某处上空时,该处地表就开始有放射性落下灰抵达,即某处地面开始被落下灰沾染的时间与烟云到达该处的时间相同。烟云到达某处的时间取决于该处距爆心投影点的距离、高空平均合成风速(简称平均风速)。

放射性沉降持续时间是放射性烟云通过该处所需的时间。一般说来,放射性沉降持续时间在几小时、十几小时以上,近云迹区沉降持续时间稍短些。在放射性沉降过程中,云迹区地面辐射水平随时间变化规律是:从零上升到最大值,然后逐渐下降,这个最大值出现时的爆后时间,称为地面辐射水平峰值出现时间。云迹区放射性沾染的分布一般具有如下特点:

(1)云迹区内存在一条向下风不断延伸的热线,它是云迹区横穿线上最高剂量率点的连线,有时在远离热线的某些地方出现热点,热点处的沾染程度比周围地域沾染程度要高。

(2)云迹区地面放射性沾染严重,沾染范围广。万吨到数十万吨级地爆,辐射级(即爆后1h剂量率)为5cGy/h的沾染边界可达几十到几百千米。

(3)云迹区地面剂量率分布不规则。不仅每次爆炸的云迹区的形状不一样,而且地面剂量率的分布规律也不一样。实际情况往往是,横跨热线两侧的地面剂量率分布是不对称的。虽然分布的总趋势是随距离增加而下降,但是起伏较大,甚至出现几个峰值。这主要是受到爆炸当量、比例爆高和当时气象条件的影响。

(4)不同条件的爆炸云迹区的热线特征各有差异,但它们也有共同之处:在风向切变角不是很大时,热线走向都与地面到云底的合成风向相近;热线上的地面剂量率随距离的增加而下降,只不过下降的趋势有快有慢;热线剂量率与裂变当量成正比,与比高、风速、风向切变角有定量的函数关系。

值得说明的是:空爆云迹区沾染比较轻,由于尘柱可能会进入烟云,热线剂量率分布有较为明显的马鞍形特点。

1. 地面空气沾染浓度

无论地爆还是空爆,云迹区地面空气都要受到不同程度的沾染。空爆的空气沾染不重。比高大于或等于 $130 m/kt^{1/3}$ 的万吨至数百万吨级的空爆,其云迹区的空气沾染浓度一般不会超过 $5 \times 10^{-10} Ci/L$,对人员不会造成伤害。

地爆云迹区地面空气的沾染则比较严重。一次万吨级的地面爆炸,空气最大沾染浓度可达 $1 \times 10^{-6} Ci/L$。沾染浓度大于或等于 $1 \times 10^{-8} Ci/L$ 的持续时间约为 1.5h,沾染浓度大于或等于 $1 \times 10^{-9} Ci/L$ 的持续时间约为 5h。即使沉降结束后,沾染浓度大于或等于 $1 \times 10^{-13} Ci/L$ 的持续时间也可达 50h。沾染范围可从爆区延伸到下风几百千米的广大地区。对地爆形成的云迹区来说,位于该区内人员在一定时间内需要采取防护措施。

2. 空气沾染浓度随距爆心投影点和距热线距离的变化

在沉降过程中,随着距爆心投影点距离的增加,热线上或靠近热线的地方,地面空气沾染浓度逐渐降低。

在沉降过程中,距爆心投影点同一距离上,热线上或靠近热线的地方,地面空气沾染最重。随着横向距离的增加,空气沾染浓度逐渐降低。

在非正常天气条件下,可能出现反常变化规律或根本无规律可循。

3. 空气沾染浓度随爆后时间的变化

烟云到达后,空气浓度很快达到最大值,然后随时间的增加呈波浪式降低,直至本底水平。

目前尚不能给出变化规律,但有一点可以看出。在峰值附近,维持的时间并不长,一般为 1h 到几小时。

4. 空气沾染浓度与地面剂量率的关系

由于空气沾染浓度与地面剂量率之间关系较为复杂,不可能用一个明晰的数学公式来表达。为了便于估算,给出一个简单的比例关系:

$$K = C/P \tag{3.58}$$

式中:K 为比值;C 为空气沾染浓度(Ci/L);P 为相应地面剂量率(cGy/h)。

从实测结果的推算来看,K 值的波动范围很大。

3.4.4 远区放射性烟云运动及沉降

1. 放射性烟云的宽度、径迹与移速

1)放射性烟云的宽度

烟云在大气中作较长时间的运行后,原来一块完整的烟云已经变得支离破碎,要描述整个烟云的尺寸(长、宽、厚)是困难的,只有宽度可用下式估计:

$$D = \frac{R}{25.8 + 1.46R} \times 10^3 \tag{3.59}$$

式中:D 为放射性烟云宽度(km);R 为距爆区的下风距离,以经度计。

适用范围:中纬度地区 $5 \leqslant R \leqslant 40$。

2)放射性烟云的径迹与移速

如果假设烟云是一个质点,并且这个质点沿等压面做准水平运动,则可用等压面空气质点轨迹法进行放射性烟云径迹和移速估算。这样,烟云的初始位置和下风向某点位置处高空风情一经预报,便可描述质点的径迹和移速。

2. 放射性烟云中 β 放射性和 γ 剂量率的变化规律

1)烟云平均总 β 浓度

烟云中总 β 浓度的分布是不均匀的,为了便于估算,给出烟云平均总 β 浓度公式:

$$\overline{C}_\beta = 2.4 \times 10^{-5} t^{-4.74} \quad (\text{Ci/L}) \tag{3.60}$$

或

$$\overline{C}_\beta = 2.4 \times 10^{-5} t^{-(3.23+0.0137\overline{V})} \quad (\text{Ci/L}) \tag{3.61}$$

式中:t 为爆后时间(h);$\overline{V}$ 为烟云头部到达各地时的平均风速(km/h)。

式(3.61)使用范围:$1 \leqslant t \leqslant 90, 56 \leqslant \overline{V} \leqslant 175$。

2) 烟云 γ 剂量率的变化规律

由于烟云中 γ 剂量率是不均匀的,一般引用一个最大剂量率的概念,如爆后 t 时刻某地上空的最大 γ 剂量率为 $P_{\max}$(单位:mR/h),则该地上空的 γ 剂量率的垂直分布为

$$P = P_{\max} \exp(0.5975(h-H)) \quad (h \leqslant H) \tag{3.62}$$

$$P = P_{\max} \exp(-0.2196(h-H)) \quad (h \geqslant H) \tag{3.63}$$

式中:$P_{\max} = 33.4 \times 10^6 t^{-0.2.407} (1 \leqslant t \leqslant 52)$;$h$ 为某地上空的任意高度(海拔)(km);t 为爆后时间(h);H 为 $P_{\max}$ 所处的海拔高度。当量为 500kt 以上的爆炸,H 可做如下选择:烟云头部到达时,$H = 13 \sim 15 \text{km}$;烟云中心到达时,$H = 16 \sim 18 \text{km}$;烟云尾部到达时,$H = 19 \sim 21 \text{km}$。

3) 烟云总 β 平均浓度与 γ 剂量率的关系

根据理论推算,烟云总 β 平均浓度与 γ 剂量率的关系为

$$\overline{C}_\beta = 6.25 \times 10^{-13} P \tag{3.64}$$

根据实测资料的统计,有

$$\overline{C}_b = 2.0 \times 10^{-13} \exp(-0.11t) P_{\max} \text{ 或 } \overline{C}_\beta = 4.0 \times 10^{-13} \exp(-0.11t) P \tag{3.65}$$

3. 地面沉降量、空气放射性浓度和雨水放射性浓度的估算

1) 地面沉降量

地面日沉降量随时间的衰减为

$$F_2/F_1 = (t_2/t_1)^{-3.0} \tag{3.66}$$

式中:F_2 为爆后 t_2 天的日沉降量(mCi/(km²·d));F_1 为爆后 t_1 天的日沉降量(mCi/(km²·d))。

于是在 $1 \leqslant t \leqslant 46$ 天内,已知 t_1 时刻的 F_1,则可求出 t_2 时刻的 F_2,爆炸之日 $t = 1$ 天。

2) 空气放射性浓度

地面空气放射性浓度涨落较大,但它们的峰值与地面沉降量峰值有如下概略关系:

(1) 空爆为

$$C_{max} = 3.1 \times 10^{-20} F_{max}^{0.73} \quad (Ci/L) \tag{3.67}$$

(2) 地爆为

$$C_{max} = 2.4 \times 10^{-12} F_{max}^{1.25} \quad (Ci/L) \tag{3.68}$$

式中：F_{max} 单位为 mCi/(km² · d)。

3) 雨水放射性浓度的估算

估算雨水放射性尝试的方法较多，通常用

$$C_水 = K(H/P)\overline{C}B \quad (Ci/L) \tag{3.69}$$

式中：H 为降水高度(km)；P 为降水量(mm)；$\overline{C}$ 为降水高度下空气平均放射性浓度(Ci/L)；K 为经验常数，爆后一周内取 0.1~0.4，一周后取 0.01~0.04。

冲刷系数 B 可表示为

$$B = 1 - \exp(-(2\eta/3d)P) \tag{3.70}$$

式中：η 为俘获系数，取 0.75；d 为雨滴众数直径(mm)。

3.5 环境辐射剂量的估算与评价

对涉及辐射照射的实践实施辐射环境管理，在满足实践正当性要求的前提下，对于公众正常照射的防护，应通过代价-利益分析，确定公众照射剂量（集体剂量和个人剂量）最优化的控制水平，并用源相关剂量约束值和个人相关剂量限值对个人剂量加以约束和限制。对于潜在照射的防护，则应对有关事件或事件序列的发生概率及可能造成的公众照射剂量加以控制（危险控制）。因此，对拟议中的核设施项目必须进行辐射环境影响评价，估算其可能造成公众照射的集体剂量、个人剂量及个人危险，并与相应的剂量约束值或危险约束值进行对比评价。

只要不发生重大的核事故，环境辐射对公众的照射通常属于低剂量率、小剂量的长期慢性照射，其对人体健康的危害主要表现为可能的随机性效应的发生。随机性效应的发生率与辐射剂量大小之间呈线性无阈关系，但效应发生后的严重程度则与剂量大小无关。根据随机性效应的这种剂量-响应关系，环境辐射剂量的估算及与相应剂量限值或约束值的比较评价,既是辐射环境影响评价的主要内容,也是辐射环境健康危害评价的基础。

3.5.1 环境辐射剂量估算的整体模式

环境辐射剂量估算需要采用一些合理的假设模式,近似地表征放射性核素向环境释放的源项特征,进入环境后的输运、迁移过程,对人造成照射的各种途径,辐射剂量估算及健康危害评价的基本程序。整体评价模式应能表征流出物的释放特征,各类环境物质对污染核素的输运和弥散能力,公众照射途径和食物链转移,人对放射性核素的摄入和代谢特征。通过引入恰当的参数值对模式进行计算,求得有关的剂量值,做出健康危害的估计,由模式参数的不确定度估计预示剂量值及危害程度的离散程度。整体评价模式包括源项模式、环境输运与迁移模式、食物链转移模式、人体代谢模式和剂量模式。根据预示剂量值进一步做健康危害评价时,还应包括剂量-效应模式。图3.11及图3.12所示为随气载及液体流出物释放的放射性核素的迁移过程及对人的照射途径。

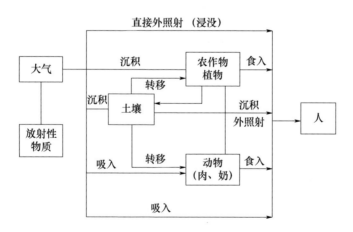

图3.11 气载放射性流出物对人的照射途径

1. 源项模式

源项是环境影响评价模式中重要的输入项,也是整体模式中灵敏度最大的参数项。对环境造成直接影响的源项是释放项 Q_r,它与初始源项 Q_0 之间一般

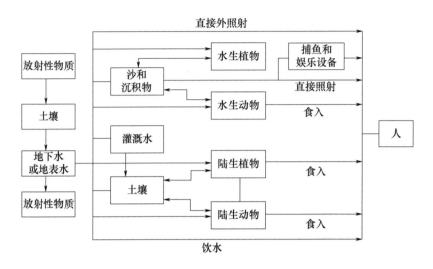

图 3.12　液态放射性流出物对人的照射途径

呈线性关系：

$$Q_r = Q_0 F_1 F_2 F_3 \cdots F_n$$

式中：F_1 为气载或液载转化率（或浸出率、泄漏率等），为核设施中放射性核素转入气载或液体废物中的份额；F_2 为气载或液载废物穿透各种包容屏障的透过率；F_3 为气载或液体废物经净化处理后残留而向环境释放的核素份额。

源项模式应表明流出物的释放条件（地面源或高位源、点源或体源、瞬时源或连续源等），释放核素的形态和某些理化特性（化学形态、溶解度、生化态、吸附特性、挥发性等）及释放量（总活度、比活度、核素组分及其半衰期等）。

2. 环境输运和迁移模式

环境输运和迁移模式包括放射性物质进入环境后，在各类环境物质中的输运、弥散和迁移过程及相关的参数，采用这些模式，根据源项参数大小，可估算大气、地面水、地下水、土壤等环境物质的污染水平、空间分布及其随时间的变化。

（1）源点周围的近场初始混合。一般情况下，污染源既非"点"源，也非被动污染源，相对于环境存在着初始动量及初始温差。因此，由于热射流的卷吸作用，污染源附近存在着强烈的非扩散输运机理导致的扩展与混合过程，这种近场混合过程对气载流出物的释放表现为烟团或烟羽的抬升（或下沉），对近地空气污染浓度计算表现为有效释放高度的影响。在地面水体中则表现为射流及浮力作用导致的混合。近场混合的估算常采用物理模拟和量纲分析方法,使用这种方法要求对运动过程物理机理有透彻了解,并通过实验确定有关的参数值。

(2)远场的湍流混合。对于污染物的远场湍流混合过程,可将污染源近似地视作被动污染源处理,通常采用浓度梯度扩散理论、湍流统计理论或湍流相似理论及相应的模式、参数进行估算。

对于气载放射性核素在大气中的输运和弥散,根据气象资料确定大气稳定度类型后,选用恰当的弥散参数 σ_y 和 σ_z 值,采用按点源弥散的高斯模式对不同条件所导出的计算公式,分别求得高位源和地面源、长期释放和短期释放以及各种特殊条件下,下风向不同距离处近地空气污染浓度的分布。采用干沉积和湿沉积模式,选用恰当的干沉积速度 V_d 及降雨冲洗因子 Λ 值,可分别求得不同条件下的地面沉积率,进而估算评价表层土壤中核素污染水平及其随时间的变化。采用相应的呼吸量参数,可由空气污染浓度估算不同年龄组人群对放射性核素的吸入量。

3. 生物链转移模式

放射性核素在生物链中的转移、易位是其对人造成内照射的重要途径,根据核素载运介质的不同,可分为陆地生物链转移及水生物链转移。

气载放射性核素的生物链转移,系由沉积(干、湿)→截留→滞留→易位而进入陆生植物的可食部位,由饲料→易位而进入动物的可食部位(肉、奶)。目前对这一转移过程的各种处理模式,均以放射性核素的沉积为输入项,经定常系数截留,而转移率即与库容量线性相关,即为一阶动力学反应:

$$\frac{\mathrm{d}\{c\}}{\mathrm{d}t} = [w]\{c\} + \{s\} \tag{3.71}$$

式中:c 为陆地食物链转移过程各环节中核素的浓度;w 为转移矩阵;s 为转移源项。

各种元素的转移矩阵份额应通过实验及必要的环境调查确定,由于转移过程受多种因素的影响,故测得的转移系数值差异很大。

对于放射性核素通过水生物链的转移,常采用浓集因子法或比活度法处理。

根据水、空气、土壤等环境物质的污染水平求得水生物、植物、动物类食品中放射性核素的浓度后,即可根据各类食品供应消费的方式(产地、加工、运输、销售区域等情况)和数量,进而估算不同区域内不同年龄组人群经由食物链途径对放射性核素的摄入量。

4. 人体代谢模式

基于人体代谢模式涉及的放射性核素进入人体后在各种器官和组织中的吸收、分布、滞留和排泄特征,可根据摄入量估算放射性核素在各器官组织中的蓄积量及相应的吸收剂量和当量剂量。

放射性气体和气溶胶被吸入人体后,除一部分直接被呼出外,其余的则在呼吸系统各段沉积下来,沉积核素中一部分直接进入体液,其余则经由黏液-纤毛途径转移至消化道,进入消化道中的核素中又有一部分在小肠内被吸收而进入体液。放射性核素在这些过程中的转移速率与份额,很大程度上取决于核素存在的化合物形态。非转移性核素进入呼吸系统深部后,将以很低的速率向肺淋巴结转移,并将长期滞留在其中。

通过饮水与食物途径摄入人体的放射性核素中,以非转移性化合物形态存在的大多数核素将通过胃肠道后随粪便排出,可转移性化合物形态的核素则主要经由小肠吸收而进入人体体液。吸入或食入后的放射性核素由肺转入消化道或由胃肠道进入体液的分数(f_1),与核素化合物的化学形态有关。完好的皮肤能有效地阻止大部分放射性物质进入人体,但氚化水或氚水蒸气、碘溶液或碘化合物溶液能通过皮肤而被吸收。体液中的放射性核素一部分通过肾、肝、肠、皮肤或肺排出,其余的将沉积在与其亲和的某个器官中,而氚氧化物、氯化物和钋的化合物等则是全身均匀分布,其在体液中的浓度在较长时间内呈现简单的指数下降规律。由各种途径造成的全身污染物排出速率,与其在体液中的浓度有关,通过测定体内污染后不同时刻放射性核素的排出速率,有可能估算出体内核素的负荷量,进而估算内照射剂量。

5. 剂量估算模式

剂量估算模式针对不同的辐射和辐射源,对受照几何条件进行必要的简化假设,引入适当的剂量转换因子,采用无限源方法,估算空气浸没及地面沉积所致公众的外照射剂量。对于食入与吸入造成的内照射,则依据各器官组织对辐射危害的相对贡献大小,赋予相应的组织权重因子,由各器官或组织的吸收剂量和当量剂量,估算全身有效剂量,进而可估算待积有效(或当量)剂量及集体有效(或当量)剂量。

3.5.2 常规释放所致公众受照剂量的估算

1. 空气浸没外照射剂量的估算

因气载流出物常规连续释放而弥散分布于空气中的 β、γ 放射性核素,可对站立在地面上的人造成浸没外照射。这种情况下,可认为含有放射性核素的烟羽已扩展到低层近地空气,其尺度远大于电子在空气中的射程和光子在空气中的平均自由程,因此,可将空气视为污染浓度恒定且为均匀分布的无限大半球形 β 或 γ 辐射源,受照者位于空气 - 地面的界面上。

根据能量守恒原理,无限大体源中源物质(空气)自身的吸收剂量率等于单位质量物质(空气)中所含的核素在单位时间内发出的辐射能量:

$$\dot{D}_a^a = K \frac{1}{\rho} \chi E \quad (3.72)$$

式中:$\dot{D}_a^a$ 为空气的吸收剂量率(Gy/s);K 为换算因子(1.6×10^{-10},g·Gy/MeV);χ 为空气中核素的污染浓度(Bq/m³);E 为核素每次核转变发出的能量(MeV);ρ_a 为空气的密度(g/m³)。

式(3.72)可改写为

$$\dot{D}_a^a = \chi \cdot (DF)_a^a \quad (3.73)$$

式中:$(DF)_a^a = KE/\rho_a$ 为空气中单位核素浓度所致空气的吸收剂量率,又称为空气吸收剂量转换因子(Gy/s)/(Bq/m³)。

空气吸收剂量转换因子$(DF)_a^a$乘以光子或电子的组织 - 空气吸收剂量比、空气 - 地面之间界面所致的修正因子及组织 - 体表吸收剂量比,即可求得 β、γ 放射性核素空气浸没外照射当量剂量转移因子$(DF)_a^T$或有效剂量转换因子$(DF)_a$,其量纲为(Sv/s)/(Bq/m³)。表 3.13 所列为某些核素的空气浸没外照射有效剂量转换因子$(DF)_a$值。

表 3.13　空气浸没外照射有效剂量转换因子 $(DF)_a$ 值 $[(Sv/a)/(Bq/m^3)]$

核　素	$(DF)_a$	核　素	$(DF)_a$
^3H	0	^{210}Pb	2.0×10^{-16}
^{41}Ar	6.1×10^{-14}	^{210}Po	6.1×10^{-19}
^{60}Co	1.5×10^{-13}	^{226}Ra	1.1×10^{-13}
^{85}Kr	3.5×10^{-16}	^{230}Th	4.1×10^{-16}
^{90}Sr	1.8×10^{-17}	^{234}U	3.4×10^{-16}
^{131}I	2.3×10^{-14}	^{238}U	2.5×10^{-15}
^{133}Xe	1.9×10^{-15}	^{239}Pu	4.2×10^{-18}
^{137}Cs	3.5×10^{-14}		

注：表内数据仅适用于成人组

长期连续照射条件下，公众成员的浸没外照射年有效剂量为

$$E_a = 3.15 \times 10^7 \chi (DF)_a S_F \quad (3.74)$$

式中：E_a 为空气浸没外照射年有效剂量(Sv/a)；χ 为空气中核素的年平均浓度(Bq/m^3)；S_F 为考虑公众成员在室外停留的时间份额（居留因子）及建筑物对辐射屏蔽作用导致的剂量降低因子，估算个人剂量时取为 0.7，估算集体剂量时取为 0.5。

2. 地面沉积外照射剂量的估算

因气载流出物常规连续释放而沉积在地面上的 β、γ 放射性核素，可对站立于地面上的人造成外照射。这种情况下，可将地面视为核素污染浓度恒定，且呈均匀分布的无限大平面的 β 或 γ 辐射源，受照者则位于地面上。由于电子在空气中的射程很短，这种情况下，一般可不考虑其外照射剂量贡献。

如图 3.13 所示，一无限大光滑均匀污染的地面 σ 上，单位面积浓度的 γ 放射性核素对其上方高度为 z 的 P 点处造成的空气吸收剂量率为

$$(DF)_{G,\gamma}^a (Z) = K \sum_i f_{i,\gamma} \cdot E_{i,\gamma} \int_A \Phi_\gamma^a (r, E_{i,\gamma}) d\sigma \quad (3.75)$$

式中：$(DF)_{G,\gamma}^a(z)$ 为地面上单位面积浓度的 γ 核素所致 P 点处的空气吸收剂量率，又称为地面沉积空气吸收剂量转换因子 $((Sv/s)/(Bq/m^2))$；$f_{i,\gamma}$ 为核素每次核转变发出第 i 种能量为 $E_{i,\gamma}$ 的光子的份额；$E_{i,\gamma}$ 为第 i 种光子的能量(MeV)；$\Phi_\gamma^a(r, E_{i,\gamma})$ 为地面上 $d\sigma$ 微面积源点发射的 γ 光子能量被距离 r 处单位

质量空气吸收的份额。

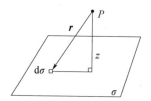

图 3.13　地面沉积外照射剂量估算坐标系

进一步引入组织-空气吸收剂量比 $R_{i,\gamma}$ 及器官与体表组织吸收剂量比 $G_\gamma^T(E_{i,\gamma})$，不考虑人体对 γ 射线的自屏蔽作用，且 $z=100\mathrm{cm}$，γ 射线的辐射权重因子为 1，则可求得受照者体内器官或组织的当量剂量转换因子 $(\mathrm{DF})_G^T$，并进一步求得全身有效剂量转换因子 $(\mathrm{DF})_G$。表 3.14 所列为某些核素的地面沉积外照射有效剂量转换因子值。

长期连续照射条件下，公众成员的地面外照射年有效剂量为

$$E_G = 3.15 \times 10^7 C_G (\mathrm{DF})_G S_F$$

式中：E_G 为地面沉积外照射年有效剂量 $(\mathrm{Sv/a})$；C_G 为土壤的等效面积污染浓度 $(\mathrm{Bq/m^2})$；$(\mathrm{DF})_G$ 为放射性核素地面沉积外照射有效剂量转换因子 $((\mathrm{Sv/s})/(\mathrm{Bq/m^2}))$。

表 3.14　沉积外照射有效剂量转换因子 $(\mathrm{DF})_G$ 值 $((\mathrm{Sv/s})/(\mathrm{Bq/m^2}))$

核素	$(\mathrm{DF})_G$	核素	$(\mathrm{DF})_G$
^{60}Co	1.2×10^{-15}	^{226}Ra	9.6×10^{-16}
^{131}I	2.1×10^{-16}	^{230}Th	5.9×10^{-19}
^{137}Cs	3.2×10^{-16}	^{234}U	5.9×10^{-19}
^{210}Pb	9.8×10^{-19}	^{238}U	2.6×10^{-17}
^{210}Po	4.1×10^{-21}	^{239}U	5.9×10^{-20}

3. 内照射剂量估算

通过食入或吸入途径进入人体的放射性核素，将分布于体内各个器官或组织。核素发生核转变发出的辐射贯穿能力较强时，体内任何一个器官或组织所吸收的辐射能量中，一部分来自其自身所含的放射性核素，另一部分则来自其他器官或组织中所含的核素。反之，辐射贯穿能力较弱时，器官或组织的吸收

能量仅来自其自身所含的核素,其他器官或组织中核素的贡献可忽略不计。

内照射剂量估算时,凡吸收自身或其他器官、组织内核素辐射能量的器官或组织统称为靶器官,凡含有一定量的某种核素,对自身或其他靶器官造成照射的器官或组织统称为源器官。显然,源器官同时也是一个靶器官。表 3.15 所列为内照射剂量估算中应考虑的一些源器官和靶器官,表中同时给出这些器官组织的质量。

表 3.15 内照射剂量估算中考虑的一些源器官和靶器官

源器官				靶器官			
名称	质量/g	名称	质量/g	名称	质量/g	名称	质量/g
卵巢	11	下部大肠壁	160	卵巢	11	肾	310
睾丸	35	肾	310	睾丸	35	肝	1800
肌肉	28000	肝	1800	肌肉	28000	胰腺	100
红骨髓	1500	胰腺	100	红骨髓	1500	皮质骨	4000
肺	1000	皮肤	2600	肺	1000	小梁骨	1000
甲状腺	20	脾	180	甲状腺	20	皮肤	2600
骨表面	120	胸腺	20	胃内容物	250	脾	180
胃壁	150	子宫	80	小肠内容物	400	肾上腺	14
小肠壁	640	肾上腺	14	上部大肠内容物	220	膀胱内容物	200
上部大肠壁	210	膀胱壁	45	下部大肠内容物	135	全身	70000

注:除卵巢和子宫外,器官质量为成年男性的参考值

放射性核素的核转变过程有多种类型,相应地分别发射 α 粒子、$β^-$ 粒子、$β^+$ 粒子、X 射线或 γ 光子、内转换电子和伴随 α 发射的反冲原子。大多数核转变过程能同时发出一种以上的辐射,其中某一种辐射 i 的份额 f_i 大小与核的性质有关。

源器官中核素发出的辐射能量,将被体内各靶器官吸收(辐射贯穿能力很强时,也会有部分能量逸出体外),如将源器官 S 中所含某种核素发出的第 i 种辐射的能量被靶器官 T 吸收的份额记作 $AF(T \leftarrow S)_i$,则源器官 S 中该种核素发生一次核转变导致靶器官 T 吸收的能量为

$$D(T \leftarrow S) = \frac{K \sum_i f_i E_i AF(T \leftarrow S)_i}{M_T} \quad (3.76)$$

第 3 章 放射性气溶胶

式中：$D(T \leftarrow S)$ 为器官 S 中某核素一次核转变所致靶器官 T 吸收剂量 Gy/核转变；f_i 为核转变过程中核素发出第 i 种能量为 E_i 的辐射份额；E_i 为第 i 种辐射的能量，对连续能谱的 β 射线，可近似地取其平均能量 $E_\beta = E_{\max\beta}/3$；$M_T$ 为靶器官 T 的质量(g)。

对式(3.76)中每一种辐射乘以相应的辐射权重因子 $W_{R,i}$，即可求得靶器官 T 的当量剂量：

$$h(T \leftarrow S) = \frac{K \sum_i f_i E_i \mathrm{AF}(T \leftarrow S)_i W_{R,i}}{M_T} \quad (3.77)$$

$$= K \sum_i \mathrm{SEE}(T \leftarrow S)_i = K \cdot \mathrm{SEE}(T \leftarrow S)$$

式中：$h(T \leftarrow S)$ 为源器官 S 中某种核素一次核转变所致靶器官 T 的当量剂量(Sv/核转变)；$\mathrm{SEE}(T \leftarrow S)_i$ 为第 i 种辐射所致靶器官 T 的比有效能量(MeV/(g·核转变))；$\mathrm{SEE}(T \leftarrow S)$ 为器官 S 中某种核素一次核转变所致靶器官 T 的比有效能量(MeV/g·核转变)。

实际上，放射性核素进入人体后，将在受照者一生中持续地给出辐射能量，个人单次(或 1 年内)摄入放射性物质后，某一器官或组织所受到的当量剂量率(或年当量剂量)在其后 τ 期间内的积分值，称为该器官在 τ 期间内的待积当量剂量 $H_T(\tau)$。设 $t=0$ 时刻某人摄入 1Bq 的某种放射性核素后，其在某一相关的源器官 S 中的初始活度为 $q_s(0)$，摄入后 t 时刻的有效滞留分数为 $r_s(t)$，则 t 时刻源器官 S 内滞留的活度为

$$q_s(t) = q_s(0) r_s(t) \quad (3.78)$$

而 $0 \sim t$ 时间段内核素在源器官 S 内总共发生的核转变次数为

$$U_s(t) = \int_0^t q_s(t) \mathrm{d}t = q_s(0) \int_0^t r_s(t) \mathrm{d}t \quad (3.79)$$

同理，a 年龄组人群中公众成员在开始摄入的第一年(t_a)内摄入 1Bq 的某种核素后，在其后 τ 年内($\tau = 70 - t_a$，70 为人的预期寿命)在源器官 S 内发生的核转变总次数为

$$U_s(\tau) = \int_{t_a}^{t_a + \tau = 70} q_s(t) \mathrm{d}t = q_s(t_a) \int_{t_a}^{t_a + \tau = 70} r_s(t) \mathrm{d}t \quad (3.80)$$

于是，公众成员在 t_a 这一年内摄入 1Bq 的某种放射性核素后，在此后一生

内对靶器官 T 造成的待积当量剂量为

$$(DF)_a^T = h_\tau(T \leftarrow S) = U_s(\tau) \cdot h(T \leftarrow S)$$
$$= KU_s(\tau) \cdot SEE(T \leftarrow S) \quad (3.81)$$

式中：$(DF)_a^T(S)$ 为 t_a 年 1a 内摄入 1Bq 某种放射性核素后,靶器官 T 由源器官 S 接受照射的待积当量剂量(Sv/Bq)。

放射性核素往往分布在体内几个器官或组织中,因此,靶器官 T 往往受到多个源器官 S 的照射,其受到的总的待积当量剂量为

$$(DF)_a^T = \sum_S (DF)_a^T(S) = K \sum_S U_s(\tau) \cdot SEE(T \leftarrow S) \quad (3.82)$$

式中：$(DF)_a^T$ 为 t_a 年 1a 内摄入 1Bq 某种放射性核素后靶器官 T 受到的总的待积当量剂量(Sv/Bq)。

对全身所有器官的待积当量剂量各乘以相应的组织权重因子 W_T 后求和,即可得到 t_a 这一年内摄入 1Bq 某种放射性核素后,在其后一生中全身的待积有效剂量：

$$(DF)_a^T = \sum_T W_T (DF)_a^T = K \sum_T W_T \sum_S U_s(\tau) \cdot SEE(T \leftarrow S) \quad (3.83)$$

式中：$(DF)_a$ 为 t_a 年 1a 内摄入 1Bq 某种放射性核素所致待积有效剂量(Sv/Bq)。

显然,这样求得的 $(DF)_a$ 值与摄入时的年龄 a 有关,故又称为年龄相关待积有效剂量转换因子。采用吸入和食入途径有关的参数,对式(3.83)分别进行计算,即可分别求得吸入和食入待积有效剂量转换因子 $(DF)_{h,a}$ 及 $(DF)_{g,a}$。

(1) 食入内照射剂量的估算。公众成员经饮水和食物途径摄入放射性核素后,除胃肠道受到照射外,由胃肠道进入体液而导致在其他器官或组织中的蓄积,也会使这些器官组织受到照射。对于 γ 放射性核素而言,胃肠道与其他器官组织还互为靶器官和源器官而相互造成照射。

a 年龄组公众成员 t_a 年 1a 内经饮水或食物途径摄入某种放射性核素后,在其一生(至 70 岁)中导致的待积有效剂量为

$$E_{g,a} = 365 M_{g,a} (DF)_{g,a} \quad (3.84)$$

式中：$E_{g,a}$ 为 a 年龄组公众成员 1a 内食入放射性核素的待积有效剂量(Sv/Bq);$M_{g,a}$ 为 a 年龄组公众成员每天食入的核素量(Bq/d)。不同年龄组的食入待积有效剂量转换因子可从文献中查阅。

(2) 吸入内照射剂量的估算。因气载流出物常规连续释放而弥散分布于空气中的放射性核素,可通过吸入途径对公众造成内照射。

被吸入人体内的放射性液体或固体,在空气中均以气溶胶微粒形态存在,气溶胶粒子的形状很不规则,颗粒大小也各不相同,其放射性活度和质量均呈现某种形式的谱分布。如果某个气溶胶粒子的活度或质量是上述谱分布中活度或质量的中值,且它在空气中的沉降末速度与直径为 ϕ 的一个单位密度球体相同时,ϕ 即定义为具有上述谱分布的气溶胶粒子的放射性活度中值或质量中值空气动力学直径(分别以 AMAD 及 MMAD 表示,单位为 μm)。

吸入放射性气溶胶后,呼吸系统各部分会受到照射,同时,体内其他器官或组织也会受到照射,这种照射一部分来自肺内沉积的核素,另一部分则来自吸入物质从呼吸系统转移到身体其他器官或组织而造成的照射。

a 年龄组公众成员 t_a 年 1a 内经吸入途径摄入某种放射性核素后,在其一生中(至 70 岁)导致的待积有效剂量为

$$E_{h,a} = 5.27 \times 10^5 R_a \bar{\chi} (DF)_{h,a} \tag{3.85}$$

式中:$E_{h,a}$ 为 a 年龄组公众成员 1a 内吸入放射性核素的待积有效剂量(Sv/a)。5.27×10^5 为 1a 内的分钟数(min/a);R_a 为 a 年龄组公众成员的呼吸率(m^3/min);$\bar{\chi}$ 为空气的年平均污染浓度(Bq/m^3);$(DF)_{h,a}$ 为 a 年龄组公众成员的吸入待积有效剂量转换因子(Sv/Bq)。

表 3.16 所列为不同年龄组的呼吸率,按 ICRP 新呼吸道模型及有关参数给出的不同年龄组的吸入待积有效剂量转换因子。

表 3.16 各年龄组的呼吸率 R_a (m^3/min)

1～2 岁	7～12 岁	>17 岁[①]
2.66×10^{-3}	0.010	0.015

①男女的平均值

3.5.3 事故释放所致公众受照剂量的估算

放射性流出物的事故释放大体可分为两种情况:①瞬时释放或环境条件基本不变的短期释放;②连续释放(几小时或几天内),可能是接近均匀的连续释

放,也可能是非均匀的连续释放。对于非均匀的连续释放,可将释放时间划分为几个较小的时段,每一时段近似地按均匀释放处理。

连续释放的剂量估算,可采用上述适用于常规释放的剂量公式,对于瞬时或短期释放的剂量估算,则应结合释放情况考虑某些特殊的因素。

1. 烟羽外照射剂量的估算

对于气载流出物的短期地面释放,可按类似于式(3.85)的公式估算无限大半球形体源对人的浸没外照射剂量:

$$E_{a,t} = \psi_t (DF)_a S_F \qquad (3.86)$$

式中:$E_{a,t}$为从释放开始到某一时刻t(如从现场撤离时间)期间公众成员的浸没外照射有效剂量(Sv);ψ_t为同一期间内空气的时间积分浓度(Bq·s/m³);S_F为考虑居留因子及屏蔽因子所致的剂量降低因子,个人受照最大时取1.0,对群体取0.7;$(DF)_a$为浸没外照射有效剂量转换因子((Sv/s)/(Bq/m³))。

对于高位源短期释放,可采用有限烟云团模式估算烟羽的γ外照射剂量,图3.14所示为计算时相应的坐标系。

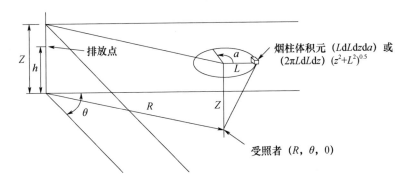

图3.14 有限烟云团模式坐标系

t_0时刻高位瞬时排放某种γ放射性核素的总活度为Q,假设释放所形成的烟云团的中心在$X-Z$平面内以与有效释放高度处平均风速u相同的速度向下风向飘移,在释放后某一时刻t移至$(ut,0,h)$点处。对于单次喷射式释放所形成的各向同性烟云团,可认为$\sigma_x = \sigma_y = \sigma_z = \sigma_i$,并假设地面为全反射,则受照者所在的$(x,y,0)$点处的空气吸收剂量为实源与像源所致剂量之和。若气载流出物在t_r时间段内以恒定的速率连续释放,则释放开始后不久烟云团将形成稳定

连续的烟羽,其对地面上(x,y)点处造成的空气吸收剂量为

$$D_{a,t}^{a}(x,y) = \frac{1.79 \times 10^{-13} Q_t(x)}{x\bar{u}} \sum_i f_{i,\gamma} E_{i,\gamma} \mu_{a,i} I \tag{3.87}$$

式中:$D_{a,t}^{a}(x,y)$为整个释放期间(x,y)点处空气的吸收剂量(Gy);x为下风向距离(m);u为释放期间有效释放高度处的平均风速(m/s);$Q_t(x)$为距离x处对核素沉积和衰变导致的耗减进行修正后的$0 \sim t$期间虚设释放总量(Bq);$\mu_{a,i}$为空气对能量为$E_{i,\gamma}$的γ射线的线性吸收系数(1/cm);

I为与γ射线能量$E_{i,\gamma}$、释放高度h、稳定度S及弥散参数σ_z有关的吸收修正项:$I = I_1 + K \cdot I_2$;

$K = (\mu - \mu_a)/\mu_a$,其中μ为空气对γ射线的总减弱系数(为吸收减弱系数μ_a与散射减弱系数μ_s之和(1/cm))。

释放期间(x,y)点处公众成员所受烟羽的全身有效剂量为

$$E_a = 0.7 D_a^a \tag{3.88}$$

显然,E_a的量纲为Sv。

当然,亦可采用常规释放条件下空气浸没外照射剂量估算方法,将D_a^a依次换算为生物物质的吸收剂量、体表组织吸收剂量、器官当量剂量和全身有效剂量。

2. 吸入内照射剂量的估算

从事故释放开始($t=0$)到t时刻期间,a年龄组公众成员因吸入而受到的待积有效剂量:

$$E_{h,a,t} = 1.67 \times 10^{-2} R_a \psi_t (\text{DF})_{h,a} \tag{3.89}$$

式中:$E_{h,a,t}$为$0 \sim t$期间的吸入内照射待积有效剂量(Sv);1.67×10^{-2}为每秒钟相当的分钟数(min/s);Ψ_t—$0 \sim t$期间空气的时间积分浓度($\text{Bq} \cdot \text{s/m}^3$);

3. 地面沉积外照射的估算

在气载流出物事故释放停止以后,释放过程中放射性核素的沉积所导致的地面污染将存在相当长的时期,其污染浓度随核素的衰变及环境中其他清除过程而逐渐降低。一般情况下,忽略释放期间地面污染的清除过程,并取释放停止的时间$t=0$,此时地面的面积污染浓度为$C_G(0)$,则释放停止后第t年中公众所受到的地面外照射年有效剂量为

$$E_G(t) = 3.15 \times 10^7 \int_{t-1}^{t} S_F C_G(0) \exp(-\lambda_e^G t)(\mathrm{DF})_G \mathrm{d}t$$

$$= \frac{3.15 \times 10^7 S_F C_G(0)(\mathrm{DF})_G}{\lambda_e^G}(\exp(-\lambda_e^G(t-1)) - \exp(-\lambda_e^G t)) \quad (3.90)$$

式中:$E_G(t)$为事故释放停止后第t年中的地面外照射年有效剂量(Sv/a);S_F为考虑居留因子和建筑物屏蔽因子所致的剂量降低因子,取常规释放对应的值,个人取0.7,群体取0.5;$C_G(0)$为释放停止($t=0$)时地面的面积污染浓度(Bq/m^2);λ_e^G为地面污染的有效清除速率常数(1/a)。

4. 食入内照射剂量的估算

事故释放造成公众成员的食入内照射剂量亦来自经饮水及食物途径摄入的放射性核素沉积,导致的一次性污染食物(一般只考虑蔬菜)及释放停止后长期存在的土壤污染造成的食物污染。

事故期间饮水造成的食入内照射待积有效剂量为

$$E_{g,w,a} = C_w V_{w,a}(\mathrm{DF})_{g,a} \exp(-\lambda_r t_p) \quad (3.91)$$

式中:$E_{g,w,a}$为事故期间饮水造成的 a 年龄组公众成员的食入内照射待积有效剂量(Sv);C_w为事故期间水源水的平均污染浓度(Bq/L);$V_{w,a}$为事故期间 a 年龄组公众成员的饮水量(L);λ_r为核素的物理衰变常数(1/h);t_p为从水源取水至被人饮用之间的时间间隔,对个人取12h,对群体取24h。

事故期间食用一次性污染的食物造成的内照射待积有效剂量为

$$E_{g,v,a} = C_v v_{v,a} V_{w,a}(\mathrm{DF})_{g,a}(1-n) \quad (3.92)$$

式中:$E_{g,v,a}$为事故期间食人污染蔬菜造成 a 年龄组公众成员的内照射待积有效剂量(Sv);C_v为事故期间蔬菜中核素的比活度(Bq/kg)(鲜重);$V_{v,a}$为事故期间 a 年龄组公众成员的蔬菜食用量(Bq/kg)(鲜重);n为蔬菜清洗造成的活度耗损,一般取0.5。

显然,式(3.92)中忽略了蔬菜不可食部分的影响。由此,可求得事故期间 a 年龄组公众成员总的食入内照射待积有效剂量为

$$E_{g,a} = E_{g,w,a} + E_{g,v,a} \quad (3.93)$$

事故释放停止后第t年1a中,经土壤-农作物-人途径造成 a 年龄组公众成员的食入内照射待积有效剂量为

$$E_{g,p,a}(t) = \left[\frac{C_G(0) v_{p,a} B_v (DF)_{g,a}}{P} \times \frac{\exp-(\lambda_e^G(t-1)) - \exp(-\lambda_e^G t)}{\lambda_e^G} \right] \times \exp(-\lambda_r t_h)$$

(3.94)

式中:$E_{g,p,a}(t)$为事故释放停止后第t年1a中a年龄组公众成员食用污染农作物造成的内照射待积有效剂量(Sv/a);$v_{p,a}$为a年龄组公众成员对作物的年食用量(kg/a)(鲜重);B_v为作物食用部分从土壤中吸收核素的浓集因子((Bq/kg)(鲜重)/(Bq/kg(干土));P为土壤的有效面积密度(kg(干土)/kg);t_h为作物从收获至食用之间的时间间隔,蔬菜的个人与群体分别取24h和2d,其他作物,分别取30天和0.5年。

采用类似的方法,可估算事故释放停止后第i年中食用动物类食物造成的内照射待积有效剂量。

3.5.4 公众受照剂量的评价

1. 个人剂量的评价

采用上述剂量估算模式,可分别估算正常情况下核设施放射性流出物1a内常规释放或事故情况下一次释放所致评价范围内各区域(d)、各年龄组(a)人群所受每种核素(m)经由每种照射途径j受到的年有效剂量(或一次事故释放导致的有效剂量)$_mE_{d,a,j}$或其器官组织T的年当量剂量(或一次事故释放导致的当量剂量)$_mH_{d,a,j}^T$。

若仅对照射途径j求和,可求得每种核素对各人群组照射剂量的贡献:

$$_mE_{d,a} = \sum_j {_mE_{d,a,j}} \quad \text{或} \quad _mH_{d,a}^T = \sum_j {_mH_{d,a,j}^T}$$

(3.95)

式中:相应于$_mE_{d,a}$或$_mH_{d,a}^T$最大值的核素为关键核素。

反之,若仅对核素种类m求和,则可求得每种照射途径对各人群组照射剂量的贡献:

$$E_{d,a,j} = \sum_m {_mE_{d,a,j}} \quad \text{或} \quad H_{d,a,j}^T = \sum_m {_mH_{d,a,j}^T}$$

(3.96)

式中:相应于$E_{d,a,j}$或$H_{d,a,j}^T$最大值的途径为关键照射途径。

若同时对照射途径j及核素种类m求和,则可求得各人群组受到各种核素及各种照射途径所致照射剂量之总和:

$$E_{\mathrm{d,a}} = \sum_m \sum_j {}_m E_{\mathrm{d,a},j} \text{ 或 } H_{\mathrm{d,a}}^{\mathrm{T}} = \sum_m \sum_j {}_m H_{\mathrm{d,a},j}^{\mathrm{T}} \qquad (3.97)$$

式中：相应于 $E_{\mathrm{d,a}}$ 最大值的人群组为关键人群组；相应于 $H_{\mathrm{d,a}}^{\mathrm{T}}$ 最大值的器官为关键器官。

关键核素、关键照射途径和关键人群组的确定对于核设施流出物排放控制、环境监测计划的制订、辐射环境管理的重点确定都具有十分重要的意义。

按式(3.97)求得的关键人群组年有效剂量 $E_{\max}$ 及当量剂量 $H_{\max}^{\mathrm{T}}$ 中，包括空气浸没及地面沉积外照射和食入与吸入内照射剂量的贡献。由上述对这四种照射途径剂量估算的有关模式可见，其中外照射的贡献为 1a 内受照的有效剂量或当量剂量，而内照射的贡献则为 1a 内吸入或食入放射性核素所致的待积有效剂量或待积当量剂量。核设施正常运行情况下，将关键人群组的年有效剂量视为核设施放射性流出物常规释放所致公众成员个人剂量的上限，就核电站的环境剂量控制而言，不能超过源相关个人剂量约束值 0.25mSv/a。

该剂量评价方法意味着对关键人群组 1a 内受到单个人工源导致的外照射剂量与当年来自该源的摄入量所致的待积剂量之和加以控制，以达到控制公众成员终生剂量累积的目的。

但将公众成员某 1a 内所受外照射剂量与由于当年的摄入量而造成的待积剂量相加，作为公众成员 1a 受到的剂量，逻辑上是不恰当的，这是因为外照射剂量是当年实际受到的剂量，而内照射待积剂量则是"预付"的剂量，两者的内涵不一致，因此，这一方法反映了辐射防护与辐射环境管理目前所处的一种无奈境地。

即使在长期连续均匀释放的条件下，由于核设施释放的长寿命核素在环境中的积累，地面沉积外照射和食入内照射剂量都将逐年增高，因此，在这两项剂量估算中选择哪一年作为评价的代表年（即核素在环境物质中积累时间 t_b 的选择）对估算评价结果会有很大的影响。为此，有人提出将单个核设施 1a 实践所导致关键人群组的剂量负担或截尾剂量负担作为公众个人年剂量的最终水平加以控制，这一方法的基点是实现对源的控制，即控制核设施正常运行时，1a 内向环境释放放射性核素的量，从而达到控制个人终生剂量累积及其后代未来照射的目的。

事故情况下关键人群组的平均有效剂量是放射性流出物一次事故释放所致

公众成员个人剂量的上限,可作为核事故应急中各种干预措施选用的决策依据。

2. 集体剂量的估算与评价

整个评价范围内各子区各年龄组人群的年有效剂量(当量剂量)或一次事故有效剂量(当量剂量)乘以相应年龄组的人数,可求得该人群组的年集体有效剂量(年集体当量剂量)或一次事故所致的集体剂量,对所有年龄组和所有子区求和,即可求得整个评价范围内公众的年集体剂量或一次事故集体剂量:

$$S_E = \sum_d \sum_a E_{d,a} N_{d,a} \tag{3.98}$$

或

$$S_H^T = \sum_d \sum_a H_{d,a}^T N_{d,a} \tag{3.99}$$

式中:S_E 为评价范围内全部公众成员的年集体有效剂量(人·Sv/a)或一次事故集体有效剂量(人·Sv);S_H^T 为评价范围内全部公众成员器官 T 的年集体当量剂量(人·Sv/a)或一次事故集体当量剂量(人·Sv);$N_{d,a}$ 为 d 区域内 a 年龄组的人数。

一般情况下,核设施正常运行条件下流出物排放所致评价范围内公众的年集体有效剂量不超过 1 人·Sv/a,关键人群组平均年有效剂量不超过 0.01mSv/a(皮肤照射年当量剂量不超过 0.5mSv/a)时,均允许接受。

一般情况下,以对人的防护为基础的辐射环境管理和流出物排放控制,对于其他生物种群也提供了足够的保护,也就是说,在辐射环境管理中,只要将人受到的辐射影响控制在预定的可接受水平以下,大体上也就保护了其他生物和生态群落。因此,辐射环境影响评价的对象是人,是辐射环境对人的健康危害评价和风险评价。

在辐射防护和辐射环境管理中,常把辐射产生有害健康效应的发生概率等同于辐射危险。但在其他领域中,"危险"常具有其他一些含义,包括一些不严谨的含义,即一种不自愿接受的事件造成的威胁,这实际上包括事件发生的概率及其性质,这时,"危险"的含义已扩展为"风险"。反应堆安全分析中,"危险"常指意外事件后果的数学期望值,即事件发生概率与其后果(产生有害健康效应的概率)的乘积,这种双重概率的辐射环境影响评价又称为风险评价。

3.5.5 辐射环境的健康危害评价

只要不发生严重事故,核设施向环境有控制地释放放射性流出物对公众造成的照射是一种小剂量、低剂量率的长期慢性照射。这种照射条件下,辐射健康危害表现为随机性效应的发生,从而导致超额的辐射危害。如前所述,从辐射防护观点考虑,在尚未能确切地明确小剂量范围内剂量-效应的精确关系的情况下,为了保护人类的健康和安全,可保守地认为小剂量照射引起的随机性效应中,致癌效应是辐射危害的主要组成部分,其剂量-效应关系是线性无阈的,因此,通过环境辐射剂量估算求得关键人群组的有效剂量和群体的集体剂量后,可根据线性无阈的剂量-效应关系,估算评价核设施放射性流出物释放对公众产生的超额辐射危害,辐射所致的超额危险系指发生有碍健康效应的发生概率表示为

$$R = 1 - \prod_{i=1}^{N}(1 - P_i) \approx \sum_i P_i \tag{3.100}$$

式中:P_i 为发生第 i 种效应的概率,对体内某一器官 T 的随机性效应的发生概率为

$$P_T = r_T H_T \tag{3.101}$$

式中:r_T 为器官 T 发生严重疾患概率(危险度)(1/Sv);H_T 为器官 T 所受的当量剂量(Sv)。

辐射对受照者总的健康危害的数学期望值为

$$G = \sum_T r_T H_T g_T \tag{3.102}$$

其中包括了全身各器官发生致死性癌、非致死性癌及严重遗传效应的概率系数,并对以各种疾患预期寿命损失为标志的严重程度采用相应的 g_T 值进行了加权修正。表 3.17 所列为 ICRP 第 60 号报告给出的不同器官发生致死性癌的概率 F_T、寿命损失的相对长度 l_T/l、非致死性癌的相对贡献 $(2 - K_T)$ 及每种器管对总危害的相对贡献 g_T 值。

从表 3.17 中所列数值可求得辐射对受照者总的健康危害的概率系数为

$$G = \sum_T F_T \left(\frac{l_T}{l}\right)(2 - K_T) = 7.3 \times 10^{-2}(1/Sv) \tag{3.103}$$

其中,致死性癌症的概率系数为

$$r_1 = \sum F_T (不包括性腺) = 5 \times 10^{-2}(1/Sv) \tag{3.104}$$

严重遗传效应的危害概率系数为

$$r_2 = F_{性腺}\left(\frac{l_{性腺}}{l}\right) = 1.3 \times 10^{-2}(1/\text{Sv}) \tag{3.105}$$

由此,非致死性癌等效死亡的危害概率系数为

$$r_3 = r - r_1 - r_2 = 1.0 \times 10^{-2}(1/\text{Sv}) \tag{3-106}$$

可见,r、r_1、r_2、r_3 即为辐射诱发随机性效应的标称(危害)概率系数,因此,式(3.127)可改写为

$$G = (r_1 + r_2 + r_3)E = rE \tag{3.107}$$

式中:E 为受照者所受到的有效剂量(Sv)。按式(3.107)即可求得与关键人群组年有效剂量相应的个人 1a 受照而导致的终生健康危害概率的增量。

表 3.17 不同器官发生致死性癌的概率

器官 T	致死性癌症概率/ $(1/(10^4 人·\text{Sv}))$	严重遗传效应/ $(1/(10^4 人·\text{Sv}))$	寿命损伤相对长度 l_T/l	非致死性相对贡献 $(2-k_T)$	$F_T \times l_T/l \times (2-k_T)/$ $(1/(10^4 人·\text{Sv}))$	相对贡献 g_T
膀胱	30	—	0.65	1.50	29.4	0.040
骨髓	50	—	2.06	1.01	104.0	0.143
骨表面	5	—	1.00	0.30	6.5	0.009
乳腺	20	—	1.21	1.50	36.4	0.050
结肠	85	—	0.83	1.45	102.7	0.141
肝	15	—	1.00	1.05	15.8	0.022
肺	85	—	0.90	1.05	80.3	0.111
食道	30	—	0.77	1.05	24.2	0.034
卵巢	10	—	1.12	1.30	14.6	0.020
皮肤	2	—	1.00	2.00	4.0	0.006
胃	110	—	0.83	1.10	100.0	0.139
甲状腺	8	—	1.00	1.90	15.2	0.021
其余器官	50	—	0.91	1.29	58.9	0.081
性腺	—	100	1.33	—	133.3	0.183
总计	500	100	—	—	725.3	1.000

3.5.6 辐射环境风险评价

随着"核能是一种清洁、安全的能源"的论断逐渐被人们认识、理解和接受,

核动力在世界能源生产中所占的份额日趋增高。毋庸讳言,核设施同样存在着突发性灾难事故发生的潜在可能,特别是1986年苏联切尔诺贝利核电站事故和2011年的福岛核事故的发生,促使人们逐渐认识并关心核设施重大突发性事故造成环境危害的评价问题。

核事故对公众的照射是一种可能发生又不一定会发生的潜在照射,对这种潜在照射所伴随的危险评价,不仅要考虑事故一旦发生后可能产生的后果(事故照射对关键人群组的有效剂量,对群体的集体剂量以及相应的健康危害估计),也要考虑各类事故发生的概率。由于事故照射的后果是以一定的照射量相应的有害健康效应的发生概率(如癌致死概率)表示的,因此,核设施事故的环境影响则以事故发生概率与事故发生后产生有害效应概率的乘积表示,这种双重概率的环境危险评价称为辐射环境风险评价。

1. 基本概念和评价程序

各种事故 i 的发生概率 P_i 与相应的环境后果(健康危害) G_i 的乘积之总和称为风险,对个体为

$$R = \sum_i P_i G_i = \sum_i P_i r E_i \tag{3.108}$$

群体为

$$R = \sum_i P_i G_i = \sum_i P_i r S_{E,i} \tag{3.109}$$

式中:R 为源相关的辐射环境风险(1/(堆·年));P_i 为第 i 种事故的发生概率(1/(堆·年));G_i 为第 i 种事故环境健康危害的数学期望值,对个体,$G_i = rE_i$,对群体,$G_i = rS_{E,i}$;E_i 为预示的关键人群组有效剂量(Sv);$S_{E,i}$ 为相应的集体有效剂量预示值(人·Sv);r 为辐射诱发随机性效应的标称概率系数(1/Sv)。当预示的个人受照剂量超过某一确定性效应的阈剂量时,则可根据相应效应的中点剂量 $LD_{50/60}$ 值估计因发生效应而死亡的概率。

如图3.15所示,一个完整的风险分析评价程序,可分为危害识别、事故概率分析及后果的估计、风险估计和风险减缓四个阶段。图3.16及图3.17所示为核设施概率风险评价(也称为概率安全评价)及其中第三级概率后果评价的结构框图,表3.18所列为环境风险评价与正常工况环境影响评价的主要差异。

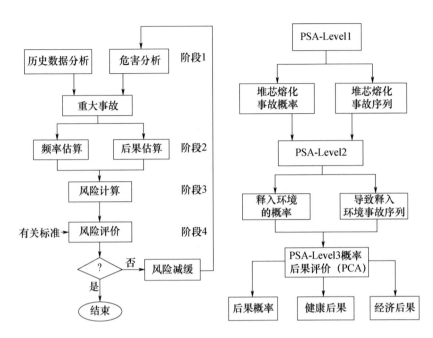

图 3.15 风险分析评价程序　　图 3.16 核设施概率风险评价结构框图

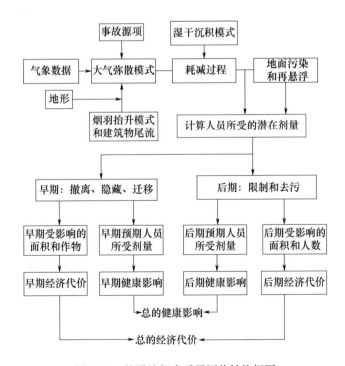

图 3.17 核设施概率后果评价结构框图

表3.18 事故风险评价与正常工况环境影响评价不同点

项目	事故风险评价	正常工况环境影响评价
分析重点	突发事故	正常运行工况
持续时间	很短	很长
应计算的物理效应	火、爆炸、向空气和地面水体释放污染物	向空气、地面水和地下水体释放污染物、噪声和热污染等
释放类型	瞬时或短时间连续释放	长时间连续释放
应考虑的效应类型	突发激烈的效应和事故后期的长远效应	连续、累积的效应
主要危害受体	人和建筑物	人和生态
危害性质	急性、灾难性危害	慢性危害
大气弥散模式	烟团模式、分段烟羽模式	连续烟羽模式
照射时间	很短	很长
源项的确定度	较大的不确定度	不确定度很小
评价方法	概率方法	确定论方法
防范应急措施	需要	不需要

2. 源项分析

1) 危害识别

一般说来,一个核设施内往往有某一部分比较容易发生事故,因此,作为风险分析的第一步,首先,将整个设施分解为若干子系统,以确定哪些部分或部件最可能成为失去控制的危险来源及其可能发生的危险种类(核素的短期大量释放、爆炸或火灾)。其次,确定系统中危险的具体来源。最后,通过对各种危险的筛选,确定风险研究的范围。

2) 事故源项分析

控制系统失效、回路冷却系统失效、堆芯温度或中子通量信号传递系统失效等各种初始事件的发生,可能导致堆芯出现过热状态,这时,如能及时启动紧急安全干预系统(如打开安全阀、启用应急冷却系统以至紧急停堆),可防止事态的进一步发展。反之,则可能导致燃料元件熔化破裂及放射性核素短期大量释放,如安全壳完整性欠佳,则可能造成严重的环境污染事故。由此可见,事故发生的概率取决于各种初始事件的发生概率及以不同组合同时发生的概率,为此,常用故障树分析方法系统地描述导致设施出现顶事件的某一特定状态的所有可能的故障。顶事件可以是一事故序列,也可以是风险定量分析中认为重要的任一状态,通过故障树分析,可估算出某一项事故的发生概率。故障树分析只能给出顶事件发生的概率,确定事故的其他性质则需要进行事件树分析。

事故源项的确定是很复杂的,故障树中各种初始事件的发生概率也很难估算,因此,实际评价中往往通过对本单位或其他同类设施运行史上已发生的各类事故的调查分析确定事故的发生概率,有些事故的源项则是在事故发生后,根据当时的监测资料及天气条件,采用模式推算而求得。表3-19所列为IAEA估计的切尔诺贝利核电站事故的源项数据。

表3.19 切尔诺贝利核电站事故的源项数据

时间间隔	^{137}Cs/(TBq/d)	^{131}I/(TBq/d)	有效烟羽高度/m
0~24h,1986.4.26	2.2×10^4	1.9×10^5	600
0~24h,1986.4.27	7.0×10^3	5.5×10^4	600
0~24h,1986.4.28	5.5×10^3	4.1×10^4	300
0~24h,1986.4.29	4.1×10^3	2.8×10^4	300
0~24h,1986.4.30	3.0×10^3	1.9×10^4	300
0~24h,1986.5.1	3.0×10^3	1.7×10^4	300
0~24h,1986.5.2	5.5×10^3	2.8×10^4	300
0~24h,1986.5.3	6.3×10^3	3.0×10^4	300
0~24h,1986.5.4	8.1×10^3	3.5×10^4	300
0~24h,1986.5.5	8.1×10^3	3.6×10^4	300
0~24h,1986.5.6	1.1×10^2	7.4×10^2	300

3. 放射性核素在大气中的弥散

对正常运行的环境影响评价,主要采用高位点源连续释放的高斯模式。事故风险分析中,核素的释放往往是短时间内的突然释放或较长时间内的分段释放,故应采用烟团模式、多烟团模式或分段烟羽模式估算空气的时间积分浓度或瞬时浓度。

瞬时释放形成的烟团所致下风向$(x,y,0)$处空气污染浓度为

$$\chi(x,y,0) = \frac{2Q}{(2\pi)^{2/3}\sigma_x\sigma_y\sigma_z}\exp\left[-\frac{(x-x_0)^2}{2\sigma_x^2}\right]\exp\left[-\frac{(y-y_0)^2}{2\sigma_y^2}\right]\exp\left[-\frac{(z_0)^2}{2\sigma_z^2}\right]$$

(3.110)

式中：$\chi(x,y,0)$ 为下风向 $(x,y,0)$ 处近地空气污染浓度（Bq/m^3）；x_0、y_0、z_0 为烟团中心点的坐标（m）；Q 为事故释放的核素总活度（Bq）。

持续时间较长的事故释放往往影响下风向几十千米甚至几百至上千千米，因此，必须考虑输运、弥散过程中天气条件（风向、风速、稳定度）的变化。变化天气条件采用的多烟团模式的基本出发点是将释放输运时间分为若干段，假定一个时间段内释放形成一个烟团，且天气条件保持不变，按每一时段的天气条件计算每个烟团在不同时刻对周围环境某一点处空气污染浓度的贡献，并对每个烟团的贡献进行叠加，即可求得整个释放期间该点处空气的时间积分浓度。

事故发生时的天气条件也完全是随机的，其对事故释放影响的估计应采用相应的天气取样技术，根据全年气象资料，通过统计分析求得不同特征的天气序列的出现次数和频率，以求得不同概率水平的天气条件下相应的空气污染浓度估计值。

4. 风险的估计

根据不同发生概率的事故源项数据及不同累积概率水平的天气条件下的弥散计算结果，采用前述事故释放所致公众受照剂量的估算模式及健康危害估算模式，即可求得事故发生概率和事故释放所致公众受照剂量、健康危害。对各种事故的危害求和，即可求得核设施潜在的辐射环境风险，这样求得的事故概率风险分析的最终结果可以个人风险及社会风险两种形式表示。

个人风险指在核设施附近某一特定地点长期生活而未采取任何防护措施的公众成员受事故辐射危害的概率水平（$\sum P_i r E_i$），如上所述，此危害概率以终生可归因死亡概率表示。显然，个人风险水平与其生活地点与核设施之间的距离有关。如将不同地点处公众成员的风险估计值用某种形式的等值线图表示，则可确认设施周围哪些区域范围内需要预先采取减少风险的防范、应急措施。

社会风险描述事故发生概率与其造成人员伤亡数的相互关系，因此需要有人口统计资料。社会风险的大小常用"余补累积概率分布"或"余补累积分布函数"表示。

第 4 章

化学气溶胶

化学气溶胶是指化学物质分散到大气环境中构成的气溶胶体系,通常情况下对人体健康和环境具有破坏作用或产生不利影响,最典型的就是军事上化学武器使用后产生的化学毒云,其次还有氯气泄漏等大规模化学事故形成的化学气溶胶。历史上首次大规模使用化学武器是在第一次世界大战中位于比利时的伊泊尔地区。1915 年 4 月 22 日下午 17 时,德军用突然袭击的方式,利用有利的气象条件向英、法联军阵地施放 180t 储存在约 5730 具钢瓶中的氯气,如图 4.1 所示,造成英、法联军 15000 多人中毒,其中约 5000 人死亡,使德军一举突破正面 10km、纵深 7km 的联军阵地。自伊泊尔毒气战之后,许多交战国,如英、法、美等国为了在战场上制胜对方,都先后研制和使用了各种化学武器。仅第一次世界大战期间,各交战国使用的毒剂总量就达 1250000t,毒剂品种除氯气外,还有

图 4.1 第一次世界大战中德军在西线比利时的
伊泊尔地区首次进行大规模化学攻击

芥子气、光气、路易氏气、亚当氏气、氢氰酸等多达数十种,因毒剂中毒伤亡130多万人,占整个战争人员伤亡总数的46%。在第二次世界大战(特别是日本侵华战争)、美军侵朝和侵越战争(图4.2)、两伊战争等战争中都曾多次大量使用或策划使用过化学武器。图4.3所示为几种日本遗弃在中国的化学炮弹。

图4.2 越战期间美军飞机在越南丛林布撒植物杀伤剂

图4.3 日本在华遗留的化学武器

现实生活中,化工生产和储运设施大量存在,由于交通事故、设备故障及违章操作等人为因素和自然灾害等原因,各种突发事故很容易引发大规模毒

第 4 章 化学气溶胶

物泄漏,从而出现类似使用化学武器的毒云扩散情况和危害后果,对世界各国的经济建设和社会安定都形成了严重威胁。例如,1984 年 12 月 2 日子夜,印度博帕尔市发生 45t 异氰酸甲酯泄漏惨案,有毒气体穿城而过,导致 3150 人死亡,5 万多人双目失明,15 万人遭受不同程度的伤害,造成了举世震惊的危害后果。

中国是化学工业大国,化工厂、化工企业数量多,生产规模不断扩大,生产、储存的危险化学品量也越来越多,各种化工设施在和平时期为国家经济建设发挥着重要作用,但无形当中也带来很多安全隐患。例如,2015 年 8 月 12 日,位于天津市滨海新区天津港的瑞海公司危险品仓库发生火灾爆炸事故,造成 165 人遇难、8 人失踪,798 人受伤,304 幢建筑物、12428 辆商品汽车、7533 个集装箱受损,直接经济损失 68.66 亿元。图 4.4 所示为爆炸现场弥漫的各种有毒气体,方圆数十平方千米的空气被毒气污染。所以研究各种化学气溶胶的基本特性及其在大气中的危害效应对于做好现场应急处置和最大限度地减少其危害后果具有重要意义。

图 4.4　2015 年 8 月天津滨海危险品仓库爆炸后现场毒烟弥漫

毒剂及其类似毒物以有毒气体或者微小颗粒分散在空气中,形成毒剂气溶胶或有毒有害化学气溶胶,在大气环境中受风的作用和湍流扩散影响,经扩散传播也会产生大范围的危害。本章将毒剂和有毒化学物质以蒸气、液滴、颗粒分散于空气中形成的各种混合体系称为化学气溶胶。

4.1 化学气溶胶毒性表征与危害特点

化学气溶胶传播介质为空气,主要通过呼吸道、眼睛和皮肤引起人员中毒伤亡。研究化学气溶胶对人的危害,应该首先了解化学气溶胶的形式并对其毒性进行表征。

4.1.1 化学气溶胶的形式

化学气溶胶根据其产生的机制和危害特点可以分为初生和再生两种类型的气溶胶。

1. 初生气溶胶

初生气溶胶又称为初生气溶胶云团,简称初生云,是指化学武器使用后直接形成的毒剂蒸气或气溶胶云团,或者化学物质发生爆炸、泄漏瞬间产生的有毒有害气溶胶云团。

通常初生气溶胶云团具有毒物浓度高、传播速度快、传播纵深大,危害范围广和危害后果严重等特点,因此对初生云团的防护要求很高,务必在初生云达到之前确保在危害地域以内的人员做好全身防护或呼吸道防护。

化学战剂杀伤效应、大规模化学事故的中毒危害主要由初生气溶胶云团引起。

2. 再生气溶胶

再生气溶胶又称为再生气溶胶云团,简称再生云,是指由挥发性毒剂液滴或液体毒物从降落表面上自然蒸发出的蒸气形成的有毒云团。毒剂液滴是指化学武器使用后,分散在地面、武器装备等物体表面上的毒剂液滴,是构成毒剂再生云团的根源。液体毒物是指苯、甲苯等挥发性较强并且对人体健康具有显著毒害作用的液态危险化学品。

与初生云相比,再生云是由分散或流淌到地面的有毒化学物质通过蒸发而形成的二次蒸气,传播纵深相对较小,毒物浓度也相对较低,但危害持续时间较长,人员暴露其中也必须做好防护。

第 4 章 化学气溶胶

4.1.2 化学气溶胶毒性表征

化学毒物对人员造成危害的程度与毒剂或毒物的毒性有密切关系。化学物质的毒性是指毒物对无防护的人、动物等机体产生毒害作用的能力,是毒物与机体相互作用的综合表现。毒物对人的毒性数据很难得到,主要来自历次战争中使用过的毒物对敌方人员所造成的中毒效果分析以及生产、储运过程中突发事故引起的中毒后果等相关资料。德国、日本法西斯在第二次世界大战期间也曾用活人进行过试验研究。第二次世界大战以后新的毒物不断出现,更多的毒性数据来自于动物中毒效应试验并进行必要的类推研究而得到对人的作用效应。

化学毒物毒性的表征是衡量和比较毒物毒性的主要标志,一般用各种中毒伤害程度对应的染毒浓度和毒害剂量等参数进行表征。

1. 染毒浓度

单位体积空气中含有的毒物量称为染毒浓度,常用 $\mu g(mg)/L$ 或 $mg(g)/m^3$ 为单位表示。

1) 阈浓度

阈浓度是指毒物作用于机体主要中毒部位时,感到刺激或引起典型症状的最低浓度。有些资料又将其称作临界浓度或门槛浓度。例如,对于眼睛刺激剂,达到阈浓度时眼睛开始流泪,而对神经性毒剂,阈浓度是指引起缩瞳的最低浓度。所以阈浓度是引起初期中毒症状的临界浓度。

阈浓度通常以 mg/L 表示。表 4.1 列有某些传统军用毒剂和刺激剂的阈浓度。

表 4.1 传统军用毒剂和刺激剂的阈浓度

毒剂和刺激剂(美军代号)		作用时间	阈浓度/(mg/L)
类别	名称		
刺激剂	苯氯乙酮(CN)	—	0.0003
	亚当氏气(DM)	—	0.0002~0.0003
	西埃斯(CS)	—	0.00001

(续)

毒剂和刺激剂(美军代号)		作用时间	阈浓度/(mg/L)
类别	名称		
刺激剂	西阿尔(CR)	—	0.000004
	氰溴甲苯(BBC)	—	0.0003
	二苯氰胂(DC)	—	0.00005~0.0001
	二苯氯胂(DA)	—	0.00005~0.0001
	辣椒素(OC)	—	0.000001
全身中毒性	氢氰酸(AC)	—	0.01
	氯化氰(CK)	—	0.002
窒息性	光气(CG)	10min	0.005
	双光气(DP)		0.005
糜烂性	芥子气(H)	1h	0.0058
	路易氏气(L)	1h	1.0
	氮芥气(HN)	1h	0.152
神经性	塔崩(GA)	2min	0.001~0.005
	沙林(GB)	2min	0.0005
	梭曼(GD)	1~2min	0.0001
	维埃克斯(VX)	1min	0.00007~0.00009

阈浓度虽然有明确的含义,但是在确定具体的量值时,由于各种外界条件和个体的差异,往往会得出很不一致的结果。

2) 不可耐浓度

不可耐浓度是指无防护人员忍受到一定时间而不受伤害的最大浓度。一定时间通常为1min。不可耐浓度用于刺激剂时,是指气溶胶的浓度在超过该浓度标准后,人员受其作用到一定时间,就会产生不可抑制的流泪、咳嗽或喷嚏等症状。由此可见,对于刺激剂来说,只要超过不可耐浓度就会使人员丧失战斗活动能力,对其他种类的毒剂或毒物也是如此。

不可耐浓度通常以 mg/L 表示。就刺激剂而言,如 CS 暴露1min 不可耐浓度为0.001mg/L。表4.2 列有部分传统毒剂和刺激剂的不可耐浓度,数据取自苏、美军装备毒剂中毒症状与毒性相关文献,带有 * 数据取自陈时伟等编著的《化学战剂》。

第 4 章 化学气溶胶

表 4.2 部分传统毒剂和刺激剂的不可耐浓度

毒剂与刺激剂	不可耐浓度/(mg/L)
氢氰酸	0.550,0.300(2min)
沙林	0.0005(2min)
梭曼	0.0001(2min)
塔崩	0.005~0.01
维埃克斯	0.003
亚当氏气	0.008~0.01(2min),0.005(3min)
苯氯乙酮	0.0015~0.002(2min),0.0045*
西埃斯	0.001~0.005
光气	0.02*

不可耐浓度与工业上常用的最大允许浓度是有区别的。有害物质的最大允许浓度是指每天工作 8h,长时间内不会损害健康的浓度,由于不能反映短时间内对人员的毒害作用而不具军事意义。

3）致死浓度

致死浓度是指毒物作用于无防护机体引起致命性中毒后果的染毒浓度,用 C_D 表示。考虑气溶胶吸入中毒方式,在以致死浓度量度毒物的毒性时,必须考虑吸入作用时间,因为吸入机体内的毒物量,不仅取决于毒物浓度,而且取决于持续吸入时间。当毒物浓度低于致死浓度时,作用时间若延长,同样会引起致死中毒。致死浓度通常以 mg/L 为单位。表 4.3 列有某些毒剂或剧毒化合物吸入中毒的致死浓度,与作用时间有关。

表 4.3 人员吸入中毒的致死浓度/(mg/L)

毒剂	作用时间/min								
	1/4	1/2	1	2	5	10	15	30	60
光气	—	—	4.0~5.0	—	2.0	—	0.6~0.7	—	0.3
双光气	—	—	0.16	—	1.1	—	0.5~0.7	0.25	—
氢氰酸	3.0~3.5	2.0~2.5	1.5	0.7	0.4~0.5	—	0.3	—	—
氯化氰	—	7~8	2.15~2.5	—	0.44	—	0.37	—	—
芥子气	—	—	—	—	3.0	(1.5)	2.0	0.07	0.07
氮芥气	—	—	—	—	0.25~1.0	—	—	—	—

(续)

毒剂	作用时间/min								
	1/4	1/2	1	2	5	10	15	30	60
路易氏气	—	—	1.25~1.5	1.0	0.3~0.5	—	—	0.05	—
塔崩	—	1.75~2.0	—	—	0.5~0.75	—	0.3	—	—
沙林	—	—	—	—	—	0.02	—	—	—
梭曼	—	—	—	—	0.02	—	—	—	—
维埃克斯	—	—	—	0.0005	—	—	—	—	—

致死浓度又称为绝对致死浓度,它表示达到100%死亡的染毒浓度,但其数据往往因为中毒试验个体因素的影响而出现失真的情况。为了避免个体因素导致数据失真的情况出现,后来就用使90%以上无防护人员死亡的染毒浓度代表致死浓度,并以($C_{D90\sim100}$)表示。有些研究中还采用了半致死浓度,是指使50%无防护人员死亡的染毒浓度,以(C_{D50})表示。

4)失能浓度

失能浓度是指毒物作用于无防护机体引起失能性中毒后果的染毒浓度,以符号C_I表示,通常以mg/L为单位,同样可分为失能浓度和半失能浓度。失能浓度是指使90%以上无防护人员丧失战斗力的染毒浓度($C_{I90\sim100}$)。半失能浓度是指使50%无防护人员丧失战斗力的染毒浓度(C_{I50})。

2. 毒害剂量

毒害剂量是用来反映毒物蒸气或气溶胶经呼吸道吸入量的度量,由于通常与具体的伤害程度相对应,所以又可理解为毒物对机体引起某种伤害程度的量。

通过吸入引起中毒的毒害剂量用染毒浓度C(单位:mg/m³)暴露时间t(单位:min)的乘积来表示,也称为浓时积,以符号L_{Ct}表示,以mg·min/m³为单位。对于通过皮肤沾染吸收、口服或肌肉注射的液体或固体毒物的毒害剂量则用平均每千克体重所沾染的毒物质量来表示。

与毒害程度相对应的毒害剂量标准称为毒害剂量级。例如:能使90%~100%人员死亡的浓时积称为致死毒害剂量(级),以$L_{Ct90\sim100}$表示之。如氢氰酸呼吸道吸入1min的$L_{Ct90\sim100}$为1500~5000mg·min/m³。能使50%左右人员死亡的浓时积称为半致死剂量(级)时,以L_{Ct50}表示,如沙林呼吸道吸入1min的

第 4 章 化学气溶胶

L_{Ct50} 为 72.6mg·min/m³。此外,还有失能剂量、半失能剂量,分别用 $I_{Ct90\sim100}$ 或 I_{Ct50} 表示使 90% 以上或 50% 人员丧失战斗能力的剂量,如毕兹经呼吸道吸入 1min I_{Ct50}、I_{Ct90} 分别为 110mg·min/m³、220mg·min/m³。

浓时积 Ct 只表示浓度和时间的关系,没有考虑到暴露时间内人员的呼吸状况。众所周知,人员在运动时的肺通气量比在安静时大得多。静止时一般成人平均通气量为 11L/min;防御战斗时为 24L/min;进攻战斗时为 77L/min。因此,在浓度 C 的染毒空气中暴露时间 t,活动时吸入的毒剂量比静止时大得多。换言之,达到同一伤害程度的毒害剂量,在单位时间内活动状态比在静止状态时小得多。以半致死剂量为例,活动状态的毒害剂量和静止状态的毒害剂量之间存在如下关系:

$$L'_{Ct50} = L_{Ct50} \frac{V_{静止}}{V_{活动}} \tag{4.1}$$

式中:L'_{Ct50} 为活动状态,对应呼吸速度为 $V_{活动}$ 时的半致死毒害剂量;L_{Ct50} 为静止状态,对应呼吸速度为 $V_{静止}$ 时的半致死毒害剂量。

表 4.4 所列为几种毒剂的允许剂量随战斗状态变化的情况,表 4.5 所列为几种常见毒剂和刺激剂经呼吸道吸入的毒害剂量。

表 4.4　不同状态下毒剂的允许毒害剂量/(μg·min/L)

活动状态	沙林	梭曼	维埃克斯	芥子气	氢氰酸
静止状态	4	2	1	50	100
快速行军	0.8	0.4	0.2	10	21
行军	1.1	0.5	0.3	14	27
匍匐前进	0.6	0.3	0.2	7.7	15
跑步和跃进	0.5	0.3	0.1	6.7	13
负重行军	0.9	0.4	0.2	10.8	22
挖工事	0.6	0.3	0.2	8	16

表 4.5　呼吸道吸入中毒时毒剂和刺激剂的毒害剂量/(mg·min/L)

毒剂	毒害剂量				作用时间/min
	$L_{Ct90-100}$	L_{Ct50}	I_{Ct50}	50% 人员出现毒害症状	
沙林	0.1	0.0727	0.02~0.055	0.0005(1~2min)	1~5
梭曼	0.04	0.0250	0.017	0.00005(16s)	1~5

(续)

毒剂	毒害剂量			50%人员出现毒害症状	作用时间/min
	$L_{Ct90-100}$	L_{Ct50}	I_{Ct50}		
维埃克斯		0.04	0.03	—	—
塔崩	1.2~1.5	0.4(静止)	0.3(静止)	—	—
芥子气	2.55	0.98	—	0.06	2
	2.23	1.5	—	0.09	60
路易氏气		1.5	0.3	—	—
氮芥气	0.5(2min)	1.5	0.2	—	—
苯氯乙酮	—	8	0.005~0.01	—	—
亚当氏气	—	30.0	0.002~0.005	—	—
毕兹		200	0.11	—	—
*EA3834①	—	—	0.073	—	—
西埃斯		61.0	0.001~0.005	—	—
西阿儿	—	—	0.0001	—	—
光气	12	3.2	1.51	0.72	1
氢氰酸	1.43	1.0	0.74	—	1

①EA3834的化学名称为苯基异丙基羟乙酸-N-甲基-4-哌啶酯,化学结构与毕兹属于同一类,美军曾将其与环庚三烯类化合物配伍使用,可经呼吸道和皮肤吸收中毒

表4.6所列为部分毒性较大、容易发生事故形成大范围危害的化学毒物的毒害剂量。

表4.6 部分常见化学毒物的毒害剂量/(mg·min/L)

毒物名称	半致死剂量	中度中毒剂量	轻度中毒剂量
一氧化碳	275	70	26
硫化氢	50	13	5
氯气	6.4	1.6	0.6
氨气	21	6	2.3
二氧化氮	23	6	2.3
二硫化碳	747	187	70
氟化氢	2.4	0.6	0.2
光气	3.2	1.5	0.6
氢氰酸	1.0	0.5	0.2

第 4 章 化学气溶胶

(续)

毒物名称	半致死剂量	中度中毒剂量	轻度中毒剂量
二氧化硫	80	20	7.5
乙烯	640	160	60
丁二烯	640	160	60
汽油	2240	560	224
苯	720	180	68
甲苯	723	181	68
乙苯	510	128	48
二乙苯	64	16	6
苯乙烯	105	26	9.8
溴甲烷	6.4	1.6	0.6
三氯甲烷	300	75	28
氯乙烯	200	50	19
一甲胺	77	19	7
二甲胺	64	16	6
甲醇	786	197	74
苯酚	32	8	3
环氧乙烷	54	14	5
甲醛	14	4	2
丁酮	564	141	53
硫酸二甲酯	15	4	2
二异氰酸甲苯酯	5	1	0.4
丙烯腈	30	8	3

毒性数据越小,表示达到同等伤害程度的毒性就越大,同等规模的事故造成的毒云危害后果就越严重。例如,等量的氯气和氨气发生泄漏,氯气的危害范围要比氨气大 5~10 倍。有研究表明,化学毒物的阈值剂量约为中度中毒剂量的 1/10。

3. 染毒密度

染毒密度是指毒剂使用或液体毒物泄漏后分散于单位的地面、物体或人体表面上的毒物的质量,以 $\mu g(mg)/cm^2$ 或 $mg(g)/m^2$ 为单位表示。染毒程度达到伤害作用时的密度称为战斗密度或有效伤害密度。例如,芥子气的战斗密度

（地面染毒）为 $10 g/m^2$，无防护人员通过此地域时会遭到芥子气的伤害。

染毒密度大，毒物挥发产生的二次蒸气浓度就越高，所以，染毒密度对毒物的再生云浓度有显著影响，也是影响毒剂再生云持久度的主要因素之一。

4.1.3 化学气溶胶危害特点

化学武器多次在实战中应用，其杀伤特性不同于常规兵器。同理，化学事故也不同于常规事故，它们造成大规模杀伤或严重危害后果的主要原因是能够形成有毒有害的气溶胶云团并且能够在大气环境中扩散传播所造成的，主要具有以下特点。

1. 主要以毒性引起人畜伤亡

常规兵器靠弹丸、弹片的撞击作用杀伤人员，交通事故、火灾等常见事故也大多因为机械、热辐射等外力作用而造成人员伤亡，尤其是引起工事、车辆、建筑等设施、器材、建筑物的损伤。与之明显不同，化学气溶胶是通过毒剂或有毒化学物质的毒害作用而引起杀伤，对设施、设备一般不造成严重损害。

2. 中毒途径多毒害作用强

化学气溶胶主要以其中的化学物质的毒性或毒害作用对人员形成伤害，初生气溶胶云团、再生气溶胶云团均可通过呼吸道、皮肤、眼睛等途径引起人员中毒或化学灼伤，轻者产生刺激作用、导致呼吸困难，重者引起脏器损坏甚至导致死亡。

3. 危害范围广

化学战剂使用或化学物质泄漏后能使大范围空气和地面染毒，同时形成的气溶胶云团可随风扩散到下风一定地域，从而使其危害范围大幅度增加。此外，化学气溶胶还能渗入无防护设施和不密闭的工事、车辆、建筑物内，从而造成更大范围空间染毒，伤害隐蔽于其中的有生力量。

4. 危害作用持续时间长

常规兵器在爆炸瞬间起杀伤作用，而化学战剂使用后，初生云团会在空气中持续传播和扩散，持久性毒剂更能对地面、空气、物体等环境造成长时间的染毒，杀伤危害作用时间进一步延长。化学泄漏事故通常也会持续较长时间才能完成堵漏等技术处置。持久性毒剂和具有挥发性的化学毒物在造成各种表面沾染后会不断蒸发形成再生气溶胶云团,危害时间可长达数小时甚至数天。

5. 受气象、地形条件影响大

风向、风速、温度、湿度、雨、雪等气象条件对化学武器的使用影响极大,对化学事故所造成的下风危害也具有显著影响。条件有利于毒物贴近地面传播扩散时,能够产生大范围危害并导致大量人员中毒伤亡,反之,则使其毒害后果大大降低。例如,1991年9月3日凌晨2时30分发生在江西省上饶县沙溪镇的一甲胺泄漏事件,由于事故发生在夜间,风力1~2级,稳定度逆温有利于毒云传播扩散,结果2.4t 一甲胺泄漏就造成了39人死亡,650多人中毒的严重后果。

地形条件对化学气溶胶的危害后果也有一定影响。例如:在山谷、居民区和丛林中,气溶胶云团不易传播和扩散,毒害范围将缩小,但气溶胶云团的浓度较高,滞留时间长;高地、开阔地、水面等处化学气溶胶云团扩散快,毒害范围大,但气溶胶云团的浓度会按规律减小,危害作用持续时间短;湖泊、稻地可使毒剂水解而降低毒性;土质疏松多孔的沙地能够吸附一定量的化学气溶胶等。

4.2 化学气溶胶的形成机制

化学毒物、毒剂和刺激剂通常整箱整桶地储存,图4.5所示为美军大量储存的VX毒剂。为了使其发挥最大的杀伤效应,必须使其变成战斗状态。例如,

图4.5 美军大量库存的VX毒剂

沙林、梭曼只有变成蒸气或雾状经呼吸道吸入时,才能充分发挥其毒性作用,于是通常将沙林分散为极其细微的液滴或蒸气以便形成气溶胶体系。而苯氯乙酮、亚当氏气、西埃斯等刺激剂通常分散为极其细小的粉末以构成气溶胶来产生毒害作用。部分毒剂和毒物的战斗状态如表4.7所列,可见其主要状态为毒剂蒸气、雾、粉尘等构成的气溶胶。

表4.7 部分毒剂毒物的战斗状态

毒剂种类	主要战斗状态	毒剂种类	主要战斗状态
沙林	蒸气、雾	氯化氰	蒸气
梭曼	蒸气、雾、液滴	光气	蒸气
塔崩	蒸气、雾、液滴	苯氯乙酮	烟
维埃克斯	蒸气、雾、液滴	亚当氏气	烟
芥子气	蒸气、雾、液滴	西埃斯	烟、雾、粉尘
氮介气	蒸气、雾、液滴	西阿	烟、雾、粉尘
路易氏气	蒸气、雾、液滴	毕兹	烟、粉尘
氢氰酸	蒸气	辣椒素	烟、雾、粉尘

化学毒物与毒剂类似,平时也大多集中存放在各种容器或设施内,液化气储量从数百立方米到数千立方米,如图4.6所示。氯气储存在各种钢瓶中,储量从数千克到数百吨,图4.7所示为大型储罐。这些危险源一旦发生爆炸、泄漏,就会形成严重危害后果或者大规模的气溶胶云团而对下风广大地域造成危

图4.6 液化气储存球罐区

害。例如,1998 年 3 月 5 日傍晚,西安煤气公司液化石油气管理所的一个 400m³、储存有 170t 液化气的 11 号球罐根部发生泄漏,因处置不力最终发生两次大爆炸,大火燃烧 37h,造成 7 名消防战士和 5 名液化气站工作人员牺牲,直接经济损失达 480 万元。此外,2005 年 3 月 29 日晚京沪高速公路淮安段上行线发生一起交通事故,一辆载有约 35t 液氯的槽罐车与一货车相撞,导致槽罐车中装载的液氯大面积泄漏,引起周边村镇 27 人中毒死亡,285 人被送往医院救治,近 1 万人被迫疏散撤离,造成京沪高速公路宿迁至宝应段关闭 20h。

图 4.7　大型液氯储罐

毒剂或化学毒物形成气溶胶的过程实质上是借助某种外力将其由集中转变为无数离散的微小个体的物理过程,这种过程通常称为分散。分散过程的实现必须借助于一定的外力,以毒剂分散为例,根据外力的特征将分散过程归纳成以下三种基本类型:

(1)空气阻力分散,如飞机布洒器、各种喷雾装置和大型定距毒剂航空炸弹以及大量化工设施连续泄漏等。

(2)爆炸分散,如各种毒剂炸弹、毒剂炮弹等。

(3)热分散,如毒烟筒、毒烟罐、毒烟手榴弹、毒烟地雷和某些毒雾发生器等。

在某些情况下,可能同时出现多种分散作用,如某些类型的毒剂弹药爆炸时,既有爆炸作用,又有空气阻力作用。所以应根据具体的毒剂和不同的分散条件,分析何种分散机理更为确切。

化工设施发生的大规模化学事故也可归为以上三类,例如储存、输送挥发性液体的容器或管道破裂导致毒物喷射而出并分散到空气中形成气溶胶属于空气阻力分散,而容器超压爆炸则类似于爆炸作用对毒物的分散。

分散效果主要通过分散后形成的气溶胶粒子的直径大小进行表征,该直径在很大程度上取决于分散装置的构造与化学物质的理化性质。大多数毒剂呈液体状态进行分散,随着分散条件的改变,分散后的液滴大小及液滴按大小的分布规律也互有差异。本节主要以毒剂的分散为例进行论述。

4.2.1 空气阻力分散

利用空气阻力分散毒剂的代表性化学武器是航空布洒器,其典型结构如图4.8所示。最早在实战中使用航空布洒器的是意大利空军。1935年意大利侵入阿比西尼亚时,向阿军投放了大量航空毒剂炸弹,但是效果并不理想。于是,意大利空军迅速用飞机布洒器取代航空毒剂炸弹,结果大量杀伤阿军,使成片的和平居民区变成废墟。飞机布洒芥子气也成为意大利侵阿化学战的主要方式,其中规模最大的一次是在马卡莱城作战时,为了迅速攻占该城,意军分别派出9架、15架和18架飞机组成3个机群,分3批进行布洒。霎时,飞机喷出的芥子气毒液,形成淡黄色的毒雾,笼罩了马卡莱全城。几分钟后,毒雾消失了,地面上到处是密密麻麻的小液滴,犹如下了一场短暂的"毛毛雨"。河流、湖泊和牧场也被这场"雨"所浸染。几天后,医院里到处是皮肤起大水疱、溃烂流脓等待救治的人群。到1936年3月,经救护队治疗的人数每天都在几百人以上,在每份医疗报告中清楚地写着"芥子气中毒所致"。

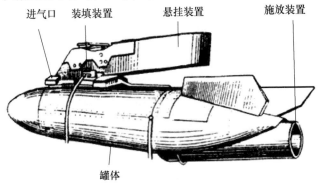

图4.8 航空布洒器基本结构

第 4 章 化学气溶胶

英国曾经研究过高空喷洒化学毒剂的新技术,并取得成功。英国的轰炸机能够从 15000m 的高空准确喷洒毒气,而不受高射炮火的威胁。敌军还没来得及报警,就会被芥子气的毛毛细雨淋透。英国人估计,这可以"使袭击区内无遮无盖的人 100% 中毒"。其奥秘就是把普通的芥子气(HS)变换一下花样,可使功效提高 3 倍,其代号为"HT",冰点极低。这个发现使法国人大为激动,认为它具有"头等重要意义"。英国给了法国一枚 250kg 的喷洒罐,并安排了一系列的联合试验:首先在法国的布尔歇用无毒的模拟剂代替芥子气进行试验;然后在撒哈拉的法国人试验场,再用真毒气进行试验。但这项技术从没有用于实战。

航空布洒器第二次用于实战是在越南战场。但这一次的毒害对象不再是军人和平民,而是植物。美军为了能有效地造成植物落叶,提高在森林地区作战时的能见度,从而减少己军在沿交通线地域遭伏击的概率,提高捕捉目标的侦察能力,从 1966 年到 1970 年,大规模使用植物杀伤剂,对大片森林、农田进行反复布洒。美军执行这一落叶任务的主要兵器就是空军的 C-123 运输机上的 A.A45Y-1 布洒系统,包括装在机舱内的 1000 加仑(1 加仑 = 3.785L)毒剂装料桶和接出舱外的 36 个喷洒器。一般可在 5min 内,紧急情况下在 30s 内布洒完毕。航空布洒器的两次实战使用,显示了它的军事价值。在美、俄的化学武器库中都曾经大量存有这一武器。例如,美国的能装 90 加仑毒剂的航空 14B 型布洒器、俄罗斯的 BAⅡ-100、200、25 众 500 系列布洒器等。空气阻力对毒剂的分散有除了航空布洒器,还有大型定距毒剂航空炸弹和各种喷雾装置。图 4.9 所示为防暴警察利用高压喷雾装置喷射刺激性防暴剂。

图 4.9　防暴警察利用高压喷雾装置喷射刺激性防暴剂

1. 分散机理

航空布洒器和定距毒剂航空炸弹对液体和毒剂的分散,是以大液滴、中液滴或液块洒出,继而受空气阻力、表面张力和黏滞力的作用,处于激烈的乱流状态,尔后逐步分散成液滴。至于喷雾装置,它是使液体从喷嘴呈小液滴喷出,喷嘴的局部阻力和装置的震动等,使小液柱或液膜在出口时就产生扰动,随后在空气阻力、表面张力和黏滞力的继续作用下,加剧成乱流,促使其分散成细小的液滴。

由此可见,液滴在空气阻力作用下的分散过程,一般分成三个阶段:

(1) 形成更细的液柱或液膜;

(2) 分裂成液块;

(3) 液块进一步分散成大小不同的液滴。

有时,可能只有其中的两个阶段,甚至一个阶段。例如,喷雾装置喷洒液体时,液体一出喷嘴就成为液膜,或直接分散成小雾滴。空气阻力使液体分散的实质是液体的乱流扰动作用,乱流扰动程度的不同,其分散特点也就不一样。下面以从直径为 1mm 左右的喷嘴中喷出的小液柱的分散过程为例进行讨论。

由于喷嘴出口处总存在一定的粗糙度,当液柱流出时会使其速度产生微小的波动。对于黏度小而流速快的液柱来说,在流速较小的横截面上,由于在它后面是流速较大的液流,于是有部分液体流入前面流速较小的横截面中,并使该横截面略有增大,这种现象称为液柱的扰动,扰动是在液柱离开喷口时产生的,如图 4.10 所示。

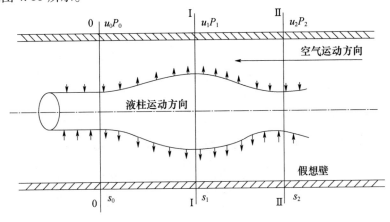

图 4.10 空气阻力对液柱扰动的作用

第 4 章　化学气溶胶

根据伯努利方程,对单位质量空气流来说,若液柱是水平运动,液体的总能量为 H,则伯努利方程可写为

$$\frac{P_0}{\rho g} + \frac{u_0^2}{2g} = H \tag{4.2}$$

式中:P_0 为空气在(0-0)截面上的压强;u_0 为空气在(0-0)截面上的平均流速;ρ 为空气的密度;g 为重力加速度。

式(4.2)表示在(0-0)截面上的静压能 $P_0/\rho g$ 加上动能 $u_0^2/2g$ 等于系统的总能量 H。根据液体连续方程,任何截面上的空气流速 u 和空气流通的截面积 S 的乘积,等于不变的空气流量 Q。

对(0-0)截面来说,即

$$u_0 S_0 = Q \tag{4.3}$$

而对截面(Ⅰ-Ⅰ)而言,式(4.2)和式(4.3)可写成:

$$\frac{P_1}{\rho g} + \frac{u_1^2}{2g} = H \tag{4.4}$$

$$u_1 S_1 = Q \tag{4.5}$$

从图(4.10)中可以看出,$S_1 < S_0$。所以当 Q 为常量时,则速度 $u_1 > u_0$,则速度在(Ⅰ-Ⅰ)截面上,动能($u_0^2/2g$)增加,而静压能 $P_1/\rho g$ 减少,即 $P_1 < P_0$,但 P_0 等于大气压,因此截面(Ⅰ-Ⅰ)的空气较稀,即液柱在这个截面上还会继续扩大。与此相反,截面(Ⅱ-Ⅱ)相对截面(0-0)而言,其动能将要减小而静压能将要增加,故位于截面(Ⅱ-Ⅱ)上的液柱将继续被压缩。空气阻力使液柱最初形成的扰动进一步加剧,并最终促使其分裂。

除了上面讨论的表面张力和空气阻力的作用以外,影响液柱分裂的因素还有液体黏滞力的作用,液体的黏滞力在任何情况下都是使流速减慢,阻止液柱的分裂。在研究液体的分散规律时经常会遇到小液柱的分裂,如各种类型的喷嘴喷射液休、毒剂弹爆炸瞬间毒剂从裂缝中被挤出等都属于小液柱的分裂。

直径为 0.5~3cm 的液柱属于中液柱。关于中液柱分散的许多结论目前还没有很好的从理论上进行阐释,大多带有一定经验性。当流速很大,中液柱自喷口喷出时,液柱接近于圆柱形,随着离开喷口距离的增加,液柱表面出现不断

增长的波。当某处的波幅接近于波长时,则该处的液块将从液柱的表面脱离。图 4.11 所示为液柱表面波的增长。

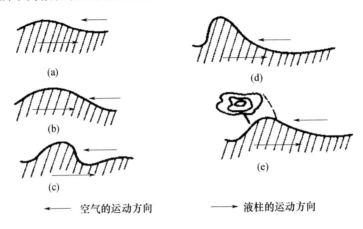

图 4.11 液柱表面波的增长

当液柱分裂成液块(即大液滴)之后,如果运动速度不大,由于表面张力和黏滞力的作用,可能不再继续分裂,当相对运动速度很大时,空气阻力对液块的冲击作用胜过表面张力和黏滞力的作用,继而分裂成更小的液滴。换句话说,液体的表面张力和黏滞力要保持液块最小的表面积而成球形,但空气阻力要把液块压扁,进而分散成更小的液滴。

由于脱离液柱的液滴数增加,液柱不断变细,当液柱某处的直径小于波长时,会同小液柱一样,断裂成大小与波长具有同一数量级的单体,于是在液柱末端飞出大量的液滴。液柱的起始直径和围绕液柱而流动的气流的速度越大,则液柱表面的波长对液柱直径之比就越小,液滴数目就越多。

飞机布洒器布毒时形成的液柱为大液柱,由于液柱的直径很大(约十几厘米),液柱表面上所产生的扰动波的振幅比液柱的直径要小得多,因此表面张力对液柱的分裂就不起作用,只是在很小程度上促进分裂作用,对液柱分裂起决定作用的是空气阻力。

2. 粒子大小的计算

在实际工作中遇到的毒剂分散,无论是分散成毒雾还是较大的液滴,液体都是处于乱流运动状态。液柱的乱流状态受许多因素的影响,可归纳成两个方面:

第 4 章 化学气溶胶

（1）液体的性质，如表面张力和黏滞力等。

（2）液体通过喷口时的条件，如喷口的形状和尺寸、流速、管道的结构、气流的密度和状态等。

前者是影响乱流作用的内因，后者是外因。因为只有液体的连续性、不可压缩性、表面收缩性、黏滞性等才有可能使液体产生乱流，而其他的因素只能通过液体本身促使液体产生和加剧乱流的作用。迄今为止，尚无完整的理论公式来描述液体分散时乱流程度与各因素的关系，以至于无法用纯理论分析的方法来计算不同条件下液滴的大小，但根据实验结果可以用下面的函数式表示液体分散后液滴大小与上述各种因素的关系：

$$\bar{d} = f\left(\sigma, v, \rho, \rho_A, u, D_c, \frac{L_1}{L_0}, \frac{L_2}{L_0}\right) \tag{4.6}$$

式中：$\bar{d} = \dfrac{\sum d_i q_i}{\sum q_i}$ 为液滴的质量平均直径；d_i 为某类液滴的直径；q_i 为某类液滴的总质量；σ 为液体的表面张力；v 为 η/ρ，液体的运动黏度；ρ 为液体的密度；η 为液体的黏度；ρ_A 为空气的密度；u 为流速；D_c 为喷口的直径；L_1、L_2、L_0 为线性尺寸。

在此基础上，可用因次分析方法获得各种变量之间的关系。在函数式（4.6）中，包含有 9 个变量，其中 2 个（L_1/L_0 和 L_2/L_0）是无因次的，其余 7 个是有因次的。如果将 u、D_c 和 ρ 当作基本变量，每个基本变量中包含一个基本量纲（长度 l、时间 t、质量 m），则尚有 4 个变量（$\bar{d}, \sigma, v, \rho_0$）。根据因次分析理论，上述 9 个变量，可组成 6 个无因次群。通过下面的方法就可以根据式（4.6）得到：

$$\frac{\bar{d}}{u^x D_c^y \rho^z} = f\left\{ \frac{\sigma}{u_1^x D_{c1}^y \rho_1^z}; \frac{v}{u_2^x D_{c2}^y \rho_2^z}; \frac{\rho}{u_3^x D_{c3}^y \rho_3^z}; \frac{\rho_A}{u_4^x D_{c4}^y \rho_4^z}; \frac{u}{u_5^x D_{c5}^y \rho_5^z}; \frac{D_c}{u_6^x D_{c6}^y \rho_6^z}; \frac{L_1}{L_0}; \frac{L_2}{L_0} \right\} \tag{4.7}$$

上列比值取决于指数 x、y、z 的相应值，可通过分子和分母因次的指数来求出。例如：

$$\frac{\bar{d}}{u^x D_c^y \rho^z} \tag{4.8}$$

根据因次一致性原则可建立因次关系：

$$[\bar{d}] = [u^x \ D_c^y \ \rho^z] \tag{4.9}$$

或

$$l = (l/t)^x l^y (m/l^3)^z \qquad (4.10)$$

由此可得出

$$\begin{cases} 1 = x + y - 3z \\ 0 = -x \\ 0 = z \end{cases} \qquad (4.11)$$

上述方程组分别表示长度 l 的指数、时间 t 的指数、质量 m 的指数。解联立方程式可得

$$z = 0, x = 0, y = 1$$

所以

$$\frac{\bar{d}}{u^x D_c^y \rho^z} = \frac{\bar{d}}{D_c} \qquad (4.12)$$

同理,可以求出式(4.7)中的其他比值。于是式(4.7)可写成

$$\frac{\bar{d}}{D_c} = f\left(1;1;1;\frac{\sigma}{u^2 D_c \rho};\frac{v}{uD_c};\frac{\rho_A}{\rho};\frac{L_1}{L_0};\frac{L_2}{L_0}\right) \qquad (4.13)$$

式(4.13)中

$$\frac{\sigma}{u^2 D_c \rho} = We \qquad (4.14)$$

$$\frac{uD_c}{v} = Re \qquad (4.15)$$

式中:We 为韦伯准数;Re 为雷诺准数。由式(4.15)可见:

(1)液体的表面张力 σ、运动黏度 v 和装置的尺寸 L_1、L_2 越大,则液滴的质量平均直径 $\bar{d}$ 也就越大。

(2)流速 u 越大,则液滴的质量平均直径越小。

(3)若装置的尺寸和液体、空气的性质一定,则上式的后面三项为常数。

必须指出,因次分析只是根据这些物理量的基本因次,经过适当的组合,构成无因次数群的关系,它不能表明哪些物理量是有关的,而且是必要的。如果对物理量没有深入的本质的了解,往往由于物理量确定不合适,导致严重的错误。因此,必须根据式(4.13),结合具体的装置和具体的条件,进行大量的实验,才能得到具有实际价值的计算式,否则,就应该重新确定物理量并重新组合

无因次数群。利用飞机布洒器或大型定距毒剂炸弹分散非胶状毒剂时有

$$\bar{d} = \left[K_1(We^{1/2}) + K_2 \left(\frac{1}{Re} \right)^{1/2} \right] D_c \quad (4.16)$$

因为 $D_c \propto Q^{1/3}$，代入式(4.16)，得

$$\bar{d} = \left[K_1 \left(\frac{\sigma}{u^2 \rho} \right)^{1/2} + K_2 \left(\frac{\eta}{u\rho} \right)^{1/2} \right] Q^{0.167} \quad (4.17)$$

式中：$\bar{d}$ 为液滴的质量平均直径(mm)；σ 为液体表面张力(N/m)；u 为气流速度(km/h)，即飞机的飞行速度；ρ 为液体密度(g/cm^3)；η 为液体黏度(Pa·s)；Q 为液体流量(L/s)；$K_1 = 88.5$，$K_2 = 33.8$。

布洒器、大型定距毒剂航空炸弹、喷雾器等，对毒剂的分散都是以乱流作用为主实现空气阻力分散的，这是它们的共性。但各种装置之间毕竟是有差别的，即使是同一种装置，在不同的条件下也会有不同的分散效果。随着科学技术的发展，人们把各种雾化技术引进到液体介质的分散中，例如，常见的喷嘴式发生器、旋转式发生器、雾化器以及机械振动器等装置都能使毒剂等液体介质分散成微小的雾滴形成气溶胶，从而有利于提高化学液体的分散效果。图 4.12 所示为国外防暴警察在训练中喷射防暴剂。

图 4.12　国外防暴警察在训练中喷射防暴剂

在化工设施因阀门断裂、管道破裂等引发的泄漏事故(图 4.13)中，高压液体从容器或者管线中喷出(图 4.14)，主要也是依靠空气阻力进行分散，形成很细的有毒气雾，然后在空气中扩散传播形成很大的危害范围。

图 4.13　管道泄漏　　　　　图 4.14　空气阻力雾化分散

4.2.2　爆炸分散

爆炸分散在军事上应用非常广泛。把毒剂装进炮弹里,用榴弹炮、迫击炮等各种火炮发射到敌军阵地是化学战史上施放化学毒剂最主要的方法。但在第一次世界大战初期,由普通的迫击炮弹改装成的化学弹的战场效果并不好,其原因主要是炮弹中装载的毒剂量过少,不足以达到必需的战场浓度。此后一年多时间里,化学炮弹被搁置一边,主要的化学毒剂施放办法改为毒剂钢瓶吹放法。在一年的沉寂之后,化学炮弹重新回到战场。这时的化学炮弹已有了两个方面的进步:一是采用了专门的装化学毒剂的弹壳,扩大了装载量;二是装填了毒性更大的双光气和芥子气。正是这两点进步,使早期的炮弹不能形成必需的致命浓度的问题迎刃而解。法国于 1916 年 2 月 21 日首次在凡尔登战役中使用了 75mm 光气弹,它仅用 25g 高爆装药就可以打开弹体、释放其内装物,因而能增加弹内的毒剂装量,产生毒性更强的毒云,减少了爆炸装药把毒剂抛向空中或挤入地下的缺点。3 个月后,德国采用了更先进的技术,仅在炮弹引信体内装入爆炸装药,弹壁也变得较薄较长,大大提高了毒剂装填量。到了 1918 年,有 1/5 ~ 1/3 的炮弹装填有化学毒剂,分别采用毒剂急袭、毒剂压制射击、布毒射击等方法,把大量的毒剂投放到了战场。炮弹成了毒剂的主要分散手段。据统计,在整个第一次世界大战期间,用炮弹投放的毒剂共 9.82 万吨,占施放毒剂总量的 87%。

到了第二次世界大战时,日本侵略中国,使用最多的化学武器也是化学炮弹。在正面战场统计的1182次化学攻击中,炮兵发射毒剂炮弹攻击759次,占64%。其他战法则是使用毒剂筒、毒剂手榴弹等近战方法。日军所用毒剂炮弹有75mm山炮毒剂弹、38式野炮毒剂弹、150mm榴弹炮毒剂弹、94式和90式90mm迫击炮毒剂弹等。

在朝鲜战场,美军的化学攻击也以炮兵发射毒剂炮弹为主。美军在对志愿军第一线阵地的173次化学袭击中,化学炮弹炮袭151次。其他20余次为化学航空炸弹袭击和步兵化学武器袭击。

到了两伊战争期间,情况有所变化。据伊朗官方公布的数据,伊拉克一共向伊朗发动化学攻击241次,其中炮击87次,空投毒剂炸弹137次,其他不明方式17次。炮击的比例第一次降到飞机轰炸之下。这是一个趋势,随着立体战争的发展,化学袭击的主要方式变为空地袭击,主要的武器变为化学航弹。进一步的变化还可能是化学导弹的增加。

各种毒剂弹药,一般都是用猛炸药炸开弹体,并使毒剂分散。国际上广泛使用的CS等防暴弹药也可采用爆炸分散。本书以毒剂弹爆炸分散为例分析其作用机制和特点。图4.15所示为苏军122mm沙林榴弹炮化学弹与常规杀爆弹的区别。

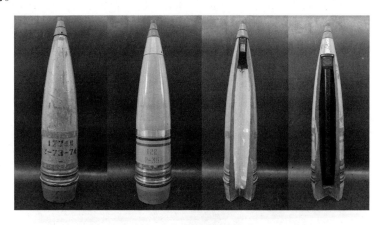

图4.15 苏军122mm沙林榴弹炮化学弹与常规杀爆弹的区别

与常规弹药相比,除了弹体颜色和各种标识显著不同之外,化学弹药通常设计有爆管,爆管内装填炸药,爆管和弹壁之间的空腔中装填毒剂。根据爆炸分散要求,爆管有长爆管和短爆管之分,气雾杀伤弹一般采用长爆管,以液滴杀伤为主并可形成再生云危害的毒剂一般采用短爆管设计。大多数爆管都设计在弹药的中轴位置。

毒剂弹药按其作用特点一般可分为：①暂时性毒剂弹，它是通过毒剂蒸发使空气染毒，装有高挥发性毒剂，如光气、氢氰酸等，炸药的装填量相对较少，一般采用短爆管设计，其破片作用不大。②持久性毒剂杀伤弹，它是以毒雾和细小液滴杀伤有生力量，弹内有较多的炸药，一般采用长爆管设计，其破片作用相当于杀伤榴弹的 70%~80%，装有沙林等中等挥发性毒剂或挥发性虽低，但毒性很大的维类毒剂。③持久性毒剂弹，它是以毒剂液滴对皮肤作用，或者使地面、武器及其他装备表面染毒，装有低挥发性毒剂，如芥子气、维类毒剂和胶状毒剂等。主要采取短爆管设计，弹内炸药装填量较少，主要用于炸开弹体，并把毒剂抛出。④杀伤毒剂弹，装有固体毒剂如毕兹等，装有很多的炸药，其破片作用与杀伤榴弹差不多，爆管比较长，有些杀伤毒剂弹还采取混合装药等结构。除了化学炮弹以外，化学地雷、化学航弹、化学导弹也大多采用爆炸分散方式分散毒剂。图 4.16 所示为美国大量库存的 155mm 芥子气榴弹。图 4.17 所示为美国 M34A1 沙林集束航弹。化学集束航弹是航空化学弹的一个重大技术改进。大型化学航弹虽然毒剂装填量很大，但往往爆炸时毒剂分布不均匀，爆点附近毒剂严重过剩，较远处又难以造成战斗浓度，从而降低了杀伤效能。相对

图 4.16　美军大量库存的 155mm 芥子气炮弹

第 4 章 化学气溶胶

于普通航弹,集束航弹采取子母式结构,在空投后由母弹上的航空时间引信控制集束机构解除集束点打开舱门,再使小航弹(子弹)分散落向目标区炸开,从而使爆炸分散形成的杀伤范围增大、自身损失减少、总体杀伤效力显著提升。

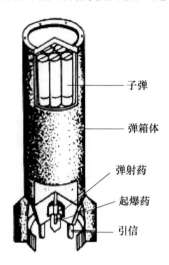

图 4.17　美军 M34A1 沙林集束航弹

不同类型毒剂弹药的爆炸过程是不相同的,但是,持久性毒剂杀伤炸弹,基本上具有各类毒剂弹的特点。因此对持久性毒剂杀伤弹爆炸过程和毒剂分散机理的研究具有代表性。

1. 分散机理

持久性毒剂杀伤弹爆炸过程中不同时刻的截面表示在图 4.18 中。当炸药爆轰所产生的爆轰波在离开炸药表面之后,即成为冲击波,冲击波借介质(毒剂)的压缩和稀疏向前传播。同时,爆轰生成物以超声速向周围的介质运动,于是在介质中产生密度的飞跃,这种密度飞跃是发生在冲击波的波阵面与爆轰生成物之间。在密度飞跃区外(即靠近弹壁)的毒剂,仍处于静止状态,其压力为爆炸前弹内的压力(P_0),见图 4.18(b)。

随着爆轰生成物的扩展,它与介质的界面开始落后于冲击波的波阵面,于是介质密度飞跃区增大,而紧随冲击波波阵面后面的液体的压力比爆轰生成物的压力低。有一部分的爆轰生成物,通过径向裂缝进入受压缩的液体中(图 4.18(c)),即猛炸作用。爆轰生成物进一步扩大,介质的密度飞跃区进一步增大,冲击波

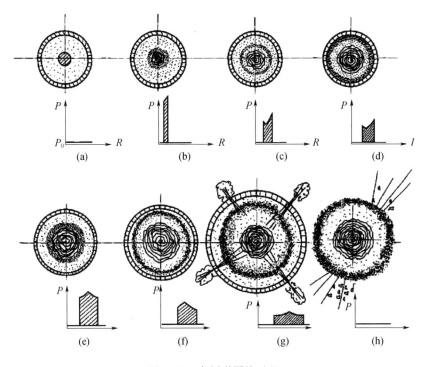

图 4.18　毒剂弹爆炸过程

到达弹体的内壁(图 4.18(d)),形成反冲击波。

当爆轰生成物扩展到约为药柱直径的 2 倍时,向前推进的速度降低到相当于液体介质中的声速。这时,介质不再进一步被压缩,只是向外移动,即猛炸作用终止,而爆破作用开始。这时弹体阻止液体向外移动,由于向外压力很大,使弹体产生变形直至破裂见图 4.18(e)(f)(g)。同时,由弹体内壁反射回来的压缩波,以相反于爆轰生成物运动的方向运动。随后,弹壁附近的液体压力出现局部下降,于是密度飞跃区也随之缩小,而未被压缩的区域相应增大,这一过程将一直持续到平衡为止,如图 4.18(f)所示。

显然,在弹壁破裂之前,液体已处于两种状态,即与弹体内壁相接的外层液体,几乎处于未压缩状态,而内层液体却处于弹性压缩状态。两种不同状态的液体,将发生不同的分散过程。内层液体是瞬时间向四周膨胀,于是在液体的许多地方同时分裂成液滴,称为惯性分散。这种分散是由液体的压缩势能引起的,而压缩势能是在密度飞跃中积聚起来的。至于外层的液体,是由于爆轰生成物传递给它的动能,将其抛到空中,并在空气阻力的冲击下,经过多次的分裂,最后成为液滴(图 4 – 18(h)),称为乱流分散。

许多实验表明,惯性分散只限于约 2 倍药柱直径以内的毒剂,而其余的毒剂都属于乱流分散。根据这一分散机理,可把装有液体的毒剂弹药的分散分为三类:①惯性作用的;②乱流作用的;③惯性和乱流共同作用的。

下面按分散机理分别讨论各类毒剂弹爆炸后,液滴的质量平均直径。

2. 液滴的质量平均直径的计算

1) 惯性作用的毒剂弹

属于惯性作用的毒剂弹有持久性毒剂杀伤炮弹,它的内直径 d_2 与药柱直径 d_3 之比小于 2。

在爆炸时,毒剂被分散成许多小的单元体。按惯性分散的特点,这些小单元体的平均大小就是液滴的质量平均直径。它的大小取决于下列参量:毒剂的弹性压缩势能 J_1、毒剂的运动速度 u、声音在该介质中的传播速度 C_0、炸药的爆轰速度 D_b、毒剂分散的时间 t、被压缩液体的直径和密度(d_2、ρ_0)即

$$\overline{d} = f(J_1, u, C_0, D_b, \rho_0, d_2) \tag{4.18}$$

根据相似理论进行分析,上述参量可用欧拉准数 Eu 和马赫准数 Ma 表示,即

$$\frac{\overline{d}_u}{d_2} = f(Eu, Ma) \tag{4.19}$$

实验结果表明,$\overline{d}_u/d_2$ 正比于 Eu,而反比于 Ma^2,即

$$\frac{\overline{d}_u}{d_2} \propto Eu \frac{1}{Ma^2} \tag{4.20}$$

其中

$$Eu = \frac{\Delta P}{\rho_0 u^2} \frac{t}{t} = \frac{J_1}{\rho_0 u d_2} (\text{因为 } \Delta p \cdot t = J_1; ut = d_2) \tag{4.21}$$

$$Ma = \frac{D_b}{C_0} \tag{4.22}$$

式中:$\overline{d}_u$ 为受冲量作用而分散的毒剂液滴的质量平均直径(μm);J_1 为起始比冲量(kg/(s·m));t 为毒剂分散的时间(s);ρ_0 为毒剂的起始密度(kg/m³);u 为爆炸时液体的运动速度(m/s);d_2 为弹的内直径(m);D_b 为炸药爆轰速度(m/s),对

TNT 来说 $D_b = 6700 \text{m/s}$；C_0 为高压下在液体中的声速,在水中 $C_0 = 1450 \text{m/s}$。

把 Eu 和 Ma 代入式(4.20)中,经推导,得出在惯性作用下液滴的质量平均直径：

$$\bar{d}_u = k_1 \left(\frac{C_0}{D_b}\right)^2 \left[\frac{G_0\left(1 - \frac{d_1^2}{d_2^2}\right)}{h\rho_0}\right]^{1/2} \tag{4.23}$$

式中：$k_1 = 2.6 \times 10^4$；d_1 为爆管外直径(m)；h 为弹药中毒剂沿轴线方向的高度,对长爆管来说,相当于炸药柱的长度(m)。

2) 乱流作用的毒剂弹

属于乱流作用的毒剂弹有大型的定距毒剂航空炸弹,它的内直径与药柱直径之比大于 6,所以绝大部分的毒剂是在乱流作用下分散,虽有一小部分属于惯性分散,但与前者相比,可以忽略不计。根据乱流分散的一般原理,液滴的质量平均直径是 We 和 Re 准数的函数,并存在下面的关系：

$$\frac{\bar{d}_T}{d_2} \propto We^{1/2} + \left(\frac{1}{Re}\right)^{1/2} \tag{4.24}$$

但大型的定距毒剂航空炸弹爆炸时,Re 准数很大,可把等式右边的第二项忽略不计,即

$$\frac{\bar{d}_T}{d_2} \propto We^{1/2} \tag{4.25}$$

推导后得

$$\bar{d}_T = K_2 d_2 \left(\frac{G_0 \sigma}{\rho_0 \varepsilon_1 G_b d_2}\right)^{1/2} \quad (\mu\text{m}) \tag{4.26}$$

式中：σ 为液体毒剂的表面张力(N/m)；ε_1 为炸药的比能量(kg·m/kg)；K_2 为 8.9×10^8。

其他符号意义同前。

3) 惯性和乱流共同作用的毒剂弹

属于惯性和乱流共同作用的毒剂弹有持久性毒剂杀伤航空炸弹。由于它的内直径与药柱直径之比大于 2,而小于 6,分析该类弹药的分散效果时,既要考虑惯性作用,又要考虑乱流作用。于是

$$\frac{\overline{d}}{d_2} = f(Eu, Ma, We, Re) \tag{4.27}$$

实验表明,可用下式表示:

$$\frac{\overline{d}}{d_2} = K_3 \left(\frac{We}{Eu^2}\right)^{1/2} \tag{4.28}$$

式中:K_3 为系数,其中包含马赫准数 Ma。

推导可得

$$\overline{d} = 1.6 \times 10^6 d_2 \left(\frac{d_2 \sigma h}{G_b \varepsilon_1 \left(1 - \frac{d_1^2}{d_2^2}\right)}\right)^{1/4} \quad (\mu m) \tag{4.29}$$

式中:符号的意义同前。

从式(4.29)可以看出,平均直径与液体的表面张力有关,同时还与弹的内直径有较大的关系,若炸药质量增加(在 h 不变时)或 ε_1 增大,则 $\overline{d}$ 变小。

4.2.3 热分散

利用燃烧产生的热效应可以使液体或固体物质分散为气溶胶。热对化学物质的分散包括固体受热升华和液体受热气化。热蒸气进入大气后,遇冷形成过饱和,凝聚成烟或雾。譬如,毒烟筒、毒烟罐、毒烟手榴弹及其他毒烟发生器等,都属于这一类的分散。图 4.19 所示为国外几种燃烧型防暴手榴弹,这类手榴弹燃烧后能够施放出催泪性烟雾,很快使恐怖分子或者骚乱群体达到不可耐浓度进而逃离现场。图 4.20 所示为燃烧型手榴弹燃烧施放特种化学药剂的施放效果。

图 4.19 国外几种燃烧型防暴手榴弹

图 4.20　燃烧施放效果

在热蒸气的凝聚过程中,可能出现化学反应,也可能不发生化学反应。前者是化学凝聚,后者是物理凝聚。在实际工作中往往同时存在这两种凝聚,但以物理凝聚为多。物理凝聚过程可分为三个阶段。

1. 蒸发阶段

要使物质变成蒸气,必须在高温下加热。对固体来说,这一过程表现为升华,因为它是由固态直接变成气态,而没有经过液态。在毒烟罐中,这一升华作用是依靠专门配制的氧化还原反应体系所释放出大量的热来实现的。液体受热也会很快蒸发。

2. 凝聚阶段

当热蒸气进入大气后,由于蒸气的温度比大气温度高得多,因而蒸气遇冷出现过饱和,凝结成微小的粒子。实验表明,蒸气凝结成粒子,必须超过某一最低的过饱和度 S,即

$$S \leqslant \frac{P}{P_\mathrm{m}} \qquad (4.30)$$

式中:P 为出现凝结前的过饱和蒸气压;P_m 为化学物质的饱和蒸气压。

对于水 $S=4\sim5$,而对于表面张力小的许多物质,只有当 $S \geqslant 8$ 时才开始凝结。由于水分子热运动和乱流混合作用,引起微粒相互碰撞而进一步凝聚。

3. 吸湿阶段

如果微粒是吸湿物质,就能吸收空气中的水分,使微粒进一步增大。

第 4 章 化学气溶胶

蒸气的凝结过程是极快的,但必须有凝结的晶核,微粒的成长是在晶核上进行的。就液体来说,晶核具有类晶体的结构,即液体分子存在于晶核之中。液体分子在短时间内生成一定数量的晶核。由于分子的热运动晶核会分解成单个分子,但同时分子又会结合成新的晶核。对固体来说,情况有很大不同,晶核牢固稳定在一定的位置上形成晶格,这就是液体和固体凝结机理的区别。

实验表明,蒸气在晶核上凝结的条件是 $m = 2 \sim 5$,其中 m 是晶核半径与分子半径之比。所以,晶核含有的分子数应该是 m^3,即要使蒸气在晶核上凝结,晶核所含的分子数的极限范围是 8~125 个分子。换句话说,液体蒸气的凝结是在不少于 8 个分子组成的晶核上进行的。此时,为使凝结作用进行,蒸气所具有的过饱和度称为最大过饱和度,若在由 125 个分子组成的晶核上凝结时,所需的蒸气过饱和度称为临界过饱和度。在单分子上是不会产生凝结作用的,因为此时无晶核。可见,蒸气单分子相互碰撞时,其尺寸是不会增大的。可以用下式估算在 1cm^3 体积中的微粒数:

$$\lg n = 16 - \frac{3000}{T_K} \tag{4.31}$$

式中:n 为在 1cm^3 内形成的微粒数;T_K 为沸点(K)。

可用下面两个经验式估算最初微粒的半径:

$$r_{\text{微粒}} = 1.96 \left(\frac{M}{\rho_{20}} P_{20} \right)^{1/3} \tag{4.32}$$

$$\lg r_{\text{微粒}} = \lg r_{\text{分子}} + \frac{1}{3} \left(3.32 + \frac{3500}{T_K} \right) \tag{4.33}$$

式中:$r_{\text{微粒}}$ 为微粒半径(μm);$r_{\text{分子}}$ 为分子半径(μm);ρ_{20} 为在 20℃ 时物质密度(g/cm^3);P_{20} 为在 20℃ 时物质饱和蒸气压(kPa);M 为相对分子质量。

根据式(4.32)分析几种典型毒剂蒸气进入大气中时所形成的最初微粒半径分别为:芥子气 $2.05 \mu m$,苯氯乙酮 $1.15 \mu m$,亚当氏气 $0.0095 \mu m$,沙林 $5.6 \mu m$,梭曼 $3.59 \mu m$。

必须指出,所产生的气溶胶进入大气中,就会被空气稀释,浓度降低。在此情况下,靠凝结作用来改变微粒大小是不可能的,所以每一种物质所凝结成的最初微粒的大小都是一定的。如果微粒大小发生变化,主要是由于微粒进一步凝聚的结果。即最初凝结成的微粒,在分子热运动的作用下,会进一步凝聚成较大的粒子。假设所有液滴均为球形,并且在某一瞬时为单分散度,下面以芥子气被加热到沸点蒸发为例,计算在小雷诺数条件下粒子的大小。

设芥子气最初凝结成的微粒半径为 $2\mu m$,则微粒质量为 $5.4\times10^{-12}g$(相对密度为 1.28)。若芥子气蒸气的浓度为 4g/L,则最初微粒浓度为

$$n_0 = \frac{4\times10^{-3}}{5.4\times10^{-12}} = 7.4\times10^8 (粒/cm^3)$$

已知芥子气在沸点(217℃)时,$K=8.5\times10^{-8}cm^3/min$。如果凝聚条件比较有利,在 $t=1min$ 内凝聚,并在此时间内不发生冷却的稀释,则在该瞬间的粒子浓度 n,可用斯莫鲁克夫斯基针对具有恒定凝并系数的单分散度气溶胶体系建立的粒数浓度修正方程进行计算:

$$\frac{1}{n} = \frac{1}{n_0} + \frac{1}{2}Kt \tag{4.34}$$

$$\frac{1}{n} = \frac{1}{7.4\times10^8} + \frac{1}{2}\times8.5\times10^{-8}\times1$$

即
$$n = 2.28\times10^7 (粒/cm^3)$$

因为质量浓度不变,故可以通过逆运算估计 1min 时经过凝聚后的液滴大小:

$$\frac{3\times4\times10^{-3}}{4\pi r^3\times1.28} = 2.28\times10^7 \tag{4.35}$$

根据式(4.35)解得 $r=3.2\times10^{-4}(cm)=3.2(\mu m)$

由此可见,凝并后的液滴仅为 $3.2\mu m$,这样大小的粒子仍然能够较好地悬浮在空气中。实验表明,不同物质凝聚的粒子大小,随着物质沸点的提高而变小,见表 4.8。

表4.8　粒子大小与沸点的关系

物质	苯胺	芥子气	喹啉	α-溴代苯
沸点/℃	184	217	238	280
粒子大小/μm	6.4	4.9	4.1	3.0

各种方式产生的气溶胶进入大气中时都处于不停的乱流运动之中,这是微粒进到大气中产生凝聚的主要原因。实测表明,微粒的半径随着烟云的扩展而迅速增大,在 1000m 远处,微粒平均半径由 $2\times10^{-5}cm$ 增至 $4\times10^{-5}cm$。实验

还肯定了凝聚速度常数 K 主要取决于风速 u 和大气垂直扩散系数 K_z，见表4.9。

表4.9 粒子凝聚速度常数 K

u/(m/s)	K_z	$K \times 10^8$/(cm³/s)
1.15	0.086	0.5
2.8	0.094	19.1
3.2	0.088	10.0
3.75	0.092	13.4
5.0	0.090	188.0
5.9	0.072	177.0

从列出的 K 与 K_z 及 u 的关系中看出，在乱流的大气中除了分子的热运动所引起的凝聚外，还进行着乱流混合引起的凝聚。根据实验结果，对于半径为 $(2\sim3)\times10^{-5}$ cm 的微粒，其凝聚速度常数约为 5×10^{-10} cm³/s，但在乱流大气中凝聚时，其凝聚速度常数的最小值为这一数值的 10 倍，而 K 的最大值是此值 4000 倍。因此，在乱流混合大气中的凝聚，分子的热运动作用可忽略不计。但必须指出，对乱流混合大气中凝聚速度常数的理论研究，尚未得到实验的充分确证，有待进一步深化研究。

4.2.4 液滴在降落过程中的气化

战争时敌人以飞机布洒器或定距航空炸弹（图4.21）使用毒剂，在毒剂液滴从一定高空降落到地面的过程中，必然有部分毒剂被蒸发转变成蒸气，蒸气在空气中扩散运动并发生凝结现象，会导致更远处的清洁大气受到毒剂污染形成毒剂气溶胶。凡属空中布洒的毒剂，都是属于低挥发性毒剂，其蒸发损失量直接与降落高度、毒剂性质、液滴质量和落速，以及气温有关。

设液滴落速 v 的变化以高度 H 的变化来表示，即

$$v = -\mathrm{d}H/\mathrm{d}t \text{ 或 } \mathrm{d}t = -\mathrm{d}H/v \tag{4.36}$$

而液滴的蒸发速度为

$$-\frac{\mathrm{d}m}{\mathrm{d}t} = \frac{2}{3}\pi d C_m D P r^{1/4} Re^{1/2} \text{ (g/s)} \tag{4.37}$$

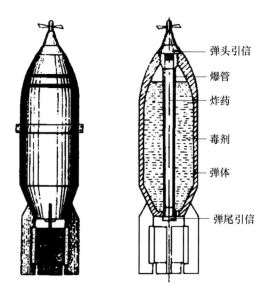

图 4.21 化学航空炸弹

式中:d 为液滴直径(cm);C_m 为毒剂饱和蒸气浓度(g/cm³);D 为毒剂扩散系数(cm²/s);Pr 为 v/D,普兰特准数,其中 v 为空气的运动黏度(cm²/s);Re 为雷诺准数,$Re = \dfrac{vd}{v}$,其中 v 为液滴的下落速度(cm/s)。

将式(4.36)代入式(4.37)中,得

$$\frac{dm}{dH} = \frac{2}{3v}\pi d C_m Pr^{1/4} Re^{1/2} = \frac{2}{3}\frac{D^{3/4} C_m \pi}{v^{1/4}}\left(\frac{d^3}{v}\right)^{1/2} = \frac{2}{3}\frac{D^{3/4} C_m}{v^{1/4}}\left(\frac{6\pi m}{\rho v}\right)^{1/2} \quad (4.38)$$

式中:m 为液滴质量(g);ρ 为液滴密度(g/cm³)。

因为 $v = 2510 \rho^{1/3} m^{1/4}$ (cm/s)

$v = 0.157$ (cm²/s)

将 v 和 v 值代入(4.38)式中,得

$$\frac{dm}{dH} = \frac{2}{3}\frac{D^{3/4} C_m}{(0.157)^{1/4}}\left(\frac{6\pi m}{\rho 2510 \rho^{1/3} m^{1/4}}\right)^{1/2} = 0.0922\frac{D^{3/4} C_m m^{3/8}}{\rho^{2/3}} \quad (4.39)$$

移项,并积分:

$$\int_m^{m_0} m^{-3/8} dm = \int_H^{H_0} 0.0922\frac{D^{3/4} C_m}{\rho^{2/3}} dH \quad (4.40)$$

第 4 章 化学气溶胶

$$m_0^{5/8} - m^{5/8} = \frac{5}{8}(0.0922)\frac{D^{3/4}C_m}{\rho^{2/3}}(H_0 - H)$$

$$= 0.056\frac{D^{3/4}}{\rho^{2/3}}(H_0 - H)C_m \tag{4.41}$$

式中：m_0、m 分别为液滴的起始质量和终止质量(g)；H_0、H 分别为 m_0 和 m 的下落高度(cm)。

其余符号的意义同前。上述计算同样适用于空中布洒农药的过程。

例 4.1 当定距毒剂航空炸弹在 300m 高度上爆炸时，气温为 20℃。试求不同质量的芥子气和沙林液滴的蒸发率。

解：根据式(4.41)可计算出不同质量液滴落到地面(即 $H=0$)时的蒸发率，列于表 4.10 中。

表 4.10　不同质量毒剂液滴落到地面(即 $H=0$)时的蒸发率

液滴质量 m_0/mg	0.1	0.5	1.0	5.0	10.0	50
芥子气蒸发率/%	4.92	1.78	1.17	<1	<1	<1
沙林蒸发率/%	96.2	45.8	30.9	11.8	7.7	2.9

由表 4.10 可见，芥子气的蒸发率不大，而沙林的蒸发率很大，特别是沙林的小液滴的蒸发率更大。

若液滴下落到地面时，恰好被全部蒸发(即 $m=0$)，则该液滴的起始质量为临界质量，其直径为临界直径，即

$$m_{kp} = \left(0.056\frac{D^{3/4}C_m H_0}{\rho^{2/3}}\right)^{8/5} \text{ (g)} \tag{4.42}$$

$$d_{kp} = \left(\frac{6m_{kp}}{\pi\rho}\right)^{1/3} = \left(\frac{6}{\pi\rho}\right)^{1/3}\left(0.056\frac{D^{3/4}C_m H_0}{\rho^{2/3}}\right)^{8/15} \text{ (cm)} \tag{4.43}$$

若液滴落到地面时，尚未蒸发完，则剩余的部分数，也可用临界质量或临界直径表示，即

$$\frac{m}{m_0} = \left(1 - \frac{0.056\dfrac{D^{3/4}C_m H_0}{\rho^{2/3}}}{m^{5/8}}\right)^{8/5} \tag{4.44}$$

化简后得

$$\frac{m}{m_0} = \left[1 - \left(\frac{m_{kp}}{m_0}\right)^{5/8}\right]^{8/5} = \left[1 - \left(\frac{d_{kp}}{d_s}\right)^{15/8}\right]^{8/5} \tag{4.45}$$

式中:d_s为液滴的起始直径。

为了应用和计算方便,直径可以无因次化处理,即

$$\frac{m}{m_0} = \left[1 - \left(\frac{x_{kp}}{x}\right)^{15/8}\right]^{8/5} \tag{4.46}$$

式中:$x_{kp} = d_{kp}/\bar{d}, x = d_s/\bar{d}$。

上面只是讨论了单个液滴在降落过程中的蒸发问题。但是,液体分散成液滴后,大小是不同的,为此必须结合液滴大小的分布,进一步讨论其蒸发问题。

定距毒剂航空炸弹爆炸后液滴大小的分布,可用下式表示:

$$\frac{\mathrm{d}Q}{Q_0} = c\exp\left(-k\left(\ln\left(\frac{x}{x_0}\right)\right)^2\right)\mathrm{d}x \tag{4.47}$$

式中:c为液滴分布系数。若有$\mathrm{d}Q$的液体量,被分散成大小为$x \sim x + \mathrm{d}x$的液滴,则在落至地面时,其剩余的液体量为$\mathrm{d}Q_1$,于是

$$\frac{\mathrm{d}Q_1}{Q_0} = \frac{m}{m_0} = \left[1 - \left(\frac{x_{kp}}{x}\right)^{15/8}\right]^{15/8} \tag{4.48}$$

把式(4.47)和式(4.48)相乘,并积分

$$\int_0^{Q_1} \frac{\mathrm{d}Q_1}{Q_0} = \int_{x_{kp}}^{\infty} c\left[1 - \left(\frac{x_{kp}}{x}\right)^{15/8}\right]^{8/5} \exp\left(-k\left(\ln\frac{x}{x_0}\right)^2\right)\mathrm{d}x \tag{4.49}$$

为了便于积分,使

$$\left[1 - \left(\frac{x_{kp}}{x}\right)^{\frac{15}{8}}\right]^{\frac{8}{5}} \approx \left[1 - \left(\frac{x_{kp}}{x}\right)^2\right]^2 \tag{4.50}$$

积分结果为

$$\frac{Q_1}{Q_0} = \frac{1}{2}\left[1 - \phi\left(k^{\frac{1}{2}}\ln\frac{x_{kp}}{x_0} + \frac{1}{2k^{\frac{1}{2}}}\right)\right] - \left(\frac{x_{kp}}{x_0}\right)^2\left[1 - \phi\left(k^{\frac{1}{2}}\ln\frac{x_{kp}}{x_0} + \frac{1}{2k^{\frac{1}{2}}}\right)\right]$$

$$+ \frac{1}{2}\left(\frac{x_{kp}}{x_0}\right)^4 \exp(2/k)\left[1 - \phi\left(k^{\frac{1}{2}}\ln\frac{x_{kp}}{x_0} + \frac{3}{2k^{\frac{1}{2}}}\right)\right] \tag{4.51}$$

式中:$\phi(t)$为拉普拉斯函数,即

$$\phi(t) = \frac{2}{\sqrt{\pi}}\int_0^t \exp(-t^2)\mathrm{d}t \approx (1 - 0.5\exp(-t^2) - 0.5\exp(-1.55t^2))^{0.5} \tag{4.52}$$

上述积分误差不超过1%。从式(4.52)可以看出,液滴剩余的部分数,只是无因次 x_{kp} 的函数,因为 x_0、c 和 k 都是知道的。于是式(4.51)可以写成下面的形式:

(1)对非胶状毒剂,有

$$\frac{Q_1}{Q_0} = \frac{1}{2}\left[1 - \phi\left(3.455\lg\frac{4}{3}x_{kp} - \frac{1}{3}\right)\right] - 1.778x_{kp}^2\left[1 - \phi\left(3.455\lg\frac{4}{3}x_{kp} + \frac{1}{3}\right)\right]$$

$$+ 3.843x_{kp}^4\left[1 - \phi\left(3.455\lg\frac{4}{3}x_{kp} + 1\right)\right] \tag{4.53a}$$

(2)对胶状毒剂,有

$$\frac{Q_1}{Q_0} = \frac{1}{2}\left[1 - \phi\left(2.523\lg\frac{5}{3}x_{kp} - 0.4564\right)\right] - 2.777x_{kp}^2\left[1 - \phi\left(2.523\lg\frac{5}{3}x_{kp} + 0.4564\right)\right]$$

$$+ 20.43x_{kp}^4\left[1 - \phi\left(2.523\lg\frac{5}{3}x_{kp} + 0.372\right)\right] \tag{4.53b}$$

欲求 x_{kp},必须先知道 $\bar{d}$,然后按下式计算:

$$x_{kp} = \frac{d_{kp}}{\bar{d}} = \frac{\left(\frac{6}{\pi\rho}\right)^{\frac{1}{3}}\left(0.056\frac{D^{\frac{3}{4}}C_m H_0}{\rho^{\frac{2}{3}}}\right)^{8/15}}{\bar{d}} \tag{4.54}$$

把 x_{kp} 代入式(4.53a)、式(4.53b)中,就可算出剩余百分数 Q_1/Q_0,而蒸发为毒剂蒸气的百分数为 $[1 - (Q_1/Q_0)]100\%$。

例 4.2 设芥子气弹在 300m 高度上爆炸,求毒剂落到地面时的蒸发率。已知气温20℃,液滴的质量平均直径 $\bar{d} = 1\text{mm}$。

解:(1)求临界直径。

根据气温查取芥子气的密度、扩散系数、饱和蒸气浓度等参数,代入式(4.43),可得

$$d_{kp} = \left(\frac{6}{\pi\rho}\right)^{\frac{1}{3}}\left(0.056\frac{D^{\frac{3}{4}}C_m H_0}{\rho^{\frac{2}{3}}}\right)^{\frac{8}{15}}$$

$$= \left(\frac{6}{3.1416 \times 1.247}\right)^{\frac{1}{3}} \times \left(0.056\frac{0.058^{\frac{3}{4}} \times 0.5662 \times 10^{-6} \times 30000}{1.274^{\frac{2}{3}}}\right)^{\frac{8}{15}} = 8.17 \times 10^{-3}(\text{cm})$$

(2)求无因次直径。

$$x_{kp} = \frac{d_{kp}}{\bar{d}} = \frac{8.17 \times 10^{-3}}{0.1} = 8.17 \times 10^{-2}$$

（3）求剩余的部分数。

$$\frac{Q_1}{Q_2} = \frac{1}{2}\left[1 - \phi\left(3.455\lg\frac{4}{3}x_{kp} - \frac{1}{3}\right)\right] - 1.788x_{kp}^2\left[1 - \phi\left(3.455\lg\frac{4}{3}x_{kp} + \frac{1}{3}\right)\right]$$
$$+ 3.843x_{kp}^4\left[1 - \phi\left(3.455\lg\frac{4}{3}x_{kp} + 1\right)\right] = 0.9766$$

（4）求蒸发率。

$$1 - \frac{Q_1}{Q_2} = 0.0234$$

显然,芥子气的蒸发率远小于沙林毒剂。

根据毒剂的蒸发率可以确定特定分散条件下毒剂降落到地面时的剩余量。必须指出,上述蒸发量计算公式,只适用于较大的毒剂液滴,如果液滴起始直径小于10^{-2}cm,就不适用了。但是,后者通常由触发引信作用的毒剂炮弹产生,一般不涉及空中蒸发的问题。

航空布洒器或空中定距炸弹通常在距离地面一定高度时布洒毒剂,毒剂被分散后会在较高风速的影响下边降落、边蒸发,同时向下风扩散传播,造成距离施放点一定远处空气染毒,从而扩大了杀伤范围。

4.2.5　液滴在物体表面上蒸发形成再生气溶胶

当毒剂被分散成液滴降落在地面或各种目标上之后,就会有流散、渗透和水解等过程发生,同时也伴随着连续不断的蒸发。毒剂蒸发得愈快,则在各种物体上停留的时间愈短,反之愈长,这就直接影响到毒剂危害作用的持续时间(即毒剂持久度)。蒸发就是液体表面的活化分子克服分子引力而逸出,继而向周围扩散,当然也有一部分分子飞回凝聚于液面。所以扩散与凝聚是一对相反的过程。当扩散占优势时,就会连续不断地蒸发,如图4.22、图4.23所示。

敌人发动化学武器袭击后会在遭袭地域形成染毒区域,区域内的毒剂液滴在外界气象条件等因素的作用下会连续不断地蒸发,直至剩余的毒剂量小于或等于允许染毒的安全剂量。此外,发生突发化学事故以后,事故现场泄漏、流淌的有毒液体也会以面源形式连续蒸发,从而产生二次有毒蒸气危害,这种有毒云团即通常所讲的再生云团。

图 4.22　炙热天气引起地面水分蒸发产生的蒸汽

图 4.23　较大水域表面蒸发产生的蒸汽

蒸发过程不仅与毒剂的性质(如饱和蒸气压、扩散系数等)、外界的气流速度以及温度有关,而且受所处的物体表面性质的影响。随着表面性质和其他条件的不同,蒸发过程也各不相同。

1. 液滴在光滑表面上的蒸发

当液滴落在金属、玻璃等光滑表面上时,就会流散开来并不断地蒸发,蒸发

速度就是在单位时间内由界面扩散到大气环境中的蒸气量,可用下式表示:

$$\Delta m = \beta \cdot \Delta c \cdot S \quad (4.55)$$

式中:Δm 为蒸发速度(g/s);β 为蒸发系数(cm/s);Δc 为蒸发表面内外的浓度差(g/cm³);S 为蒸发表面的面积(cm²)。

在此,引入表示蒸发过程的努谢尔特准数,即

$$Nu = \frac{\beta \cdot l}{D} \quad (4.56)$$

于是

$$\Delta m = D \cdot \Delta c \cdot \frac{S}{l} \cdot Nu \quad (4.57)$$

如果蒸发表面的 $S = l \cdot H$,其中 l 表示沿风向的线量,H 表示垂直风向的线量,则式(4.57)可以写成下面的形式:

$$\Delta m = \frac{dm}{dt} = D \cdot \Delta c \cdot H \cdot Nu \quad (4.58)$$

其中谢努尔特准数表示了在几何相似和液体动力相似的条件下的蒸发过程。因此,在一定的几何条件下的稳定蒸发过程中,Nu 准数是下列准数的函数:

$$Nu = f(Pr \cdot Re \cdot Gr) \quad (4.59)$$

式中:Pr 为普朗特准数,表示扩散物质的物化性质,即

$$Pr = \frac{v_B}{D} \quad (4.60)$$

Re 为雷诺准数,表示气流运动的性质,即

$$Re = \frac{u \cdot l}{v_B} \quad (4.61)$$

Gr 为格拉晓夫准数,表示物质的自由对流运动,即

$$Gr = \frac{g \cdot l^3}{v_B} \left(\frac{T_n M_B}{T_B M_n} - 1 \right) \quad (4.62)$$

式中:v_B 为空气的运动黏度(cm²/s);D 为扩散系数(cm²/s);u 为气流的运动速度(cm/s);l 为线量(cm);g 为重力加速度(cm/s²);T_n、T_B 分别为液体表面温度和空气温度(K);M_n、M_B 分别为液体表面蒸气与空气混合物的相对分子质量和

空气的相对分子质量。

因此,蒸发过程可分为两种情况:

(1)自由对流条件下的蒸发,此时 $Re=0$,于是

$$Nu = f(Pr \cdot Gr) \tag{4.63}$$

或

$$Nu = k_1 Pr^r Gr^s \tag{4.64}$$

(2)强迫对流条件下的蒸发,此时 $Gr=0$,于是

$$Nu = f(Pr \cdot Re) \tag{4.65}$$

或

$$Nu = k_2 Re^n Pr^p \tag{4.66}$$

式中:k_1、k_2、n、P、s 和 r 都是实验系数。然后,分别把式(4-64)和式(4-66)代入式(4.58)中,就得到蒸发速度的一般方程:

(1)在自由对流条件下,有

$$\Delta m = \frac{dm}{dt} = k_1 \cdot D \cdot \Delta c \cdot H \cdot Gr^s \cdot Pr^r \tag{4.67}$$

(2)在强迫对流条件下,有

$$\Delta m = \frac{dm}{dt} = k_2 \cdot D \cdot \Delta c \cdot H \cdot Re^n \cdot Pr^p \tag{4.68}$$

式中:H 为线量(cm);

$$\Delta c = c_m - c_1 = \frac{MP_m}{RT} \text{(g/cm}^3\text{)} \tag{4.69}$$

其中 c_m、c_1 分别为液体的饱和蒸气浓度和大气中的蒸气浓度,因 $c_m \gg c_1$,所以

$$\Delta c = c_m - c_1 = c_m \tag{4.70}$$

M 为液体的相对分子量;P_m 为液体的饱和蒸气压,kPa;R 为气体常数(8315cm·kPa/(K·mol));T 为热力学温度(K)。

当液滴在光滑表面上时,由于对表面润湿能力不同,因此液滴具有不同的形状,如球形、片状或者间于它们之间的各种形状。

1944年考列斯尼夫根据许多人研究的结果认为:物质在无风的静止大气中蒸发时,由于物质本身的质点流而引起了对流,并且发现了相对分子量比空气小的物质有上升气流,即空气从侧面接近蒸发面,相对分子量比空气大的物质有下降气流,即空气从上面接近蒸发面,见图4.24。

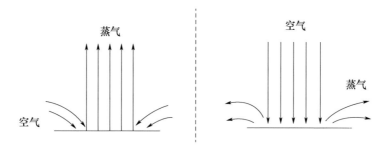

图 4.24 蒸气流

于是,根据自由对流条件下蒸发速度的一般方程式(4.67),然后由实验确定方程式中的待定系数,就可以得到在无风的静止大气中从自由(即光滑)表面上的蒸发速度方程:

$$\frac{\mathrm{d}m}{\mathrm{d}t} = 0.64 \frac{MP_\mathrm{m}}{RT} DH(Gr \cdot Pr)^{0.25} \tag{4.71}$$

若蒸发表面为直径为 d 的圆形,则 H 表示与圆面积同样大小的正方形的边长,即

$$H = l = \sqrt{\pi d^2/4} = 0.886d \tag{4.72}$$

但是在野外条件下,很难遇到绝对无风的静止大气,所以必须进一步研究在强迫对流下蒸发速度问题。根据强迫对流下的蒸发速度的一般方程式(4.68)和实验结果,提出了从自由(即光滑)表面上的蒸发速度方程:

$$E_\mathrm{f} = \frac{\mathrm{d}m}{\mathrm{d}t} = k_2 D \frac{MP_\mathrm{m}}{RT} H Re^n Pr^{1/3} \tag{4.73}$$

如果把式(4.73)改成

$$\frac{E_\mathrm{f} RT}{DMP_\mathrm{m} H Pr^{1/3}} = k_2 Re^n \tag{4.74}$$

则等式的左边也是无因次量,用 A 表示之,得

$$A = k_2 Re^n \tag{4.75}$$

或

$$\lg A = n \lg Re + \lg k_2 \tag{4.76}$$

如果对各种液体在不同蒸发条件下实验,把得到的结果,画出 $\lg A - \lg Re$ 的关系图(图 4.25),得到一条曲线。此曲线表明与物质的性质无关。

第 4 章 化学气溶胶

从图 4.25 中可以看出,当 $Re < 100$ 时,(即曲线的水平部分),A 值不随 Re 准数的变化而变化,这表示在自由对流条件下的蒸发,应该引入 Gr 准数,所以式(4.73)就不适用了。当 $Re = 100$ 时,发生质变,A 随 Re 准数的变化产生显著的变化,这表示已进入强迫对流下的蒸发,于是当 $Re > 100$ 时,式(4.73)就适用了。

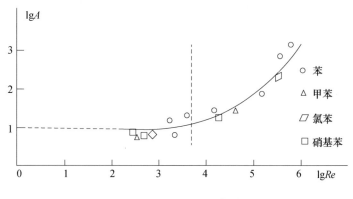

图 4.25 $\lg A - \lg Re$ 关系

由于在 $Re > 100$ 的线段是一条曲线,所以式(4.73)中 Re 准数的指数 n 和系数 k_2 不可能是常数,它们是随 Re 准数而变,见表 4.11。

表 4.11 k_2、n 随 Re 的变化

Re	k_2	n
300	1.26	0.435
1000	0.6	0.560
3000	0.51	0.580
10000	0.38	0.620
30000	0.21	0.680
100000	0.082	0.780

如果把式(4.73)写成

$$E_f = \frac{dm}{dt} = AD \frac{MP_m}{RT} HPr^{1/3} \quad (\text{g/s}) \tag{4.77}$$

则式(4.77)中的 A 取决于 Re 准数,其关系如表 4.12 所列。

表 4.12　A 与 Re 的关系

Re	600	800	1000	1500	2500
A	21.6	25.1	28.7	35.5	48.3
Re	3500	5000	10000	30000	100000
A	57.5	74.0	114.8	232.6	651.3

实际计算中,蒸发表面往往是圆形的,因此,有

$$H = l - \sqrt{\frac{\pi}{4}d_n^2} = 0.886 d_n \tag{4.78}$$

式中:d_n 为液滴形成的斑点直径,它近似地等于球状液滴直径的 2.5~3.0 倍。所以有

$$E_f = \frac{dm}{dt} = 0.886 AD \frac{MP_m}{RT} d_n \sqrt[3]{Pr} \, (g/s) \tag{4.79}$$

除了式(4.79)外,还可以用更简单的近似公式,即哈英公式,计算液滴从光滑表面上的蒸发速度:

$$E_f = 2.738(1 + 2.24u) MP_m \quad (g/(m^2 \cdot h)) \tag{4.80}$$

若计算整个斑点表面上的蒸发速度,则

$$E_f = (1 + 2.24u) MP_m d_n / 4650 \quad (g/h) \tag{4.81}$$

式中:u 为风速(m/s);P_m 为饱和蒸气压(kPa);M 为相对分子质量;d_n 为蒸发表面的直径(即斑点直径)(cm)。

必须指出式(4.80)只适用于计算大蒸发面上的蒸发速率计算,虽然简单,但是计算误差相对较大(在 10% 以内)。考虑到在许多场合,特别是在野外条件下,外界因素只能粗略估计,有些目前尚无法定量,因此上述误差往往可以忽略不计。

如果直径小于 1cm 的小蒸发面,则用下面的修正公式,即

$$E_f = \frac{k}{d_n}(1 + 2.24u) MP_m \quad (g/m^2 \cdot h) \tag{4.82}$$

若计算整个斑点表面上的蒸发速度,则

$$E_f = \frac{kd_n}{12732}(1 + 2.24u) MP_m \quad (g/h) \tag{4.83}$$

式中:k 为系数,表示蒸发液滴所处的表面性质,见表 4.13。

第 4 章 化学气溶胶

表 4.13 蒸发表面系数 k

表面性质	k
玻璃表面	2.145
绿色植物叶子的光滑表面	2.25
绿色植物叶子的粗糙表面	1.5
玻璃纸表面	2.43
未油漆表面(或已油漆一年以上)	2.78

试验表明,在一定的温度和风速下,液滴在光滑表面上的蒸发速度是恒定的,它与液滴的高度无关(指小风速,大液滴而言)。这是由于蒸发只发生在迎气流的一小部分的球面上(图 4.26)。只是在蒸发的最后阶段,蒸发速度才下降,但这一阶段所蒸发的量比前一阶段要少得多,而且时间也短得多。因此液滴在光滑表面上的蒸发速度,可以近似地看作恒定的。所以,蒸发时间或液滴寿命为

$$t = \frac{m_0}{E_\mathrm{f}} \tag{4.84}$$

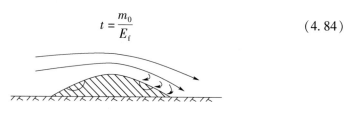

图 4.26 光滑表面上的蒸发过程

表 4.14 所列为不同大小塔崩液滴在光滑表面上的寿命随风速变化计算结果。

表 4.14 塔崩液滴在光滑表面上的寿命/min

液滴质量/mg	$u/(\mathrm{m/s})$				附注
	2	3	4	6	
5	72	58	46	39	(1)温度30℃;
10	102	82	69	54	(2)斑点直径等于球状液滴直径的3倍
20	142	114	96	76	
40	198	157	133	106	

2. 液滴在多孔表面上的蒸发

液滴所降落的表面,大多数是多孔表面,如道路、服装、土壤等。于是,研究它具有特别重要的意义。军事上,毒剂持久度主要是指毒剂在多孔表面上的持久度。

毒剂在多孔表面上是边蒸发边渗透,蒸发速度是变化的,随着时间的增长,蒸发速度越来越慢。在光滑表面上则不然,蒸发速度是恒定的。根据蒸发速度随时间变化这一特点,研究毒剂在多孔表面上的蒸发规律,通常可以把它分成三个阶段:

(1)从饱和表面上蒸发。毒剂未渗透到土壤内部,表面完全被浸湿。此时,毒剂的蒸发是恒定的。

(2)从不饱和表面蒸发。当部分毒剂已蒸发,而部分毒剂被渗入土壤中,在表面上尚有部分毒剂,以致出现干燥的"小疤斑",此阶段的蒸发速度稍有减慢。

(3)从土壤中蒸发。毒剂不存在于土壤的表面,其蒸发过程是在土壤的毛细孔中进行,由于蒸发表面逐步深入到土壤的深处,所以蒸发速度不断下降。

由此可见,毒剂在多孔表面上的蒸发,在不同的阶段有不同的特点。第一阶段的蒸发速度可按光滑表面的蒸发速度公式计算,第二、三阶段的蒸发速度随时间的增加而不断变慢,直到蒸发停止。必须指出,此时仍有部分毒剂固着在多孔物体中,称为"结合"液体,占总量的10%~15%,有时可达50%,其量由温度、多孔物体的结构和液体性质而定。它随着温度的升高而显著地减少,此量目前尚无法进行理论计算,主要依靠试验数据建立经验方程进行计算。例如,芥子气在沙土中"结合"液体的百分数可用下式表示:

$$\frac{Q_c}{Q_0} = 144 - 78\lg T - 0.04 Q_0 (\%) \quad (4.85)$$

式中:$\frac{Q_c}{Q_0}$为"结合"液体的百分数(%);Q_c为单位染毒斑点面积上的"结合"液体量(g/cm^2);T为土壤温度(℃);Q_0为起始染毒密度,即单位染毒斑点面积上的毒剂量(g/cm^2)。

毒剂在多孔表面上蒸发时,蒸发的第一阶段和第二阶段的时间比第三阶段的时间短得多,所以对整个过程的结果是不起决定作用的,起决定作用的是第三阶段。因此,以第三阶段蒸发过程代表毒剂在多孔表面上的蒸发,可按物料干燥过程的方程推出它的蒸发速度方程。降速过程的方程简化后,得

$$-\frac{\mathrm{d}m}{\mathrm{d}t} = am \quad (4.86)$$

式中:$-\frac{\mathrm{d}m}{\mathrm{d}t}$为土壤中的自由液体为$m$时的蒸发速度;$a$为蒸发速度常数。

负号表示蒸发速度随时间而降低。积分式(4.86)：

$$\int_{m_0}^{m} \frac{dm}{m} = -\int_{0}^{t} a dt \qquad (4.87)$$

$$\ln \frac{m}{m_0} = -at \qquad (4.88)$$

或

$$m = m_0 \exp(-at) \qquad (4.89)$$

式中：m_0 为起始自由液体量(g)；m 为 t 瞬时的自由液体量(g)。

将式(4.89)代入式(4.86)中，得

$$-\frac{dm}{dt} = a m_0 \exp(-at) \qquad (4.90)$$

常数 a 可以由式(4.86)得到，设 $t=0$，则 $m=m_0$，于是

$$a = -\frac{\left(\frac{dm}{dt}\right)_{\tau=0}}{m_0} = \frac{E_f}{m_0} \qquad (4.91)$$

因为，当 $t=0$ 时的蒸发速度，可以看作液体在光滑表面上的蒸发速度 E_f，所以

$$-\frac{dm}{dt} = E_f \exp\left(-\frac{E_f t}{m_0}\right) \qquad (4.92)$$

在实际计算中，往往只知道在染毒斑点上的起始毒剂量 M_0，它与 m_0 的关系为

$$m_0 = K M_0 \qquad (4.93)$$

将其代入式(4.92)中，得

$$E = -\frac{dm}{dt} = E_f \exp\left(-\frac{E_f t}{K M_0}\right) \qquad (4.94)$$

式中：E 为在 t 瞬时，毒剂在多孔表面上的蒸发速度(g/s)；E_f 为毒剂在光滑表面上的蒸发速度(g/s)；K 为自由液体分数，它与土壤结构、温度和毒剂的性质有关；M_0 为在染毒斑点上的起始毒剂量(g)。

根据式(4.94)可以计算任何时间 t 的蒸发速度 E，同时也可以由该式得出毒剂剩余量 m。毒剂剩余量，就是蒸发 t 时间后剩余的毒剂量。若以 M_0 表示起始毒剂量，m_t 表示 t 时间内蒸发的毒剂量，则在 t 时间内的剩余量为

$$m = M_0 - m_t = M_0 - \int_0^t E_f \exp\left(-\frac{E_f t}{K M_0}\right) dt = M_0 \left(1 - K + K \exp\left(-\frac{E_f t}{K M_0}\right)\right) \qquad (4.95)$$

在利用式(4.94)和式(4.95)计算毒剂的蒸发速度和剩余量时,应该取染毒斑点的最大直径作为蒸发表面的直径,因为斑点直径是随时间而变的,但具有最大直径的斑点直径所占的蒸发时间为最长,更有利于指导防护。

液滴在土壤中不仅连续不断地蒸发,同时还伴着溶解、水解等一系列过程。可是,式(4.95)并没有考虑这些因素的影响,如果这些因素对蒸发过程的影响不能忽略时,则必须修正,即

$$m = (M_0 - M_h)\left(1 - K + K\exp\left(-\frac{E'_f t}{KM_0}\right)\right) = M_0\left(1 - K + K\exp\left(-\frac{E'_f t}{KM_0}\right)\right)\left(1 - \frac{M_h}{M_0}\right) \quad (4.96)$$

式中:M_h 为在 t 时间内被水解的液体量(g);

$E'_f = E_f K_p$,其中 K_p 表示液体溶解于水,引起蒸气压的下降以及液滴流散等因素的影响。

4.3 化学战剂气溶胶危害评估

化学气溶胶在风的作用下会向下风广大地域扩散传播构成大范围危害。遭到敌人化学袭击或者发生化学事故后,要根据毒剂或化学物质的毒害性数据迅速评估出各种程度的危害纵深、危害地域和人员中毒伤亡率。如果已知人员分布情况,还应计算出不同程度的中毒伤亡人数,从而为指挥部门组织防护和现场应急救援提供科学的决策依据,最大限度地减少化学气溶胶形成的危害后果。

4.3.1 化学齐射(齐投)时浓度和毒害剂量

在作战中敌人使用一发毒剂弹的可能性是很小的,为达到杀伤对方有生力量,通常采取集中、突然的方式使用毒剂弹药。这个方法就是化学齐射(齐投)。化学齐射(齐投)就是多门(架)火炮(飞机)为造成一定的射击幅员,同时发射(投掷)毒剂炮弹(航弹)一发(枚)称一次齐射(齐投)。

炮兵、火箭兵、航空兵和导弹兵都具备发动远程化学武器袭击的能力,其中以炮兵使用化学武器的历史最为悠久,应用最为普遍,美国、苏联的化学武器库中,化学炮弹都曾占据很高的比例。炮兵使用化学武器的主要方式分为化学齐射和化学急袭。

第 4 章 化学气溶胶

1. 浓度方程

当 N 发（枚）毒剂炮（航）弹在面积 S 内爆炸，并假定所有弹着点在面积 S 内均匀分布，从而可以认为浓度在水平方向的分布亦是均匀的。根据瞬时体源方程式(2.62)可以推得化学齐射时的染毒浓度为

$$C_z = \frac{NQK_u}{S(K_1 n^2 z_1^{(n-2)} t + h^n)^{\frac{1}{n}} \Gamma(1+1/n)} \exp\left(-\frac{z^n}{K_1 n^2 z_1^{(n-2)} t + h^n}\right) \quad (4.97)$$

式中：C_z 为离地 z 米高处的平均浓度（mg/L）；QK_u 为单发毒剂弹爆炸时进入空气中的毒剂量（g）；S 为弹着区的面积，即 $S = 2L_d 2L_f (\mathrm{m}^2)$。

在实战中往往不是计算浓度，而需计算毒害剂量，再根据毒害剂量评估遭敌化学袭击对人员造成的中毒杀伤后果。

2. 毒害剂量（全剂量）的估算

毒剂主要杀伤地面有生力量，因此作战防护中需要估算贴近地面的毒害剂量。通常由贴近地面（$z \to 0$）的浓度对时间积分得到，为了方便起见，设 $Z_1 = 1$，并取 1m 高处的风速 u_1，则式(4.97)可写成

$$C_{(z=0)} = \frac{NQK_u}{S(K_1 n^2 t + h^n)^{\frac{1}{n}} \Gamma(1+1/n)} \quad (4.98)$$

由式(4.98)可知，染毒浓度是随时间而变化的。因此，为了估算毒剂云团通过目标的时间（Δt）内所受到的毒害剂量，应将式(4.98)对时间积分。

如图 4.27 所示，毒剂云团的前端到达目标所需的时间为 $t = x/u_1$，而毒剂云团经过目标时间为 $\Delta t = 2L_d/u_1$。

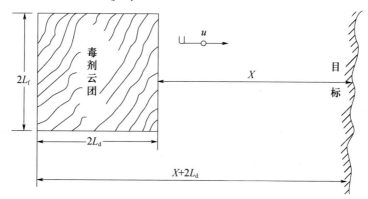

图 4.27 齐射时推导 L_{ct} 图示

于是有生力量所受到的毒害剂量为

$$L_{ct} = \int_{t}^{t+\Delta t} \frac{NQK_u}{S(K_1 n^2 t + h^n)^{\frac{1}{n}} \Gamma(1+1/n)} dt$$

$$= \frac{NQK_u}{S\Gamma(1+1/n)} \int_{t}^{t+\Delta t} \frac{dt}{(K_1 n^2 t + h^n)^{\frac{1}{n}}}$$

$$= \frac{NQK_u}{SK_1 n^2 \Gamma(1+1/n)} \int_{t}^{t+\Delta t} (K_1 n^2 t + h^n)^{-\frac{1}{n}} d(K_1 n^2 t)$$

$$= \frac{NQK_u}{SK_1 n(n-1)\Gamma(1+1/n)} \{[K_1 n^2 (t+\Delta t) + h^n]^{(n-1)/n} - (K_1 n^2 t + h^n)^{(n-1)/n}\}$$

(4.99)

把 $t = \dfrac{x}{u_1}, \Delta t = \dfrac{2L_d}{u_1}$ 代入式(4.99),得

$$L_{ct} = \frac{NQK_u}{SK_1 n(n-1)\Gamma(1+1/n)} \left\{ \left[\frac{x+2L_d}{u_1} K_1 n^2 + h^n\right]^{(n-1)/n} - \left(\frac{x}{u_1} K_1 n^2 + h^n\right)^{(n-1)/n} \right\}$$

(4.100)

若在等温($n=1$)条件下,则

$$L_{ct} = \int_{t}^{t+\Delta t} \frac{NQK_u}{S(K_1 t + h)} dt$$

$$= \frac{NQK_u}{SK_1} \ln \frac{(t+\Delta t)K_1 + h}{K_1 t + h}$$

$$= \frac{NQK_u}{SK_1} \ln \frac{(x+2L_d)K_1 + hu_1}{xK_1 + hu_1} \quad (4.101)$$

式中:L_{ct} 为毒害剂量($\text{g} \cdot \text{s/m}^3$);$S = 2L_d \times 2L_f$ 为弹着区的面积(m^2);x 为目标离弹着区下风边缘的距离(m);$2L_d$ 为起始毒剂云团沿风向的纵深(m)。

必须指出,在上述公式中,认为毒剂云团覆盖的面积 S 在传播过程中保持不变。但由于湍流扩散作用,毒剂云团覆盖面积是随时间而增大的。所以,上述公式只对传播距离较小或面积很大时才合适。因为在这些条件下,毒剂云团覆盖的面积随时间而增大的部分可以忽略不计。但是,对高毒性毒剂来说,其传播距离往往很远,在这种情况下,就应该考虑这个影响。为此,要引进水平扩散的修正系数,即

$$\eta_s = \frac{L_d L_f}{\sqrt{4K_0 t + L_d^2} \times \sqrt{4K_0 t + L_f^2}} = \eta_d \times \eta_f \quad (4.102)$$

式中

$$\eta_d = \frac{L_d}{\sqrt{4K_0 t + L_d^2}} \quad (4.103)$$

$$\eta_f = \frac{L_f}{\sqrt{4K_0 t + L_f^2}} \quad (4.104)$$

其值可事先计算,列于表 4.15 中。

表 4.15 η_d(或 η_f)值

L_d 或 L_f/m $x = u_1 t$/m	50	100	150	200	300	400
300	0.862	0.959	0.981	0.989	0.993	0.997
500	0.797	0.935	0.969	0.982	0.992	0.996
1000	0.682	0.881	0.941	0.966	0.984	0.991
2000	0.550	0.797	0.892	0.935	0.969	0.982
3000	0.474	0.732	0.850	0.907	0.955	0.974
4000	0.422	0.681	0.831	0.881	0.942	0.966
5000	0.385	0.640	0.781	0.857	0.928	0.958
6000	0.356	0.605	0.752	0.836	0.916	0.950
7000	0.332	0.576	0.726	0.815	0.904	0.942
8000	0.313	0.550	0.703	0.797	0.892	0.935
9000	0.297	0.528	0.682	0.779	0.881	0.928
10000	0.283	0.508	0.662	0.762	0.870	0.921
11000	0.270	0.490	0.644	0.747	0.860	0.914
12000	0.260	0.474	0.628	0.732	0.850	0.907
13000	0.250	0.459	0.613	0.719	0.840	0.900
14000	0.242	0.446	0.598	0.706	0.831	0.894
15000	0.234	0.434	0.585	0.693	0.822	0.887
20000	0.204	0.385	0.530	0.640	0.781	0.857

例 4.3 96 发 122mm 的沙林炮弹,在面积 $2L_d \times 2L_f = 230\text{m} \times 300\text{m}$ 内同时爆炸,设炸点呈均匀分布。求离射击面积下风方向 7000m 处的毒害剂量。已知

条件:$u_1 = 2\text{m/s}, \Delta t = 0, z_0 = 4\text{cm}, Q = 1325\text{g}, h = 1.3\text{m}, K_u = 0.3$。

解:因是等温($\Delta t = 0$),则根据表 2.6 可知,$Z_{00} = Z_0$。所以,根据式(2.36)可知

$$K_1 = \frac{u_1 k^2}{\ln(1/Z_{00})} \qquad (4.105)$$

计算得

$$K_1 = \frac{2 \times 0.4^2}{\ln(1/0.04)} = 0.0994 (\text{m}^2/\text{s})$$

代入式(4.101)求得

$$L_{ct} = \frac{NQK_u}{SK_1} \ln \frac{(x + 2L_d)K_1 + hu_1}{xK_1 + hu_1}$$

$$= \frac{96 \times 1325 \times 0.3}{280 \times 300 \times 0.0994} \ln \frac{(7000 + 280) \times 0.0994 + 1.3 \times 2}{7000 \times 0.0994 + 1.3 \times 2}$$

$$= 0.179 (\text{g} \cdot \text{s/m}^3 \text{ 或 mg} \cdot \text{s/L})$$

由于传播距离较远,应引入水平扩散修正系数 η_s。但常取 $\eta_d = 1$,这是由于沿纵深(沿风向)方向的水平扩散出去的毒剂云团对有生力量仍起作用,可以认为没有这个方向的剂量损失,因而取 $\eta_d = 1$。

根据题设,$x = 7000\text{m}, L_f = 150\text{m}$,由表 4.15 查得 $\eta_f = 0.726$。最后求得毒害剂量为

$$L_{ct} = 0.179 \times 0.726 = 0.13 (\text{g} \cdot \text{s/m}^3 \text{ 或 mg/L})。$$

化学齐射、齐投能够达到突然袭击的目的,但需同时集中很多的兵器才能在短时间达到战斗浓度。因此,较常用的方法是化学急袭。

4.3.2 化学急袭时浓度和毒害剂量

1. 浓度方程

为了在短时间内使目标区形成足够高的毒剂杀伤战斗浓度,敌人往往会采取化学急袭的方式实施进攻。化学急袭就是在规定的短时间内(例如 60s,或 30s,或 15s)所有兵器(例如火炮)用最大的投射速度把化学弹药投射出去。

急袭可以看作是多次连续齐射(齐投)的总和,由此可以得出急袭时浓度的表达式。设

第 4 章 化学气溶胶

$$N_H = t_H N_t \tag{4.106}$$

式中:N_H 为在急袭时间 $t_H(\min)$ 内投射弹药的总数(发);N_t 为单位时间内投射的弹药数(发/min)。

如图 4.28 所示,当急袭终止时,毒剂云团的顺风长度已加大到 $2L_d + t_H u_1$,并有

$$t' = t_H + \frac{x}{u_1} \tag{4.107}$$

式中:t' 为急袭开始到毒剂云团前端接触目标的时间(s);t_H 为急袭持续时间(s)。

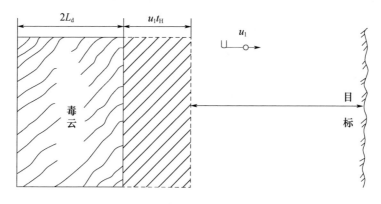

图 4.28　急袭时推导 L_{ct} 图示

把上述的关系代入齐射时的浓度表达式(4.95),即得急袭时贴近地面处的浓度表达式:

$$C_{z=0} = \frac{N_H t_H Q K_u}{4(L_d + t_H u_1/2) L_f \Gamma(1 + 1/n) \left[K_1 n^2 (t_H + x/u_1) + h^n \right]^{\frac{1}{n}}} \tag{4.108}$$

2. 毒害剂量(全剂量的估算)

化学急袭时,有生力量受到的毒害剂量,可由式(4.108)对吸入时间进行积分得到。从图 4.29 可知,毒剂云团前端到达目标的时间为 $t = x/u_1$,毒剂云团经过目标所需要的时间为 $\Delta t = t_H + (2L_d/u_1)$。于是毒害剂量(全剂量)为

$$L_{ct} = \frac{N_H t_H Q K_u}{4\left(L_d + \frac{t_H u_1}{2}\right) L_f \Gamma(1 + 1/n)} \int_t^{t+\Delta t} \frac{\mathrm{d}t}{\left[K_1 n^2 (t_H + t) + h^n \right]^{\frac{1}{n}}} \tag{4.109}$$

略去积分过程,并把 $t = x/\overline{u_1}$,$\Delta t = t_H + (2L_d/\overline{u_1})$ 代入,最后求得毒害剂量的表达式为

$$L_{ct} = \frac{N_H t_H Q K_u}{4\left(L_d + \frac{t_H u_1}{2}\right) L_f K_1 n(n-1) \Gamma(1+1/n)} \tag{4.110}$$

$$\times \left\{ \left[K_1 n^2 \left(2t_H + \frac{x + 2L_d}{u_1} \right) + h^n \right]^{\frac{n-1}{n}} - \left[K_1 n^2 \left(t_H + \frac{x}{u_1} \right) + h^n \right]^{\frac{n-1}{n}} \right\}$$

若在等温条件下,由积分直接得

$$L_{ct} = \frac{N_H t_H Q K_u}{4(L_d + t_H u_1/2) L_f K_1} \ln \frac{K_1(2t_H u_1 + 2L_d + x) + h u_1}{K_1(t_H u_1 + x) + h u_1} \tag{4.111}$$

应该指出,当传播较远或弹着区面积较小时,同样要引入水平扩散的修正系数(表4.15),并同样认为 $\eta_d = 1$。

例4.4 敌人用122mm榴弹炮(16门火炮,每门的射速为6发/min),进行1min的沙林急袭。设 $2L_d = 230\text{m}$,$2L_f = 300\text{m}$,其他条件均与上例相同。求离毒袭区下风方向7000m处的毒害剂量。

解:根据例4.3的解,由式(4.111),求得

$$L_{ct} = \frac{N_H t_H Q K_u}{4(L_d + t_H u_1/2) L_f K_1} \ln \frac{K_1(2t_H u_1 + 2L_d + x) + h u_1}{K_1(t_H u_1 + x) + h u_1}$$

$$= \frac{6 \times 16 \times 1 \times 1325 \times 0.3}{4(115 + 60)150 \times 0.0994} \ln \frac{0.0994(240 + 230 + 7000) + 2.6}{0.0994(120 + 7000) + 2.6}$$

$$= 0.175 (\text{mg} \cdot \text{s/L 或 g} \cdot \text{s/m}^3)$$

由于传播距离较远,应引入水平扩散的修正系数 η_f,由表4.15查得 $\eta_f = 0.726$。最后求得毒害剂量为

$$L_{ct} = 0.175 \times 0.726 = 0.127 (\text{mg} \cdot \text{s/L 或 g} \cdot \text{s/m}^3)$$

从例4.4可知,采用化学急袭的方法,所需的火炮门数比化学齐射时大大减少了,但所造成的毒害剂量要比化学齐射时低一些。

上述公式,不但可以求出不同距离上的毒害剂量,而且可以求出某毒害剂量出现的距离,从而决定不同中毒杀伤后果的边界。

为了快速估算毒剂云团所造成的全剂量杀伤纵深,可以设计算图、算盘、计算机程序供使用。

4.3.3 初生气溶胶云团的危害纵深

初生气溶胶云团在传播过程中,作用的全剂量随距离而下降,当某处作用的最高全剂量等于允许剂量时,此点到毒袭区中心的距离称为初生云的危害纵深。危害纵深是表示初生云危害范围的重要数据,在此距离以内将会使无防护的人员遭受不同程度的毒害。

危害纵深的大小与危害程度有关,如果已知毒害剂量级或毒害剂量标准,例如,已知毒剂或毒物的半致死剂量 L_{cr50},令根据等温条件下的全剂量方程,令

$$L_{cr50} = \frac{N_H t_H Q K_u}{4(L_d + t_H u_1/2) L_f K_1} \ln \frac{K_1(2t_H u_1 + 2L_d + x) + h u_1}{K_1(t_H u_1 + x) + h u_1} \quad (4.112)$$

根据方程反求 x,x 即与半致死剂量对应的危害纵深:

$$x = \psi(Q, k_u, t_H, u_1, N_H, L_d, L_f, K_1, h, n, L_{cr50}) \quad (4.113)$$

上述方程可以通过计算机编程进行试差求解,对于化学袭击可以事先编成算图进行估算。例如,图 4.29 所示算图可以快速估算 $u_1 = 1\mathrm{m/s}$,$2L_d = 200\mathrm{m}$ 条件下初生云作用的全剂量及危害纵深,或对应一定全剂量的下风距离。

算图 4.29 由水平标线 x,三条垂直标线(Ⅰ、Ⅱ、Ⅲ)和六条倾斜标线构成。

水平标线是表示离毒袭区下风边缘的距离 x;

第Ⅰ条垂直标线表示距离 x,垂直稳定度 $\Delta t/u_1^2$ 对 L_{ct} 的影响;

第Ⅲ条标线为

$$\beta = N_1 Q K_u 10^{-4} \ (\mathrm{g/m^2})$$

式中:Q 为弹药中毒剂的质量(g);K_u 为毒剂的利用率;N_1 为在毒袭区内毒剂弹药的平均密度(发/h)。

对于急袭,有

$$N_1 = \frac{N_H}{4L_f(L_d + u_1 t_H/2)} 10^4 \ (发/h)$$

式中:$2L_d$、$2L_f$ 分别为毒袭区的长宽(沿风向和横截风向)(m);t_H 为急袭时间(s)。

若 β 值超过垂直标线Ⅲ上的最大值,应将 β 值乘以 0.1,及 0.1β,但最后结果应乘上 10 倍。

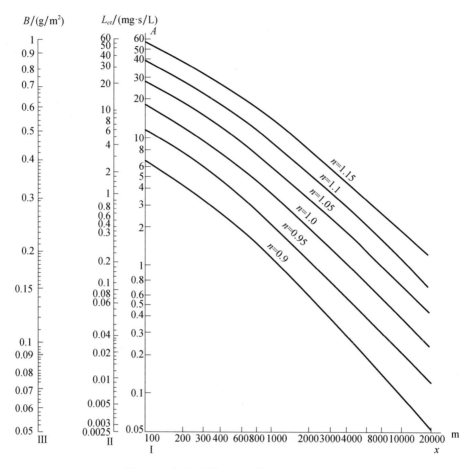

图 4.29 初生毒剂云团毒害剂量分布的算图

第Ⅱ条垂直标线是表示毒害剂量 L_{ct}(mg·s/L)。

必须指出,该算图在 $u_1=1$m/s,毒袭区的纵深 $2L_d=200$m 的条件下构成的。如果风速不是 1m/s,$2L_d$ 不等于 200m,则所求出的毒害剂量应乘以 $1/u_1$ 和 $2L_d/200$。

另外,下垫面粗糙度的不同,也会影响毒害剂量值,于是引入表 4.16 的修正系数。

表 4.16 下垫面影响系数

下垫面性质	修正系数
植物高大于 20cm	0.9
植物高大于 10~20cm	1.0

(续)

下垫面性质	修正系数
松雪覆盖的植物高 5~10cm	1.2
平坦的厚雪(等温时)	1.5
平坦的厚雪(逆温时)	2.2
中等高度雪层覆盖的植物高 5cm	1.4

该算图没有考虑毒剂云团在水平方向的扩散对毒害剂量的影响,这一影响对大云团和近距离传播来说可以忽略,但对小云团和远距离传播来说,就不能忽略,应该引入毒剂云团水平扩散的修正系数 η_d 和 η_f (表 4.15)。

算图的使用方法,可以通过下例加以说明。

例 4.5 已知敌人用 122mm 榴弹炮营(16 门,射速 6 发/min)进行 1min 的沙林弹化学急袭,$Q = 1325\text{g}, L_d = 80\text{m}, L_f = 150\text{m}, K_u = 0.3, \overline{\Delta t/u_1^2} = 0, u_1 = 2\text{m/s}$,下垫面为 25cm 高的草层,试求离毒袭区下风边缘 7000m 处的毒害剂量。

解:(1) $x = 7000\text{m}$ 的一点作垂直线交于 $\Delta t/u_1^2 = 0$ 的倾斜标线上,然后沿着水平线向左与垂直标线 I 交于 0.7。

(2) 求 β 值,因为

$$N_1 = \frac{16 \times 6 \times 10^4}{4 \times 150(80 + 2 \times 60/2)} = 11.4 (\text{发/h})$$

所以,$\beta = 1325 \times 0.3 \times 11.4 \times 10^{-4} = 0.453$。

(3) 在图 4.29 中,用直线将垂直标线 I 上 0.7 和标线 Ⅲ 上 0.453 相连,交于标线 Ⅱ 上的一点 0.24(mg·s/L)。

(4) 引入下列修正系数。风速修正系数为 1/2,下垫面的修正系数为 0.9,毒袭区纵深的修正系数为

$$\frac{2L_d + u_1 t_H}{200} = \frac{160 + 120}{200} = 1.4$$

毒剂云团水平扩散的修正系数 $\eta_f = 0.726$。

(5) 毒害剂量为

$$L_{ct} = \frac{0.24 \times 0.9 \times 0.726 \times 1.4}{2} = 0.11(\text{mg·s/L})$$

计算表明,离毒袭区下风边缘 7000m 处的距离上尚能引起中等程度的瞳缩

和呼吸道收缩效应。

例 4.6 条件同上例，求初生云的危害纵深。已知沙林的允许剂量为 $0.24\text{mg}\cdot\text{s/L}$。

解：因为 η_f 是 x 的函数，而求的也是 x，因此要进行试算或迭代计算才能求得危害纵深。

(1) 求 β 值。同前例，$\beta = 0.453$。

(2) 求标线Ⅱ上的毒害剂量。因给定剂量为 $0.24\text{mg}\cdot\text{s/L}$，标线Ⅱ的剂量分别应为

$$0.24 \times \frac{u \times 200}{K_{x0}(2L_\text{d} + u_1 t_\text{H}) \times \eta_\text{f}}$$

先假定 $\eta_\text{f} = 1$，则标线Ⅱ的剂量分别为

$$0.24 \times \frac{2 \times 200}{0.9 \times 280} = 0.38$$

(3) 将标线Ⅲ上的 0.453 与标线Ⅱ上的 0.38 相连线交标线Ⅰ为 1.2；引水平线交 $n=1$ 曲线，向下读出 $x_1 = 4250\text{m}$。

(4) 考虑 n_H 的修正，以 $L_\text{f} = 150\text{m}, x_1 = 4250\text{m}$ 查得 $n_\text{f} \approx 0.819$。

(5) 修正标线Ⅱ上的毒害剂量，$0.38/0.819 = 0.46$ 重复上述操作得 $x_2 = 3650\text{m}$。

(6) 再由 $x_2 = 3650\text{m}$，查得 $n_\text{f} = 0.838$，修正标线Ⅱ上的毒害剂量，$0.38/0.838 = 0.45$，由于对应的毒害剂量非常接近，故可判定危害纵深确定为 4650m。

4.3.4 人员中毒伤亡率评估

1. 毒害剂量数

有毒云团对人员造成的伤害与云团浓度及在此浓度下的作用时间有关，即毒害剂量为

$$L_{ct} = \int_{t_1}^{t_2} c(x,y,z,t)\,\text{d}t \tag{4.114}$$

式中：t_1、t_2 分别为毒云对某点处人员作用的起始和终止时间；$c(x,y,z,t)$ 为某点毒云浓度随时间变化的表达式。

与毒害程度相对应的毒害剂量称为毒害剂量级，如半致死剂量级 L_{ct50}、半失能剂量级 I_{ct50} 等。毒害剂量与毒害剂量级 L_{ct50} 之比，称为毒害剂量数 T，显然：

第 4 章 化学气溶胶

$$T = \int_{t_1}^{t_2} c(t)\,dt / L_{ct50} \tag{4.115}$$

2. 毒害剂量数与中毒伤亡率的关系

不论何种化合物呼吸道中毒,毒害剂量数 T 与人员不同程度的中毒伤亡率 P 有一一对应的近似关系。根据文献资料统计的大量毒性数据,得到一组平均结果,见表 4.17。

表 4.17 T 与不同程度伤亡率 P 的关系

T	0	0.1	0.2	0.3	0.4	0.5	0.6	0.7
P_1	0.0	—	0	0.03	0.06	0.11	0.15	0.23
P_2	0.0	—	0	0.08	0.11	0.17	0.22	0.38
P_3	0.0	—	0.10	0.17	0.31	0.50	0.65	0.78
P_4	0.0	0.05	0.25	0.50	0.75	0.90	0.96	0.99
T	0.8	0.9	1.0	1.2	1.4	1.6	1.8	2.0
P_1	0.30	0.42	0.50	0.71	0.85	0.94	0.98	—
P_2	0.50	0.63	0.71	0.86	0.95	1.00	—	—
P_3	0.85	0.90	0.95	0.99	1.00	—	—	—
P_4	1.00	—	—	—	—	—	—	—

注:表中 P_1、P_2、P_3、P_4 分别代表死亡率、重度以上、中度以上和轻度以上中毒杀伤率

依据表 4.17 试验数据可建立其数学关系,以重度以上杀伤率的计算为例:

$$P_2 = \frac{1}{1 + (0.2 + T)^{-(3.14 + 2.04T)}} \tag{4.116}$$

中度以上杀伤率为

$$P_3 = \frac{1}{1 + (0.5 + T)^{-(5.56 + 2.27T)}} \tag{4.117}$$

轻度以上杀伤率为

$$P_4 = \frac{1}{1 + (0.7 + T)^{-(9.12 + 6.02T)}} \tag{4.118}$$

3. 中毒伤亡人数估算

把事故点下风危害地域分成 k 个小单元,各单元的面积为 S_i,人口密度为 n_i,根据人员平均防护时间 Δt,分别计算每个单元中心的毒害剂量、毒害剂量数及相应的人员杀伤率 P_{ji},公式中 j 表示致死、重度、中度、轻度杀伤,则该地域遭

受不同程度的伤员人数为

$$N_j = \sum_{i=1}^{k} P_{ji} \cdot n_i \cdot s_i \tag{4.119}$$

若单元面积相等为 s，人口密度均匀为 n，则

$$N_j = n \cdot k \cdot s \sum_{i=1}^{k} P_{ji} \tag{4.120}$$

式中：$k \cdot s$ 或 $\sum_{i=1}^{k} s_i$ 必须包含所有可能受毒害的地域面积。

4.3.5 初生气溶胶云团危害地域

风的去向就是云团的飘移方向，但初生云在向下风传播时并不是严格按直线运动的，由于风的摆动和地形的影响，运动轨迹成波浪弯曲的复杂形状，如图 4.30 和图 4.31(a) 所示。

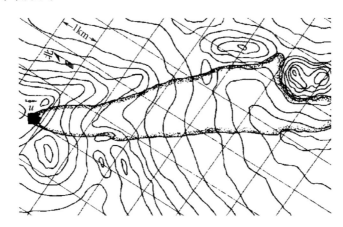

图 4.30 初生气溶胶云团实测云迹区示意图

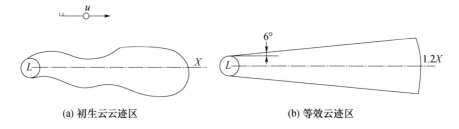

(a) 初生云云迹区　　　　　　　(b) 等效云迹区

图 4.31 初生气溶胶的云迹区和等效云迹区

第 4 章 化学气溶胶

如果把这平面"拉直",如图4.31(b)所示,为一近似梯形。大量试验表明,在简单地形、风向变化不大的条件下,此梯形两腰的夹角(或称两扩散线夹角)约为12°,"拉直"后的"等效云迹区"纵深比实际云迹区纵深(即危害纵深)约长20%。根据此条件,计算云迹区面积 S 的公式为

$$S = \frac{\pi}{8}L^2 + 1.2L \times X + 0.15X^2 \qquad (4.121)$$

式中:S 为初生云云迹区面积(km^2);L 为毒袭区直径或其垂直风向的长度(km);X 为初生云危害纵深(km)。

如果 X 为对应一定毒害剂量的危害纵深,那么 S 即为不低于该毒害剂量的云迹区面积。云迹区的面积比较接近初生云的实际危害面积。确定这个面积对于估算初生云全剂量杀伤率及卫勤部门急救、人员后送的组织计划,具有一定的意义。

在战时遭敌化学袭击后,风向的摆动使毒云危害边界变成摆动的带状,要想在地图上预测云迹区的具体位置和形状是十分困难的,但大量资料研究发现,这一复杂平面的两条外切直线夹角一般不超过40°,如图4.32所示。

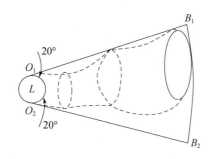

图 4.32 初生云危害地域与云迹区的关系

图4.32表示初生云危害地域与云迹区的关系。切线 $\overline{O_1B_1}$、$\overline{O_2B_2}$ 与风向轴线夹角各为20°,习惯上把从毒袭区出发的这两条外切直线与危害纵深弧线所包围的地域称作初生云的危害地域。危害地域勾画了初生云的最大危害范围。凡是在危害地域内各处的无防护人员,可能在不同时间受到不同程度的毒害。在危害地域内,近毒袭区,云团到达快,人员遭毒害严重。远毒袭区,云团到达迟,人员遭毒害轻。在云团传播轴线上(即风的去向)人员遭毒害的可能性比两

侧大。由于无法预测在危害地域内哪一点一定不受伤害,因此,从安全出发,都视为有危害,一经预报后都应采取适当地防护措施,以避免伤害。

40°扩散角对应的危害面积为

$$S_{40°} = 0.39L^2 + L \cdot x + 0.364x^2 \qquad (4.122)$$

在复杂地形上危害地域的形状和大小受地形和区域风的影响,会发生复杂的变化。在风向发生系统变化时,云团改变传播方向,危害地域不但形状复杂,而且可能使云团已经通过的地域重新受到伤害。在静风或风向极不稳定时,危害地域几乎是以毒袭区为中心的圆,如图4.33所示。

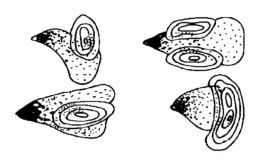

图 4.33　在复杂地形上危害地域示意图

总之,确定初生云危害地域大小和形状对于通报遭袭区下风人员及时防护是极为重要的。确定的程序是:首先根据一定的条件获得初生云危害纵深的估算值,根据平均风向在军用地图上从遭袭区位置做出40°夹角扩散线,再根据地形特点进行合理判断修正,做出初生云危害地域。当风向发生重大变化时,应重新判断云团的危害方向,对可能增加的被危害目标适时补充通报防护。

由于危害地域受多种条件影响,预测误差是不可避免的,为确保组织好防护,有关各部队都应进行云团监测,以准确报知云团的到达和通过时间,发出防护和解除防护的信号。

4.3.6　再生气溶胶云团危害时间

染毒地域中毒剂对有生力量的杀伤因素,不仅有毒剂液滴的作用,而且由于毒剂的不断蒸发,会有毒剂蒸气的作用。毒剂蒸发产生的二次蒸气又称为毒剂再生云,进入空气后在湍流扩散作用下会对下风产生危害。化学战剂危害时间的长短称为持久度,一般而言,除毒剂初生云之外,毒剂液滴和毒剂再生云都可能产生持久性危害。在染毒地域上,毒剂不断地蒸发使空气染毒。一般来说,毒剂蒸气持久度比液滴持久度要长。但对胶状芥子气来说,往往相反。

根据敌人战场上实际使用毒剂的情况来看,再生云团持久度可分为两种情况。

1. 长期暴露再生云持久度

染毒地域经过 t_n 时间后,无防护的有生力量处于该地域内,所受到的全部毒害剂量 L_{ct} 恰好等于最大安全毒害剂量,即

$$L_{ct} = \int_{t_n}^{\infty} c(t) dt = 最大安全毒害剂量 \quad (4.123)$$

则时间 t_n 就是该染毒地域的毒剂再生云持久度。

显然,要得出持久度 t_n,必须解决毒剂浓度随时间的变化,若不考虑水解等因素的影响,则

$$C_t = C_0 \exp\left(-\frac{E_f t}{KQ_0}\right) \quad (\text{mg/L}) \quad (4.124)$$

式中:C_0 为起始染毒浓度(mg/L),即

$$C_0 = \frac{E_f N}{\bar{u}} \mu \quad (\text{mg/L}) \quad (4.125)$$

其中 E_f 为光滑表面上的蒸发速度(mg/L),即

$$E_f = 0.886 A \cdot D \frac{MP_m}{RT} d_n \sqrt[3]{Pr} \quad (4.126)$$

N 为液滴数($1/m^2$);Q_0 为斑点面积上的起始毒剂量(g);$\bar{u}$ 为风速(m/s);$\mu = f\left(\dfrac{X}{Z_1} \cdot \dfrac{\Delta t}{u_1^2}\right)$ 为在 $Z = 1\text{m}$ 和不同气象条件下,浓度随着离染毒地域上风边缘的距离 x 的变化,列于表 4.18。把式(4.124)代入中式(4.123)中,得

$$L_{ct} = C_0 \int_t^{\infty} \exp\left(-\frac{E_f t}{KQ_0}\right) dt \quad (4.127)$$

表 4.18 μ 值

距离 x/m	对流	等温	逆温
40	10.0	25	27
100	15.0	31	48

(续)

距离 x/m	对流	等温	逆温
500	21.5	54	72
1000	26.0	62	120
2000	28.5	71	170
5000	30.0	91	255
10000	30.0	100	320
20000	30.0	112	410

设

$$\frac{E_f}{KQ_0} = a \quad (4.128)$$

则

$$\frac{L_{ct}}{C_0} = \int_{t_n}^{\infty} \exp(-at)\mathrm{d}t = -\frac{1}{a}\exp(-at)\Big|_{t_n}^{\infty} = \frac{1}{a}\exp(-at_n) \quad (4.129)$$

即

$$t_n = \frac{1}{a}\ln\frac{C_0}{aL_{ct}} = \frac{2.3KQ_0}{E_f}\lg\frac{C_0 KQ_0}{E_f L_{ct}}(\text{s}) \quad (4.130)$$

如果水解等因素不能忽略时,则必须进行修正,即

$$C_t = E_0 \exp\left(-\frac{K_p E_f t}{KQ_0}\right)\left(1 - \frac{Q_h}{Q_0}\right) \quad (4.131)$$

将式(4.131)代入式(4.130)中解得

$$t_n = \frac{2.3KQ_0}{E_f}\lg\frac{C_0\left(1 - \dfrac{Q_h}{Q_0}\right)KQ_0}{K_p E_f L_{ct}}(\text{s}) \quad (4.132)$$

式中各符号的意义同前。

2. 短期暴露蒸气持久度

染毒地域经过 t_n 时间后,无防护的有生力量进入该地域并在上面停留所受到的剂量,恰好等于最大安全剂量,而后必须离开,即

$$L_{ct} = \int_{t_n}^{t_n+\Delta t} C(t)\mathrm{d}t \quad (4.133)$$

则时间 t_n 就是暴露 Δt 时间毒剂蒸气持久度。

式中:Δt 为在染毒地域上允许停留的长时间;t_n 为毒剂蒸气持久度。

第 4 章 化学气溶胶

显然,把式(4.131)所示 $C(t)$ 代入式(4.133)中,积分,即得出在 Δt 时间间隔内,毒剂蒸气持久度或毒害剂量为

$$L_{ct} = C_0 \exp\left(-\frac{K_p E_f t}{K Q_0}\right)\left(1 - \frac{Q_h}{Q_0}\right)\Delta t \tag{4.134}$$

有时,需要解决染毒后部队在该染毒地域上的安全停留时间,这就必须知道有生力量在此段时间内受到了多少毒害剂量,以及在此毒害剂量作用下人员的中毒伤亡率,可利用式(4.134)计算,计算必须结合具体的毒剂和弹药特点。以沙林为例,计算结果见表 4.19。

表 4.19 沙林的毒害剂量值

土壤温度/℃	风速/(m/s)	暴露时间/h					
		0~1	1~2	2~3	3~4	4~5	5~6
		毒害剂量/(mg·min/L)					
0	0.25	0.058	0.350	0.240	0.157	0.105	0.068
	1.0	0.150	0.096	0.060	0.039	0.026	0.016
	3.0	0.054	0.031	0.019	0.012	0.0076	0.0047
	6.0	0.030	0.017	0.0096	0.006	0.0036	0.0021
20	0.25	1.730	0.225	0.056	0.006	0.001	0.0002
	1.0	0.470	0.068	0.013	0.0012	0.00012	0.00002
	3.0	0.160	0.021	0.0034	0.0003	0.00004	0.000003
	6.0	0.087	0.0094	0.0013	0.00003	0.00001	0.000003
30	0.25	3200	0.067	0.005	0.0005		
	1.0	0.800	0.017	0.0009	0.000007		
	3.0	0.340	0.005	0.0003	0.000002		
	6.0	0.160	0.002	0.00007	0.0000003		

条件:①苏军 122mmXCO 型炮弹;②染毒密度 $\Delta = 1 \text{g/m}^2$;③染毒地域纵深为 300m,宽度大于 1000m;④等温;⑤无植物覆盖的土壤

应用上述计算结果时必须注意,由于表 4.19 是在 $\Delta = 1 \text{g/m}^2$ 和等温条件得出的,如果是另外的染毒密度则应该把表值乘以实际染毒密度,因为毒害剂量的变化是正比于染毒密度。如果是对流和逆温条件,则应分别乘以系数 0.5 和 2.0 的系数进行修正。

例 4.7 由 122mmXCO 型沙林炮弹所造成的染毒地域,纵深为 300m,宽度

为1200m,染毒密度为9.2g/m²,在逆温条件下,土壤温度为10℃,风速为2m/s,地域无植物覆盖,试求在染毒后3h无防护人员进入染毒地域,并在地域内停留15min,有生力量的杀伤率有多大?

解: 从表4.19中查得染毒后3h的第一个小时中(3~4h之间)的毒害剂量值为

土壤温度为0℃,风速为2m/s时,毒害剂量为0.025mg·min/L;

土壤温度为20℃,风速为2m/s时,毒害剂量为0.0007mg·min/L。

取平均值,可得出在10℃和2m/s条件下的毒害剂量:

$$L_{ct} = \frac{1}{2}(0.025 + 0.0007) = 0.013(\text{mg} \cdot \text{min/L})$$

因为染毒密度是9.2g/m²,所以

$$L_{ct} = 9.2 \times 0.013 = 0.12(\text{mg} \cdot \text{min/L})$$

根据题意,有生力量在染毒地域内停留15min,所受到的剂量将是这一小时剂量的1/4,所以

$$L_{ct} = \frac{1}{4} \times 0.12 = 0.03(\text{mg} \cdot \text{min/L})$$

因为沙林蒸气通过呼吸道作用时的半致死剂量为

$$L_{ct} = 0.0762 + 10^{-4} \times 15 = 0.0741(\text{mg} \cdot \text{min/L})$$

所以,毒害剂量数为

$$T_{ct50} = \frac{0.03}{0.0741} = 0.41$$

从表4.17中查得对应于该毒害剂量的杀伤率为:①死亡(6%);②重度(5%);③中度(20%);④轻度(44%)。

4.4 化学气溶胶云团的水平运动与防护时机估算

战场条件下,不论敌人采用齐射还是化学急袭的攻击方式,爆炸产生的毒剂初生云团都会在风和大气湍流作用下向下风方向做水平移动和横向扩散。和平时期,突发化学事故产生的有毒云团也会在风的作用下从上风向下风纵深处扩散传播。如果危害纵深较大,还应估算化学气溶胶云团向下风传播的动态

数据,包括某一时间云团到达下风的位置和下风某一位置上的人员开始防护的时间等,从而为指挥员提供决策依据。

4.4.1 云团到达时间

云团到达时间,指气溶胶云团的头部到达下风某距离处的时间。要计算云团的到达时间必须首先讨论云团运动的速度。根据风速随高度的变化,知道云团各层运动速度是不同的,越往上越快,使云团在传播过程中被拉成长条形,云团顶部运动快,底部运动慢,又由于始终存在着湍流混合,上面的一部分云团又会被卷到地面上,形成头部低浓度云团的先期到达。从化学防护角度来看,云团头部到达前必须完成防护,因此计算云团到达时间应取云团头部运动速度。

在中等气象条件及简单地形下,大量试验资料表明,云团头部的运动速度约等于离地 2m 高风速的 2 倍。设下风距离 x 及毒袭区直径 L 以 km 为单位。

计算气溶胶云团到达时间的通式为

$$T_{dx} = \frac{x}{k_1 u_h} \quad (h) \tag{4.135}$$

式中: u_h 为云团头部的速度(km/h),可取为地面上两米高风速的 2 倍。k_1 根据地形条件从表 4.20 中选取。

表 4.20 系数 k_1 取值

地形特点	k_1
平坦或小起伏地	2
翻越中等起伏地(山头测风)	1.2
翻越中等起伏地(山谷中测风)	2.4

若 x 用 km,u 用 2m 高平均风速 m/s,T_d 用 min 为单位,则有

(1)平坦或小起伏地形上:

$$T_{dx} = 8.3 \frac{x}{u} \quad (min) \tag{4.136}$$

(2)中等起伏地形上(山头测风):

$$T_{dx} = 14 \frac{x}{u} \quad (min) \tag{4.137}$$

(3)中等起伏地形上(山谷测风):

$$T_{dx} = 7\frac{x}{u} \quad (\text{min}) \tag{4.138}$$

(4)大城市:

$$T_{dx} = 16\frac{x}{u} \quad (\text{min}) \tag{4.139}$$

式中:u 为城市建筑物平均高度处对应的风速(m/s)。在缺乏统计数据时可用 10m 高处风速(常规气象台站测风高度)来代替。

计算云团到达时间对于下风部队适时防护具有一定意义。到达时间就是下风各距离处人员必须完成防护的最晚时间。若及时做出云团到达时间的通报,使各部队在云团到达前适时采取防护措施,既避免了毒剂的伤害又减少了部队因过早戴面具而产生的疲劳(表4.21)。

例4.8 4h 敌机对龙口镇上风 15km 处目标进行了沙林袭击,云团将危害到龙口镇,该镇军民必须在何时前采取防护措施或撤离到安全地带?2m 高平均风速 1.5m/s,平坦开阔地形。

解:云团到达时间就是开始防护时间,即

$$t_d = \frac{8.3x}{u} = \frac{8.3 \times 15}{1.5} = 83(\text{min})$$

计算表明,该镇军民必须在 5 时 23 分(天文时)前采取防护措施。

表4.21 提前防护与感到有初步中毒症状时防护对人员杀伤程度的影响[①]

防护水平		伤亡/%					
		下风5km		下风10km		下风20km	
		致死或重伤	轻伤	致死或重伤	轻伤	致死或重伤	轻伤
通报	初生云到达前已戴防毒面具	0	5	0	0	0	0
不通报	感到有初步症状时戴防毒面具;其他防护措施有效	20~30	70~80	5~10	90~95	0	5
	其他防护措施有效	80	20	20	80	0	30

①8 架飞机与风向垂直低飞 6km,布洒 4000kg 沙林,开阔地或稀树林地,阴天,风速 2.8m/s。初步症状限于流鼻涕、缩瞳、胸闷以及呼吸稍感困难。其他防护措施指使用自动解磷针和人工呼吸等急救措施(摘自瑞典陆军野外试验观测使用手册)

例4.9 为保障某阵地人员在初生毒剂云团到达前采取防护措施,在其配置地域的上风某处派出初生云监测哨。预计风速 2m/s,等温或逆温。监测哨

发现毒剂云团到报告完毕关需1min,发放云团危害警报到全体人员采取防护措施又需1min。计算云团监测哨派出的距离最短需要多少千米？如果风速增大或报知速度、防护速度缓慢,这个距离应该怎样变化(小起伏地形)？

解：由 $t_d = \dfrac{8.3x}{u}$，得 $x = \dfrac{t_d \cdot u}{8.3}$，$t_d$ 应理解为发现云团到全体防护好所需时间，x 是这段时间内云团运动的距离,也就是说当云团到达配置地域上风边缘前,人员已采取防护措施完毕,保障了部队的安全。所以

$$x = \frac{t_d \cdot u}{8.3} = \frac{(1+1) \times 2}{8.3} = 0.48(\text{km})$$

如果风速增大,通报防护速度缓慢则 x 变大。

当风向改变时,监测哨也要相应改变位置,以保证捕捉到云团。

云团在高大植物层中传播时,进入林中的云团传播是相当慢的,而且越来越慢,甚至会在林中某地长期滞留。但林上的风速较大,一部分云团冲入林顶后,就会以较高的速度在林冠上传播,边传播边部分渗入林内,因此会出现云团的早期到达,它虽有"预警"作用,但也可能造成出乎意料的伤害。所以在计算云团到达林内某地的时间时,绝不能用林内风速作为基础,必须考虑在林冠上的超越现象。

云团在有低矮植物层地面上传播时,由于云团的高度大大超过植物层高度,因此云团顶部运动基本不受植物层的影响,云团到达时间可按光秃地面上的公式计算。

4.4.2 云团通过时间

初生云团前端到达某点至末端脱离该点所间隔时间为通过时间。通过时间实际上是云团覆盖某点的时间,即该点人员必须防护的最短持续时间。通过时间显然与风速、地形和云团的顺风长度及下风距离有关。

设云团顶部的运动速度为 $u_\text{云}$,云团尾部的运动速度为 $u_\text{尾}$。注意 $u_\text{尾}$ 并不是高度为 0 的云团速度,而是与战时人员活动最低高度有关的某一个速度。

在气象学中,由于风速随高度变化,因此云团头部(上部)和尾部(下部)的运动速度是不同的,显然 $u_\text{云} > u_\text{尾}$,这样就出现了图 4.34 所示的云团水平运动

模型。起始顺风长为 L 的云团,边传播边被"拉长"为 L_1、L_2。

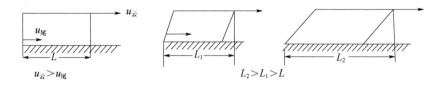

图 4.34 云团水平运动模型

由于云团沿风向会被拉长,所以通过下风某点会需要一定的时间 ΔT,且云团通过下风各点的时间是不同的,随距离增大而越来越长。若以起始云团下风为原点的下风距离 x 处,云团通过 x 点的时间可推导为

$$\Delta t = \frac{x+L}{u_{云}} - \frac{x}{u_{尾}} \tag{4.140}$$

设:$u_{云} = k_1 u_2$ ($k_1 > 1$ 由试验定);$u_{尾} = k_2 u_2$ ($k_2 < 1$ 由试验定)。

则

$$\Delta t = \frac{k_1 - k_2}{k_1 k_2} \frac{x}{u_2} + \frac{1}{k_2} \frac{L}{u_2} \tag{4.141}$$

说明 Δt 是关于 x/u_2 的线性方程,系数由试验测定。

对于低矮密集植物层覆盖的小起伏地形上,用经验式(4.142)计算

$$\Delta t = 3.6 + 6.45 \frac{x}{u_2} + 33.1 \frac{L}{u_2} \tag{4.142}$$

式中:L 为起始云团(或毒袭区)顺风长度(km);x 为下风某点离毒袭区下风边缘的距离(km);u_2 为距地面 2m 处的风速(m/s);Δt 为云团通过 x 点的时间(min)。

也可用大气扩散试验测定建立的经验式进行计算:

$$\Delta T = 240 L/u \quad (\text{min}) \tag{4.143}$$

在平坦或小起伏的光秃地面上,云团通过时间 Δt 是按以下假定计算的:把起始云团的顺风长 L 扩大 20% 后并不再变化,以风速 u_2 传播所用时间再加上 10min 的安全系数。表达式为

$$\Delta t = \frac{1.2 \times 1000 L}{60 u_2} + 10 = \frac{20 L}{u_2} + 10 \tag{4.144}$$

由式(4.144)计算 Δt 是不随 x 而变化的,这显然不合理,但可以理解为是在云团传播过程中的平均通过时间。

第 4 章 化学气溶胶

4.4.3 初生云开始防护与解除防护的时间

利用云团到达和通过时间的公式,可以计算仅受初生云团危害的地域内各目标开始防护与解除防护时间。对于指定目标,所属人员开始防护与解除防护的时间与目标配制地域的形状有关。

设在初生云危害地域内有下列形状目标:点目标、线目标和面目标,如图 4.35 所示,设毒袭开始时间或化学爆炸发生时间为 t_0,受染区直径或顺风长为 L,各目标离毒袭区下风边的最近距离为 x_1,最远距离为 x_2,风速为 u_2,则利用式(4.145)~式(4.148)可计算开始防护时间 t_f 和解除防护时间 t_j。

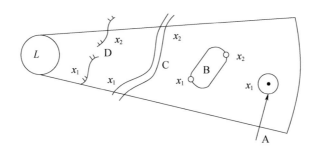

图 4.35 危害地域内的各目标

1. 点目标 A

对于点目标 A:

$$t_f = t_0 + t_{dx1} \tag{4.145}$$

$$t_j = t_0 + t_{dx1} + \Delta t \tag{4.146}$$

式中:t_{dx1} 为云团到达 A 目标的时间;Δt 为云团通过 A 目标的时间。

2. 线目标 C、D

对于线目标 C、D:

$$t_f = t_0 + t_{dx1} \tag{4.147}$$

$$t_j = t_0 + t_{dx2} + \Delta t \tag{4.148}$$

式中:t_{dx1} 为云团到达受云团危害的最近点 x_1 的时间;t_{dx2} 为云团到达受云团危害的最远点 x_2 的时间;Δt 为云团通过 x_2 的时间。

3. 面目标 B

计算 t_f、t_j 公式与线目标相同。实际上线目标公式也适用于点目标,此时 $x_1 = x_2$,因此有 $t_{dx1} = t_{dx2}$。

t_f、t_j 的计算只能作为确定防护时机的参考值,因为野战条件下地形和风速、风向的变化是复杂的,很难完全预测到。实际开始防护时间和解除防护的时间要通过云团监测手段来最后确定,尤其是解除防护时间,甚至要通过少数人的预先解除试验确定,以确保整个部队解除防护后的安全。

例 4.10 3h 沙林炮袭,毒袭区直径为 500m,风速为 2.5m/s,下风某公路在初生云危害区内,近点 $x_1 = 5$km,远点 $x_2 = 7$km,平坦光秃地面。计算云团对公路段覆盖的起止时间。

解:$t_{dx1} = \dfrac{8.3 x_1}{u_2} = \dfrac{8.3 \times 5}{2.5} = 16.6 \text{min}$

$t_{dx2} = \dfrac{8.3 x}{u_2} = \dfrac{8.3 \times 7}{2.5} = 23.2 \text{min}$

$\Delta t = \dfrac{20 L}{u_2} + 10 = \dfrac{20 \times 0.5}{2.5} + 10 = 14 \text{min}$

则 $t_f = t_0 + t_{dx1} = 3h + 16.6\text{min} = 3h16\text{min}$

$t_j = t_0 + t_{dx2} + \Delta t = 3h + 23.2\text{min} + 14\text{min} = 3h37\text{min}$

例 4.11 2h 敌航空兵歼击机对某防御前沿使用沙林,毒袭区顺风长为 1km,指挥所地域离毒袭区最近距离为 6km,指挥所地域顺风配置纵深为 2km。计算指挥所地面上人员开始防护与解除防护的时间。风速 1.6m/s,地面覆盖着 1m 左右的密集植物层。

解:$t_{dx1} = \dfrac{8.3 x_1}{u_2} = \dfrac{8.3 \times 6}{1.6} = 31.1\text{min} \approx 31\text{min}$

$t_{dx2} = \dfrac{8.3 x_2}{u_2} = \dfrac{8.3 \times (6+2)}{1.6} = 41.5\text{min} \approx 42\text{min}$

$\Delta t = 3.6 + 6.45 \dfrac{x_2}{u_2} + 33.1 \dfrac{L}{u_2} = 3.6 + 6.45 \dfrac{6+2}{1.6} + 33.1 \dfrac{1}{1.6} = 56.5\text{min} \approx 57\text{min}$

则 $t_f = t_0 + t_{dx1} = 2h + 31\text{min} = 2h31\text{min}$

$t_j = t_0 + t_{dx2} + \Delta t = 2h + 42\text{min} + 57\text{min} = 3h39\text{min}$

4.4.4 再生云开始防护与解除防护的时间

再生云主要由受染地域上的有毒液滴蒸发产生,作用距离通常不会很大,一般在数百米到几千米以内,所以在遭袭地域内的人员要立即防护,在遭袭地域下风区域内的人员也应立即进行防护。

与初生云不同的是,初生云通过以后即可解除防护,但是再生云的危害时间很长,随着毒物蒸发,再生云的危害范围也会逐渐变小,因此,受再生云影响的人员通常要在再生云持久度之后才能解除防护,而不能在初生云通过后就解除防护。有些毒物没有再生云,如氢氰酸、光气等,只需要对初生云进行防护即可,无须考虑对再生云的防护。

4.5 化学突发事故危害后果评估

有挥发性的化学物质泄漏或者有毒物质发生爆炸后均可形成大规模的气溶胶云团对下风广大地域产生毒害效应。根据剂量方程可以计算出危害纵深和人员中毒伤亡率,而剂量方程有很多种,主要与扩散源的类型有关。

4.5.1 化学突发事故毒云危害的主要类型

危险化学品有成千上万种,化工容器和化工设施种类繁多,但发生突发事故后有可能在空气中形成大范围毒云危害的事故主要分为超压爆炸和连续泄漏两种,有些情况下会因爆炸引发连续泄漏。

超压爆炸是指容器因各种原因导致承受的压力过载引发的爆炸,是一种物理爆炸,只发生物态变化、不发生化学变化。爆炸后容器内的有害物质瞬时释放到大气环境,形成初始云团并向下扩散传播,如图4.36所示。

连续泄漏通常是指管道破裂或高压容器的阀门破损等原因导致的有毒物质连续不断的泄漏到空气中形成云团并向下风广大地域扩散产生大范围毒云危害。

能够产生大范围毒云危害的化学物质通常是一些挥发度高、毒性大的危险化学品,如氨气、液氯、液化气、一甲胺、氟化氢、光气、硫化氢等。

图 4.36 超压爆炸形成的气溶胶云团

4.5.2 超压爆炸事故危害评估

化工反应器、储罐爆炸可以认为是瞬时体源,可根据梯度输送理论的瞬时体源方程计算毒物的浓度分布和剂量分布。

(1)爆炸开始用 $\Delta\tau$ 秒防护完毕作用的剂量为

$$L_{c\tau}(x,y,0) = \frac{QK_u \exp\left(-\frac{y^2}{\alpha^2}\right)}{2\sqrt{\pi}u_1\alpha\beta}\left[\phi\left(\frac{u_1\Delta\tau-x}{\alpha}\right)+\phi\left(\frac{x}{\alpha}\right)\right] \quad (4.149)$$

式中:

α 为云团半径随距离变化的表达式,即

$$\alpha = \sqrt{4K_0\frac{x}{u_1}+r^2} \quad (\text{m}) \quad (4.150)$$

β 为云团高度随距离变化的表达式,即

$$\beta = \left(K_1 n^2 Z_1^{n-2}\frac{x}{u_1}+h^n\right)^{\frac{1}{n}} \quad (\text{m}) \quad (4.151)$$

r、h 分别为爆炸起初观测到的云团半径和高度(m);

u_1 为 Z_1 高的风速,若取 $Z_1=10\text{m}$ 则 u_1 为 10m 高的风速(m/s);

Q 为爆炸物质的总质量(g);

K_u 为气化率,对于没有燃烧的压力爆炸,K_u 与化合物沸点有关,其推荐值如表 4.22 所列。

$\phi(t)$ 为拉普拉斯函数;

表 4.22　气化率与化合物沸点的关系

t_b 沸点/℃	25	50	100	150	200	300
气 化 率	0.9	0.8	0.6	0.4	0.3	0.2

近似表达式为

$$K_u = 1.023\exp(-0.0057 t_b) \quad (4.152)$$

若以 μg·min/L 表示剂量,则

$$L_{c\tau}(x,y,0) = \frac{4.7 Q K_u \exp\left(-\dfrac{y^2}{\alpha^2}\right)}{u_1 \alpha \beta}\left[\phi\left(\frac{u_1 \Delta\tau - x}{\alpha}\right) + \phi\left(\frac{x}{\alpha}\right)\right] \quad (4.153)$$

(2) x 处云团到达后用 $\Delta\tau$ 秒防护完毕作用的剂量为

$$L_{c\tau}(x,y,0) = \frac{4.7 Q K_u \exp\left(-\dfrac{y^2}{\alpha^2}\right)}{u_1 \alpha \beta}\left[\phi(1) + \phi\left(\frac{u_1 \Delta\tau}{\alpha} - 1\right)\right] \quad (4.154)$$

(3) 全剂量为

$$L_{c\tau}(x,y,0) = \frac{4.7 Q K_u \exp\left(-\dfrac{y^2}{\alpha^2}\right)}{u_1 \alpha \beta}\left[1 + \phi\left(\frac{x}{\alpha}\right)\right] \quad (4.155)$$

4.5.3　连续泄漏事故危害评估

由管道破裂、阀门损坏引起有毒化学品泄漏属于连续源。图 4.37 所示为应急人员正在现场处理泄漏事故。

图 4.37　应急人员正在现场处理泄漏事故

对于连续泄漏事故,可采用统计理论建立的浓度方程评估气溶胶危害后果。根据泄漏点(部位)源况的差别可区分为以下几种连续源。

1. 连续点源泄漏

1)高架连续点源

浓度为

$$C(x,y,z,H) = \frac{Q_p \cdot K_u}{2\pi u \sigma_y \sigma_z} \cdot \exp\left(-\frac{y^2}{2\sigma_y^2}\right)\left(\exp\left(-\frac{(z-H)^2}{2\sigma_z^2}\right) + \exp\left(-\frac{(z+H)^2}{2\sigma_z^2}\right)\right)$$

(4.156)

式中:Q_p 为源强(g/s);K_u 为气化率。

对于气体泄漏,$K_u \approx 1$;而对于液体,当液体温度低于沸点时 $K_u \approx 0.2$;当液体温度过热时取

$$K_u = c_p(t_c - t_b)/H_{vap}$$

(4.157)

式中:c_p 为液体的等压热容(J/(kg·k));t_c、t_b 分别为液体的温度和沸点(℃);H_{vap} 为液体的气化焓,J/kg。对各种化合物平均可取

$$K_u = 0.004(t_c - t_b)$$

(4.158)

2)地面连续点源

当 $H=0$ 时,高架连续点源就变为地面连续点源。化学突发事故和大气污染源所释放的有毒有害物质并不是在无限空间中扩散,而是有地面对云团的反射和吸收的影响。若地面全吸收,则 $z<0$ 部分的云团不存在,$z>0$ 部分的浓度为

$$C(x,y,z,0) = \frac{Q_p}{2\pi u \sigma_y \sigma_z} \exp\left(-\left(\frac{y^2}{2\sigma_y^2} + \frac{z^2}{2\sigma_z^2}\right)\right)$$

(4.159)

若地面全反射,则 $z<0$ 部分的云团反射叠加到 $z>0$ 的部分,使地面上空浓度加大。考虑地面全反射作用,地面上空浓度将加倍,则浓度方程变为

$$C(x,y,z,0) = \frac{Q_p}{\pi u \sigma_y \sigma_z} \exp\left(-\left(\frac{y^2}{2\sigma_y^2} + \frac{z^2}{2\sigma_z^2}\right)\right)$$

(4.160)

目前尚难给出吸收或反射的比例,但对于光秃平坦干燥的地面可以近似认为是全反射的。

例4.12 某储罐内装剧毒化学品100kg,因阀门损坏发生连续泄漏事故,泄

第 4 章 化学气溶胶

漏速度为 1kg/min,计算下风地面轴线上浓度随距离的分布及有效刺激距离。已知该毒物 1min 不可耐刺激浓度为 5μg/L,稳定度 D 类,风速 2m/s,平坦开阔光秃地面。

解:根据连续点源方程,若考察地面轴线上的浓度分布,则

$$C(x,0,0,0) = \frac{Q_p}{\pi u \sigma_y \sigma_z}$$

$$Q_p = 1 \times 1000/60 = 17 \, (\text{g/s})$$

D 类稳定度时,有

$$\sigma_y = \gamma_1 x^{\alpha_1}, \quad \sigma_z = \frac{ax}{(1+bx)^c}$$

其中 $\alpha_1 = 0.8933, \gamma_1 = 0.1389, a = 0.050, b = 0.0017, c = 0.46$,代入后得

$$C(x,0,0,0) = \frac{170(1+0.0017x)^{0.46}}{\pi \times 2 \times 0.006945 x^{1.8933}} = 389.58 x^{-1.8933} (1+0.0017x)^{0.46}$$

计算结果列于表 4.23 中。

表 4.23　下风浓度与距离的关系

x/m	50	60	80	100	200	400	500	600
$C/(\mu\text{g/L})$	245.6	175.2	103.0	68.4	19.6	5.9	4.0	2.96

不可耐浓度 5μg/L 所对应的距离,可用插值计算或迭代计算约为 439m。

例 4.13　上例条件下,作 1min 不可耐浓度的地面等浓度线。

解:根据式(4.160),得

$$C(x,y,0,0) = \frac{Q_p}{\pi u \sigma_y \sigma_z} \times \exp\left(-\frac{y^2}{2\sigma_y^2}\right)$$

变换上式可得

$$y = \pm\sqrt{2}\sigma_y \left[\ln\frac{Q_p}{\pi u \sigma_y \sigma_z C(x,y,0,0)}\right]^{1/2}$$

令 $C(x,y,0,0) = 5 \times 10^{-3} \text{g/m}^3$ 代入上式得

$$y = \pm\sqrt{2} \times 0.1389 x^{0.8933} \left[\ln\frac{17 \times (1+0.0017x)^{0.46}}{\pi \times 2.5 \times 10^{-3} \times 0.006945 x^{1.8933}}\right]^{1/2}$$

$$= \pm 0.1964 x^{0.8933} [11.2634 + 0.46\ln(1+0.0017x) - 1.8933\ln x]^{1/2}$$

计算结果见表 4.24。

表 4.24　下风危害地域横风宽度随距离的变化

x/m	50	60	80	100	200	400	439	500
y/m	±12.8	±14.4	±17.1	±19.4	±26.1	±16.5	±0.369	0

作图,如图 4.38 所示。

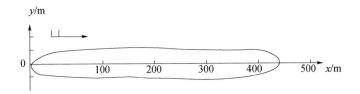

图 4.38　等浓度线

2. 连续线源

1) 水平线源

假定连续线源是横截风施放的。把连续线源看作按 y 方向排列的许许多多同时施放的连续点源组成,每个连续点源相当于无限小长度 $d\zeta$ 的部分。线源扩散对空间某点的浓度等于线源上所有点源扩散浓度之和。

设离地面 H 高度上连续线源源强为 $Q_L(g/(m \cdot s))$,则

$$Q_p = Q_L d\zeta \tag{4.161}$$

线源长度为 $2Y_0$,x 轴通过 $2Y_0$ 中点。每个点源对空中一点 $A(x,y,z)$ 处浓度贡献为

$$dC = \frac{Q_L \cdot d\zeta}{2\pi u \sigma_y \sigma_z} \exp\left(-\frac{(y-\zeta)^2}{2\sigma_y^2}\right) \left(\exp\left(-\frac{(z+H)^2}{2\sigma_z^2}\right) + \exp\left(-\frac{(z-H)^2}{2\sigma_z^2}\right)\right) \tag{4.162}$$

线源上各点源对 A 点的浓度贡献之和为

$$C(x,y,z) = \frac{Q_L}{2\pi u \sigma_y \sigma_z} \left(\exp\left(-\frac{(z+H)^2}{2\sigma_z^2}\right) + \exp\left(-\frac{(z-H)^2}{2\sigma_z^2}\right)\right) \int_{-Y_0}^{+Y_0} \exp\left(-\frac{(y-\zeta)^2}{2\sigma_y^2}\right) d\zeta \tag{4.163}$$

积分结果为

$$C(x,y,z) = \frac{Q_L}{2\sqrt{2\pi} u \sigma_z} \left(\exp\left(-\frac{(z+H)^2}{2\sigma_z^2}\right) + \exp\left(-\frac{(z-H)^2}{2\sigma_z^2}\right)\right) \left[\phi\left(\frac{y+Y_0}{\sqrt{2}\sigma_y}\right) - \phi\left(\frac{y-Y_0}{\sqrt{2}\sigma_y}\right)\right] \tag{4.164}$$

对于地面线源和轴线上的浓度,有

$$C(x,0,z) = \frac{Q_L}{\sqrt{\frac{\pi}{2}}u\sigma_z}\exp\left(-\frac{z^2}{2\sigma_z^2}\right)\phi\left(\frac{Y_0}{\sqrt{2}\sigma_y}\right) \qquad (4.165)$$

对于无限长线源和地面轴线浓度,有

$$C(x,0,0) = \frac{Q_L}{\sqrt{\frac{\pi}{2}}u\sigma_z} \qquad (4.166)$$

例 4.14 在 50m 长的施放线上,每秒施放毒烟 100g,求下风 2km 地面轴线上的浓度。逆温 E,风速 $u = 2$m/s,光秃平坦地面。

解: $Q_L = 1000/50 = 20$g/(m·s)

$\sigma_y = 0.101947 \times 2000^{0.896964} = 93.1(\text{m})$

$\sigma_z = 1.73241 \times 2000^{0.414743} = 40.5(\text{m})$

$\dfrac{Y_0}{\sqrt{2}\sigma_y} = \dfrac{25}{\sqrt{2}\cdot 93.1} = 0.1899$,计算得 $\phi\left(\dfrac{Y_0}{\sqrt{2}\sigma_y}\right) = 0.21173$

$C(x,0,0) = \dfrac{Q_L}{(\pi/2)^{1/2}u\sigma_z}\phi\left(\dfrac{Y_0}{2^{1/2}\sigma_y}\right) = \dfrac{20}{(\pi/2)^{1/2}\times 2\times 40.5}\times 0.21173 = 0.0417(\text{g/m}^3)$

对于稳定的连续源施放,下风某点浓度不随时间而变化,因此云团对某点作用的毒害剂量等于浓度与作用时间 Δt 的积。该毒害剂量与人员中毒伤害程度相对应:

$$L_{ct}(x,0,0) = \frac{Q_L\cdot\Delta t}{(\pi/2)^{1/2}u\sigma_z}\phi\left(\frac{Y_0}{2^{1/2}\sigma_y}\right) \qquad (4.167)$$

式中:$L_{ct}(x,0,0)$ 为下风 x 处作用的毒害剂量(g·min/m³);Δt 为毒剂云团在某点的作用时间(min)。

2)地面垂直喷射云柱高为 H_L 的连续线源

为求地面浓度,通过连续点源在 Z 方向积分:

$$C(x,y,z,H_L) = \frac{Q_L\cdot K_u}{\pi u\sigma_y\sigma_z}\cdot\exp\left(-\frac{y^2}{2\sigma_y^2}\right)\int_0^{H_L}\exp\left(-\frac{z^2}{2\sigma_z^2}\right)dz \qquad (4.168)$$

积分结果得

$$C(x,y,0,H_L) = \frac{Q_L\cdot K_u}{\sqrt{2\pi}u\sigma_y}\cdot\exp\left(-\frac{y^2}{2\sigma_y^2}\right)\phi\left(\frac{H_L}{\sqrt{2}\sigma_z}\right) \qquad (4.169)$$

式中：Q_L 为线源的源强(g/s/m)，Q_L =泄漏总量/(泄漏时间×喷射云柱高度)。

在 $\Delta\tau$ 秒时间内作用的剂量为

$$L_{c\tau} = C(x,y,0,H_L)\Delta\tau \quad (\text{g}\cdot\text{s/m}^3) \tag{4.170}$$

若以 μg·min/L 为单位表示剂量，则

$$L_{c\tau}(x,y,0,H_L) = \frac{6.65 Q_L \cdot K_u \cdot \Delta\tau}{u\sigma_y} \cdot \exp\left(-\frac{y^2}{2\sigma_y^2}\right)\phi\left(\frac{H_L}{\sqrt{2}\sigma_z}\right) \tag{4.171}$$

3. 连续面源

1) 地面水平面源

大量有毒物质从垂直地面的车间大门或车间顶部一定面积内向外泄漏会构成连续面源或空中连续面源。大量有毒化工液体流淌在地面或其他表面上蒸发会构成地面连续面源，此时有毒化学品会从整个沾染区的表面上连续不断地向外蒸发并形成再生气溶胶云团。图 4.39 所示为化工厂爆炸导致工厂多点泄漏形成连续面源。

图 4.39 化工厂爆炸导致工厂多点泄漏形成连续面源

设风向与 x 平行，连续面源沿风向长度为 l，把连续面源看作沿 x 方向横风排列的许许多多同时施放的连续线源组成，每个连续线源相当于以无限小长度 dl 沿 y 方向排列的很多个连续点源组成，则连续面源扩散对空间某点的浓度等于面源上所有线源或者连续点源扩散浓度之和。

以地面水平面源为例，其下风浓度是由无限个垂直风向的宽度为 dx 的线源扩散浓度之和。设面源源强为 $Q_S(\text{g/m}^2\cdot\text{s})$，有

第 4 章 化学气溶胶

$$Q_S = Q_L dx \tag{4.172}$$

面源内部,轴线地面上 1m 高处 $(x,0,1)$ 浓度公式为

$$C(x,0,1) = \frac{Q_S}{(\pi/2)^{1/2}u} \int_0^x \frac{1}{\sigma_z} \phi\left(\frac{Y_0}{2^{1/2}\sigma_y}\right) \exp\left(-\frac{1}{2\sigma_z^2}\right) dx \tag{4.173}$$

令积分 $J_x = \int_0^x \frac{1}{(\pi/2)^{1/2}\sigma_z} \phi\left(\frac{Y_0}{2^{1/2}\sigma_y}\right) \exp\left(-\frac{1}{2\sigma_z^2}\right) dx$,则

$$C(x,0,1) = \frac{Q_S}{u} J_x \tag{4.174}$$

式中:J_x 为大气稳定度及面源宽度(垂直风的边长)的函数,可事先计算编制成表格,部分数据见表 4.25,其中 B、C、D、E、F 为大气垂直稳定度。

在面源外下风某点的浓度为

$$C(x,0,1) = \frac{Q_S}{u}(J_x - J_{x-L}) \tag{4.175}$$

式中:L 为染毒地域顺风长(m)。

表 4.25 $J_x = (2/\pi)^{1/2} \int_0^x \frac{1}{\sigma_z} \phi\left(\frac{Y_0}{2^{1/2}\sigma_y}\right) \exp\left(-\frac{1}{2\sigma_x^2}\right)$

x/m	$2Y_0=200m$					$2Y_0=400m$				
	B	C	D	E	F	B	C	D	E	F
100	18.94	21.91	27.42	32.13	32.93	18.94	21.91	27.42	32.13	32.93
200	24.87	29.53	39.47	51.79	57.01	24.27	29.53	39.47	51.79	57.01
300	27.22	34.21	47.01	65.39	72.56	27.36	34.22	47.01	65.39	72.56
400	29.13	37.59	52.65	76.30	84.34	29.42	37.65	52.65	76.30	84.34
500	30.46	40.18	57.22	85.64	94.01	31.03	40.36	57.24	85.64	94.01
600	31.43	42.22	61.09	93.93	102.32	32.30	42.62	61.14	93.93	102.32
700	32.16	43.86	64.43	101.44	109.68	33.34	44.55	64.58	101.48	109.68
800	32.73	45.21	67.35	108.34	116.34	34.20	46.23	67.66	108.44	116.34
1000	33.56	47.27	72.21	120.63	128.12	35.53	49.01	73.05	121.09	128.13
1200	34.12	48.79	76.11	131.26	138.42	36.52	51.23	77.69	132.47	138.49
1400	34.57	49.94	79.29	140.52	147.60	37.26	53.04	81.77	142.89	147.84
1600	34.89	50.84	81.95	148.66	155.88	37.85	54.52	85.39	152.56	156.44
1800	35.12	51.58	84.21	155.85	163.40	38.32	55.77	88.64	161.58	164.44
2000	35.36	52.19	86.15	162.25	170.26	38.71	56.83	91.57	170.02	171.96

(续)

x/m	$2Y_0 = 200$ m					$2Y_0 = 400$ m				
	B	C	D	E	F	B	C	D	E	F
2500	35.74	53.33	90.02	175.59	185.01	39.44	58.88	97.74	188.92	189.14
3000	36.00	54.13	92.94	186.14	197.12	39.93	60.36	102.68	205.14	204.48
3500	36.18	54.72	95.23	194.75	207.26	40.30	61.49	106.72	219.16	218.33
4000	36.33	55.18	97.10	201.95	215.91	40.58	62.37	110.10	231.38	230.89

染毒地域所形成的再生云其源强是逐渐减弱的,可用下式表示:

$$Q_S = \frac{\Delta}{Q_0} K_p E_f \exp\left(\frac{K_p E_f t}{KQ_0}\right) \quad (4.176)$$

式中:Δ 为染毒地域上平均染毒密度(g/m^2);Q_0 为毒剂液滴的平均质量(g)。

在染毒地域形成后 $t_1 - t_2$ 时间内作用的毒害剂量为

$$L_{ct} = \frac{\Delta}{uQ_0} K_p E_f (J_x - J_{x-L}) \times \int_0^x \exp\left(-\frac{K_p E_f t}{KQ_0}\right) dt \quad (4.177)$$

积分结果为

$$L_{ct} = \frac{K\Delta(J_x - J_{x-L})}{u}\left(\exp\left(-\frac{K_p E_f t_1}{KQ_0}\right) - \exp\left(-\frac{K_p E_f t_2}{KQ_0}\right)\right) \quad (4.178)$$

根据式(4.178)可以计算:

(1)再生云的全剂量(令 $t_1 = 0, t_2 = \infty$);

(2)某一时刻后的停留(暴露)剂量(令 t_1 为染毒地域形成后的某一时刻,则 $t_2 = t_1 + t$,其中 t 为暴露时间);

(3)某一时刻后长期暴露剂量(令 t_1 为染毒地域形成后的某一时刻,$t_2 = \infty$);

(4)计算再生云持久度或染毒地域下风某处再生云的危害时间(令 L_{ct} 等于某毒剂通过呼吸道中毒的允许剂量,$t_2 = \infty$);

(5)计算允许暴露时间(令 L_{ct} 等于某毒物通过呼吸道中毒的允许剂量,令 t_1 为染毒地域形成后的某一时刻,$t_2 = t_1 + t$,则 Δt 为所求);

(6)何时允许无防护人员通过再生云(L_{ct} 等于某毒物通过呼吸道中毒的允许剂量,Δt 为人员通过再生云区所需时间,则 t_1 为所求)。

2)地面垂直面源

地面上的化工管道或容器发生多处破损并在压力作用下从地面向上垂直

喷射构成地面连续面源。也可由厂房、车间内泄漏的有毒化学品从宽大的厂门向外二次泄漏时构成地面连续垂直面源。

设云团的初始高度为 H_L，垂直风的宽度为 L，则下风某点地面浓度为

$$C(x,y,0) = \int_0^{H_L} \int_{-(\frac{L}{2}+y)}^{\frac{L}{2}-y} C(x,y,z)\mathrm{d}y\mathrm{d}z \qquad (4.179)$$

积分结果为

$$C(x,y,0) = \frac{Q_s K_u}{2u}\left[\phi\left(\frac{y+\frac{L}{2}}{\sqrt{2}\sigma_y}\right) - \phi\left(\frac{y-\frac{L}{2}}{\sqrt{2}\sigma_y}\right)\right]\phi\left(\frac{H_L}{\sqrt{2}\sigma_z}\right) \qquad (4.180)$$

在轴线上($y=0$)地面浓度为

$$C(x,0,0) = \frac{Q_s K_u}{u}\phi\left(\frac{L}{2\sqrt{2}\sigma_y}\right)\phi\left(\frac{H_L}{\sqrt{2}\sigma_z}\right) \qquad (4.181)$$

式中：$Q_s K_u$ 为面源源强($\mathrm{g/(s \cdot m^2)}$)；$Q_s =$ 泄漏总量/(泄漏时间×起始云团高度×起始云团垂直风向宽度)。

在 $\Delta\tau$ 秒时间内作用的剂量为

$$L_{ct} = \frac{Q_s K_u \Delta\tau}{2u}\left[\phi\left(\frac{y+\frac{L}{2}}{\sqrt{2}\sigma_y}\right) - \phi\left(\frac{y-\frac{L}{2}}{\sqrt{2}\sigma_y}\right)\right]\phi\left(\frac{H_L}{\sqrt{2}\sigma_z}\right) \qquad (4.182)$$

4.5.4 微风、静风条件下的扩散模式

在城市中，微风、静风条件经常出现，其扩散模式不同于一般。以垂直喷射线源为例，若连续泄漏源强为 $Q_p K_u (\mathrm{g/s})$，喷射高度为 H_L，把 H_L 分为 n 份，每一个 ΔH_L 都相当于一个点源，在该处产生浓度贡献。

1. 微风条件下的扩散模式

对于 $0.4\mathrm{m/s} < u < 1\mathrm{m/s}$，在下风 $\pi/8$ 弧度内浓度均匀，浓度公式为

$$C(R) = \sqrt{\frac{2}{\pi}}\frac{8Q_p K_u}{\pi\gamma n}\cdot\sum_{i=1}^{n}\left[\frac{1}{R^2+\left(\frac{\alpha H_L}{\gamma n}i\right)^2}\exp\left[-\left(\frac{uH_L i}{\sqrt{2}\gamma n}\right)^2\frac{1}{R^2+\left(\frac{\alpha H_L}{\gamma n}i\right)^2}\right]\right]$$

$$(4.183)$$

式中:α、γ 为与稳定度有关的系数。若用 $N=1$、2、3、4、5、6 代替相应的 A、B、C、D、E、F 六类稳定度,则

$$\alpha = 1.031\exp(-0.3044N) \quad (4.184)$$

$$\gamma = 2.092\exp(-0.6741N) \quad (4.185)$$

式(4.183)中,n 根据计算精度要求确立,一般 $n=10$ 即可达到足够精度,则距离垂直喷射轴线 R 处吸入 $\Delta\tau$ 时间的吸入剂量为

$$C(R) = \sqrt{\frac{2}{\pi}} \frac{8Q_\mathrm{p}K_\mathrm{u}\Delta\tau}{\pi\gamma n} \cdot \sum_{i=1}^{n}\left[\frac{1}{R^2+\left(\frac{\alpha H_\mathrm{L}}{\gamma n}i\right)^2}\exp\left[-\left(\frac{uH_\mathrm{L}i}{\sqrt{2}\gamma n}\right)^2\frac{1}{R^2+\left(\frac{\alpha H_\mathrm{L}}{\gamma n}i\right)^2}\right]\right]$$

$$(4.186)$$

2. 静风条件下的扩散模式

在 $u\leqslant 0.4\mathrm{m/s}$,缺乏主导风向的静风条件下,云团会向四周扩散,在 2π 圆内浓度呈近似均匀分布,如图 4.40 所示。

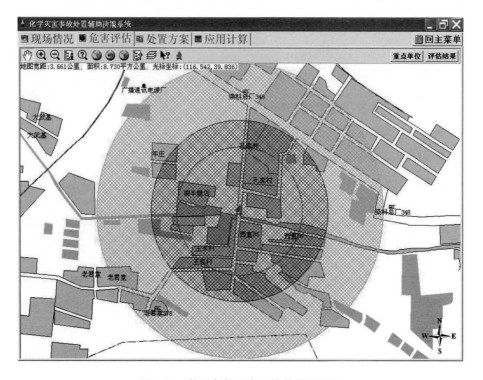

图 4.40　静风条件下毒云扩散范围预测

静风条件下毒云浓度公式为

$$C(R) = \frac{2Q_p K_u}{\sqrt{2\pi}\gamma n} \sum_{i=1}^{n} \left(R^2 + \left(\frac{\alpha H_L}{\gamma n}i\right)^2 \right)^{-1} \quad (4.187)$$

式中

$$\alpha = 1.158\exp(-0.2046N) \quad (4.188)$$

$$\gamma = 2.092\exp(-0.6741N) \quad (4.189)$$

距离垂直轴线 R 处在 $\Delta\tau$ 秒时间内作用的剂量为

$$L_{ct} = \frac{2Q_p K_u \Delta\tau}{\sqrt{2\pi}\gamma n} \sum_{i=1}^{n} \left(R^2 + \left(\frac{\alpha H_L}{\gamma n}i\right)^2 \right)^{-1} \quad (4.190)$$

4.5.5 危害地域评估

危害地域的确定主要包括近似作图和精确计算两种方式。对于有利气象条件下的连续泄漏等化学事故,其危害地域可用以危害纵深为长轴的椭圆来描述如图 4.41 所示。

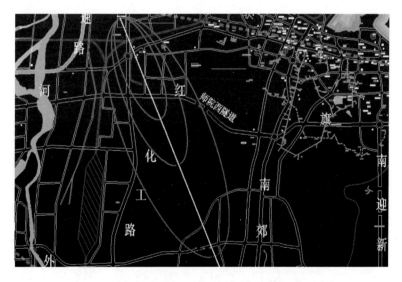

图 4.41 有利气象条件下化学气溶胶下风危害地域

精确计算危害地域一般是指依据毒害剂量方程指定毒害剂量标准,然后给定下风任意 x 可以根据毒害剂量方程求得 $\pm y$,将所有 $(x,y)(x,-y)$ 连接起来就可形成一个封闭的曲线,曲线上每一点的毒害剂量都相等,所以把这种确定危害地域的方法称为等剂量曲线法,其优点是比较精确,缺点是计算量非常大,而且计算过程相当复杂但很适合于计算机来完成。

计算机绘制等剂量曲线的关键是根据事故类别与特性建立正确的等剂量方程。

1. 瞬时体源等剂量方程

(1)事故发生后,下风各处人员用 $\Delta\tau$ 秒时间防护好。化工设施超压爆炸大多可以视为瞬时体源。令某一毒害程度的边界剂量标准为 $D_i(\mu g \cdot min/L)$,则根据瞬时体源的浓度方程可得

$$y = \pm\alpha\sqrt{\ln\left\{\frac{4.7QK_u}{u_1\alpha\beta D_i}\left[\phi\left(\frac{u_1\Delta\tau - x}{\alpha}\right) + \phi\left(\frac{x}{\alpha}\right)\right]\right\}} \qquad (4.191)$$

给定 x 值计算 α、β,可以得出相应的 y 值,经过一系列上述计算,从而得到危害边界。

危害边界的最大宽度 $2y_m$ 由 $dy/dx = 0$ 确立。危害边界的最大长度 x_m 由下式确立:

$$\frac{4.7QK_u}{u_1\alpha\beta D_i}\left[\phi\left(\frac{u_1\Delta\tau - x}{\alpha}\right) + \phi\left(\frac{x}{\alpha}\right)\right] = 1 \qquad (4.192)$$

大于某种毒害程度的危害面积 S 就是等剂量线包围的面积。该面积可用两种方法计算:一种方法是用近似椭圆法,设危害边界的最大宽度为 $2y_m$,危害边界的最大长度为 x_m,则 $S = \pi(2y_m x_m)/4$;另一种方法是 x_i 的取值步长 Δx 乘 y_i 之和,即

$$S = 2\sum_{i=1}^{n}\Delta x y_i = 2\Delta x\sum_{i=1}^{n}y_i \qquad (4.193)$$

(2)下风 x 处人员,当云团到达后用 $\Delta\tau$ 秒时间防护好,由式(4.191)做适当替代后,解出:

$$y = \pm\alpha\sqrt{\ln\left\{\frac{4.7QK_u}{u_1\alpha\beta D_i}\left[\phi\left(\frac{u_1\Delta\tau}{\alpha} - 1\right) + \phi(1)\right]\right\}} \qquad (4.194)$$

(3)下风 x 处人员无任何防护措施(全剂量),由于此种情况下式中函数:

$$\phi\left(\frac{u_1\Delta\tau - x}{\alpha}\right) = 1 \qquad (4.195)$$

因此

$$y = \pm \alpha \sqrt{\ln\left\{\frac{4.7QK_u}{u_1\alpha\beta D_i}\left[1 + \phi\left(\frac{x}{\alpha}\right)\right]\right\}} \qquad (4.196)$$

2. 连续源等剂量方程

由管道破裂、阀门损坏引起有毒化学品泄漏属于连续源。以下为几种典型连续源的等剂量方程。

1）在 H 高处连续点源

泄漏点在空中 H 高处，或者化工设施在 H 高处形成连续泄漏。设 $\Delta\tau$ 为人员嗅到气味后完成防护所需的时间，$Z=0$ 并令 $L_{c\tau}=D_i(\mu g\cdot min/L)$，解高价连续点源剂量方程可得

$$\begin{aligned} y &= \pm\sqrt{2}\,\sigma_y\sqrt{\ln\left[\frac{5.3Q_pK_u\Delta\tau}{u\sigma_y\sigma_z D_i}\exp\left(-\left(\frac{H}{\sqrt{2}\sigma_z}\right)^2\right)\right]} \\ &= \pm\sqrt{2}\,\sigma_y\sqrt{\ln\left[\frac{5.3Q_pK_u\Delta\tau}{u\sigma_y\sigma_z D_i}-\left(\frac{H}{\sqrt{2}\sigma_z}\right)^2\right]} \end{aligned} \qquad (4.197)$$

当下式成立时：

$$\ln\left[\frac{5.3Q_pK_u\Delta\tau}{u\sigma_y\sigma_z D_i}-\left(\frac{H}{\sqrt{2}\sigma_z}\right)^2\right]=0 \qquad (4.198)$$

$y=0$，x 出现两个值，小值 x_1 为等剂量线起点，大值 x_2 为等剂量线终点，x_2-x_1 为危害纵深 x_m。

令 $dy/dx=0$，计算危害边界的最大宽度 $2y_m$。

危害面积的计算方法如前所述。当 $H=0$ 时就构成地面连续点源。

2）地面垂直线源

对地面连续线源，令 $L_{c\tau}=D_i(\mu g\cdot min/L)$，解方程，得

$$y = \pm\sqrt{2}\,\sigma_y\sqrt{\ln\left[\frac{6.65Q_LK_u\Delta\tau}{u\sigma_y D_i}\phi\left(\frac{H_L}{\sqrt{2}\sigma_z}\right)\right]} \qquad (4.199)$$

当下式成立时：

$$\frac{6.65Q_LK_u\Delta\tau}{u\sigma_y D_i}\phi\left(\frac{H_L}{\sqrt{2}\sigma_z}\right)=1 \qquad (4.200)$$

$y=0$，x 出现最大值 x_m 为危害纵深。令 $dy/dx=0$，计算危害边界的最大宽

度 $2y_m$。

3）地面垂直面源

对地面垂直面源，令 $L_{c\tau} = D_i(\mu g \cdot min/L)$，得

$$\phi\left(\frac{y+\frac{L}{2}}{\sqrt{2}\sigma_y}\right) - \phi\left(\frac{y-\frac{L}{2}}{\sqrt{2}\sigma_y}\right) = \frac{0.12uD_i}{Q_s\Delta\tau}\phi\left(\frac{H_L}{\sqrt{2}\sigma_z}\right)^{-1} \quad (4.201)$$

用迭代法解 y 与 x 的关系。计算表明：在 $-L/2 \sim +L/2$ 之间剂量与轴线（$y=0$）的剂量近似相等，$|y| > L/2$ 时，剂量近似按指数规律下降。

$|y| \leq L/2$ 时，有

$$L_{c\tau1} = \frac{Q_s K_u \Delta\tau}{0.06u}\phi\left(\frac{\frac{L}{2}}{\sqrt{2}\sigma_y}\right)\phi\left(\frac{H_L}{\sqrt{2}\sigma_z}\right) \quad (4.202)$$

$|y| > L/2$ 时，有

$$L_{c\tau2} = L_{c\tau1}\exp\left(-\left(\frac{|y|-L/2}{\sqrt{2}\sigma_y}\right)^2\right) \quad (4.203)$$

令 $D_i = L_{c\tau2}$，则

$$\begin{cases} y = \pm\left(\frac{L}{2} + \sqrt{2}\sigma_y\sqrt{\ln\frac{L_{c\tau1}}{D_i}}\right) & L_{c\tau1} \geq D_i \\ y = 0 & L_{c\tau1} < D_i \end{cases} \quad (4.204)$$

此法计算较方便，结果是偏安全的。

第 5 章

生物气溶胶

　　生物气溶胶是指含有源于生物的各种微粒的气溶胶,包括花粉、真菌菌丝碎片或真菌孢子、细菌细胞和芽孢、病毒、原生动物、昆虫的排泄物或碎片、哺乳动物的毛发或皮肤鳞片,或生物的其他成分、残留物、产物等。这些生物微粒悬浮分散于空气(或其他气体介质)中形成胶体系统,粒子大小在 $0.01 \sim 100\mu m$,一般 $0.1 \sim 30\mu m$。某些致病性微生物形成气溶胶后,能够借助空气的各种运动进行传播,并通过呼吸道等途径引起人类和动物感染致病,难以防治,危害严重。1986 年 Baird 等研究发现,在格拉斯哥发生的 33 例嗜肺军团菌感染病例是当地空调冷却塔水污染后形成的气溶胶所致,他们还在该冷却塔下风向 1.7km 地区的空气中采集到同一血清型的嗜肺军团菌。事实上,早在第二次世界大战时,生物气溶胶就开始成为生物战剂的主要战场使用方式之一。生物战剂是生物武器的核心杀伤组分。早期的生物战剂主要为细菌,但随着现代生物技术的发展,生物战剂已发展到包含细菌、病毒、毒素等数十种致病性生物物质。随着生物气溶胶施放装置和施放技术的发展,很多生物战剂都可以气溶胶状态使用,从而具备在战场上形成大范围杀伤效应的能力,这也使得生物武器与核武器、化学武器一起成为现代战争中的大规模杀伤性武器。另外,从公共安全的角度也应关注生物气溶胶。首先,是因为在某些生物恐怖事件中,生物气溶胶曾多次被恐怖分子使用。1995 年,日本臭名昭著的奥姆真理教就被日本警方指控开展炭疽杆菌、肉毒毒素和贝氏柯克斯体的研究并曾发动过三次生物恐怖袭击,还在其活动地点搜查出生物气溶胶发生器。美国"911"恐怖袭击事件之后,炭疽芽孢杆菌首先被用于生物恐怖活动,2001 年 10 月就曾导致上百人感染、22

人发病其中5人死亡,炭疽恐慌一度危及世界多个国家。其次,在公共卫生方面,近年来出现的能够通过生物气溶胶方式传播的重大传染病疫情,都给社会安定和人民健康造成极大的破坏。例如,2009—2010年在美国和墨西哥最早暴发的甲型H1N1流感,世界卫生组织(WHO)公布数据显示,截至2010年8月6日,该疫情蔓延到214个国家,死亡病例达18449例;我国31个省份累计报告甲型H1N1流感确诊病例超过12.7万例,死亡病例800例。2019年12月新型冠状病毒(SARS-CoV-2)在全球暴发,已经被证实可以在密闭空间、高浓度、无防护情况下通过气溶胶传播,截至2022年3月,新型冠状肺炎疫情已在全球200多个国家和地区蔓延,造成4.75亿人感染,累计死亡病例超过610万人。

生物气溶胶和普通大气气溶胶相比既有共性又有显著差别,本章重点对生物战剂气溶胶的特性及其危害规律进行分析与研究。

5.1 生物气溶胶概论

5.1.1 大气环境中的生物气溶胶

目前,生物战争和恐怖主义的威胁日益受到重视,人们非常关注生物威胁中致病微生物(如炭疽杆菌和天花病毒),以及微生物毒素(如A型肉毒毒素)等高度危险生物物质的人为恶意使用和施放产生气溶胶的巨大危害。其实,在自然界中,生物气溶胶作为大气气溶胶重要组成部分,对全球气候变化、人体健康和环境质量等方面起着重要的作用。大气环境中的生物气溶胶主要来源于陆地和水生环境的生物活动,生物成分种类包括真菌、细菌、病毒、花粉、动植残体以及其他活性成分等。大气微生物作为生物气溶胶的一个重要组成部分,其活性可以间接影响云的形成进而影响全球气候,此外还对空气质量和人体健康具有潜在效应。大气微生物浓度因时间和地理位置等的不同而存在时空差异。随着人类生存质量和生物安全需求的提高,对于大气环境中生物气溶胶的成分、来源、传播规律、健康效应等科学问题和实验方法也成为气溶胶领域的研究热点。

第5章 生物气溶胶

1. 生物气溶胶的来源

大气中的微生物通常没有固定的群系,一般情况下,是由暂时悬浮于空气中的尘埃携带微生物所构成。因此,从这个意义上来讲,大气中的微生物是自然因素和人为因素污染的结果。很多室内生物气溶胶来自于室外。

(1)来源于植物(包括真菌)。空气中的花粉、孢子和某些细菌、真菌来源于植物。Lindmann 等报道,植物能够向空气中释放大量的细菌,经检测在某围场小麦上方的空气中细菌的浓度可以达到 6500CFU/m^3。许多植物和真菌通过在空气中释放花粉、孢子等进行传播,例如一株马勃(Lycoperdon)可放出 7×10^{12} 个孢子。另外,植物表层的病毒也可以由风力或其他外力携带进入空气。活的和死的植物表面可能是空气中真菌孢子和细菌的最主要来源。

(2)来源于动物。动物极易污染环境造成传染病流行,其中许多通过空气作为载体经呼吸道传播给人。动物带菌或排菌造成的空气污染比人类更加严重。例如:有71%的狗携带金黄色葡萄球菌;牛和羊从胃中可以排出大量微生物气溶胶;牛饲养棚中烟曲霉(Aspergillus fumigutus)孢子浓度可高达 1.0×10^8 CFU/m^3,而在正常户外空气中检测到烟曲霉孢子的浓度为 7CFU/m^3;鸭厂的空气细菌浓度可达每立方米空气数万个。

(3)来源于人。人是许多环境、场所特别是公共场所微生物气溶胶的重要来源。有些传染性致病微生物可以通过空气传播途径在人间流行。一个正常人在静止条件下每分钟可向空气排放 500~1500 个菌粒,人在活动时每分钟向空气排放菌粒会增加到数千至数万个,每次咳嗽、打喷嚏可排放达 $10^4 \sim 10^6$ 个带菌粒子。人类的其他生理活动,如呕吐、排泄等均可能向空气中排放细菌或病毒气溶胶。有时会将空气中正常人体皮肤细菌浓度作为室内空气质量的指示器。

(4)来源于生产活动。许多微生物气溶胶来源于农业、林业、畜牧业,以及工业等各类生产活动。很多职业环境中的有机材料处理会成为生物气溶胶的高强度排放源,这些有机材料包括干草、稻草、木材、谷类、烟草、棉花、有机废物、废水或金属加工中的液体等。例如:农业和园艺业环境中,对真菌和放线菌孢子的暴露可能很严重;发酵、制药、食品、制革和毛纺等工业生产可以产生较严重的微生物气溶胶污染。Kaufmann 等报道,1980 年美国某屠宰场空气中存在大量的布鲁氏菌,造成 387 人感染布氏菌病。Brachman 等的研究指出,美国的部分毛纺厂空气中存在炭疽芽孢,经检测其中曼彻斯特工厂工人每人每天 8h 吸入 600~2150 个芽孢粒子。在工业和非工业环境中,由于建筑物的 HVAC 系统或建筑结构中微生物的生长,也会形成特定生物气溶胶源。一般说来,微生物生长的先决条件是较高的湿度。静止的水是微生物生长的优良场所,因此当受到搅动时会成为潜在的生物气溶胶源。除了水,微生物只需要少量的蛋白质营养。当蛋白质营养存于水中或建筑材料中,如纤维、木材或水泥,建筑物内部有水渗漏或冷凝的地方,即成为真菌孢子或其他生物滋生的场所。

(5) 来源于其他自然环境。在自然环境中,土壤、江、河、湖、海以及各种腐烂物中含有大量的微生物,在外力如人力、风力、水力等作用下可形成大量的生物气溶胶。很多天然水和人类用水设施,如污水泻湖和冷却水系统都含有大量微生物。例如,革兰氏阴性菌、放线菌和藻类都是水生态系统的常见组成部分。因此,下雨、飞溅或气泡过程中产生的液滴可能含有生物气溶胶,当液滴蒸发后它们仍留在空气中。

2. 常见类别

大多数生物气溶胶是正常环境中的无害组分,但是有些生物气溶胶粒子可能是传染性致病微生物或过敏源,或携带有毒、刺激性成分或代谢物,因此应对其特点进行深入了解并加以防范。空气微生物包括细菌、真菌、放线菌、病毒以及孢子等生命活性物质微粒,主要以微生物气溶胶的形式存在于大气环境中。目前,已知存在于空气中的细菌及放线菌有 1200 种,真菌有 4 万种,大部分是对干燥环境和紫外线具有抵抗力的微生物种类。

1) 细菌

土壤、水、植物和动物中都有细菌存在。在空气中,细菌既可以单独出现,也可以被其他粒子携带,如水滴残留物、植物材料或动物的皮肤残留物等。大气中常见细菌为产芽孢菌、产色素菌等。细菌的空气动力学直径为 0.25~8μm。图 5.1 所示为结核杆菌,抵抗性较强,可以在空气中黏附在尘埃上,保持传染性 8~10 天。

2) 真菌

真菌是一类普遍存在的微生物,包括微型真菌如酵母、霉菌,还包括大型真菌,如蘑菇、马勃等。真菌有单细胞型如酵母菌,也有多细胞型如霉菌。霉菌可以分化出菌丝,形成菌丝体,霉菌亦被称为丝状真菌,如图5.2所示。依据生成孢子方式的不同可将真菌进行分类,产生和释放孢子是真菌的主要繁殖方式。真菌孢子能很好适应空气环境,可以抵抗多种环境压力如干燥、冷、热和紫外射线等,有利于真菌在大气中的远距离散播和迁徙。真菌孢子的空气动力学直径为 $1\sim30\mu m$。多数真菌气溶胶可导致过敏反应和疾病,如哮喘、过敏性鼻炎、超敏感性肺炎等。

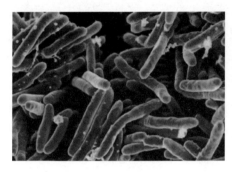

图5.1 结核杆菌

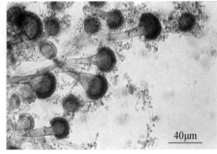

图5.2 丝状真菌

3)病毒

病毒不同于细菌和真菌,它不能生活在非生命的基质中,只能在人、动物、植物、微生物等寄主细胞内繁殖,因此,病毒是细胞内寄生生物。空气中,病毒很少以单体形式存在,通常附着在其他粒子上,如流感病毒可以通过患者呼吸道分泌物的液滴携带而在空气中传播。病毒的空气动力学直径通常小于 $0.3\mu m$。环境因子决定了空气中病毒的存活率,如季节、空气的相对湿度和温度、风力条件、阳光和大气污染等。

4)花粉

植物产生花粉微粒一般以将"雄性"基因物质转移到"雌性"花中。部分植物的花粉通过昆虫传播,但是大多数植物依靠风力在空气中分散花粉而不需要其他载体。植物为了能成功授粉,常需要产生大量的花粉。例如,大麻一次产生的花粉微粒可以超过 10^9 个。依靠空气传播的花粉微粒常可以抵抗干燥、温度和紫外线等环境压力。

不同植物产生的花粉微粒的大小、表面结构、形状不同。人们对花粉微粒的空气动力学直径尚不明确,但其物理直径范围为 10～100μm,多数微粒的直径为 25～50μm,因此,花粉不在可吸入性微粒的粒度范围内。但是,很多种类的花粉含有重要的过敏源,这些过敏源在空气中能以更小的碎片形式出现。

5) 其他致敏物质

来自哺乳动物身上的很多物质对人具有潜在的致敏作用。猫和狗是最常见的家庭宠物。猫的唾液和皮肤屑中存在某些过敏源,并由一些不足 2.5μm 的小微粒携带。在狗的唾液、皮肤屑和尿液中也存在过敏源,它们主要与大于 9μm 的大微粒结合在一起。研究表明,在未养猫、狗的办公室和学校空气中也能发现这些过敏源,这说明它们可由接触者的衣物等作为载体携带分散。

尘螨是住宅环境中主要的过敏源。尘螨大量存在于床垫、地毯和装饰家具中,以人类的皮肤鳞片为食。当环境中的湿度高于 50% 时,螨类才能生存和繁殖。尘螨过敏源由螨类排泄微粒和干燥的身体碎片携带,其粒径为 10～20μm。

大气气溶胶中的微生物可能具有生命活性,也可能是非活性的。一般说来,具有生命活性的细胞能够繁殖,具有新陈代谢活动。非活性的有机物无生命活动,不能繁殖。有生命活性的有机体才可能具有传染性,但是生命活性不是导致人过敏或中毒效应的先决条件,如能引起人过敏的真菌菌丝片段等。因此,死亡细胞和细胞残留物也可能影响人体健康。

5.1.2 生物战剂与生物武器

生物战剂的生物学本质就是具有致病性的微生物、毒素和其他生物活性物质。它可通过一定的装置施放,经呼吸道、消化道、皮肤等途径进入机体,极微量的生物战剂就可以使机体致病甚至致死。其中,致病微生物是有生命的物质,一旦进入机体,即能大量繁殖,其代谢产物能破坏机体的正常功能,导致发病或死亡。毒素是细菌或真菌等在一定条件下产生的有毒蛋白质,没有生命,很小量即能引起人、畜中毒或死亡。生物活性物质是正常机体自身产生的调节生理和心理功能的物质,如过量或比例失调会使人的生理、心理或行为失常。

生物武器与核武器、化学武器一样,均属于大规模杀伤性武器。最早因受科学技术水平所限,生物武器所用的生物战剂主要是具有致病性的细菌,故生物武器在很长一段时间内也被称为"细菌武器"。随着科学技术的发展,现代生

第 5 章 生物气溶胶

物战剂除细菌之外,还包括病毒、真菌、衣原体和立克次体等致病微生物以及微生物所产生的毒素等。其中,病毒类生物战剂可能具有更强的杀伤效应。因为目前大多数细菌感染,都可以通过抗生素等药物得到治疗和控制,然而病毒则一般无可用的特效药物。如果病毒可以以气溶胶的形式在空气中传播,使危害范围扩大,则会比通过食物、水、昆虫或鼠类传播更难控制。在基因工程技术高度发展的今天,用人工方法制造出像艾滋病毒一样难以防治的病毒,或者将抗药性基因集中到某种特定的病原菌体内表达并非不可能,而且成本越来越低。表 5.1 所列为常见的生物战剂种类。表 5.2 所列为美国和苏联曾经大量研究或使用的生物战剂。

表 5.1　常见的生物战剂种类

种类	生物战剂(所致疾病)
细菌	炭疽杆菌(炭疽病)、鼠疫耶尔森菌(鼠疫)、土拉弗朗西斯菌(土拉热或野兔热)、布鲁氏菌(布氏菌病)、马鼻疽伯克霍尔德菌(马鼻疽)、霍乱弧菌(霍乱)、沙门氏菌(伤寒)、贝氏柯克斯体(Q 热)
病毒	黄热病毒(黄热病)、东部马脑炎病毒(东部马脑炎)、东部马脑炎病毒(西部马脑炎)、委内瑞拉马脑炎病毒(委内瑞拉马脑炎)、蜱传森林脑炎病毒(森林脑炎)、重型天花病毒(天花)、登革病毒(登革热)
立克次体	普氏立克次体(流行性斑疹伤寒)、立氏立克次体(洛矶山斑点热)
衣原体	鹦鹉热衣原体(鹦鹉热或鸟疫)
毒素	A 型肉毒毒素(肉毒中毒)、B 型葡萄球菌肠毒素(葡萄球菌肠毒素中毒)、真菌毒素(真菌毒素中毒)
真菌	球孢子菌(球孢子菌病)、荚膜组织胞浆菌(组织胞浆菌病)

表 5.2　美国和苏联的主要生物战剂

生物战剂	美国	苏联
炭疽杆菌	有	有
土拉弗朗西斯菌	有	有
布鲁氏菌	有	有
委内瑞拉马脑炎病毒	有	有
贝氏柯克斯体	有	有
肉毒毒素	有	有
B 型葡萄球菌肠毒素	有	无

(续)

生物战剂	美国	苏联
鼻疽伯克霍尔德菌	无	有
鼠疫耶尔森菌	无	有
天花病毒	无	有

生物武器主要由生物战剂和施放器材,如炮弹、航空炸弹、火箭弹、导弹弹头和航空布撒器、喷雾器等组成。图5.3所示为外军用于投放带菌媒介昆虫的典型细菌武器——四格细菌弹。

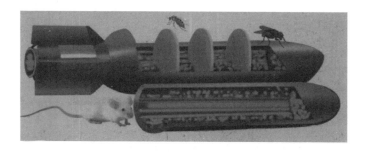

图5.3 四格细菌弹

生物武器研制生产成本低,杀伤威力大。与核、化学武器的生产相比,培养微生物或虫媒,条件相对简单,所用培养基的材料来源广泛,容易获得,特别是由于现代发酵技术在工业中的应用发展,微生物大量培养工艺和自动化设备被广泛使用,成本不断降低。早在1969年,联合国化学、生物战专家组就曾做出估计:若以造成每平方千米杀伤面积的成本计算,生物武器为1美元,化学武器(神经性毒剂)为600美元,核武器为800美元,而常规武器则需2000美元。由此可见,生物武器是一种成本低廉、威慑力强大的大规模杀伤性武器。表5.3为核、化学、生物武器在技术要求、成本、隐蔽性、效力等方面特性的比较。

表5.3 核、化学、生物武器的主要作战特性比较

武器类型	技术要求	成本	隐蔽性	效力	
				战术	战略
核武器	非常高	非常高	非常低	非常高	非常高
化学武器	高	高	低	非常高	低
生物武器	高	低	高	低	非常高

第 5 章　生物气溶胶

5.1.3　生物战剂的杀伤途径

生物武器的主要杀伤和破坏作用不是依靠弹片或炸药,而是来自于其中装载的生物战剂,能够使人员、牲畜等致病或死亡,也能够大规模毁伤农作物,从而削弱对方的战斗力或破坏其战争潜力。生物战剂可以通过多种途径侵入机体,主要杀伤途径包括以下几个方面。

1. 通过空气经呼吸道侵入

利用各种喷雾或喷粉装置、爆炸装置将生物战剂撒布在空气中形成生物战剂气溶胶,能造成大面积污染,人、畜吸入污染的空气即可致病。

2. 通过水和食物经消化道侵入

与在空气中的存活能力相比,生物战剂在水和食物中的存活时间更长。少量的生物战剂即可造成水源长期污染,而且还可以在食物中繁殖。

3. 通过吸血昆虫叮咬经皮肤侵入

生物战剂可通过吸血昆虫叮咬经皮肤侵入人畜体内。在昆虫体内,生物战剂能长期存活,如乙型脑炎病毒和黄热病毒在蚊体内可存活 3~4 个月,有的生物战剂还可经昆虫卵传给下一代。

5.1.4　生物战剂气溶胶

生物战剂气溶胶是指将生物战剂干粉或悬液喷撒/洒在空气中形成的悬浮体系。从专业术语来讲,生物战剂气溶胶是指将固体或液体生物战剂分散并悬浮在空气或特定气体中所形成的人工气溶胶。

生物战剂的施放方式,也就是使生物战剂达到战斗状态、发挥杀伤作用的使用方式。在污染水源、食物,布撒生物战剂气溶胶和散布媒介昆虫三种施放方式中,气溶胶的危害程度最大,能造成大面积覆盖和杀伤,是现代生物战剂的主要施放方式。

生物战剂气溶胶和常见的气溶胶不同。普通烟雾中的气溶胶颗粒较大,有的云团肉眼可见。而生物战剂气溶胶的颗粒很小,直径为 $0.5~5\mu m$,肉眼无法觉察,不易发现,隐蔽性强。

研究发现,大多数生物战剂都可用气溶胶方式施放。一般来说,能够经呼吸道感染的传染病,如鼠疫、炭疽病、野兔热、Q 热、球孢子菌病等,都可用生物战剂气溶胶的方式施放和传播。值得注意的是,第二次世界大战后,在生物战剂研究过程中发现,某些自然条件下难以经呼吸道侵入人体的病原微生物和毒素,经过人工气溶胶化后也能够通过呼吸道感染人畜,从而大大增加了生物战剂的扩散能力和危害性。例如,在自然状态下,委内瑞拉马脑炎由蚊传播,肉毒毒素则通过食物中毒,但是在人工条件下,以上两种战剂都可以通过气溶胶态经呼吸道感染人体,易于施放和扩散。

生物战剂气溶胶一般无色无味,敌人秘密使用时,不易侦察发现。生物战剂气溶胶施放后随气流迁移、沉积和扩散,能够大面积覆盖目标区域。生物战剂气溶胶的颗粒微小,能够进入无防护设施的房屋或工事,危害内部人员。人每时每刻都在呼吸,空气中的生物战剂气溶胶就很容易进入人的呼吸道。一般来说,空气中直径在 $5\mu m$ 以下的微小颗粒,可进入呼吸道最深部的肺泡,通过很薄的肺泡壁,进入血管。

所以,将生物战剂气溶胶化后,经呼吸道使人感染更加隐蔽、更加容易、感染范围更大,且致死的剂量相对较小。例如,A 型肉毒毒素,成人经口服致死剂量估计为 $0.07mg$,而呼吸道吸入的致死剂量估计为 $0.0007 \sim 0.001mg$。

5.1.5 能够形成气溶胶的生物战剂

在生物武器系统中,生物战剂是构成其杀伤威力的决定因素。目前,在生物战剂清单中约有 40 多种生物战剂。通常可按照生物战剂的微生物学特性和产生的军事效能进行分类,本节对能够以气溶胶形式通过呼吸道感染人畜的生物战剂分类进行介绍。

1. 按照微生物学特性分类

按照微生物学特性分类,能够形成气溶胶的生物战剂主要包括细菌、病毒、毒素、立克次体、衣原体、真菌等六类。

1) 细菌

细菌是单细胞原核微生物,大小为 $0.5 \sim 30\mu m$,约有十几种细菌类生物战剂被研究和使用,其中,鼠疫耶尔森菌、炭疽杆菌(图 5.4)、类鼻疽伯克霍尔德菌,土拉弗朗西斯菌、布鲁氏菌、嗜肺军团菌、贝氏柯克斯体、伤寒沙门氏菌等能够借助气溶胶传播,通过人的呼吸道侵入人体。

图 5.4　炭疽芽胞杆菌形态

2) 病毒

病毒是目前发现的致病微生物中最小的非细胞型生物。它的个体比细菌更小,一般病毒直径为 15～300nm,普通光学显微镜观察不到,需利用电子显微镜放大百万倍以上才能发现。各种病毒具有不同的大小、结构和形态,无独立的代谢和增殖系统。病毒侵入寄主细胞后,可在病毒基因组作用下由寄主细胞提供物质、能量和酶系统进行增殖。病毒的基本化学组分为核酸(一种病毒仅含一种核酸)和蛋白质,其形态有球状、棒状、砖状、蝌蚪状等。特点是:专一性活细胞寄生,耐寒性强,在高温时难以生存。人类急性传染病中约 60% 是由病毒引起的,如流感、天花、乙型脑炎等。

病毒是最小但数量最多的生物战剂类型,主要有黄热病毒、委内瑞拉马脑炎病毒、天花病毒、森林脑炎病毒、登革病毒、拉沙病毒、裂谷热病毒等。这些病毒均可以气溶胶形式施放,经呼吸道感染,致病性非常强,病死率高。

3) 毒素

毒素是生物体在代谢过程产生的对其他物种有毒的物质,它们通常会干扰或阻碍其他生物体特定系统或组织的正常功能,从而产生毒害作用。例如,蓖麻毒素是一种细胞毒素,其毒性作用是使感染组织的细胞内核糖体失活,抑制蛋白质的合成,引起细胞死亡。毒素类生物战剂的化学本质上是蛋白质、肽类或生物碱等有机分子,无传染性,但极微量的毒素即可引起人或动物中毒。例如,蓖麻毒素(小鼠腹腔注射,LD_{50} 为 7~10μg/kg)毒性约是光气(小鼠呼吸道吸入,LD_{50} 为 3200mg/kg)的 30 万倍;理论上 1g A 型肉毒毒素粉末可造成 100 多万人中毒。毒素的毒害作用取决于毒素的类型、剂量和侵入机体的途径等。按照来源可以将生物毒素分为动物毒素、植物毒素、细菌毒素和真菌毒素四类,亦可按照毒素的化学组成分为蛋白毒素和非蛋白毒素两类。许多生物毒素,如蓖麻毒素、海藻毒素、A 型肉毒毒素、B 型葡萄球菌肠毒素等被作为新型生物或化学战剂研究和使用。其中,A 型肉毒毒素和 B 型葡萄球菌肠毒素两类标准生物战剂都可以通过气溶胶方式造成人畜呼吸道感染和中毒。

4) 立克次体

立克次体是大小介于细菌和病毒之间的一类原核微生物,长约 0.65μm、宽约 0.39μm。由于最早被美国病理学家立克次发现并描述,所以得名。立克次体在形态和结构上接近细菌,呈圆球形或杆状,成对排列,专性寄生在节肢动物(如虱、蜱、螨等)体内。另外,由于立克次体的代谢酶系统不完整,所以需要寄生在人或动物活的细胞内才能生长繁殖。

立克次体一般不耐热,但耐冷,易被化学消毒剂等杀灭,对广谱抗生素也较敏感。可作为战剂使用的立克次体主要有普氏立克次体(导致流行性斑疹伤寒)和立氏立克次体(导致洛矶山斑点热)。

5) 衣原体

衣原体是大小介于细菌和病毒之间的、在活细胞内寄生的原核微生物。衣原体的个体大小比细菌小,比病毒大,如鹦鹉热衣原体的直径为 450nm。衣原体能够在光学显微镜下观察到,呈球形、堆状或链状,具有细胞壁,含有脱氧核糖核酸和核糖核酸以及某些酶,但缺乏能量代谢系统,必须在活细胞中生长繁殖,具有独特的发育周期和生活史。可作为生物战剂的有鹦鹉热(亦称鸟疫)衣原体等。鹦鹉热衣原体的自然宿主是鸟。袭击时,撒布鹦鹉热衣原体气溶胶、投掷各种携带该病原体的物品(如羽毛)、施放感染的禽鸟类,均可在受袭击地区造成持久性的疫源地。

6) 真菌

真菌的结构较为复杂,有明显的细胞核,少数为单细胞,多数为多细胞有机体,还可形成菌丝和孢子。真菌分病原性真菌和非病原性真菌。病原性真菌所引起的人类疾病多为慢性。根据其伤害机体的部位不同,一般又将病原性真菌分为深部真菌和浅部真菌。深部真菌主要侵害人体内脏及皮下组织,病症较为严重而且一般不会发生传染。浅部真菌主要侵害皮肤、毛发及指(趾)甲,症状虽不严重,但可从人传染给人或由动物传染给人。可作为生物战剂使用的病原性真菌有球孢子菌、荚膜组织胞浆菌等。

2. 按照生物战剂的军事效能分类

按照生物战剂引起疾病的病死率不同,一般将其分为致死性战剂和失能性战剂两类。致死性战剂是指在未经及时防护和治疗情况下病死率高,有的战剂所致疾病的病死率可以达到50%～70%甚至更高,如鼠疫耶尔森菌感染导致的肺鼠疫的病死率可高达90%。失能性战剂是一种病死率低,仅使患者失去工作或战斗能力的生物战剂。例如,贝氏柯克斯体感染导致Q热的病死率低于3%,但患者会出现高热、寒战、严重头痛及全身肌肉酸痛,从而失去工作或战斗能力。

1) 失能性战剂

人员致病后,其病死率小于2%的战剂称失能性战剂。可作为失能性战剂使用的主要有布鲁氏菌、B型葡萄球菌肠毒素、贝氏柯克斯体、委内瑞拉马脑炎病毒、球孢子菌等。

2) 致死性战剂

人员致病后,其病死率大于10%的战剂称致死性战剂。可作为致死性战剂使用的有鼠疫耶尔森菌、炭疽杆菌、霍乱弧菌、土拉弗朗西斯菌、A型肉毒毒素、天花病毒、森林脑炎病毒、立氏立克次体、普氏立克次体等。

表5.4所列为外军曾经使用或重点研究的生物战剂及其使用方式。可以看出,大多数生物战剂都可以通过气溶胶状态施放使用,形成范围更广、杀伤效应更大的危害后果。

表5.4 外军曾经使用或重点研究的生物战剂及其使用方式

类别	战剂名称	战剂性质	使用方式
细菌	鼠疫耶尔森菌	致死	气溶胶或蚤媒
	炭疽杆菌	致死	气溶胶
	鼻疽伯克霍尔德菌	致死	气溶胶
	类鼻疽伯克霍尔德菌	致死	气溶胶
	霍乱弧菌	致死	污染水
	土拉弗朗西斯菌	致死	气溶胶
	布鲁氏菌	失能	气溶胶
	伤寒沙门氏菌	致死	气溶胶或污染水、食物
	志贺氏菌	致死	污染水、食物
	贝氏柯克斯体	失能	气溶胶
毒素	A型肉毒毒素	致死	气溶胶或污染水、食物
	B型葡萄球菌肠毒素	失能	气溶胶或污染食物
真菌	球孢子菌	失能	气溶胶
	荚膜组织胞浆菌	失能	气溶胶
立克次体	普氏立克次体	致死	气溶胶或虱媒
	立氏立克次体	致死	气溶胶或蜱媒
衣原体	鹦鹉热衣原体	致死	气溶胶
病毒	黄热病毒	致死	气溶胶或蚊媒
	森林脑炎病毒	致死	气溶胶或蜱媒
	东方马脑炎病毒	致死	气溶胶或蚊媒
	西方马脑炎病毒	致死	气溶胶或蚊媒
	天花病毒	致死	气溶胶
	乙型脑炎病毒	致死	气溶胶或蚊媒
	委内瑞拉马脑炎病毒	失能	气溶胶或蚊媒
	登革病毒	失能	气溶胶或蚊媒
	基孔肯雅病毒	失能	气溶胶或蚊媒
	裂谷热病毒	失能	气溶胶或蚊媒
	流感病毒	失能	气溶胶

从表5.4可知,大部分生物战剂都可以通过气溶胶方式进行施放,因此,加强对生物气溶胶危害特性及相关规律的研究具有重要意义。

5.2 生物战剂气溶胶形成机制

5.2.1 施放生物战剂气溶胶的武器

装填有生物战剂并可将其施放为气溶胶等战斗使用状态的弹药和装置统称为生物武器,主要有爆炸型、喷洒/撒型(喷雾型和喷粉型)生物弹药,以及结构相对较简单的飞机布洒/布撒器、气溶胶发生器等。

1. 爆炸型生物弹药

装填于各种爆炸型特种弹药的生物战剂(炸弹、炮弹、导弹等),借助炸药爆炸力、爆炸冲击波,使生物战剂从弹药或容器中分散到外部空间形成生物战剂气溶胶。爆炸产生的热和气浪可使绝大多数微生物和毒素战剂等丧失毒力和活性,所以一般不直接采用大型的生物炸弹,而是采用小口径弹药,或者用小型集束(子母)弹。使用集束弹时,把集中在某个容器或弹体中的多个小航弹从飞机上投下,降落到一定高度时自动打开舱门,小航弹会在较大范围内飞散开来,在低空或地面爆炸,这样,既可减少生物战剂的损失,又可增大覆盖面积,增强杀伤效果。

爆炸型生物弹药是根据爆炸型化学弹药的原理衍化而来的。图5.5所示为石井式航空细菌炸弹。爆炸型生物弹药的结构通常是在弹药中间加一密封爆管,爆管内装炸药,其前端装引信。沿弹轴线排成一线,生物战剂装在爆管周围的弹腔内。爆炸能源的大小、爆温的高低是通过调节爆管的粗细和改变炸药的种类来达到的。爆炸分散的作用原理是通过炸药的爆炸,爆炸冲击波先作用于战剂,然后将能量传递至炸弹的弹壳,使弹壳爆炸,战剂也随着弹壳的爆炸而分散。

爆炸型生物弹药在爆炸时产生高温和应力,绝大多数微生物和毒素类战剂对此是高度敏感的,但个别微生物和毒素,如炭疽芽孢、蓖麻毒素,能耐受爆炸分散时的应力和高温。由于生物战剂作用剂量小,而装填剂量大,即使破坏90%,保留下来的战剂仍可形成有效杀伤作用。

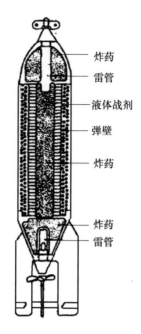

图 5.5　日本石井式航空细菌炸弹

2. 喷洒/喷撒型生物航弹

喷洒/喷撒型生物航弹包括喷雾型小航弹和喷粉型小航弹,其基本原理是借助外界压力并利用特定喷嘴分散生物战剂,生物航弹的投放和使用特点与常规航弹类似。喷洒/喷撒型生物航弹在使用过程避免了炸药的爆炸分散对生物战剂造成的损失,提高了生物战剂的有效利用率。

1)喷雾型小航弹

喷雾型小航弹常用的动力源(压力)有两种:一种是利用压缩气体筒中的压缩气体;另一种是利用火药或其他推进剂推进活塞,将液态生物战剂从喷嘴中喷出,形成微生物气溶胶。所以,喷雾型生物小航弹的结构可分为压缩气体式和燃烧气体式两类。

喷雾型小航弹的缺点是生物战剂雾化过程较剧烈,会使部分生物战剂丧失活性。另外,航弹结构较复杂,有效装填率较低。

2)喷粉型小航弹

典型的喷粉型生物弹药是带有小型压缩气体钢瓶的小航弹。这类小航弹有 3 种作用方式:

(1)钢瓶内装有二氧化碳气体作动力源,故称为二氧化碳小航弹。二氧化碳小航弹是双隔室小航弹,两室之间用应力膜隔开,内室为装有二氧化碳的钢瓶,外室装填生物战剂,并在尾部用应力膜与外界隔开。航弹着地引信作用后,使含有过氯酸钾、木炭和油的加热管燃烧,燃烧后产生大量热,使液态二氧化碳气化。二氧化碳的压力冲破应力膜至装有生物战剂的外室。在外室内气体与干粉生物战剂混合,达到一定压力后,再次冲破弹药尾部的应力膜喷至大气中,形成生物战剂气溶胶。图5.6所示为美国喷粉型生物航弹。

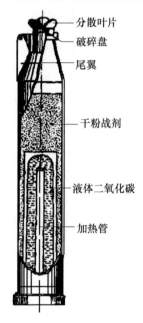

图5.6 美国喷粉型生物航弹

(2)导引压缩气体使其通过干粉生物战剂的表面,将干粉随气体带至大气内形成生物战剂气溶胶。

(3)在喷粉型生物航弹降落过程中,通过大气压力计的控制在预定高度打开舱门和喷粉控制系统,将战剂分散到空气中去。

3. 飞机布洒/布撒器

施放生物战剂气溶胶的飞机布洒/布撒器通常由储存箱、喷嘴、压力系统等组成。生物战剂存放和装填在储存箱内,喷嘴是分散系统的终端,压力系统为飞机布洒/布撒器提供动力。飞机布洒/布撒器不能单独使用,需挂载于飞机上使用,大多数情况下飞机飞行产生的高速气流可作为其动力源。飞机布洒/布撒器可分为飞机喷雾器(布洒器)和飞机喷粉器(布撒器)。

喷雾型生物弹药的原理是将液态战剂加以适当控制,分散成不同大小的液滴的气雾。目前有两种分散方法,即水力雾化法和空气喷射法。水力雾化法是在压力下迫使液体通过一个精制的喷嘴,在喷嘴出口阻力及外界空气阻力等因素的共同作用下,生物战剂被分散成气溶胶。空气喷射法是使液态战剂流入空气或其他气体的高速气流中形成生物战剂气溶胶。飞机喷雾器是使生物战剂在重力或压力的作用下,流至飞机的高速气流中去,并立即被破裂为小液滴。

喷粉型生物弹药的原理是将生物战剂浓缩、干燥并加工成小于 $5\mu m$ 的干粉后,通过飞机等喷粉器分散成生物战剂气溶胶。将生物战剂悬液最后加工成小于 $5\mu m$ 的生物战剂干粉是一个复杂而危险的过程,但一经制成干粉后,将其分散成气溶胶就比较简单,所需的能源不多。该法分散生物战剂,其气溶胶分散率较高,对微生物的毒力和活性的破坏也较小。

飞机布洒/布撒器可以分别装载于多架飞机,在低空飞行时能够直接向地面喷洒生物战剂。图5.7所示为多架飞机同步进行喷粉作业。形成的生物战剂气溶胶覆盖面积大,能够产生大规模生物杀伤效应。这种方法是施放生物战剂的主要方式。喷洒/喷撒器也可安装在舰艇上,由海面顺风向向陆地施放生物战剂气溶胶。

图5.7　多架飞机低空喷粉作业

采用飞机布洒/布撒器施放生物战剂,结构简单,装载量大,分散时对生物战剂的破坏比爆炸方法小,能造成大面积覆盖。但必须在100～200m的低空分散,生物战剂从空中扩散到地面时易受气象条件、地形和地貌等因素影响。

4. 气溶胶发生器

常用的气溶胶发生器或发生罐主要由压力源、生物战剂和喷嘴构成。将生物战剂干粉或者液体装在能被压缩气体推动的发生器内,施放时,利用压缩气体的膨胀压力,将发生器内的生物战剂分散成气溶胶喷出。气溶胶发生器对生物战剂的破坏少,但发生器的机械结构较复杂,使用不便。图 5.8 为将气溶胶发生器投掷于地面后,生物战剂气溶胶分散示意图。

图 5.8　生物气溶胶机械发生器

气溶胶发生器可以利用飞机等运载工具进行远距离投放,亦可由人工进行布设。由于气溶胶发生器在着地后施放生物战剂气溶胶,因此能够减少危害效应对气象条件等的依赖。图 5.9 所示为利用飞机运载气溶胶发生器进行的远距离投放使用。

5. 曾使用过的生物战剂气溶胶施放器材

生物战剂气溶胶造成的污染严重,能经多种途径侵入人体,并且已经陆续发现多种战剂适于气溶胶传播。气溶胶化是生物战剂使用和发展的重点方向之一。以美军为例,已经研制出各型能够将生物战剂气溶胶化的生物弹与施放装置,达数十种。其中,小型生物弹能装填数十克至数百克生物战剂,大型生物

图 5.9　飞机运载气溶胶发生器进行的远距离投放

弹则可以装填数千克以至数百千克生物战剂。飞机喷洒/喷撒器的生物战剂装填容量,亦是大小兼备,小的为数十升,大的可达数百升。

根据文献报道,美军曾经使用过的生物战剂气溶胶施放器材主要有以下几种:

(1) M5 步枪。美国制造的一种生物战剂发射武器,可发射炭疽杆菌或 B 型葡萄球菌肠毒素。

(2) USD-2 无人驾驶飞机。美国制造的一种专门用于施放生物战剂的小型飞机,可装 102kg 土拉弗朗西斯菌,作用方式为喷雾。

(3) $E_{32}R_1$ 型发生器。美国制造的一种生物战剂地面发生器,以氮气为能源,有效装量为 1.0kg 炭疽杆菌等生物战剂。

(4) A/B45Y-1 液体战剂喷雾器。美国制造的一种用于高速飞机的生物战剂飞机喷洒器。

(5) 航空 14B 型液体战剂喷洒器。美国制造的一种生物战剂发射武器,可装填 32kg 葡萄球菌肠毒素或 80 加仑委内瑞拉马脑病毒,主要作用方式为喷雾。

(6) A/B45Y-4 干粉战剂分散器。美国 1966 年制造的一种生物战剂飞机分散器,用于葡萄球菌肠毒素试验。

(7) A/B454-4 干粉战剂分散器。美国制造的一种可用于 F100、F105 和 F_4-C 的生物战剂发射武器。

(8) $E61R_4$ 型小航弹。美国制造的一种可用于 133 型集束航弹的生物小航弹。

(9) Ml14集束弹。美国制造的一种生物战剂集束弹。

(10) CBU-2A/A集束弹。美国的一种生物战剂集束弹。

(11) E120型小航弹。美国制造的一种喷洒型生物战剂小航弹，可装填180kg土拉弗朗西斯菌。

5.2.2 生物战剂气溶胶施放样式

现代生物战剂主要以气溶胶态进行使用，即利用特定的装置或武器系统使之分散成细小颗粒，从而可以较长时间悬浮于空气中，可以大范围传播，并使无防护人员主要通过吸入迅速造成感染。

1. 根据气溶胶施放源的特性分类

根据气溶胶施放源排列的位置、形状和作用特点，通常认为施放生物战剂气溶胶的方法大致有点源、线源和面源等3种方式。

1) 点源施放

点源施放是在点状施放生物战剂点源弹药，通过爆炸、喷雾(粉)等方式分散生物战剂气溶胶，在目标区域形成生物战剂分布，可以分为瞬时点源施放和连续点源施放两种方式。生物战剂气溶胶浓度通常随着与施放点距离的扩大而不断稀释。例如，利用投放生物气溶胶机械发生器、爆炸型生物弹施放生物气溶胶。

2) 线源施放

线源施放是移动点源或成线状分布一系列点源施放生物战剂。例如，用飞机在空中喷洒时为空中线源，这类武器系统包括安装在飞机上的生物战剂布撒箱、飞机布撒器等。用飞机连续线状投掷生物炸弹或舰艇沿海岸线喷洒生物战剂气溶胶时为地面线源，如安装在飞机上的子母弹，母弹可以按照预先设定的速度，将小生物炸弹呈线性投掷出去，使其着地爆炸。

利用空中线源施放生物战剂时，为使气溶胶能到达地面，飞机要尽可能低空飞行，必须在逆温层顶部以下施放。气溶胶根据飞机飞行方向随风沿水平及垂直方向扩散，在下风方向漂移一定距离后接触地面，在施放线的下风方向战剂剂量大。

3) 面源施放

面源施放是平面状的生物战剂施放源。一方面，可以通过将多个生物小航弹随机分布在目标区内,多个点源形成的气溶胶云团相互交混连成一片,造成大面积覆盖,因此又称多点源施放。另一方面,也可以是多个线源组成的生物战剂施放面,达到大范围杀伤。

2. 根据气溶胶施放源与目标的方位分类

根据气溶胶对目标区的攻击方位,通常认为施放生物战剂气溶胶的方法有间接施放法和直接施放法。

1)间接施放

间接施放是在目标区外的上风方向施放生物战剂,借风的作用将生物战剂气溶胶飘移至目标区。若攻击过程中风向改变,则会使生物战剂气溶胶云团偏离目标区。

2)直接施放

直接施放是将生物航空炸弹等点源弹药直接投至目标区内,分散形成的生物战剂气溶胶云团覆盖目标区,确保生物战剂气溶胶在目标区内发生、扩散,减少受风向等变化产生的不良影响。

5.2.3　施放时机

生物战剂气溶胶施放效果受到多种因素的影响,如施放原理、弹药结构、气象条件和气溶胶的动力学特性等。

在静止状态下,生物战剂气溶胶的有效杀伤作用时间,一般不超过数小时。气溶胶粒子中活的微生物数量随时间延长而减少,同时时间愈长,部分生物战剂的致病力愈小。战场条件下,生物战剂气溶胶不可能保持静止状态,而是会受到气象因素的影响。如日光、温度、湿度、风速、降水、大气稳定度和下垫面状况等,都可能加速其衰亡或使其存活数量迅速下降,对生物战剂的存活率、气溶胶在地面上的滞留和分布情况,都有明显的影响,从而使其有效杀伤作用时间发生变化。

一般认为,敌人施放生物战剂气溶胶的时机会选择在生物战剂气溶胶衰亡率最低,大气比较稳定、气溶胶云团能长时间贴地移行的夜晚或阴天。这是因为,通常晴朗的白天,气流呈上升状态,气溶胶不易在地面长时间停留,很快随气流发生飘散,同时强烈的紫外线可以杀灭生物战剂。气象条件对生物战剂气溶胶形成有效危害具有重要的影响。例如:当风力超过 5 级以上时,气溶胶会被快速吹散稀释;中等降雨量可减少气溶胶中 80% 的生物战剂,降雨量越大则空气中的微生物将减少更多,所以以上气象条件,都不适宜施放生物气溶胶。然而,当风力为 2~3 级时,则有利于气溶胶的扩散,能够形成均匀的气雾云团。在阴天或无云的夜间,近地面气温较低,气溶胶易于贴地面扩散,并向低洼处弥漫,这类气象条件则是敌方施放气溶胶的适宜时机,应特别注意。

5.3 生物战剂气溶胶危害特性

5.3.1 生物战剂气溶胶杀伤特点

生物战剂气溶胶是现代生物武器的主要施放方式,适用于多种战剂,甚至通常经肠道和虫媒传播的一些病原体,也能通过气溶胶方式经呼吸道侵入人体,引起传染病流行。生物气溶胶具有以下杀伤特点。

1. 致病性强

生物战剂具有很强的杀伤力,致病性强,极低的剂量即能引起人、畜中毒、感染或死亡。据有关文献报道:A 型肉毒毒素的呼吸道半致死浓度仅为神经性毒剂 VX 的 3%;成人吸入一个贝氏柯克斯体,就可能引起感染,导致 Q 热;吸入 20~50 个土拉弗朗西斯菌即能发病。在理想条件下,1g 感染贝氏柯克斯体的鸡胚组织,被分散成 1μm 的气溶胶粒子,就可以使 100 万以上的人受感染。12 个被鹦鹉热衣原体感染的鸡胚,就可以感染全球居民。当一种烈性传染病在某个地区流行时,必须在当地迅速采取严密封锁和检疫等措施,若发生在工业中心、交通枢纽或部队集结地域,就会使生产停顿、交通中断、兵力难以调动,而且还要投入大量人力物力从事医疗和防疫工作,会造成人们的心理恐慌、社会动荡,后果不堪设想。

2. 传播途径多

生物战剂气溶胶能随风漂移,污染空气、地面、食物、水源等,并能渗入无防护设施的工事。生物战剂气溶胶中的微生物或毒素极易通过人的呼吸系统进入体内,还能通过眼结膜、损伤的皮肤和黏膜感染;饮用污染的水、食物等经消化道侵入体内致病。因此,生物战剂气溶胶传播途径多,并且能够经多种途径侵入人体，造成生物危害防控更加困难。

3. 高度传染性

大多数生物战剂都是具有高度传染性的致病微生物，它们能在人体内大量繁殖，并不断污染周围环境，使更多接触者感染发病，导致疾病在人群中迅速传播和蔓延。传染病流行不仅可以造成部队大量减员，而且容易造成整个国家、社会的政治、经济和生活秩序混乱。例如，历史上发生过鼠疫、霍乱、流感等急性传染病大流行，给人类带来巨大灾难。

4. 污染范围广

生物战剂分散成气溶胶后，在适当气象条件下，可造成大面积污染。例如，一架飞机喷洒生物战剂时，污染面积可达数千平方千米。据报道，1950年9月美军在距海岸3.5km的某军舰甲板上喷洒非致病菌芽孢，连续施放29min，航行3.2km。经检测，4h内，在海岸陆地上受试菌芽孢气溶胶的扩散面积可达$256km^2$，扩散高度为45m左右。1969年，联合国秘书长在一次报告中推算：在一个500万升的储水库中投放0.5kg沙门氏菌，如果均匀分布就可污染整个水库。成人若饮用受污染水100mL，就可能严重发病。而如果使用剧毒化合物氰化钾，则需要重量为10t的毒剂才能达到同样污染和危害的效果。

与核武器、化学武器相比，生物武器单位重量战剂的杀伤面积效应最大。据世界卫生组织出版的《化学和生物武器及其可能的使用效果》一书介绍，一架轰炸机所载的核武器、化学武器和生物武器对无防护人群进行假定的袭击所造成的有效杀伤面积为：100万吨当量级的核武器为$300km^2$；15t神经性毒剂为$60km^2$；10t生物战剂为10万平方千米。据称，有的国家已从技术上发展了生物武器的导弹甚至洲际导弹投射系统，这将更能发挥其大面积杀伤效应的特点。

5. 危害时间长

在适当条件下，有的生物战剂可以存活相当长的时间，如Q热病原体贝氏柯克斯体在毛、棉布、沙泥、土壤中可以存活数月，球孢子菌的孢子在土壤中可以存活4年，炭疽杆菌芽孢在阴暗潮湿土壤中甚至可存活10年。据报道，1942年英国在苏格兰西北部大西洋中的格林那达岛上进行炭疽芽孢炸弹威力试验，24年后检查，发现此岛仍处于严重的炭疽芽孢污染状态，并估计污染可能会延长至100年左右。自然环境中有多种动物是致病微生物的天然宿主，同时一些吸血类节肢动物等是某些传染病传播的重要媒介,部分致病微生物能够在媒介动物体内长期存活或繁殖,甚至可以传代,长期传播下去。例如:贝氏柯克斯体能自然感染的野生哺乳动物有7类90种,蜱类70多种,在有的蜱类中能存活长达10年之久;流行性乙型脑炎病毒和黄热病毒可在蚊等媒介动物体内存活8~14个月或更长时间,有的蚊虫甚至可终身携带病毒;鼠疫耶尔森菌能长期储存在啮齿类动物体内,并形成鼠疫自然疫源地。

6. 隐蔽性强

生物战剂气溶胶无色、无味,携带细菌或病毒的媒介动物和当地原有种属也容易混淆,加上敌方一般都在黄昏、夜间、清晨、多雾时秘密投放,一般很难及时侦察发现。而且敌方可能同时或先后使用两种以上的生物战剂,易造成人员混合感染,使症状更加复杂,难于及时诊断。从目前对致病微生物的检验手段看,生物气溶胶探测难度比发现化学毒剂和放射性物质大得多。

生物气溶胶一般没有立即杀伤作用。生物战剂进入人、畜体内必须经过一个感染过程,才能破坏人、畜的正常生理状态引起明显病症,故容易导致贻误最佳防治时机而造成人员伤亡。

5.3.2 生物战剂气溶胶使用的局限性

在生物武器中,使用生物战剂气溶胶也存在一些限制性的因素,主要表现在以下几个方面。

1. 受自然条件影响大

自然条件对生物战剂的使用影响较大。生物战剂多为致病性微生物类型,其活性和毒性易受温度、湿度及日光照射的影响,如短波长紫外辐射对生物战剂气溶胶有较大的灭活作用,高温、干燥等可加速生物战剂的衰亡。风向、风速可限制其扩散范围和方向,风速超过8m/s或近地面大气层处于对流状态,都能使生物战剂气溶胶难以保持有效的感染浓度;战场风向的掌握也十分困难,一旦风向突变,战剂云团就可能危及施放者本身。另外,降水、下雪、浓雾等气象条件也将限制生物战剂的施放。自然条件不适宜,会大大增加生物战剂的衰亡率,无法达到使用生物战剂的预定目的。

此外,地形、地物对生物战剂气溶胶的扩散和传播也有一定的影响。

2. 无立即杀伤作用

生物战剂侵入人体后,要经过一定的潜伏期才能发病。短者数小时(如葡萄球菌肠毒素),长者10余天(如贝氏柯克斯体)。如能早期发现,并采取正确防护措施,预有充分准备,就能减少或避免其伤害。

3. 难以控制

生物战剂除了受自然因素影响外,在保管储存、运输和使用过程中,均会使生物战剂发生不同程度的衰亡和降解,令其杀伤效力会受到一定影响。同时,使用生物武器的目的,是为了消耗和削弱对方有生力量,但是传染性强的生物战剂所引起疫病流行,也可能通过某种途径危及攻击方自身。

5.4 生物气溶胶危害评估

生物战剂气溶胶危害的程度和范围与生物战剂的感染剂量、施放方法和气溶胶的生物、物理、化学性质以及气象条件等因素有关。

5.4.1 感染剂量

生物战剂气溶胶的感染剂量通常是指对无防护人员或动物的感染剂量,其大小与战剂种类、感染对象、感染方式等有关。常见的人和动物的感染方式包括经呼吸道吸入感染、经口食入消化道感染、经皮接触感染(媒介叮咬、人工注射等)多种情况。部分致病微生物的感染剂量如表5.5所列。

表5.5 部分致病微生物使人发病的感染剂量

微生物种类	感染方式	所需剂量
天花病毒	吸入	数个病原体
登革病毒	吸入	2个病原体
	蚊虫叮咬	1次
委内瑞拉马脑炎病毒	吸入	1个病原体
鹦鹉热衣原体	吸入	1×10^{-9}毫升培养液
贝氏柯克斯体	吸入	1个病原体
土拉弗朗西斯菌	吸入	10个菌
	口服	10^8个菌

第 5 章 生物气溶胶

(续)

微生物种类	感染方式	所需剂量
炭疽杆菌	吸入	$8 \times 10^3 \sim 1 \times 10^4$ 个芽孢
布鲁氏菌	吸入	1,300 个菌
鼠疫耶尔森菌	吸入	3,000 个菌
球孢子菌	吸入	1,350 个孢子
肉毒毒素	吸入	0.3μg
肉毒毒素	口服	0.4μg
葡萄球菌肠毒素	吸入	$0.3 \sim 3$ μg
葡萄球菌肠毒素	口服	$20 \sim 25$ μg
伤寒沙门氏菌	口服	10^5 个菌
霍乱弧菌	口服	10^4 个菌
痢疾志贺氏菌	口服	10^9 个菌
黄热病毒	蚊虫叮咬	1 次

鼠疫耶尔森菌能够被大量生产,冻干处理后可长期保存,如条件适宜,毒力可保持数年。气溶胶化后的鼠疫耶尔森菌可保持活性 1h,可存活于 $-2 \sim 45$℃ 之间,所以季节温度变化对其没有影响。粒径在 $1 \sim 5$ μm 的鼠疫耶尔森菌气溶胶微粒可通过呼吸进入肺泡,引起肺鼠疫。实验表明,将约 100 个鼠疫耶尔森菌通过气管接种猴,可导致猴发生肺部感染致死。根据表 5.5,鼠疫耶尔森菌气溶胶对人的感染剂量约为 3000 个细菌。肺鼠疫传染性极强、病死率极高,若未能及时进行预防,会造成严重危害。鼠疫耶尔森菌气溶胶微粒,还可经眼结膜等进入人体,继而导致菌血症等。鼠疫耶尔森菌气溶胶还会感染当地啮齿类动物如鼠、旱獭等,继续传播形成自然疫源地。

美军曾将炭疽杆菌列为标准化生物战剂。炭疽杆菌致病力较强,人的呼吸道半数感染剂量是 $8000 \sim 10000$ 个芽孢,1min 内可引起无防护人群的 50% 发病。撒布炭疽杆菌芽孢气溶胶,污染水源和食物或空投带菌昆虫和杂物,人、畜均可感染并可造成疫源地。炭疽杆菌的另一特点是存活能力强、潜伏期长,污染土壤可达数十年之久。目前,有发达国家和恐怖组织具有生产炭疽杆菌的生产能力。1998 年,美国国防部长科恩曾在电视上讲解有关炭疽杆菌作为生物武器的威胁,科恩手拿一袋 2.25kg 重的白糖说,要袭击一个大城市,需要同等重量的炭疽杆菌即可。在恐怖分子可能利用的潜在生物武器中,炭疽杆菌是最容易获得的,因为这种细菌在人类历史上存在的时间最长,已得到广泛研究并出现在全球各地。例如,"911"事件以后,恐怖分子曾使用信件传播炭疽杆菌,一度给人们造成心理上的极大恐慌。2001年12月20日,在美国发动第二次海湾战争之前,美国战略与国际研究中心就发表报告称已查明伊拉克拥有50枚装填有炭疽杆菌的炸弹,随时准备投入使用。

5.4.2 衰亡规律

1. 主要指标

1) 生物战剂的衰亡率

生物战剂在气溶胶化过程中,热和气浪等的影响会使部分微生物失去活性。同时,在气溶胶扩散过程中,粒径较大的颗粒很快会发生沉降,在之后的运动过程中,悬浮于空气中生物战剂的数量也会由于沉积作用逐渐减少。悬浮在空气中的生物战剂,自身具有一定的衰亡率。不同生物战剂的衰亡率不同。1970年世界卫生组织顾问委员会在报告中指出,病毒类生物战剂气溶胶每分钟衰亡率约为30%,立克次体为10%,鼠疫耶尔森菌、土拉弗朗西斯菌为2%。

如果空气中的病毒每分钟减少30%,这样空气中病毒的致病浓度只能维持5~7min。同样地,立克次体每分钟衰亡率是10%,能维持30min。细菌每分钟衰亡率是2%,能维持1h,其中土拉弗朗西斯菌对人的感染剂量小,可维持2h以上。对外界环境抵抗力量大的炭疽杆菌芽孢,每分钟衰亡率是0.1%,可维持2h以上。贝氏柯克斯体对人的感染剂量较小,生存力较强,可维持2h以上。部分常见生物战剂的衰亡率见表5.6。

表5.6 部分生物战剂的衰亡率

生物战剂	衰亡率/min	备注
病毒	30%	—
立克次体	10%	—
细菌	2%	—
土拉弗朗西斯菌	2%	(感染剂量小)
炭疽杆菌(芽孢)	0.1%	避光、潮湿、阴暗条件下

第 5 章 生物气溶胶

2）分钟衰减率

反映生物气溶胶活性衰亡规律的指标除了衰亡率之外,还有分钟衰亡率、半衰期(t_{50})以及90%衰亡期(t_{90})等,其中微生物气溶胶的分钟衰减率是指每分钟时间里衰亡的微生物数量,用符号 k 表示,一般满足式(5.1)所述规律:

$$\frac{N_t}{N_0} = \exp(-kt) \tag{5.1}$$

分钟衰减率的概念来源于一级化学反应计算方法,通常假设为常数,用于描述生物气溶胶的衰减速度,可以确切表示衰亡规律和速度,预测空气中经过某一时间后微生物气溶胶在空气中的浓度。如果测得初始生物气溶胶中活性粒子的浓度 N_0 和某一时刻 t 时的浓度 N_t,则分钟衰减率可表述为

$$k = \frac{1}{t}\ln\left(\frac{N_0}{N_t}\right) \tag{5.2}$$

式(5.1)和式(5.2)中, t 的单位为 min, k 的单位为 1/min。

3）回收率

在生物气溶胶采样分析中,生物气溶胶活性因子的存活情况有很多表达方法,如生物气溶胶回收率、存活率等。其中回收率是分散成气溶胶后的活微生物总数与被分散材料中活微生物总数的百分比:

$$回收率(\%) = \frac{生物气溶胶中活菌总数}{被气溶胶化的悬液(干粉)中活微生物总数} \times 100\% \tag{5.3}$$

4）存活率

存活率指气溶胶产生瞬时($t=0$)活微生物总浓度 N_0 与 t 时刻气溶胶活微生物总浓度 N_t 的百分比。从上述两个概念可以看出,生物气溶胶回收率经历了气溶胶化过程的衰亡和形成气溶胶后衰亡两个衰减过程。存活率仅反映形成气溶胶后的存活情况,不包括气溶胶化过程中的衰亡情况。在计算存活率时,采用什么时刻的气溶胶活菌总浓度做分母很重要,气溶胶产生瞬时($t=0$)时活微生物总浓度最大,随着时间增加气溶胶中活微生物浓度逐渐较低:

$$存活率(\%) = \frac{N_t}{N_0} \times 100\% \tag{5.4}$$

微生物气溶胶的衰减除了微生物本身的生物衰亡外,还有物理衰减问题。物理衰减是指生物战剂气溶胶发生后在大气扩散中气溶胶粒子由于重力沉降、

凝并、碰撞、静电吸引等作用而从大气中消失的单位时间量。如果物理衰减比较明显,就应考虑对存活率进行修正。

2. 环境条件对生物气溶胶衰亡的影响

一般而言,光照、湿度、温度等环境条件对生物气溶胶的衰亡具有显著影响,以炭疽杆菌的衰亡规律为例,图 5.10、图 5.11 所示为不同光照、不同湿度条件下炭疽杆菌的衰亡曲线。

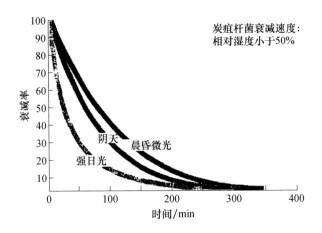

图 5.10　炭疽杆菌的衰亡曲线(相对湿度 <50%)

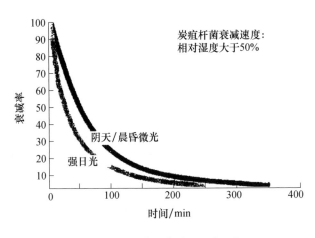

图 5.11　炭疽杆菌的衰亡曲线(相对湿度 >50%)

大多数病毒气溶胶的存活率受温度的影响较大,与细菌类似。Harper 在温度为 10℃、20℃、30℃条件下,观察了牛痘病毒、委内瑞拉马脑炎病毒(委马病毒)和流感病毒气溶胶的存活情况,指出低温有利于病毒存活,研究结果见表5.7。

表5.7 RH60%条件下温度对三种病毒液体气溶胶存活的影响

病毒	温度/℃	存活率/%			
		胶龄0min	胶龄5min	胶龄30min	胶龄60min
牛痘病毒	10.5~11.5	94	90	90	83
	21.0~23.0	93	82	83	86
	31.5~33.5	74	76	68	5.1
流感病毒	7.0~8.6	66	49	75	6.1
	20.5~24.0	84	62	49	29
	32.0	98	45	22	13
委马病毒	9.0~9.5	100	86	16	24
	21.0~23.0	35	28	21	14
	32.0~33.0	25	22	8.5	6.1

从表中数据可知,温度对三种病毒存活时间的影响都非常显著,温度升高有利于降低病毒气溶胶的存活率,低温时病毒存活率较大。

相对湿度(RH)对微生物气溶胶存活的影响与温度的影响规律不同。一般而言,空气中细菌芽孢和真菌孢子的存活受湿度的影响较小,革兰氏阳性菌较革兰氏阴性菌的抵抗能力强。Berendt观察了不同RH对嗜肺军团菌气溶胶存活的影响,指出RH80%条件下,半衰期为15.6min,RH50%时为10.3min,RH30%时为3.2min。可以看出,相对湿度较大时嗜肺军团菌的存活率高。而拉沙热病毒气溶胶在RH为30%、50%、80%三种湿度条件下,病毒的半衰期分别为54min、21min、18min,显然该病毒对环境湿度的耐受性与嗜肺军团菌表现出相反的规律,对低湿度(干燥)条件有较强的耐受力。

总之,湿度、温度等外在条件对生物因子的存活能力具有显著影响,结合光照条件共同决定了生物气溶胶的衰亡速度。

5.4.3 危害时间

1. 生物战剂的存活时间

生物战剂气溶胶的危害时间在理论上等于生物活性因子的存活时间,后者是指在一定条件下有效保持其生物活性的时间。表 5.8 为几种生物战剂在自然环境中的存活时间。

表 5.8　几种生物战剂在自然环境中的存活时间

战剂名称	水	食物	土壤	物体表面	其他
霍乱弧菌	7 天~数月	数天~数周	<1 月	1~7 天	2~17 天(粪便)
伤寒沙门氏菌	2~183 天	数天~数月	数天~数月	数周	31 天(粪便)
痢疾志贺氏菌	12~92 天	10~30 天	2~100 天	数天~数月	12 小时~12 月(粪便)
布鲁氏菌	5~160 天	8~45 天	>70 天	14~80 天	1~4 月(羊毛)
土拉弗朗西斯菌	3~95 天	14~93 天	10~75 天	—	—
鼠疫耶尔森菌	3~75 天	数天	1~28 天	30~45 天	30 天(脓)36 天(痰)
炭疽杆菌(芽孢)	数十年	—	数十年	数年	—
普氏立克次体	>1 天	—	—	>10 天	20~120 天(虱粪)
贝氏柯克斯体	—	数月(奶)	—	2 月	
天花病毒				数月	数月(脓)

炭疽杆菌芽孢抵抗力很强,能在低温、潮湿等恶劣环境下存活,不会因日光强烈照射而迅速死亡。有研究表明,在室内避光条件下,炭疽杆菌芽孢可以存活 40 年以上。在适宜的土壤、温度、湿度条件下,炭疽杆菌芽孢可萌发成营养繁殖体,形成的再生性气溶胶经呼吸道感染食草类家畜和人。炭疽杆菌人工培养繁殖相对容易。炭疽杆菌污染环境后,会形成持久性污染区,并可能发展成为疫源地。霍乱弧菌致病力强、病死率高、传染性强,主要经水传播,还可以通过带菌物品、食品及带菌苍蝇等造成疫源地。霍乱弧菌在某些环境中能存活较长时间,如在井水中存活 18~51 天,牛奶中存活 2~4 周,鲜肉中存活 6~7 天,蔬菜中存活 3~8 天。鹦鹉热衣原体致病力与传染性强,感染剂量小,对外界环境抵抗力较强,在室温下可存活三周左右,在 6~10℃的暗处,感染力可保持 25 天左右,在 -20℃ 以下可保持 1 年以上,在冰库中冷冻数年的禽类组织中仍能分离出该衣原体。在禽类的干燥粪便和窝草中,鹦鹉热衣原体可存活数月之久。

2. 生物气溶胶危害时间估算

生物战剂的危害时间是指生物气溶胶维持有效杀伤作用的时间,经过该时

第 5 章 生物气溶胶

间后无防护人员可以安全进入相关地域。在大多数情况下,该时间小于或等于生物战剂的存活时间。

由于生物战剂不断衰亡,所以真正起到危害作用的时间并不长。一般说来,在室外空气中,生物战剂气溶胶的感染浓度一般至多能够维持 2h。美军认为:在晴朗的白天,微生物气溶胶的危害时间为 2h;在夜间或阴天,微生物气溶胶的危害时间为 8h。这里的白天一般是指太阳高度角大于或等于 10°的时间。

令 T_d 代表晴朗的白天条件下生物气溶胶的危害时间,T_n、T_c 分别代表晴朗的夜间和阴天全天生物气溶胶的危害时间,则生物气溶胶的危害时间为

$$T_d = 2(\text{h}) \tag{5.5}$$

$$T_n = T_c = 8(\text{h}) \tag{5.6}$$

对于较为常见的多云天气,可以根据天空总云量进行估算。将天空划分为 10 份,设云量占 N 份,则多云天气时生物气溶胶在白天的危害时间可修正为

$$T'_d = T_d + \frac{N}{10}(T_c - T_d) = 2 + 0.6N(\text{h}) \tag{5.7}$$

例 5.1 设敌人于上午 10 时使用生物武器,阴天,估算生物气溶胶的危害时间。

解: 根据题设,使用时间为白天,天气为阴天,于是

$$N = 10$$

则根据式(5.7)可得生物气溶胶的危害时间为

$$T'_d = 2 + 0.6N = 2 + 0.6 \times 10 = 8(\text{h})$$

若敌人在日出、日落前后使用生物武器,危害时间会相应缩短或延长。此外,当生物气溶胶呈悬浮状长时间滞留在丛林地,或存在于太阳紫外线照射不到的灌木丛与树丛下有植物层的地域时其危害时间也会延长。

5.4.4 致(病)死率

钟玉征、顾国富在《高技术与核生化武器》一书中,给出了外军曾经列入作战使用条令规定或者已经使用过的生物战剂类别及其传染特性、危害程度和致死率等,如表 5.9 所列。

表 5.9　外军曾经列入作战使用条令规定或已使用过的
生物战剂及其危害特性

战剂名称	传染性	危害程度	致死率/%	预防疫苗	备注
黄热病毒	*	致死	5~19	+	1,2
东方马脑炎病毒	*	致死	50	+	1
西方马脑炎病毒	*	失能	3	+	1
天花病毒	高	致死	10~30	+	1,3
委马病毒	*	失能	1	+	1,2
鹦鹉热衣原体	高	致死	18~20		1
普氏立克次体	*	致死	10~40	+	1
立氏立克次体	*	致死	10~30	−	1
贝氏柯克斯体	低	失能	1~4	+	1,2
霍乱弧菌	高	致死	10~80	+	3
鼠疫耶尔森菌	高	致死	25~100		1,3
炭疽杆菌	低	致死	5~20	+	1,2,3
土拉弗朗西斯菌	低	致死	40~60	+	2,3
鼻疽伯克霍尔德菌	*	致死	90~100	−	1
类鼻疽伯克霍尔德菌	*致死	致死	95~100	−	1
伤寒沙门氏菌	高	致死	4~20	+	1,3
布鲁氏菌	*	失能	2~5	+	2
粗球孢子菌	低	失能	1	−	1
A 型肉毒毒素	无	致死		+	1,2
B 型葡萄球菌肠毒素	无	失能		+	2

注：* 表示有媒介存在时才有传染性；预防疫苗：+ 有，− 无
1 表示苏军条令中规定的战剂，2 表示美军已经标准化的战剂，3 表示战场上已使用过的战剂

近年来，由于抗菌药物的应用，传染病的病死率下降到 1% 以下。但当敌人战场使用生物武器时，在无免疫的人群中，又缺乏防治药物的条件，病死率仍可能较高。2014 年发生在非洲的埃博拉疫情，在三个月内就导致 1000 多人死亡，致死率高达 58.7%。2019 年 12 月开始在全球蔓延的新型冠状病毒肺炎疫情，死亡率可达 5%，部分国家控制不当，致死率高达 10% 以上。

第 5 章 生物气溶胶

5.4.5 生物气溶胶云团危害范围

1. 生物气溶胶扩散过程

生物袭击危害的评估主要指理论评估(模型模拟),气溶胶污染扩散范围和规律传播效能,疫情严重性,对社会经济、政治影响等。其中对应急处置影响大且需要即时评估以指导处置的是生物气溶胶污染范围。

气溶胶粒子的大小与危害效能有关。一般认为,直径 $1\sim 5\mu m$ 的粒子感染效能最大。这样的粒子在吸入后,能大量进入肺泡,很容易形成肺泡组织的直接感染,或侵入血液形成某一器官或系统的感染。基于此,大多数生物气溶胶粒子的平均粒径分布在 $1\sim 5\mu m$,这些粒子在大气中能够稳定悬浮,并在风的作用下发生平流输送和扩散稀释等过程,从而构成大范围影响并使其浓度呈现某种规律的分布。

生物气溶胶粒子在大气中的扩散与气象条件关系密切,主要受风与湍流、温度层结变化和下垫面高度影响。用于估算生物气溶胶浓度分布的方程同样服从梯度输送理论和湍流统计理论中建立的各种浓度分布方程,在地面连续线源施放的扩散方程式为

$$C(x,y,z,0) = \frac{Q_1}{\sqrt{\pi} u \sigma_z} \exp\left(-\frac{z^2}{2\sigma_z^2}\right) \left\{ \exp\left(-\frac{(L_0+y)}{\sqrt{2}\sigma_y}\right) + \exp\left(-\frac{(L_0-y)}{\sqrt{2}\sigma_y}\right) \right\}$$

(5.8)

式中:Q_1 为连续线源的源强($g/(m\cdot s)$);u 为平均风速(m);$2L_0$ 为连续线源的源长(m);σ_y 为水平方向大气扩散系数(m);σ_z 为垂直方向大气扩散系数(m)。

生物气溶胶扩散、污染过程极为复杂,大致经历生物气溶胶衰亡、水平输送、扩散稀释,干沉积或湿沉积和再扬起等五个过程。与一般气溶胶扩散规律相比,除了基本规律相同外,还应该考虑生物粒子存活条件与生物衰减。

2. 生物气溶胶的衰减因子

生物气溶胶的扩散,除了遵从一般气溶胶粒子扩散规律外,还必须考虑其微生物本身的衰亡。影响生物气溶胶衰亡的主要因素有微生物的种、株,生理龄期,悬浮介质(或载体)的成分以及光照、温度、湿度等环境条件等。

根据对一般生物气溶胶衰亡的试验结果,综合各种影响因素的总效应,生物气溶胶具有总的衰减因子 λ,其规律为

$$C = C_0 \exp(-\lambda t) \tag{5.9}$$

式中:C_0 为初始浓度,对于连续源,C_0 为不随时间变化的常数,而对于瞬时源,C_0 是时间的函数;C 为经过 t 时间后因生物衰亡而剩余的生物气溶胶浓度;λ 可经实验测定,反映了单位时间里生物气溶胶衰亡的量,是生物气溶胶区别于一般气溶胶扩散过程的关键参数。

3. 不同施放方式生物气溶胶危害范围估算

生物气溶胶危害的程度和范围还与施放方式有关。例如,用爆炸型生物炸弹或机械发生器施放时,每个弹着点向周围散布生物战剂气溶胶,散布范围与生物弹的大小和数量有关。用飞机或舰艇喷雾时,喷成一条线状,即线源施放,其危害作用由生物战剂感染剂量的大小等决定。

1) 点源施放

单点源施放是由一个点,如一枚小炸弹或一台气溶胶发生器施放生物战剂,并依靠风的力量将生物战剂气溶胶传播到目标地域的上空。生物战剂气溶胶随风漂移,既在水平方向又在垂直方向扩散。因水平和垂直扩散及地面沉积的作用使其浓度随距离增大而稀释,从而减小危害效应。一般来说,生物战剂气溶胶的最大剂量值,直接出现在靠近施放点下风方向的地面上,气溶胶云团的最大宽度(侧风宽度),一般出现在云团下风方向1/2距离以外处。

美国陆军野战条令曾经给出了下风危害纵深的估算方程:

$$X = 1.8 u t_{\max} \quad (\text{km}) \tag{5.10}$$

式中:1.8 为将 kn 换算为 km/h 的系数;u 为平均风速(kn);$t_{\max}$ 为云团最长持续危害时间(h)。

如果 u 采用平均风速(单位:m/s),云团持续危害时间用分钟,则

$$X = 60 u t_{\max} \quad (\text{m}) \tag{5.11}$$

$$X = 60 u t_{\max} / 1000 = 0.06 u t_{\max} \quad (\text{km}) \tag{5.12}$$

式中:$t_{\max}$ 为云团最长持续危害时间,受光照、温度等因素影响,白天2h,夜晚8h。日出后1h到和日落前1h被认为是白天。$t_{\max}$ 值是根据生物气溶胶在环境中的衰减、形成颗粒沉降以及云团扩散做出的估计。

第 5 章 生物气溶胶

上述预测方法未考虑袭击所使用的战剂类型、弹药用量和弹药覆盖面积，所有这些都需要更加精确的计算分析。另外，上述计算结果明显偏大，但有利于安全。

危害纵深或者危害范围通常应与某个伤害程度或杀伤率相对应，美军通常将杀伤率分为1%、30%、50%和70%四个等级，上述估算结果没有明确对应的危害程度，因此可视为最大危害纵深，相当于达到1%杀伤率的危害纵深或范围。

图 5.12 所示为美军利用爆炸型小航弹点源施放生物战剂时各种程度杀伤率分布曲线。

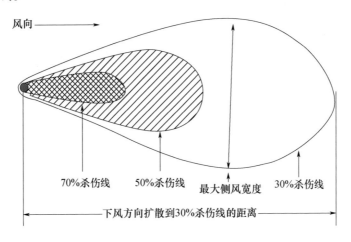

图 5.12　单点源爆炸型小航弹的杀伤率分布

从图 5.12 中可以看出，不同伤亡曲线是由一系列对称的椭圆形构成的。最里面的圈表示最高杀伤范围。图中所标示的 70%、50%、30% 杀伤线指出的是对目标地域内不同位置上无防护人员的预期杀伤率。

点源式施放生物战剂构成的危害地域如图 5.13 所示，AB 为生物气溶胶云团的起始直径，X 为下风危害纵深，AD、BC 为气溶胶云团向下风扩散的切线，与风向夹角分别为 20°。

下风方向危害地域的面积近似由三部分构成：云团起始半圆面积，以 AB 为宽，X 为长的矩形面积，2 个夹角为 20°、半径为 X 的扇形面积。设气溶胶云团起始直径为 $2R$，则

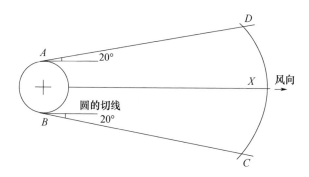

图 5.13　点源施放生物战剂气溶胶构成的危害地域示意图

$$S = \frac{1}{2}\pi R^2 + 2RX + \frac{\pi X^2}{9} \tag{5.13}$$

2）线源施放

线源施放是指单个移动点源横风施放或多个点源横风成线状分布施放生物战剂。用飞机或巡航导弹在空中喷洒为空中线源施放。用飞机连续投掷航空炸弹或舰艇在海面喷洒时为地面线源施放。线源施放线通常与风向垂直，即取横风向位置，从而可以使生物战剂发挥最大效应。根据美军作战条令，线源施放线长度可达 100km。

（1）空中线源。利用飞机（或舰艇）的施放装置布撒液态或微粉生物战剂，可以是单线源或多线源，即由一架或几架飞机（或一艘或几艘舰艇）连续布撒，如图 5.14 所示。

图 5.14　空中线源

飞机在空中布撒液态生物战剂形成的空中线源，可能出现以下几种情况：
①航向与平均风向垂直。这种情况称为垂直风向或横风布撒。如图 5.15

所示,设 OO_1 为布撒线的长度,布撒后在其下风方向形成污染区,生物战剂的最大微粒将落在 DD_1 线附近,具有最大的杀伤率。最小的微粒将落在 CC_1 线附近,具有最小的杀伤率。若生物战剂污染区沿风向的纵深为 $2L_f$,正面宽度为 $2L_d$,则有

$$OO_1 = DD_1 = CC_1 = 2L_d \tag{5.14}$$

$$D_1C_1 = DC = 2L_f \tag{5.15}$$

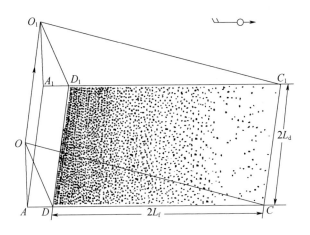

图 5.15 空中侧风施放形成的线源构成的地面杀伤区域

由图 5.15 可知

$$2L_d = V_k \tau \tag{5.16}$$

$$2L_f = AC - AD = u_H(t_1 - t_2) = u_H H\left(\frac{1}{V_1} - \frac{1}{V_2}\right) \tag{5.17}$$

式中:$2L_d$、$2L_f$ 为生物战剂污染区的起始正面和纵深(m);V_k 为飞机布撒时的航速(m/s);u_H 为布撒高度 H 内的平均风速(m/s);H 为布撒高度(m);τ 为布撒持续时间(s);t_1、t_2 为最小微粒和最大微粒的降落时间(s);V_1、V_2 为最小微粒和最大微粒的降落速度(m/s)。

试验表明,小微粒落速 $V_1 = 2\mathrm{m/s}$,大微粒落速 $V_2 = 8\mathrm{m/s}$,把代 V_1、V_2 代入式(5.17)可得

$$2L_f = \frac{3}{8} u_H H \tag{5.18}$$

于是,污染区面积为

$$S = 2L_d 2L_f = \frac{3}{8} u_H H V_k \tau \qquad (5.19)$$

如果飞机在空中施放生物战剂气溶胶,则空中线源必须在逆温层顶以下,才能使生物战剂气溶胶随风沿水平方向传播扩散,在下风的一定距离处到达地面。如图 5.16 所示,当生物战剂气溶胶自空中线源顺风降落时,在下风的一定距离处到达地面,并沿着几条线顺风分布,每条线可看作等剂量,具有同等的杀伤率。各条等剂量线上的剂量,在开始到达地面时最小,通过一段较短的距离增至最大值,然后随着距离增加而递减。污染区下风方向杀伤率最小的等剂量线离线源投影点的距离,就是最大杀伤距离。最大杀伤距离视线源强度、施放高度、气象条件和地形条件的不同而不同。

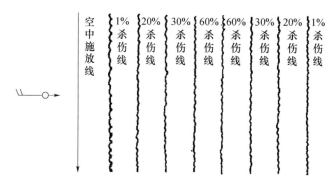

图 5.16　空中线源施放生物战剂气溶胶时下风方向
不同距离与杀伤率关系的示意图

②航向与平均风向平行。通常称为纵风或顺风布撒。设从 O 点开始布撒生物战剂,风向为 OO_1 方向(图 5.17)。

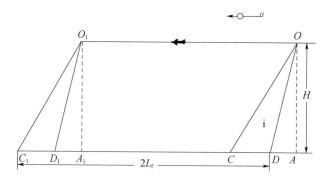

图 5.17　飞机纵风布撒生物战剂污染区示意图

第 5 章 生物气溶胶

显然 D 点是开始布撒生物战剂时最大微粒降落的地点,D_1 点是结束布撒时最大微粒降落的地点,而 C 和 C_1 分别为开始和结束布撒时最小微粒降落的地点。因此,地面遭袭地域的纵深应该是 DC_1,如图 5.17 中 $2L_f$ 所示,用式(5.18)表示为

$$2L_f = DC_1 = DD_1 + D_1C_1$$
$$= V_k\tau + u_H H\left(\frac{1}{V_1} - \frac{1}{V_2}\right)$$
$$= V_k\tau + \frac{3}{8}u_H H \tag{5.20}$$

式中:符号意义同上。

污染区的正面应该是生物战剂微粒的自然散布,它与布撒高度和航速有关。在中等航速情况下,污染区正面 $2L_d$ 是随布撒高度增加而增大,参考数据见表 5.10。

表 5.10 污染区的正面 $2L_d = f(H)$

H/m	25	40	50	75	100	150	200	250	300	400	500
$2L_d$/m	6	10	12	18	22	31	40	45	50	62	70

因此,污染区的面积为

$$S = 2L_d 2L_f = 2L_d\left(V_k\tau + \frac{3}{8}u_H H\right) \tag{5.21}$$

③航向与平均风向斜交。这种情况称斜风布撒。当航向与平均风向斜交时,其角度为 β,则污染区的纵深、正面分别为

$$2L_f = V_k\tau + \frac{3}{8}u_H H\cos\beta \tag{5.22}$$

$$2L_d = \frac{3}{8}u_H H\sin\beta \tag{5.23}$$

因此,污染区的面积为

$$S = 2L_d 2L_f = \left(V_k\tau + \frac{3}{8}u_H H\cos\beta\right)\frac{3}{8}u_H H\sin\beta \tag{5.24}$$

应该指出,空中线源的上述计算公式,只是最初形成污染区时的纵深 $2L_f$、正面 $2L_d$ 和面积 S,绝非生物战剂危害时间内的最终污染区,因为危害时间内的

污染区远大于最初的污染区。

空中线源下风最大危害纵深为

$$X = 60k_1 ut_{\max} \quad (\text{m}) \tag{5.25}$$

式中：u 为风速(m/s)；$t_{\max}$ 同前(min)；k_1 为将地面风速换算为高线源云团传播风速的系数，美军取 $k_1 = 4.0$。

或者

$$X = 60k_1 ut_{\max}/1000 = 0.24ut_{\max} \quad (\text{km}) \tag{5.26}$$

空中线源的危害区域如图 5.18 所示，AB 为线源施放线，通常垂直于风向。AD、BC 为两条不断扩大的气溶胶云团扩散线，分别与风向成 20°夹角。图中 X 为最大危害纵深。

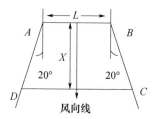

图 5.18 空中线源施放生物战剂构成的危害区域

由图 5.18 可知，危害地域的面积为

$$S = LX + 2 \times \frac{1}{2} X(X\tan 20°) \quad (\text{km}) \tag{5.27}$$

$$S = LX + X^2 \tan 20° \quad (\text{km}) \tag{5.28}$$

$\tan 20° = 0.364$，并将式(5.26)代入后得

$$\begin{aligned} S &= L \times 0.24ut_{\max} + (0.24ut_{\max})^2 \times 0.364 \\ &= 0.24ut_{\max}L + 0.021(ut_{\max})^2 \quad (\text{km}^2) \end{aligned} \tag{5.29}$$

式中：L 为袭击区的正面宽度，$L = 2L_f(\text{km})$。

(2)地面线源。舰艇沿海喷撒时，为地面线源，飞机连续投掷小型生物弹连成一线时，也可在地面形成地面线源。考虑平坦开阔地形，地面线源所形成的剂量分布，不同于空中线源，生物战剂气溶胶浓度是随下风距离的增大而递减。当地面线源与平均风向垂直时，污染区呈矩形；斜交时，呈四边形。

第 5 章 生物气溶胶

地面线源的气溶胶云团中,靠近线源处生物战剂的浓度最大,杀伤力也最强。气溶胶随风移动,生物战剂的浓度逐渐减少,它的杀伤力也随之逐渐减低,减低的趋势如图 5.19 所示。

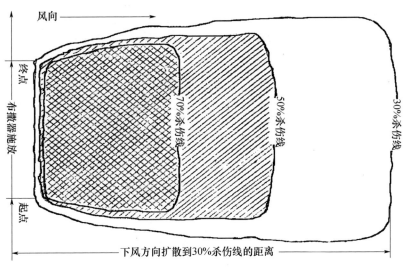

图 5.19 地面线源

地面线源下风最大危害纵深为

$$X = 60ut_{\max} \quad (\text{m}) \tag{5.30}$$

式中:u 为地面平均风速(m/s);$t_{\max}$ 为生物战剂气溶胶传播时间(min)。

$$X = 0.06ut_{\max} \quad (\text{km}) \tag{5.31}$$

危害面积计算同上,只是系数发生了变化:

$$S = LX + X^2 \tan 20° \tag{5.32}$$

$$\begin{aligned} S &= L \times 0.06ut_{\max} + (0.06ut_{\max})^2 \times 0.364 \\ &= 0.06ut_{\max}L + 0.0013(ut_{\max})^2 \quad (\text{km}^2) \end{aligned} \tag{5.33}$$

式中:L 为地面线源的长度(km)。

例 5.2 在某平坦开阔地带,敌人利用布撒器以线源方式施放生物战剂,线源长度 5km,平均风速 3m/s,大气垂直稳定度等温,气溶胶有效传播时间约 65min,试估算生物气溶胶云团的最大危害纵深和危害面积。

解:依据题设条件:

$$u = 3\text{m/s}$$
$$t_{\max} = 65\min$$
$$L = 5\text{km}$$

由式(5.30)可知
$$X = 60ut_{\max} = 60 \times 3 \times 65 = 11700(\text{m}) = 11.7(\text{km})$$

根据式(5.33)可计算得到
$$S = 0.06 \times 3 \times 65 \times 5 + 0.0013 \times (3 \times 65)^2 = 107.9(\text{km}^2)$$

3）面源施放

面源施放即多点源施放，是由一些点源弹药（如生物子母弹的子弹），即多个生物炸弹随机分布在目标区内形成的。每一个点源小炸弹形成的气溶胶云团与其他点源的气溶胶云团相互交混连成一片，造成大面积覆盖。由多点源施放生物战剂的目标区中的战剂浓度采用平均剂量。由于各个点源分散的生物战剂气溶胶是在下风方向汇合在一起，所以并不是整个目标区都能造成杀伤剂量。此外，弹着点的散布、气象及地形、植被等条件的影响使生物战剂气溶胶云团在相互交混过程可能留下间隙，如图5.20所示。但随着往下风传播和云团扩散，短时间后最终会形成大规模气溶胶云团往下风运动。

面源施放形成的气溶胶同样会向下风方向传播扩散，对下风某处而言，可压缩处理为等效线源施放的浓度贡献，危害纵深越大，这种处理误差越小。因此，面源施放时危害纵深的计算和杀伤率分布均可按照线源施放进行处理。

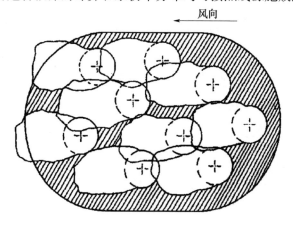

图5.20 多点源施放生物战剂危害区域

第 5 章 生物气溶胶

气溶胶扩散的具体范围大小,要由许多因素来决定,施放的高度、风力风速、地形的起伏、生物战剂数量的多少等,都会影响散布的范围。一般说来,生物战剂数量大,则散布的范围广。然而,即使是在同样的条件下,因各种生物战剂的性质不同,它的扩散距离与持续时间也不一样。研究表明,50kg干粉状不同种类的战剂,在夜晚、气流稳定、风速2.5m/s的条件下,由空中线源施放时的扩散距离及持续时间见表5.11。其中:委内瑞拉马脑炎病毒和黄热病毒在下风向距离1km范围内的持续时间为5~7min;立氏立克次体在下风向距离5km内的持续时间为30min;鼠疫耶尔森菌和布鲁氏菌在下风向距离10km范围内的持续时间为1h;贝氏柯克斯体、土拉弗朗西斯菌和炭疽杆菌在下风向扩散距离大于20km,危害持续时间大于2h。

表5.11　空中线源施放生物战剂气溶胶的污染距离和持续时间(风速2.5m/s)

种类		范围(下风距)	持续时间
病毒	委内瑞拉马脑炎病毒	1km	5~7min
	黄热病毒	1km	5~7min
立克次体	立氏立克次体	5km	30min
细菌	鼠疫耶尔森菌	10km	1h
	布鲁氏菌	10km	1h
典型生存力强的病原体	贝氏柯克斯体	>20km	>2h
	土拉弗朗西斯菌	>20km	>2h
	炭疽杆菌	>20km	>2h

在1970年出版的世界卫生组织顾问委员会关于在化学和生物武器报告中记载,用50kg干燥炭疽杆菌芽孢沿2km垂直线状顺风漂浮,可污染20km^{2}以上的地区。第一次世界大战期间,德国就开始了炭疽杆菌的生产并作为武器使用,第二次世界大战末期美国维哥兵工厂每月能生产50万个2kg重的炭疽炸弹。

5.4.6　生物气溶胶云团通过目标时间

生物气溶胶主要攻击对象为作战人员,将作战人员或小分队视为点目标,考虑平坦开阔地形,则生物战剂气溶胶云团通过某目标需要的时间(通过时

间),可利用观测到的袭击区顺风长度除以平均风速,然后将所得结果加 10min 的安全系数进行计算:

$$\tau_p = \frac{L}{60u} + 10 \quad (\text{min}) \tag{5.34}$$

式中:τ_p 为通过时间(min);L 为袭击区的顺风长度(m);u 为地面平均风速(m/s)。

式中安全系数 10 是指生物战剂气溶胶云团在传播过程中,由于离地面不同高度上风速的差异,造成云团超前和滞后现象,以及云团在传播过程中因扩散而增大对通过时间影响的修正。应该指出,这些计算数据和被划定的污染区范围都是估算出的数值。

例 5.3 正面 5km,纵深 3km 的平坦开阔地带遭敌生物气溶胶攻击,平均风速 2.5m/s,大气稳定度等温,试估算生物气溶胶云团通过下风某处的时间。

解:将该处近似看作目标,根据题设遭袭区的顺风长度为 =3km,可知

$$L = 3000 \text{m}$$

$$u = 2.5 \text{m/s}$$

代入式(5.34)可得

$$\tau_p = \frac{3000}{60 \times 2.5} + 10 = 30(\text{min})$$

其他复杂下垫面和地形条件下的云团通过时间及其防护时机的确立可参照 4.4 节化学气溶胶云团的扩散运动规律进行评估。

5.5 复杂空间生物因子泄漏风险评估

生物因子泄漏风险评估是系统工程中安全评价的一种特殊表现。安全评价是以实现工程、系统安全为目的,应用系统安全工程原理和方法,对工程、系统中存在的危险、有害因素进行识别与分析,判断工程、系统发生事故和职业危害的可能性及其严重程度,从而为工程、系统的设计、施工、运营活动制定防范对策措施,为安全管理决策提供科学依据。我国安全评价工作开展较晚,无论是安全评价方法,还是安全评价基础数据均比较缺乏,目前的评价重点表现在

第 5 章　生物气溶胶

对有害因素及事故隐患的识别与分析方面。高级别生物安全实验室生物因子泄漏风险评估是实验室建设、管理和认可的重要工作,风险评估的任务是找出风险因素及诱发这些风险的原因,研究风险发生的概率,评估风险发生后形成危害的时空效应,为实验室安全管理和制定生物因子泄漏突发事件应急救援处置预案提供决策依据。

高级别生物安全实验室生物因子泄漏风险评估是一门新兴学科,目前尚无可供借鉴的成熟方法,因此,有必要参照系统工程中较为适宜的安全评价方法。一般认为,安全评价方法是对系统的危险因素、有害因素及其危险度、有害度进行分析、评价的定性或定量方法,常用的评价方法包括安全检查法(Safety Review,SR)、危险指数法(Risk Rank,RR)、预先危险分析方法(Preliminary Hazard Analysis,PHA)、故障假设分析方法(What…If,WI)、事件树分析方法(Event Tree Analysis,ETA)、作业条件危险性评价方法(Job Risk Analysis)等。

国家安全生产监督管理局安全科学技术研究中心提出的 MES 评价方法是以多因素分值的乘积作为危险分级,其原理是风险程度 R 可以用特定危害性事件发生的可能性 L 的大小和后果的严重程度 S 的乘积来表示,而反映各种损失发生的可能性 L 主要取决于人体暴露于危险环境的频繁程度,即控制状态 M 和时间 E,因此

$$R = L \times S = M \times E \times S \tag{5.35}$$

最常用的半定量的作业危险和危害分析方法是格雷厄姆(K. J. Graham)和金尼(G. F. Kinney)提出的 LEC 评价法,该方法认为构成危险性的因素包括事故发生的可能性 L、人员暴露于危险环境的情况 E 和事故后果的严重度 C,因此以这三个因素为评价的主要指标,并用它们分值的乘积来计算危险指数,即

$$R = L \times E \times C \tag{5.36}$$

$R = MLS$ 法是对 MES 和 LEC 评价方法的进一步改进,其评价方程为

$$R = \sum_{i=1}^{n} M_i L_i (S_{i1} + S_{i2} + S_{i3} + S_{i4}) \tag{5.37}$$

式中:R 为危险源的风险指数评价结果;n 为潜在危险因素的个数;S_{i1} 为指第 i 种危险因素发生事故所造成的一次性人员伤亡损失;S_{i2} 为指第 i 种危险因素的存在所带来的职业病损失(S_{i2} 即使在不发生事故时也存在,按一年内用于该职

业病的治疗费来计算); S_{i3} 为第 i 种危险因素诱发的事故造成的财产损失; S_{i4} 为第 i 种危险因素诱发的环境累积污染及一次性事故的环境破坏所造成的损失。

危险源中的危险因素是指能造成人员伤亡、影响人的身体健康、对物造成急性或慢性损坏的因素。本章危险因素特指生物因子,但生物因子有不同类别,而且在培养、分析、储存过程中处于不同容器和位置,因此必须赋予新的含义并进行必要的改进以满足评价工作的需要。

5.5.1 FEMLS 评估原理

为便于分析生物因子的危害并考虑人员暴露情况对事故危害后果的影响,在 $R = MLS$ 的基础上进行改进。主要表现为引进生物危险源综合危险指标 F 概念和人员在该危险场所的暴露指标 E,则风险指标可定义为

$$R = F \times E \times M \times S \times L \tag{5.38}$$

按照式(5.38)进行的风险评估方法可以称为 FEMLS 评价方法。显然该方法为半定量方法,主要根据 F、E、M、S、L 等五个一级指标对实验室生物因子泄漏风险进行评估,其中:

F 为生物危险源综合危险指标;

E 为人体处于危险场所的暴露指标;

M 为事故监测与控制指标;

S 为生物因子泄漏事故可能对人产生的感染及致死后果;

L 为各种可能引发生物因子泄漏事故发生的事故或意外事件发生的频率或概率大小。

五个一级评价指标的确定方法分述如下。

1. 危险源的综合危险指标 F

危险因素是指能使造成人员感染、致死或者影响人的身体健康,对人造成急性、慢性损伤(坏)的因素,包含危险因素的装置或设施称为危险源。由于生物安全实验室工作的特殊性,所涉及的生物因子有不同类别,而且在培养、分析、储存过程中处于不同容器和位置,因此根据上述定义,引进生物危险源概念,并且令 n 代表生物安全实验室内生物危险源的数量,即使是同一种生物因子在不同容器中发生泄漏也作为单独的一种危险源进行分析,如图 5.21 所示。

第 5 章 生物气溶胶

构成 F 的基本要素包括危险源名称、生物因子种类、总量或数量、危险度 D_1、位置信息和存在概率 E_p 等要素。

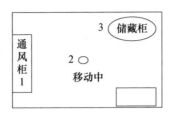

图 5.21　生物因子泄漏危险源示意图

每一个危险源的危险度 D_1 在数值上均等于该类生物因子的危害等级,取值范围为 1、2、3、4,对 P3 实验室的生物因子,令 $D_1 = 3$。根据平均总量的质量分率确定修正因子并对各个危险源的危险度进行修正。

计算平均总量为

$$Q = \frac{1}{n} \sum_{i=1}^{n} Q_i \tag{5.39}$$

总量修正因子为

$$k_i = \frac{Q_i}{Q} \tag{5.40}$$

危险源存在概率 E_p 亦可指该种生物因子在单位时间内在实验室中存在的时间,如一年 365 天,在实验室中出现 184 天,则存在概率为 184/365。存在概率在数值上等于每年使用实验室的天数与每年总天数之比。

当该数据缺乏统计结果时则采取表 5.12 模糊处理进行分析赋值。

表 5.12　危险源存在概率分级与分值

概率等级	描述	分值
1	常年存在	1.0
2	较多时间存在	0.75
3	较少时间存在	0.50
4	极少存在	0.25

危险源位置是指在实验室平面图中或者三维空间中出现的坐标 (x, y, z)。为便于计算生物因子泄漏的危害后果,通常采用三维坐标系中危险源的位置进

行描述。该数据主要用于计算不同危险源在不同位置发生泄漏所产生的危害后果与浓度分布。

综合上述分析，F 的计算原理如下：

$$F_i = D_{li} k_i E_{pi} \tag{5.41}$$

$$F = \sum_{i=1}^{n} F_i \tag{5.42}$$

在 F 的计算中，生物因子的感染剂量、气溶胶粒子的大小等属性通过生物因子种类可从生物因子属性数据库中查取。

2. 人体处于危险场所的暴露指标 E

人体处于危险场所的暴露指标取决于暴露的人数 E_n 和在该场所暴露的频率 E_f：

$$E = E_n E_f \tag{5.43}$$

因为生物因子泄漏危险源是按照位置划分的，因此，按不同位置考虑暴露的人数及频率。人体在危险场所暴露的频率如表 5.13 所列。若 8h 不离开工作岗位的作业，则视为连续暴露；8h 内暴露 1 至几次的视为每天工作时间内暴露。

表 5.13 人员在危险场所的暴露频率指标 E_f 分级

分数值	暴露于危险环境的频率	分数值	暴露于危险环境的频率
2.0	连续暴露	1.4	每月一次暴露
1.8	每天工作时间内暴露	1.2	每年几次暴露
1.6	每周一次或偶然暴露	1.0	更少的暴露

统计时暴露人数和暴露频率均取最大值，采用表 5.14 进行统计分析。

表 5.14 人体处于生物因子泄漏危险场所的暴露指标分析

危险源	暴露人数 E_{ni}	暴露的频率 E_{fi}	E_i
危险源 1	1	1.8	1.8
危险源 2	2	1.8	3.6
危险源 3	2	1.0	2.0
危险源 4	1	1.6	1.6

$$E_i = E_{ni} E_{fi} \tag{5.44}$$

$$E = \sum_{i=1}^{n} E_{ni}E_{fi} \tag{5.45}$$

3. 事故监测与控制指标 M

M 针对整个生物安全实验室,而不针对具体的危险源。将控制措施描述为对生物因子及其气溶胶的中毒预防、中毒急救和现场消杀处理等多个方面。将监测措施明确为发生事故后可及时发现并进行报警的能力,并且认为能报警即意味着可以发现:

$$M = M_1 M_2 \tag{5.46}$$

式中:M_1 为监测报警指标,M_2 为预防与控制指标。M_1 按表 5.15 分级水平取值。

表 5.15 M_1 分级标准

监 测 措 施	M_1
检测报警设施较为落后,或正确检测报警概率小于50%	1.5
通过录像监控可以及时发现并报警	1.25
现场及时发现并电话报警	1.25
通过录像和现场均能检测并及时报警	1.0

考虑生物实验室的特殊性,在控制措施中引进预防药物、疫苗、个人防护器材,以及生物安全柜、排风系统等安全设施和装备。M_2 分级及分值标准如表 5.16 所列。

表 5.16 M_2 分级及分值标准

影响因素	状态	分值	M_{2i}
预防药物	常备	0.15	M_{21}
	在研	0.225	
	缺乏	0.3	
疫苗	常备	0.15	M_{22}
	在研	0.225	
	缺乏	0.3	
个人防护器材	良好	0.2	M_{23}
	堪用	0.4	
实验室生物安全设施 (生物安全柜、排风系统、气密门等)	良好	0.2	M_{24}
	堪用	0.4	

(续)

影响因素	状态	分值	M_{2i}
熏蒸消毒设施 (高效过滤器、高压灭菌装置)	高效	0.15	M_{25}
	一般	0.3	
安全制度 执行情况	优秀	0.15	M_{26}
	良好	0.2	
	合格	0.25	
	较差	0.3	

$$M = M_{21} + M_{22} + M_{23} + M_{24} + M_{25} + M_{26} \tag{5.47}$$

4. 事故的严重度 S

S 取决于生物气溶胶的浓度分布和生物因子种类,以 1.7m 高度(平均身高)上沿水平分布的最大浓度为依据计算作用 1min 的感染剂量 L_{ct}。不同程度的感染剂量等级按表 5.17 的分级水平取值。

表 5.17 感染剂量指标分级标准

S_i	感染剂量	后果	单位剂量数 S_{0i} 取值
S_1	最低感染剂量	出现感染病例,隔离治疗	1.0
S_2	半致死感染剂量	出现死亡病例(死亡率达到50%)	2.0
S_3	致死剂量	出现大量死亡病例(死亡率达到90%)	5.0

根据计算得到的感染剂量 L_{ct} 判断感染剂量数 T_{ct},不同程度的剂量数分值 S_0 不同,如表 5.17 所列。剂量数按下列步骤计算:

$$T_{ct3} = L_{ct}/L_{ct3} \tag{5.48}$$

$$T_{ct2} = L_{ct}/L_{ct2} - L_{ct}/L_{ct3} \tag{5.49}$$

$$T_{ct1} = L_{ct}/L_{ct1} - L_{ct}/L_{ct2} \tag{5.50}$$

则生物因子泄漏事故后果的严重度指标 S 可根据表 5.18 进行分析。

表 5.18 生物因子泄漏事故后果的严重度指标 S 分析

S_i	剂量数 T_{cti}	$S_i = S_{0i} T_{cti}$
S_1	T_{ct1}	T_{ct1}
S_2	T_{ct2}	$2T_{ct2}$
S_3	T_{ct3}	$5T_{ct3}$

综合上述分析:

$$S = S_1 + S_2 + S_3 \tag{5.51}$$

不同的危险源具有不同的 S 值,与风险分析的 R_i 一一对应。

5. 各种可能引发生物因子泄漏事故发生的事故频率或概率指标 L

可能引发生物因子泄漏事故发生的因素归结为停电、停水、违章操作、意外失误等六个方面,如表 5.19 所列。

表 5.19 实验室诱发生物因子泄漏的意外事件

L_i	影响因素	分值(示例)
L_1	停电频率	0.3
L_2	停水频率	0.2
L_3	实验设备故障率	0.4
L_4	误操作率	0.2
L_5	违章操作概率	0.2
L_6	其他意外频率	0.3

各种意外事故发生的频率分别划分为高、中、低和极低四个等级,见表 5.20。

表 5.20 事故发生频率判定标准

等级	发生频率	L 取值
高	约每月发生一次	0.5
中	约半年发生一次	0.4
低	约一年发生一次	0.3
极低	平均一年不到一次或者极少发生	0.2

可能诱发生物因子泄漏事故发生的因素具有普遍性,因此 L 通常是针对整个实验室而言,从全局考虑,对每个危险源都取相同值。综合六个方面的因素,每一种因素都可能单独引发生物因子泄漏事故,因此

$$L_i = L_{i1} + L_{i2} + L_{i3} + L_{i4} + L_{i5} + L_{i6} = \sum_{j=1}^{6} L_{ij} \tag{5.52}$$

5.5.2 生物因子泄漏风险指数计算

根据定义:

$$R_i = F_i \times E_i \times M_i \times L_i \times S_i \tag{5.53}$$

$$F_i = D_{1i} \times k_i \times E_{pi} \quad (5.54)$$

$$E_i = E_{ni} \times E_{fi} \quad (5.55)$$

$$M_i = M_{i1} \times M_{i2} = M_1 = M_2 = M_3 = \cdots = M \quad (5.56)$$

$$M_{i2} = M_{i21} + M_{i22} + M_{i23} + M_{i24} + M_{i25} + M_{i26} \quad (5.57)$$

$$L_i = L_1 = L_2 = L_3 = \cdots = L \quad (5.58)$$

$$S_i = S_{i1} + S_{i2} + S_{i3} \quad (5.59)$$

则

$$R = \sum_{i=1}^{n} (F \times E \times S \times M \times L)_i \quad (5.60)$$

$$R = ML \sum_{i=1}^{n} F_i \times E_i \times S_i \quad (5.61)$$

其中 M、L、F、E 四个一级指标均有极值,分别如表 5.21 所列。

表 5.21 评价指标取值范围

评价因子	最小值	最大值	备注
F	0.1	4	
E	1.0	4.0	1≤暴露人数≤2
M	1.0	3.0	
L	1.2	3.0	

由于 S 的取值与泄漏后生物因子的浓度分布和生物因子的感染剂量有极大关系,其中浓度分布取决于生物因子的总量、危险源的位置和实验室的建筑结构等多种因素,而生物因子的感染剂量则取决于生物因子的类别和致病性等许多自身因素。因此,S 的取值范围很难确定,必须依赖一定规模的生物安全实验室等生物危害水平较高的复杂空间的数据普查与统计结果进行计算分析。

根据上述情况,本书对生物安全实验室等复杂空间生物因子泄漏风险评估结果暂不进行分级,但可用于进行实验室等环境之间的横向比较分析。

5.5.3 生物因子泄漏危害时间估算

尽管生物因子具有多样性,但病毒气溶胶的衰亡受温度的影响与细菌类似,如表 5.7 和表 5.8 所列。例如,对于流感病毒,当环境湿度低于 35% RH 时,

24h 后流感病毒的存活率仍在 10% 以上。当环境湿度高于 50% RH 时,10h 后病毒全部死亡。表 5.22 所列为流感病毒在不同温湿度条件下经过 6h 后存活率的变化情况。

表 5.22 温湿度对流感病毒 6h 后存活率的影响

相对湿度	10℃	22℃	32℃
20%	63%	66%	17%
50%	42%	4%	1%
80%	35%	5%	0%

根据表 5.22,湿度、温度等外在条件对生物因子的存活时间具有显著影响,如果将表中数据类推至禽流感,以 6h 的存活时间为基准,假定存活率为 0% 时危害时间为 0h,20% 湿度条件下在 22℃ 时存活 24h(实际时间略大于 24h),其余数据分段进行线性内插和线性外插以获取任意湿度和温度条件下的存活时间。生物因子泄漏后的危害时间在理论上等于其存活时间,这一点与生物战剂气溶胶的危害时间是一致的。

5.5.4 生物因子泄漏后气溶胶浓度分布

在根据 FEMLS 法进行生物安全实验室里生物因子泄漏风险评估时需要根据指定高度上生物气溶胶浓度分布中的最大值 C_{zi_max} 来计算泄漏的危害后果(严重度)指标 S,不同高度 z 处对应的 C_{zi_max} 存在较大差异,因此必须分析生物气溶胶浓度在 (x,y,z) 三维空间的分布规律。

生物安全实验室中生物因子泄漏后的浓度分布与生物安全实验室的建筑、结构、实验室内各种设施的布局(图 5.22)和性能等因素有很大关系,尤其是与培养、处理和储存的生物因子的总量,生物因子形成气溶胶的能力、颗粒大小等因素密切相关。不同的生物安全实验室结构建筑和各种设施的类别、型号、尺寸、布局等均有较大差别,因此很难用单一的数学模型来描述气溶胶浓度的分布规律。

无数实践表明,实验室内生物因子泄漏后的浓度分布计算与户外开阔地带的扩散计算存在巨大差别,可用 CFD 方法计算,并结合模拟实验进行对比验证。

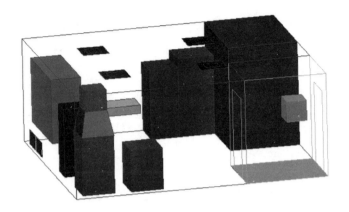

图 5.22 生物安全实验室三维结构模型

1. 基本原理

1) 控制方程组

对生物安全实验室室内生物因子浓度分布的计算,需要首先求解得到实验室内的气流速度分布,然后在此基础上计算浓度分布。生物安全实验室内空气流动为低速、不可压缩性流动,具有复杂的流动特征。在三维笛卡儿直角坐标系中,描述生物安全实验室内空气流动和热传递的微分控制方程组如下:

连续方程为

$$\frac{\partial}{\partial x}(\rho u) + \frac{\partial}{\partial y}(\rho v) + \frac{\partial}{\partial z}(\rho w) = 0 \tag{5.62}$$

动量方程为

$$\frac{\partial}{\partial t}(\rho u) + \frac{\partial}{\partial x}(\rho u u) + \frac{\partial}{\partial y}(\rho v u) + \frac{\partial}{\partial z}(\rho w u) = -\frac{\partial p}{\partial x} + \frac{\partial}{\partial x_j}\left[\mu\left(\frac{\partial u}{\partial x_j} + \frac{\partial u_j}{\partial x}\right)\right] \tag{5.63}$$

$$\frac{\partial}{\partial t}(\rho v) + \frac{\partial}{\partial x}(\rho u v) + \frac{\partial}{\partial y}(\rho v v) + \frac{\partial}{\partial z}(\rho w v) = -\frac{\partial p}{\partial y} + \frac{\partial}{\partial x_j}\left[\mu\left(\frac{\partial v}{\partial x_j} + \frac{\partial u_j}{\partial y}\right)\right] \tag{5.64}$$

$$\frac{\partial}{\partial t}(\rho w) + \frac{\partial}{\partial x}(\rho u w) + \frac{\partial}{\partial y}(\rho v w) + \frac{\partial}{\partial z}(\rho w w) = -\frac{\partial p}{\partial z} + \frac{\partial}{\partial x_j}\left[\mu\left(\frac{\partial w}{\partial x_j} + \frac{\partial u_j}{\partial z}\right)\right] - \rho g \beta (T - T_0) \tag{5.65}$$

能量方程为

第 5 章 生物气溶胶

$$\frac{\partial}{\partial t}(\rho c_p T) + \frac{\partial}{\partial x}(\rho c_p u T) + \frac{\partial}{\partial y}(\rho c_p v T) + \frac{\partial}{\partial z}(\rho c_p w T) = \frac{\partial}{\partial x_j}\left(k\frac{\partial T}{\partial x_j}\right) + q \quad (5.66)$$

以上方程组具有相同的形式,每个方程都包含瞬时项、对流项、扩散项和源项。故上述控制方程组也可表示为以下通用形式:

$$\frac{\partial}{\partial t}(\rho \varphi) + \frac{\partial}{\partial x_j}(\rho u_j \varphi) = \frac{\partial}{\partial x_j}\left(\Gamma_\varphi \frac{\partial \varphi}{\partial x_j}\right) + S_\varphi \quad (5.67)$$

式中:φ 为通用变量,可以是速度分量(u,v,w),温度 T 等求解变量;Γ_φ 为广义扩散系数;S_φ 为广义源项。对于三维湍流流场,要求解得到其耦合非线性偏微分方程组的解析解是非常困难的,故通常采用 CFD 方法对其进行数值求解。

2) 湍流数值模拟

本研究采用 RANS 方法模拟生物安全实验室的气流运动,即把雷诺时均方程中未知的高阶时间平均值采用模型表示为较低阶的计算中可以确定的量的函数。该方法在工程上应用广泛,在室内气流运动模拟中 RNG $k - \varepsilon$ 模型所得结果较为可靠。

(1) 涡黏性假设。Boussinesq 假设湍流脉动所造成的附加应力与时均的速度梯度成正比:

$$\tau_{ij} = -\rho \overline{u_i' u_j'} = \mu_t\left(\frac{\partial \overline{u_i}}{\partial x_j} + \frac{\partial \overline{u_j}}{\partial x_i}\right) - \frac{2}{3}\delta_{ij}\rho k \quad (5.68)$$

式中:k 为单位质量流体的湍流脉动动能:

$$k = \frac{1}{2}(\overline{u'^2} + \overline{v'^2} + \overline{w'^2}) \quad (5.69)$$

类似于湍流切应力的处理,对控制方程中其他变量的湍流脉动附加项引入相应的湍流扩散系数 Γ_t,则湍流脉动所输运的通量与时均参数的关系式为

$$-\overline{\rho u_j' \varphi'} = \Gamma_t \frac{\partial \varphi}{\partial x_j} \quad (5.70)$$

这里需要指出,虽然 μ_t 与 Γ_t 都不是流体的物性参数,而取决于湍流的流动特征,但实验表明,其比值,即湍流 Prandtl 数(φ 为温度)通常可以近似地视为常数。

(2) RNG $k - \varepsilon$ 模型。重整化群(RNG)$k - \varepsilon$ 模型是将非定常 Navier - Stokes 方程对于一个平衡态作高斯统计展开,并用对脉动频谱的波数段作滤波

的方法获得的模型。其 k、ε 方程形式上与标准 $k-\varepsilon$ 模型相似,但具有不同的模型常数,其模型常数由理论分析得出。其中 ε 方程为

$$\frac{\partial}{\partial t}(\rho\varepsilon) + \frac{\partial}{\partial x_i}(\rho\varepsilon u_i) = \frac{\partial}{\partial x_i}\left[(\alpha_\varepsilon \mu_{\text{eff}})\frac{\partial \varepsilon}{\partial x_i}\right] + C_{1\varepsilon}\frac{\varepsilon}{k}(G_k + C_{3\varepsilon}G_b) - C_{2\varepsilon}\rho\frac{\varepsilon^2}{k} - R \tag{5.71}$$

式中:G_k 为由速度梯度产生的湍流动能:

$$G_k = -\rho \overline{u'_i u'_j} \frac{\partial u_j}{\partial x_i} \tag{5.72}$$

当考虑重力和温度时,G_b 是由浮力产生的湍流动能:

$$G_b = \beta g_i \frac{\mu_t}{Pr_t} \frac{\partial T}{\partial x_i} \tag{5.73}$$

式中:Pr_t 为湍流能量普朗特数。

α_ε 为耗散率 ε 反向效应的普朗特数。湍流黏性系数的计算公式为

$$d\left(\frac{\rho^2 k}{\sqrt{\varepsilon\mu}}\right) = 1.72 \frac{\tilde{\nu}}{\sqrt{\tilde{\nu}^3 - 1 - C_\nu}} d\tilde{\nu} \tag{5.74}$$

式中:$\tilde{\nu} = \mu_{\text{eff}}/\mu$;$C_\nu \approx 100$。对式(5.75)积分,可以精确描述湍流有效输运过程随有效雷诺数(旋涡尺度)的变化,这有助于对低雷诺数和近壁面流动问题的模拟。模型常数为,$C_\mu = 0.0845$,$C_{1\varepsilon} = 1.42$,$C_{2\varepsilon} = 1.68$。

3)颗粒物运动的模拟

采用离散相模型计算颗粒物的运动轨迹。假设生物粒子为球形颗粒(若不是球形颗粒,可作换算得到相应的等效球直径),忽略颗粒间的相互作用,也不考虑颗粒体积分数对连续相的影响。计算时需要给出颗粒的初始位置,速度,颗粒大小,温度及颗粒的物性参数。颗粒轨道的计算根据颗粒的力平衡计算。在拉格朗日坐标系下,根据作用在颗粒上的力平衡,其运动的轨道方程可以写为

$$\frac{du_p}{dt} = F_D(u - u_p) + g_x(\rho_p - \rho)/\rho_p + F_x \tag{5.75}$$

$$F_D = \frac{18\mu}{\rho_p D_p^2} \frac{C_D Re}{24} \tag{5.76}$$

式中：u 为连续相速度；u_p 为颗粒速度；μ 为流体的分子黏性系数；ρ、ρ_p 分别为流体与颗粒的密度；D_p 为颗粒直径；Re 为相对雷诺数，定义为

$$Re = \frac{\rho D_p |u_p - u|}{\mu} \qquad (5.77)$$

阻力系数 C_D 根据光滑球颗粒试验结果给出。如果颗粒尺寸为微米以下量级，则采用斯托克斯阻力公式：

$$F_D = \frac{18\mu}{\rho_p D_p^2 C_c} \qquad (5.78)$$

式中：C_c 为肯宁汉（Cunningham）修正系数，详见式（1.61）。

在生物安全实验室内颗粒所受附加作用力中，相对于斯托克斯曳力而言，附加质量力气流压力梯度力均可忽略，而布朗力、热致迁移力（辐射力）和剪切流导致的萨夫曼（Saffman）升力与斯托克斯曳力相比通常小两个数量级，但在湍流边界层中这些力与斯托克斯曳力相当，有的情况下会对颗粒沉降过程产生重要影响，本研究中加以考虑。

对于湍流流动而言，流场的平均速度决定了颗粒的平均运动轨道，考虑湍流脉动速度对颗粒运动轨迹的影响，可采用 DRW（Discrete Random Walk）模型。该模型假设在涡旋寿命的时间内，脉动速度各个方向的分量成高斯分布，且脉动速度分量在涡旋寿命时间段内是常数，则 x 方向脉动速度为

$$u' = \xi \sqrt{u'^2} = \sqrt{2k/3} \qquad (5.79)$$

式中：ξ 为成正态分布的随机数。由于流场各点的湍动能是已知，颗粒轨道的计算用流体的瞬时速度 u'，通过对颗粒轨道方程（5.75）积分得到。

4）边界条件

边界条件是控制方程数值求解的必要条件。实际应用中包括以下三类边界：自由边界、均匀边界和常规边界。确定边界条件要求在数学上满足适定性，在物理上应具有明显的意义。

（1）入口边界。目前，对这些送风口的处理方法有基本模型（Basic Model）、动量方法（Momentum Method）、盒子方法（Box Method）、直接模拟等。其中动量方法的普适性较好，作为本研究的主要方法，该方法考虑了影响风口射流的主要因素，确保了入流动量这一影响射流特征的重要物理量与实际一致，并且保

持等效射流风口面积和实际风口或散流器的外形一样,保证了射流特征尺度和实际相同,从而射流扩散和射流衰减等特性不会有较大误差。动量方法是将入口动量设置为实际的空气入口动量,即

$$J_{in} = mV_{in} = m\frac{L}{A_e} = m\frac{L}{A}\frac{A}{A_e} = m\frac{L}{A}\frac{1}{f} \quad (5.80)$$

式中:J_{in} 为实际空气入口动量;m 为入口质量流量;V_{in} 为实际入流速度;L 为实际入流风量;A_e 为风口有效面积;A 为风口外形总面积;f 为风口有效面积和外形总面积之比,称为有效面积因数。模拟中需要输入:

① 气流速度 v_{in} 可由外部输入(给定);

② 气流温度 T_{in} 为外部输入(给定);

③ 入口截面的 k 值(入口脉动动能)可取为来流平均动能的 0.5% ~ 1.5%,即

$$k = (0.5 - 1.5)\% \times 0.5 mv_0^2 \quad (5.81)$$

④ 入口截面上的 ε 值可按下式计算:

$$\varepsilon = C_D \frac{k^{1.5}}{l} = C_\mu^{0.75} \frac{k^{1.5}}{\kappa} = 0.09^{0.75}\frac{k^{1.5}}{\kappa y_p} \quad (5.82)$$

式中:κ 为冯·卡门常数,$\kappa = 0.42$;y_p 为远离壁面的距离。

(2)出口边界。出口边界是最难处理的边界条件,在流动出口的边界上(流体离开计算域的地方),人们通常不知道流动标量 ϕ 的值。除非采用实验方法加以测定,否则无法知道出口截面上的流动信息。常规处理方法有局部单向化假定、充分发展的假定及法向速度局部质量守恒与切向速度奇次诺埃曼(Neumann)条件。目前广泛采用坐标局部单向化方法处理出口边界问题,假定出口截面上的节点对第一个内节点已无影响,即出口截面附近没有回流,因而可以令边界节点对内节点的影响系数为0。这样出口截面上的信息对内部节点的计算就不起作用,也就无须知道出口边界上的值了。当出口有回流的情况,可作自由边界处理,这时压力通常作为已知条件给出,对其他参数假设表面法向梯度为0,即

$$P = P_{return}, \frac{\partial V_i}{\partial x_i} = 0, \frac{\partial T}{\partial x_i} = 0, \frac{\partial C}{\partial x_i} = 0 \quad (5.83)$$

式中:P_{return} 为回流点表面法向 X_i 的压力。

(3)固体壁面。对于固体壁面,可采用壁面函数法确定壁面上的有效扩散系数及 k、ε 的边界条件,保证计算所得的切应力与热流密度能与实际情形基本相符。所以,在假定黏性底层外速度与温度服从对数分布律的条件下。

① 无滑移壁面条件。与壁面平行的流速 u 在壁面上 $u_w = 0$,但黏性系数可按:$\mu_t = \mu y_p^+ / u_p^+$ 计算(μ 为分子黏性系数),在计算过程中若 P 点落在壁面黏性底层范围内,则仍暂取分子黏性系数之值。

② 无穿透条件。与壁面垂直的速度 v,取 $v_w = 0$,由于在壁面附近,$\partial u/\partial x \approx 0$,根据连续性方程,有 $\partial v/\partial y \approx 0$,于是可以把固体壁面看成是"绝热型"的,即令壁面上与 v 相应的扩散系数为 0。

③ 湍流脉动动能,可取 $(\partial k/\partial v)_w \approx 0$,所以壁面上 k 的扩散系数为 0。

④ 湍流耗散率,可规定第一个内节点上的 ε 值,按照 $\varepsilon = C_\mu^{0.75} k^{1.5}/(\kappa y_p)$ 计算。

⑤ 温度。边界上温度可按定壁温或定热流计算。

5) 方程的离散和求解

数值计算的主要任务就是把微分控制方程组离散转化为代数方程组,然后采用相应的数值算法进行求解。由控制方程通用形式(式(5.67))可知,该方程是典型的对流扩散方程,其非线性对流项的处理涉及对流项的离散格式问题,而动量方程中压力梯度项的处理则关系到压力与速度间耦合关系问题。

控制方程的离散化方法就是把连续的求解变量值用计算区域内离散节点处的值代替,求解变量离散化以后再引入各节点变量之间相互联系的某种假设,代入控制微分方程得到一组由节点变量表达的代数离散方程。代数离散方程应具有相容性、收敛性和稳定性的特性。本研究中方程的离散采用有限体积法。

(1)有限体积法。该方法在每一个控制容积内积分控制方程,从而导出基于控制容积的每一个变量都守恒的离散方程。下面以标量 ϕ 输运的定常守恒型控制方程为例,说明控制方程的离散过程。对控制容积 V 的积分形式的方程为

$$\oint \phi \boldsymbol{v} \cdot \mathrm{d}\boldsymbol{A} = \oint \Gamma_\varphi \nabla \phi \cdot \mathrm{d}\boldsymbol{A} + \int_V S_\varphi \mathrm{d}V \tag{5.84}$$

式中:v 为速度矢量;A 为曲面面积矢量;V 为单元体积。该方程被应用于区域内每一个控制容积或者单元,图5.23所示为二维三角形单元作为控制容积的例子。

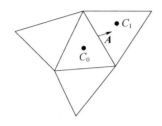

图5.23 用于标量输运方程离散的控制容积

在给定单元内由离散方程式(5.84)得

$$\sum_{f}^{N_{faces}} \rho_f \phi_f \boldsymbol{v}_f \cdot \boldsymbol{A}_f = \sum_{f}^{N_{faces}} \Gamma_\phi (\nabla \phi)_n \cdot \boldsymbol{A}_f + S_\phi V \qquad (5.85)$$

式中:N_{faces} 为封闭单元的面的个数;ϕ_f 为标量 ϕ 通过表面 f 的对流量;$\rho_f \boldsymbol{v}_f \cdot \boldsymbol{A}_f$ 为通过表面 f 的质量流量;$(\nabla \phi)_n$ 为标量 ϕ 的梯度在表面 f 法向的分量。

式(5.85)为采用有限体积法离散控制方程得到的离散方程的通用形式,它适合于结构网格和非结构网格。计算时在单元的中心(图5.23中的 C_0 和 C_1)存储标量 ϕ 的离散值。而该方程对流项中的表面值 ϕ_f,由差分离散格式从单元中心插值得到。

(2)SIMPLE算法。Patankar 与 Spalding 提出采用压力耦合方程的半隐式方法(SIMPLE算法)求解不可压缩流体的流动问题,该方法基于交错网格系统,在耦合速度场与压力场方面取得了巨大成功,在室内空气流动的模拟计算中应用广泛。SIMPLE算法计算步骤如下(计算流程图如图5.24所示):

① 假定一个速度分布,记为 u^0、v^0、w^0,以此计算动量离散方程中的系数及常数项;

② 假定一个压力场 p^*;

③ 依次求解动量方程,得 u^*、v^*、w^*;

④ 求解压力修正值方程,得 p';

⑤ 以 p' 改进速度值;

⑥ 利用改进后的速度场求解那些通过源项物性等与速度场耦合的变量 ϕ，如果 ϕ 并不影响流场，则应在速度场收敛后再求解；

⑦ 利用改进后的速度场重新计算动量离散方程的系数，并用改进后的压力场作为下一层次迭代计算的初值，重复上述步骤，直到获得收敛的解。

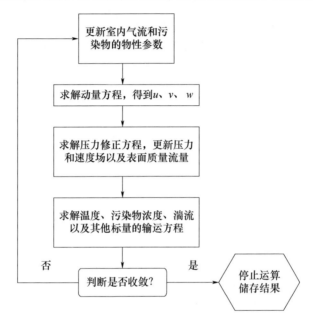

图 5.24　SIMPLE 算法实现过程示意图

6）网格技术

由于实际问题中求解域的复杂性，以及物理解的非均匀性，通常的标准网格系统和物理空间的均匀网格步长划分，远不能适应数值模拟工作的需要。CFD 中建立贴体网格坐标，使物理的实际边界与计算域的网格边界重合。根据贴体网格的基本特征，可以分为两大类：结构网格和非结构网格。

（1）结构网格（Structured Meshes）。结构网格的特点是：网格的建立是在网格（坐标）线、网格坐标面的基础上，即异族网格面相交形成网格线，而异族网格线相交形成网格节点。它是通过特定的坐标变换关系，将物理求解空间中的特定求解域以及特定的网格划分，映射到计算空间中的某一特定的规则求解域以及在该域内的正交、均匀的网格划分，在此映射关系中，物理边界必须全部映射到计算域的边界上。

(2)非结构网格(Unstructured Meshes)。由于结构化网格对离散三维复杂物形存在一定的困难,近年来,非结构网格得到迅速发展。它具有优越的几何灵活性,不仅可以对复杂外形进行有效的描述与离散,而且对任意外形具有良好的普适性。不仅如此,其随机的数据结构非常利于进行网格自适应,因而能更好地提高网格的计算效率。

非结构网格的自动生成方法主要有阵面推进法(Delaunay 方法)和四分树/八分树方法。采用阵面推进法生成非结构网格时,要保证非结构网格具有 Delaunay 性质,即四面体单元的外接球内不存在除其四个顶点之外的其他节点。

2. 计算步骤

主要分为现场调查、前处理、模拟计算和后处理四个步骤。

1)现场调查

针对所需研究的生物安全实验室进行现场调查,其主要目的是获得数值模拟所需边界条件和物性参数数据,如实验室几何布局、送排风系统、生物安全柜及其他仪器设备等的结构参数和空间位置坐标值,以及病原微生物的相关物性参数,具体项目见表5.23。

表 5.23 现场调查项目

调查对象	调查内容	备注
实验室布局(污染区、缓冲室、半污染区等)	房间几何尺寸、平面布局	提供建筑或平面CAD图
空调送排风系统	送风口和排风口几何结构、空间位置、送风量、送风温度、排风量	提供送风口散流器的出厂参数,实验室检验报告,必要时进行现场测量
生物安全柜	几何形状、位置、排风量、窗口面积	提供生物安全柜出厂参数,必要时进行现场测量
冰箱、活化箱等其他仪器设备	几何形状、位置、功率	—
照明设备	形状、位置、功率	—
病原微生物	种类、名称、平均粒径、平均密度、存活时间、感染剂量、致死剂量、实验室内的总量	未知参数参阅相关文献资料

2)前处理

前处理包括建立物理模型、网格划分和定义边界类型。前处理第一步即是根据现场调查所得数据,建立生物安全实验室的空间三维结构模型。在建立模型的过程中对实验室内的仪器设备做适当的简化处理,保持其在室内的空间位置与实际相符。第二步是对室内空间进行网格划分,即是对数值计算求解域的离散。若实验室内空间比较简单可采用结构化网格,若内部结构复杂,结构化网格比较困难,可划分非结构网格,如图5.25所示。

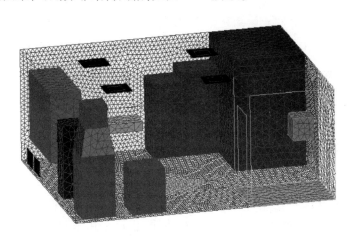

图5.25 生物安全实验室的非结构网格划分

第三步是设置固体壁面、送风口和排风口的边界类型。通常送风口设置为速度入口条件(Velocity_Inlet),排风口设置为压力出口条件(Pressure_Outlet),其余地面、墙壁和设备表面均设置为壁面条件(Wall)。最后导出并保存设置好的三维网格文件。

3)模拟计算

模拟计算包括给定边界值、选择模型和离散求解方法、初始化流场、迭代求解直至计算收敛。

模拟计算的第一步是导入网格文件,并对网格质量进行检查,可以获得网格的相关信息,如网格数、最大网格体积、最小网格体积等,防止生成网格中出现最小网格体积出现负值而影响模拟计算,必要时对网格进行光滑(smooth)、交换(swap)和局部自适应处理。

第二步选择物理模型、定义物性参数和边界条件。由于生物安全实验室内气流运动呈现湍流运动特征,通常选择 $k-\varepsilon$ 两方程模型来计算室内流动,推荐

选用标准 $k-\varepsilon$ 模型或 RNG $k-\varepsilon$ 模型,对于颗粒物运动的模型选择 DPM 模型。设置气流的物性参数时,若考虑热量对流场的影响,气流密度的计算采用 Boussinesq 假设计算。对于颗粒物需要设置粒径、平均密度等参数。

第三步选择数值算法进行求解。通常选用默认条件下的压力和速度的耦合 SIMPLE 算法和亚松弛因子,默认条件下方程的离散格式为一阶迎风格式,再采用非结构网格或者对求解结构精度要求较高时须选择高阶精度的离散格式,如二阶迎风格式、QUICK 格式等。为了提高计算的收敛速度,保持计算的稳定性,通常还需要调整亚松弛因子,还可先用一阶迎风格式计算获得收敛的结果后在采用高阶格式进行计算。在求解过程监视中,收敛准则需设置在 10^{-3} 量级以下,同时需要监视流场中的某个特征流动参数,当其与实际情况符合时,方可停止迭代计算。

4)后处理

后处理即是将计算结果用直观的图形显现出来,以获得特定位置截面的速度矢量图、等值线图以及速度大小分布曲线,也可采用三维动画显示流线图。除此之外,还可与 Tecplot、matlab、excel 等软件相结合进行数据后处理。

图 5.26 所示为气溶胶粒子平均运动轨迹模拟结果。图 5.27 所示为气溶胶粒子分布图像。

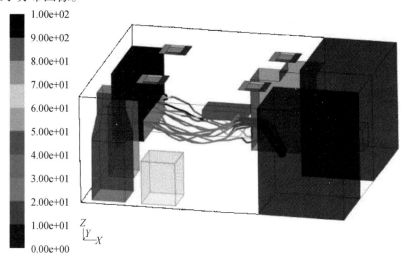

图 5.26　气溶胶粒子平均运动轨迹模拟结果

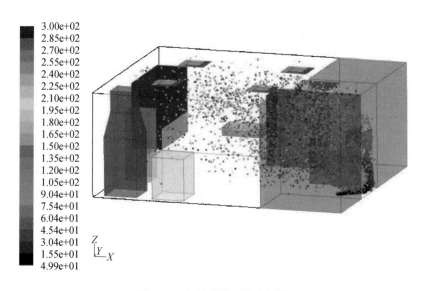

图 5.27 气溶胶粒子分布图像

3. 实验验证

为了对以上数值模拟方法进行实验验证,在国家某研究中心的室内微环境实验室中,分别测量了室内的气流速度分布和颗粒物浓度分布,并与数值模拟结果进行了对比。

1)实验模型简介

室内微环境实验室房间结构尺寸为 $5.6m \times 3.6m \times 2.3m$,如图 5.28 所示。

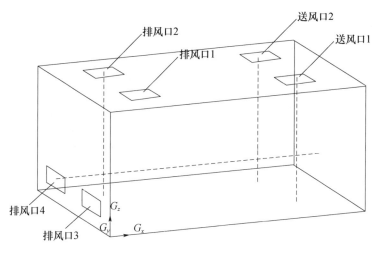

图 5.28 微环境实验室结构示意图

由图 5.28 可见,右侧顶部有两个送风口,另有四个排风口,两个位于顶部,两个位于侧壁下方,其送风方式为可调型,可分别组成室内上送上排、上送下排和矢流等气流组织方式。

2)实验测量

(1)速度分布的测量。分别测量了室内换气次数为 20 次/h 时上送上排和上送下排两种送风方式下的速度分布。速度测点位于如图 5.28 中虚线方向,送风口轴线下方测点高度分别为 0.3m、0.8m、1.5m 和 2.0m,水平(高度 0.3m)方向布点 x 坐标值分别为 0.1m、0.15m、1.5m、3.0m 和 4.2m,排风口轴线下方测点高度分别为 0.2m、0.8m、1.6m 和 2.2m。速度测量采用多点风速测试系统(1560)和低风速测试仪(TSI)同时进行,低风速仪主要测量速度较小的测点,如水平 1.5m 和 3.0m 测点,以及排风口下方 0.8m 和 1.6m 测点。

(2)微生物颗粒物分布的测量。实验分别测量了微生物颗粒和水雾粒子的扩散分布。菌液和水均采用图 5.29 所示气溶胶发生器进行分散。微生物选用黏质沙雷氏菌(ATTCC8039)。浓度测点如图 5.30 所示,释放源的位置为(2.8,1.8,1.05)。采用激光粒子计数器测量水雾粒子的分布,而微生物采用液体撞击式微生物气溶胶采样器进行采样,25℃条件下在培养箱中培养 24h 后对细菌进行计数得到浓度值。

图 5.29 微生物气溶胶发生器

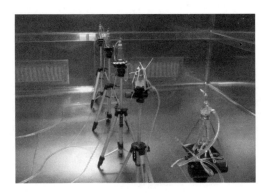

图 5.30 微生物气溶胶采样

3)模拟结果与实验测量结果的对比

(1)速度分布。图 5.31 和图 5.32 分别给出了上送下排时送风口轴线和水平 0.3m 高度方向的速度分布的模拟与实验测量结果。

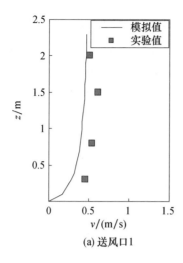
(a) 送风口1

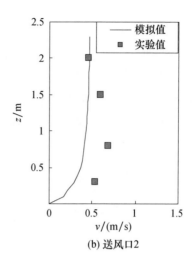
(b) 送风口2

图 5.31　送风口轴线方向速度分布的模拟与实验对比(上送下排)

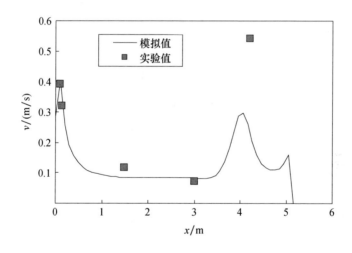

图 5.32　水平方向速度分布的模拟与实验对比(上送下排)

由图 5.31 和图 5.32 可见,除开送风口下方受热效应影响严重的区域外,对室内其他区域的气流速度的模拟与实验测量结果吻合很好。说明对室内气流速度场的数值模拟结果是准确可靠的。

图 5.33 和图 5.34 分别给出了上送上排时送风口轴线和排风口轴线方向的速度分布的模拟与实验测量结果。由图可见,数值模拟结果与实验测量结果在实验误差范围内吻合较好。在实验中发现,送风口下方气流具有加速下沉现

象,即离地面越近的地方其速度越大,且大于送风口的送风速度,这可能是因为送风气流的温度(18~19℃)低于室内环境温度(22~23℃),使得送风气流在重力作用下具有加速下沉现象。由于受实验条件限制,无法测得室内壁面的温度,无法准确给出模拟中所需要的边界热效益条件数据,因此无法考虑热效应的影响,这方面的研究有待进一步深入。

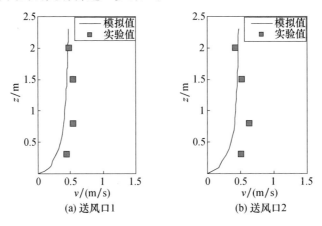

图 5.33　送风口轴线方向速度分布的模拟与实验对比(上送上排)

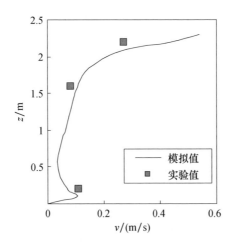

图 5.34　排风口轴线方向速度分布的模拟与实验对比(上送上排)

(2)颗粒物浓度分布。为了对数值模拟结果和实验结果进行定量比较,对水雾粒子的扩散,取 5~10min 这段时间内模拟与测量的平均浓度进行比较。由于实验中颗粒的粒径分布受到气溶胶发生器的影响,很不规律,难以进行定量,

第 5 章 生物气溶胶

且测得的是 1min 时间内的平均颗粒数浓度,而模拟中获得的某一时刻的颗粒质量浓度,要对两者进行对比,需分别对模拟和实验结果进行无量纲化(图 5.35)。由图可见,模拟结果与实验结果吻合很好,说明对颗粒物浓度分布规律的数值预测结果是可靠的。

图 5.36 和图 5.37 所示分别为上送下排和上送上排时微生物粒子浓度的测量结果与模拟结果的对比。其中微生物粒子的释放源位置相同,同为(2.8,1.8,1.05)。释放源开始释放 4min 后,微生物采样器开始采样,采样时间 2min。取模拟中 4~6min 的浓度平均值与实验结果比较。结果表明,模拟结果与实验测量结果能够较好地吻合。

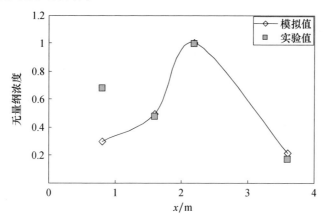

图 5.35 水雾粒子的测量与模拟结果的对比(上送下排)

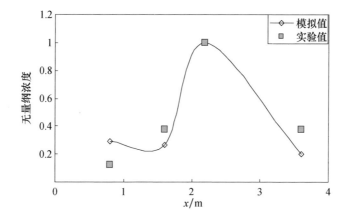

图 5.36 上送下排时微生物粒子的测量与模拟结果的对比

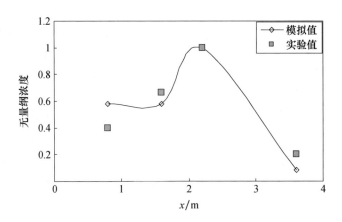

图 5.37　上送上排时微生物粒子的测量与模拟结果的对比

通过对气流速度和生物粒子浓度分布的数值模拟方法的实验验证,结果表明采用上述 CFD 模拟方法,能够较好地模拟生物安全实验室内的气流运动和微生物粒子的扩散分布,从而对类似复杂空间发生的生物因子泄漏等特种事件所产生的影响或危害后果评估提供科学支撑。

第 6 章

烟幕气溶胶

烟幕是一种特殊的光电对抗手段,不论是进攻还是防御,使用烟幕都能提升己方作战效果或者使敌方武器装备效能大幅度降低,同时由于发烟装备器材成本相对较低,往往使用几百美元或数千美元的烟幕器材就可以使价值数万元乃至上百万、上千万元的武器装备失去作用,所以烟幕在军事应用上具有非常高的效费比。据统计,烟幕在第一次、第二次世界大战的陆上和海上的许多战役战斗中,曾经得到广泛的使用,苏军仅 1944 年一年就消耗发烟罐 12888000 个、发烟手榴弹 15488000 枚、C-4 发烟剂 2218t,美军在冲绳岛登陆战役中消耗发烟雾油 2475000 加仑、发烟罐 35000 个、飘浮发烟罐 47500 个,这样的消耗量可以折射出烟幕在战争期间使用规模的宏大。当今,烟幕已从遮蔽可见光的普通烟幕发展到干扰红外、激光、毫米波的多频谱烟幕,可以预见在未来高技术光电侦察和精确制导武器威胁条件下的作战中,烟幕仍将发挥独特的战场防护与光电对抗作用。

6.1 烟幕概述

6.1.1 烟幕气溶胶定义

在军事上,烟幕是指人工施放的能在一定时间和空间范围内有效遮蔽可见光、红外目标或者有效衰减可见光、红外线、激光、毫米波等电磁波辐射能量的气溶胶或类似体系。其中,遮蔽可见光的普通烟幕、干扰激光和红外的烟幕与常规气溶胶类似,而干扰毫米波的烟幕以及多频谱干扰烟幕通常含有膨胀石墨、铝箔、短切碳纤维等一些大颗粒物,但因具有非常小的表观密度,因此依然表现出类似一般气溶胶的空气动力学特性,故称为气溶胶类似体系。

烟幕的历史可以追溯到远古时代,利用烽火狼烟(图6.1)、扬尘和焚烧草木等物进行发烟从而实现目标指示、通信联络、报警和迷盲等军事目的。

图6.1 烽火狼烟

现代战争中,随着光电侦察和制导武器的迅猛发展与广泛应用,烟幕作为光电对抗领域中重要的无源干扰手段得到了世界很多国家军方的重视,烟幕种类和发烟装备也取得了长足的发展,先后出现了遮蔽可见光的普通烟幕、红外(激光)干扰烟幕、毫米波干扰烟幕和多频谱干扰烟幕,同时也逐步形成了从发烟手榴弹、发烟罐、发烟炮弹、发烟火箭弹、发烟航弹到发烟车的系列化发烟装备和器材,极大地拓展了烟幕在军事上的应用。图6.2所示为发烟炮弹的典型结构。图6.3所示为美式M56发烟车施放的多频谱烟幕。

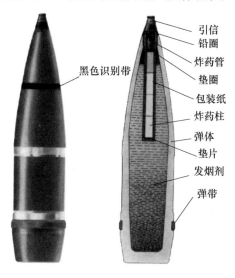

图6.2 发烟炮弹的典型结构

第 6 章 烟幕气溶胶

图 6.3　M56 发烟车施放的多频谱烟幕

烟幕具有施放简单、成本低廉、作用时间长和防护空间范围广泛等许多优点,因此,军用烟幕在现代战场防护和光电对抗技术领域具有无可比拟的优越性,已成为对抗高技术侦察和精确制导武器的重要手段。

6.1.2　烟幕气溶胶分类

现代烟幕种类很多,通常按照烟幕遮蔽的电磁波频段和战术用途进行分类。

1. 按烟幕遮蔽的电磁波频段分类

现代战争中,侦察制导武器越来越依赖于可见光、红外线、激光、毫米波等光电信号,因此,通过烟幕对光电信号的削弱能够使侦察和制导条件恶化,从而使敌方难以发现、识别或者跟踪目标。军事上常用的光电信号其本质也是电磁波,除了可见光以外,还大量应用到红外线和毫米波等电磁波频段。

红外光谱区波段范围一般指 $0.76 \sim 1000 \mu m$,按波长划分为表 6.1 所列的四个波段。红外侦察和制导武器通常工作在近红外、中红外和远红外波段。

表 6.1　红外辐射光谱区划分

波段	近红外	中红外	远红外	极远红外
波长/μm	0.76~3	3~6	6~15	15~1000

激光是一种特殊的电磁波,具有很强的单色性和很高的亮度、很大的能量密度,其波长主要分布在可见光和红外波段,如 $0.34 \mu m$、$0.49 \mu m$、$0.63 \mu m$、$0.69 \mu m$、$1.06 \mu m$、$3.39 \mu m$ 和 $10.6 \mu m$ 波长的激光辐射等。毫米波通常指波长

为 1～10mm 的电磁频段。

不同波长的电磁辐射在大气环境中的传输能力不同,而不同组分甚至不同粒度的烟幕也会对同一种电磁波表现出不同的遮蔽干扰能力。表6.2 所列为红磷、HC 和复合石墨烟幕对入射功率为 1.0W 的 $10.6\mu m$ 激光辐射的质量消光系数测试结果。

表6.2　几种烟幕对 $10.6\mu m$ 激光辐射的质量消光系数测试结果

烟幕种类	HC	红磷	石墨
消光系数/(m^2/g)	0.086	0.574	1.284

以上分析表明,光电侦察和制导武器工作的电磁频段越来越宽,而且复合侦察和制导技术也越来越多地用于军事。因此,为实现对特定波长或频段电磁波的有效遮蔽和干扰,除了传统的普通烟幕以外,近些年来红外干扰烟幕、毫米波干扰烟幕和多频谱干扰烟幕得到了快速发展。

1) 普通烟幕

在军事上用于遮蔽可见光目标或者衰减可见光强度的烟幕称为普通烟幕。世界上很多国家都采用蒽发烟剂燃烧施放形成白色普通烟幕。由于可见光波长较短,因此用于遮蔽可见光的烟幕气溶胶平均粒度较小。普通烟幕也可用于隐真示假,如浓黑色烟幕主要用来模拟坦克、车辆等军事目标被对方击中焚烧,欺骗对方侦察。

大多数普通烟幕对 $0.34\mu m$、$0.49\mu m$、$0.63\mu m$、$0.69\mu m$ 等可见光波段的激光和 $0.76\sim1.5\mu m$ 近红外电磁波也具有一定的衰减作用。

传统的蒽混合发烟剂和硫酸酐、四氯化钛、黄磷等发烟剂形成的烟幕均为普通烟幕。图 6.4 所示为蒽混合发烟剂形成的白色烟幕。

各国军队装备的发烟机或新型发烟车大都能够形成大规模雾油烟幕,对可见光目标具有非常好的遮蔽能力。美军 M56 发烟车施放的白色雾油烟幕即是针对 $0.40\sim0.75\mu m$ 波长的可见光烟雾,一次发烟可持续遮蔽将近 100min。美军 M58"狼"式发烟车也是一种大面积发烟系统,安装在 M113A3 装甲人员输送车上,在最大发烟剂散布速率下至少提供 90min 的可见光遮蔽烟幕和 30min 的红外防护烟幕,图 6.5 所示为 M58"狼"式发烟车野外施放遮蔽可见光的雾油烟幕试验资料图片。

图 6.4　发烟罐形成的蒽混合白色烟幕

烟幕伪装是可见光侦察的"天敌"。可见光侦察是利用目标与背景反射可见光的差别来发现和识别目标的。烟幕通过散射、吸收等方式来衰减可见光光波能量,达到干扰、阻挡可见光侦察的目的。尽管现代可见光侦察技术已经发展到照相侦察、电视侦察、卫星侦察等技术,但只要是以可见光作为信息载体,烟幕仍能发挥它的特殊功能,遮蔽目标、缩短敌方侦察距离、降低侦察打击效果,从而对敌观察、瞄准、射击与指挥造成极大困难。

图 6.5　M58"狼"式发烟车野外发烟试验资料图片

2）红外干扰烟幕

由干扰红外发烟剂形成的用于遮蔽红外目标或降低目标红外特征、干扰敌方红外侦察和制导武器系统的烟幕,亦简称红外烟幕。红外干扰烟幕对工作在红外波段的激光探测和制导系统也具有良好的干扰作用。由于近红外在大气中传输能力较弱,因此越来越多的武器系统都选择了中红外和远红外工作波段。基于上述原因,尽管红外烟幕遮蔽频段较宽,但人们通常所说的红外烟幕作用的波段主要是针对 3~5μm 中红外和 8~14μm 远红外波段。

常用的抗红外发烟剂包括复合石墨、红磷、改进 HC 等发烟剂。国外新装备的发烟车均能够快速施放红外烟幕。美军 M56 发烟车通过施放石墨气溶胶能够产生干扰 0.76~14μm 波长的红外的黑色烟幕,一次可持续发烟 30min。俄罗斯的烟幕干扰技术和装备已取得重大进展,设计出了先进的对抗精确激光制导武器的烟幕干扰装备——"窗帘"干扰系统,目前已装备到俄罗斯 T-80 坦克、T-90 坦克和乌克兰 T-84 坦克上。该系统在探测入射激光的同时,向激光入射方向发射红外干扰烟幕弹,在 3~5s 内形成一道烟幕墙,可使"陶"式、"小牛"式、"霍特"导弹及"铜斑蛇"制导导弹的命中率降低 75%~80%,使采用激光测距机的火炮命中率降低 66%,真正成为战场目标的"防护罩"。法国生产的 SG-18 型发烟机性能良好,在海湾战争期间曾经用于掩护美国空军基地,能够以 270kg/h 的发烟速率施放复合石墨抗红外烟幕。

利用发烟罐也可以施放红外干扰烟幕,很多基于红磷基的改进型发烟剂大多添加了富碳有机化合物,燃烧时会产生含有游离碳等红外活性成分的烟幕,对红外辐射具有显著干扰作用。图 6.6 所示为燃烧施放的红外干扰烟幕,对各种频段的红外辐射都有良好的遮蔽或干扰效果。

图 6.6 燃烧施放的红外干扰烟幕

表6.3所列为利用红磷烟幕干扰某型工作波长 1.06μm 的手提式激光测距机的试验结果。试验时,测距信号从被测目标返回后由测距机接收并显示测量距离。测距机与模拟靶实际相距500m,风速1m/s,烟幕施放在测距机和模拟靶之间。

表6.3　红磷烟幕干扰激光测距机试验结果

序号	1	2	3	4	5	6	7	8	9	10
t/s	1	20	50	80	116	124	140	215	245	275
L/m	400	380	500	500	500	380	370	470	370	390

在近5min的时间内测距10次,有7次的读数小于500m,其余3次均是因为风向不稳定而导致烟幕偏离了遮蔽方向。试验结果表明,红外干扰烟幕对处于同一波段范围的激光也具有显著的干扰作用。因此,只要沿着电磁辐射传输的方向适时施放烟幕,并且烟幕浓度满足战术使用要求,就可以有效干扰 1.06μm、10.6μm 等波长红外激光的传输和探测。

随着发烟技术的进步,烟幕吸收、散射红外线的能力将越来越强,越来越全面,浓厚的烟幕像吸收、散射可见光一样,能大大削弱红外线在大气中的传输能力,不仅能干扰近红外侦察系统,而且能干扰中红外和远红外侦察系统,使红外、激光等制导武器和侦察系统发射或接收的光波能量大大损耗,从而无法识别或者跟踪目标,致使其作战效能显著降低甚至完全丧失。

3)毫米波干扰烟幕

毫米波的频率范围普遍指电磁频谱的 30～300GHz 部分,对应波长 1～10mm。其中在 1mm、2mm、3mm、5mm 和 8mm 波长处具有较高的大气透过特性,军事上通常利用 3mm 和 8mm 波进行探测。因此,毫米波干扰烟幕主要是指能够干扰工作在 3mm 和 8mm 波段的光电武器的烟幕,亦简称毫米波烟幕。

早在20世纪80年代初,美国、苏联等国家就开始了毫米波干扰技术研究。最初使用干扰厘米波雷达的箔条类导电材料来干扰毫米波,但材料切割和加工的工艺复杂、精度差,包装和分散技术难度大,特别是作为 3mm 频段干扰材料使用时遇到了一系列难以克服的困难。后来,美、英等军事强国先后投入巨资开展了新型毫米波箔条技术开发研究工作。美国伦迪箔条制造公司与美国海军研究实验室合作试制了细直径毫米波箔条,用于干扰18～40GHz毫米波雷达。与此同时,又重点研究了PAN碳纤维、镀金属塑料纤维等新材料及其形成毫米波干扰云的结构与方法,并对碳纤维衰减毫米波理论模型进行了详细的研究。随着毫米波干扰技术的不断发展,由铝箔、石墨蠕虫、碳纤维等干扰毫米波发烟剂所形成的烟幕已能有效衰减毫米波,可用于在战场上干扰对方毫米波探测和制导系统。

4)多频谱干扰烟幕

随着军事侦察和制导技术的发展,各种光电武器系统工作的电磁波频段也逐渐从单一频段向多频段发展,侦察和制导方式也从单一方式向复合方式发展,目前,美、英、法、德等国在已装备和正在研制的反坦克导弹武器系统中已经越来越多地采用了红外/毫米波双模制导技术,如美国的"陆军战术导弹系统"(ATACMS)中的Block IIA导弹和AIFS、APGM反坦克导弹、德国的斯马特－155(SMART－155)、ZEPC、EPHRAM反坦克导弹、法国的TACED反坦克导弹等都采用了红外/毫米波双模制导以及其他先进的复合制导技术。

为了适应复合侦察和制导武器的发展,提高烟幕战场使用的功效性,近年来,国内外学者积极开展复合烟幕技术研究。新型多频谱烟幕已经实现从可见光到毫米波的全波段遮蔽。国外目前也正在积极发展干扰红外、毫米波复合制导的箔条弹研究。德国NICO公司曾研制了一种代号为NG19的全波段发烟剂,并在德、美、加等诸多国家申请了专利。该发烟剂主要采用了硫酸填充的石墨(可膨胀石墨),其配方为:可膨胀石墨48%、高氯酸钾23%、镁粉16%、石墨粉6%、燃速调节剂(黑火药或偶氮二酰胺)4%、黏合剂(硝化纤维素或酚醛树脂)3%。此发烟剂中的高氯酸钾和镁粉燃烧反应时将产生高温,使石墨中填充的硫酸分解进而引起石墨膨胀,形成对毫米波具有消光作用的膨胀石墨颗粒(1～10mm),由于膨胀石墨密度小,加上反应产生的热气使沉降速度大大减小,增加了空中悬浮时间,从而可以干扰毫米波。此外,在发烟剂中加入的石墨粉可以提高红外区域的消光效果。根据NICO公司的野外试验,这种烟幕能对$0.4\mu m$～5mm波长范围的电磁辐射遮蔽1min以上。这一新技术在某些文献中被视为发烟剂发展史上的一个里程碑。图6.7所示为发烟车施放的多频谱干扰烟幕。

图 6.7　发烟车施放的多频谱干扰烟幕

多波谱烟幕弹已在军事上取得应用，图 6.8 所示为瑞士鲁阿格弹药公司（前瑞士弹药公司）和德国莱茵金属防务技术公司合作开发的 MASKE 烟幕弹（图 6.8 左下）爆炸后形成的多频谱烟幕。

图 6.8　MASKE 烟幕弹爆炸后形成的多频谱烟幕

2. 按烟幕的战术用途分类

1）迷盲烟幕

迷盲烟幕多指投射后施放在敌方阵地内，以妨碍其观察、联络和射击为主要目的的烟幕。由于迷盲烟幕主要施放在敌人阵地上，即使是风向等气象条件对我方不利，也不会因烟幕扩散传播对我军观察及其他作战行动产生较大影响，协同起来也较为容易。某些情况下，迷盲烟幕对敌火力的压制可能比炮兵常规火力压制更为有效。迷盲烟幕通常由火炮、发烟火箭、飞机等兵器远距离施放。图 6.9 所示为进攻战斗中施放的迷盲烟幕。

图 6.9　进攻战斗中施放的迷盲烟幕

2）遮蔽烟幕

遮蔽烟幕通常指施放在敌我双方之间或己方配置地域内,以遮蔽己方行动或目标为主要目的的烟幕。遮蔽烟幕必须具有一定厚度和较大的遮蔽面积,可以地面施放也可以空中施放,一般分为水平遮蔽烟幕和垂直遮蔽烟幕,前者通常由发烟车、发烟罐等沿地面水平施放,也可向空中发射发烟弹形成空中水平遮蔽烟幕。垂直遮蔽烟幕可以利用火炮及各种对空烟幕施放系统向空中指定高度发射发烟弹形成接地或悬浮于空中的垂直遮蔽烟幕。图 6.10 所示为用于战场防护的大规模遮蔽烟幕。

图 6.10　大规模遮蔽烟幕

3）欺骗烟幕

欺骗烟幕亦称假烟幕,施放在假方向、假阵地,故意引起敌方对它们的注意和警觉,达到欺骗、迷惑或者隐真示假的目的。以隐真示假为例,可用烟幕遮蔽目标区的同时在周边地域内形成多个形状相似、大小接近、分布离散的烟幕遮蔽区,迫使敌人无法判断真正的目标区,从而降低目标被发现的概率,即使发现也可由于烟幕的遮蔽掩护大大降低敌方武器系统的命中概率。军事上新兴的无源干扰烟幕也属于欺骗烟幕,图 6.11 所示为空中发射的无源干扰烟幕。

图 6.11　无源干扰烟幕

4）信号烟幕

追溯烟幕的发展历史,烟幕在军事上最早的应用就是信号指示。一般将用于指示、识别目标和通信联络的烟幕统称信号烟幕。用作信号烟幕的发烟手榴弹、发烟罐烟幕和发烟弹内主要装填不同颜色的有机染料为主的固体混合发烟剂,通过烟火药燃烧能够生成红、橙、黄、绿、蓝、紫等各种不同色彩的烟幕作为信号,便于部队作战协同和识别之用。构成信号烟幕的发烟装备同样有发烟罐、发烟手榴弹和发烟炮弹等。信号烟幕使用计算不在本书研究之列。

6.1.3　烟幕在现代战争中的作用地位

1. 隐身防护提高目标战场生存能力

现代高技术兵器的出现,对战役、战斗的进程和结局产生了深刻影响。尤其是观察、瞄准、制导技术不断进步,使得拥有高技术优势的一方不论在白天还是在黑夜的自然条件下,都能更准确地发现、跟踪和摧毁目标,使另一方战场目标的生存能力大大降低。海湾战争及北约空袭南联盟已充分说明了这一点。在这种严峻的现实面前,要使战场目标生存下来,不被对方摧毁,一方面是首先摧毁对手,使其失去战斗力,另一方面是千方百计地阻挠、干扰和破坏对方发现和命中目标。

烟幕在战场上大规模应用首先表现为对重要目标和军事行动的遮蔽掩护,可以让敌方的侦察员和侦察装备透过烟幕根本发现不了目标,无法判断目标的属性、大小和位置,从而使其无法发动攻击,进而避免了己方目标或行动受损。图 6.12 和图 6.13 就是作战飞机在使用烟幕防护前后的对比,在数倍于机场面积大小的烟幕掩护下可以极大地提高战机的生存能力。

图 6.12　完全暴露的军用机场　　图 6.13　烟幕掩护下的军用机场

战争实践也证明了烟幕在作战防护中的有效性。第二次世界大战期间,苏军第 2 突击集团军在巩固纳尔瓦河登陆场的作战(1944 年)中遮蔽纳尔瓦河桥梁渡口,为了妨碍德机对桥梁渡口实施直接瞄准突击,提高重要目标战场生存能力,决定实施烟幕遮蔽。为此,动用了方面军独立化学营和 4 个步兵师的化学连。使用的发烟器材包括 C-4 混合发烟剂、发烟罐、发烟手榴弹。烟幕的面积达到 $10 \sim 12 km^2$。发烟点呈环形配置,每个发烟点由 2 名战士负责,环形配置的发烟点间隔在 $50 \sim 250m$ 之间不等。大面积烟幕严密地把通过渡口的道路、高地、独立的居民地以及其他从空中可以确定桥梁位置的明显地标均予以遮蔽。为迷惑敌人,使其对烟幕遮蔽区桥梁的真实位置发生错觉,烟幕施放区布设的位置也经常做前后左右的移动。不论怎样变动,桥梁总是在烟幕区的一

第 6 章 烟幕气溶胶

侧,或在东或在西、或在南或在北,因为德航空兵大都是把炸弹投到烟幕区中心的。纳尔瓦河渡口连续实施烟幕遮蔽保障行动历时一个半月,德机轰炸约 500 架次,投弹 2000 多枚,仅有 1 枚的落点挨近桥梁,使其中 1 座桥梁遭到轻度损坏,可见通过烟幕掩护极大地保存了战场重要设施。

图 6.14 所示为军用红外烟幕对红外热成像系统的遮蔽效果,使其无法发现目标,从而提高了目标在红外侦察与制导武器威胁条件下的生存能力。

(a) 施放烟幕前热像仪观测到的目标　(b) 施放烟幕后目标被掩护　(c) 施放烟幕后目标被完全遮蔽

图 6.14　烟幕对红外成像系统的干扰过程

总之,现代烟幕的光学性能使得它在战场目标隐身防护方面发挥着独特的作用,能够成为高技术条件下提高目标战场生存能力的重要手段。

2. 迷盲干扰降低敌方侦察打击效果

烟幕在军事上不仅能遮蔽目标不被敌方发现,还具有迷盲、干扰等多重防护功能。烟幕可有效散射周围的光线,以致无法透过烟云清晰地分辨目标图像,从而限制敌方的观察、瞄准和射击;利用烟幕干扰红外侦察和制导武器已经成为重要的无源干扰光电对抗手段。烟幕亦能有效地干扰激光制导系统或使其性能显著降低。激光制导系统工作时,由射手(或观察员)操作的激光指示器发射激光束照射目标,导弹顶端的激光寻的头感应激光束,将导弹引向目标。这种技术现已广泛用于炸弹、导弹和炮弹上。科学实践证明,烟幕可衰减入射的或反射的激光能量,使其降到探测头探测不到的水平。烟幕也可反射激光信号(束),诱使寻的头误判目标,从而将导弹引向烟幕前缘,而不射向目标等。

现代战争中利用精确制导武器发动空袭是非常重要的作战样式,使战时重要目标的防护变得十分困难,但这并不意味着无法防护。越南战争中,美军曾轰炸河内安富发电厂,越军巧妙地在电厂周围上空施放了烟幕,结果使美军投放的数十枚精确制导炸弹无一命中电厂的关键部位。海湾战争中,多国部队轰炸伊拉克的地面目标时,由于伊军在目标区上空施放了烟幕,并利用燃烧石油产生浓烟等手段干扰多国部队精确制导武器攻击,结果多国部队发射的7000多枚激光制导炸弹有20%未能命中目标,使多国部队发射的大量红外制导导弹偏航。科索沃战争中,南联盟注重发挥普通烟幕的迷盲和遮蔽作用,在反空袭作战中广泛使用发烟罐,并广泛动员民众,采用诸如焚烧废旧轮胎等各种土洋结合的办法,制造和施放了大量烟幕,把重要目标隐藏起来,使北约部队激光制导炸弹等精确制导武器的打击效果大打折扣,同时较好地保存了军事实力。

总之,烟幕在军事上除了遮蔽目标不被发现之外,还能有效地干扰、妨碍敌方空中侦察与空中火力打击,有效降低空袭和精确打击的效果。

3. 与时俱进对抗高技术光电侦察和制导武器

随着科学技术的进步,以激光和红外为代表的侦察、跟踪和精确制导技术飞速发展,战场透明度大大提高,目标被毁伤的概率也大大增加,甚至出现了"发现即被摧毁"的局面,在这种条件下,曾经一度让人们怀疑烟幕在现代战争中能否继续发挥作用。事实上,烟幕和光电侦察与精确制导武器之间就如同矛与盾的关系,光电武器系统发展了,烟幕防护技术与装备也在与时俱进地发展,针对红外、毫米波等新的光电侦察和制导技术,专门干扰红外、毫米波的烟幕以及各种多频谱复合干扰烟幕也应运而生。总之,烟幕技术与时俱进,在当前及今后相当长时期内,科学运用发烟装备仍将成为现代战争中对抗高技术光电侦察和制导武器、实现以低制高的一种有效的战场防护手段。

科学试验和战争实践都表明,为了最大限度地发挥烟幕的使用效能,指挥员要结合具体的保障目标、发烟装备特性、气象等条件对烟幕使用样式、烟幕施放效果、装备器材消耗规律等问题做出判断和决策,制定科学的烟幕保障方案,而这些问题的解决离不开烟幕使用估算的基本原理。

6.1.4 烟幕作战使用特点

目前,各种发烟装备器材已取得很大发展,在新的形势下,为适应未来高技术条件下烟幕作战的需求,对烟幕使用条件、使用方式、使用效果之间的数学关系进行深入、科学、细致的研究非常必要。由于烟幕在某种意义上是一把"双刃剑",使用得及时、合理,就可能达到隐真示假、保护重要目标并顺利保障作战行动的目的。反之,使用得不恰当,也可能带来巨大的负面影响,暴露自己,破坏协同。因此,烟幕使用决策必须建立在科学计算的基础之上,要及时收集战场的气象、地形情况、烟幕保障目的、目标属性、发烟装备种类性能等信息,依据一定的数学原理和大气扩散理论进行计算,从而确保抓住有利战机,在烟幕保障指挥决策时迅速计算出烟幕使用诸元或者预测烟幕使用效果。

1. 使用效果与气象条件关系密切

烟幕要形成有效的遮蔽干扰作用必须在大气环境中指定方位、指定空间形成具有一定长度、宽度、厚度并能稳定存在一定时间的烟幕云团,但在大气中烟幕云团的存在和变化不可避免地会受到风速、风向、空气相对湿度、大气垂直稳定度、地形地貌等气象条件的影响。例如,烟幕在风的作用下会向下风飘移并不断扩散稀释,在山地、凹地、森林地等复杂地形条件下烟幕的传播方向可能会发生改变甚至引起滞留,如图 6.15 所示。

图 6.15 地形对烟幕扩散的影响

大量发烟试验也表明,烟幕在大气中的形状和尺寸以及烟幕的有效浓度均和气象、地形条件关系密切,因此在不同的气象条件下,使用相同的发烟装备器材形成的烟幕在几何尺寸、烟幕浓度、烟幕云团的形成等方面将存在很大差异。相反,为完成同样的保障任务所需要的发烟装备器材的数量、位置、发射或者使用诸元也将显著不同,从而说明烟幕使用效果与气象条件之间存在着非常密切的影响关系。

2. 使用效果与发烟装备性能密切相关

烟幕使用的效果还与发烟装备器材本身的性能密切相关。不同的发烟剂光学性能不同、构成的烟幕性能不同,不同的发烟装备器材形成的烟幕规模、遮蔽特性也不同,在实施烟幕保障过程中,要根据战术上的要求,针对不同的敌情、不同的条件选择不同的烟幕使用样式并选用不同的发烟装备、器材。表6.4所列为几种常用发烟装备器材在中等气象条件下的烟幕尺寸。图6.16所示为小型、中型发烟罐发烟效果对比。

表6.4 几种发烟装备器材在中等气象条件下的烟幕尺寸

发烟器材	装料种类	烟幕长/m	烟幕宽/m	烟幕高/m
小型发烟罐	蒽	75~100	10~15	5
中型发烟罐	HC	100~150	20~30	5~10
F型发烟车	雾油	400	50	20
F型发烟车	石墨	150	20	10

图6.16 两种不同型号发烟罐发烟效果对比

显然,不同的发烟装备器材装填或使用的发烟剂种类、总量不尽相同,形成烟幕的长度、宽度、高度也差别很大,因此遮蔽效果也显著不同。

3. 使用效果与烟幕使用样式有密切关系

烟幕使用估算的具体内容与烟幕使用的样式和保障目的以及发烟装备器材的种类和性能有密切关系。为研究方便,通常对烟幕使用样式进行分类,如

第 6 章 烟幕气溶胶

按烟幕形状分为单线排列施放烟幕、多线平行排列面状烟幕、复杂形状排列面状烟幕、墙状(垂直)烟幕和空中水平烟幕等。例如,在登岛战役装载上船阶段,敌有可能对进攻部队及物资集结地域实施空中打击,这时可运用发烟车、发烟罐等沿地面施放对空遮蔽烟幕,或者运用火箭发射系统对空齐射形成空中烟幕以遮蔽、干扰来袭之敌。图 6.17 为发烟车多点排列正面施放烟幕。

图 6.17　发烟车多点排列正面施放烟幕

图 6.18 为海上爆炸施放空中烟幕。显然,不同的烟幕使用样式运用的发烟装备、器材和遮蔽目的各不相同,因此估算科目和涉及的烟幕使用诸元也不相同。

图 6.18　海上爆炸施放空中烟幕

4. 烟幕使用具有显著的时效性

由于烟幕使用估算的结果直接为烟幕保障指挥决策提供服务,因此对烟幕施放时机、施放位置等参数的估算要尽量准确,但同时要重视估算的速度,因为现代战争条件下敌机、导弹等侦察或者制导武器系统飞临目标上需要的时间和投弹准备时间都很短,烟幕防护时机有可能稍纵即逝。

随着现代科技的发展,计算机的广泛应用和普及为烟幕估算理论的在军事上的应用奠定了坚实可信的物质基础。利用烟幕估算软件或者类似的烟幕保障指挥决策系统能够实时获取战场情报,快速进行烟幕估算并根据作战目的和兵力情况制订系统科学的烟幕保障方案,为抓住有利战机实施烟幕保障行动提供指挥决策的科学依据。

6.2 烟幕气溶胶的消光作用机理

6.2.1 烟幕气溶胶施放原理

烟幕只有在军事上有需求的时候才由发烟装备器材或者发烟弹药生成,平时都以发烟剂或者发烟原料的形式储存于容器、发烟器材或者弹药中。

烟幕通常由军用发烟装备、器材利用爆炸、燃烧或者机械布撒等作用将发烟剂分散到大气环境中形成烟幕气溶胶,而后通过烟幕气溶胶中大量的烟幕微粒对电磁辐射进行衰减。

根据烟幕使用的方式、目的以及装备种类的多样性,烟幕可分别在地面、水面或者空中形成。图6.19为掩护海军舰艇的帘状烟幕,图6.20为进攻战斗中施放的空中掩护烟幕。

图 6.19 用于掩护海军舰艇的帘状烟幕

图 6.20　进攻战斗中施放的空中掩护烟幕

地面施放连续烟幕的装备器材主要有发烟车、发烟罐、发烟手榴弹、发烟炮弹、发烟火箭弹等。水面施放烟幕多用于海军舰艇或岛屿、码头,包括烟幕布撒器、海上发烟桶等装备。空中施放烟幕的装备器材包括烟幕布撒器、发烟航弹、对空烟幕发射系统等。

烟幕既可通过发烟车机械布撒作用或发烟罐燃烧连续施放,也可通过发烟弹药爆炸在瞬间施放。图 6.21 所示为利用发烟车施放烟幕,图 6.22 所示为利用发烟罐燃烧施放烟幕,图 6.23 所示为爆炸施放烟幕的瞬间画面。

图 6.21　利用发烟车施放烟幕

图 6.22 利用发烟罐燃烧施放烟幕

图 6.23 爆炸施放黄磷烟幕

6.2.2 烟幕气溶胶的散射与吸收

不论是哪种发烟装备或者器材形成的烟幕,在大气中都以气溶胶或者类似体系存在才能产生有效的光电对抗效应。

烟幕气溶胶体系通常位于目标和探测器之间,如图 6.24 所示,烟幕气溶胶主要利用大量悬浮在空气中的颗粒物对电磁波的散射、吸收和反射、折射等作

第 6 章 烟幕气溶胶

用削弱来自目标或探测器的电磁辐射强度,从而使敌方发现不了目标或者发现了目标但却无法识别和跟踪目标。

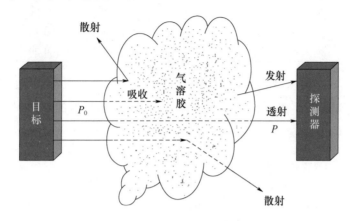

图 6.24 气溶胶对电磁辐射的衰减机理

设强度为 P_0 的电磁辐射在烟幕气溶胶中传输距离 L 后强度衰减为 P,则该电磁辐射经过烟幕的透过率服从朗伯 – 比尔(Lambert – Beer)定律,即

$$T = \frac{P}{P_0} = \exp(-M_c C L) \quad (6.1)$$

式中:T 为传输距离 L 后电磁辐射的透过率(%);P_0 为电磁辐射通过烟幕气溶胶前的强度;P 为电磁辐射通过烟幕气溶胶后的强度;M_c 为烟幕气溶胶的质量消光系数(m^2/g);C 为烟幕气溶胶的质量浓度(g/m^3);L 为电磁辐射在烟幕气溶胶中通过的距离(m)。

式(6.1)是电磁辐射能量在烟幕中衰减变化的基本规律,表明电磁辐射的强度随其在烟幕中传输距离的增加呈指数规律衰减,并且烟幕的浓度和消光性能(此处表现为消光系数)对烟幕的衰减效果具有显著影响。几种烟幕对常见电磁波的质量消光系数的一些实验结果见表 6.5。

表 6.5 几种烟幕对常见电磁波的 M_c 值(m^2/g)

烟 型	波长/μm					
	可见光	1.06	3.39	10.6	3~5	8~12
油 雾	3.20	3.64	0.96	0.047	0.36	0.10
红 磷	3.36	1.93	0.34	0.47	0.29	0.27

(续)

烟 型	波长/μm					
	可见光	1.06	3.39	10.6	3~5	8~12
酸 雾	3.85	2.19	0.31	0.15	0.17	0.23
六氯乙烷	3.38	—	0.35	0.79	0.20	0.53

根据式(6.1)和表6.5可以估算各种波长的电磁波通过不同厚度烟幕的透过率或者衰减情况。烟幕使用效果通常根据其对电磁辐射的衰减率进行评定,计算衰减率的主要依据是Lambert – Beer定律,有

$$\varphi = 1 - T = 1 - \exp(-M_c CL) \tag{6.2}$$

在军事上,利用各种对空烟幕发射系统按一定散布角度和发射高度向空中发射红磷或石墨等爆炸型发烟弹可以形成空中垂直烟幕或者空中水平烟幕,以此对抗来自空中的光电侦察与精确制导武器系统带来的威胁。

例6.1 敌人以1.06μm的近红外激光制导航弹轰炸发电厂,电厂以油雾烟幕遮蔽比厂区大数倍的面积,烟幕厚度3m,浓度0.8g/m³,计算烟幕气溶胶对激光能量的衰减效果。

解:从表6.5中查得$M_c = 3.64 \text{m}^2/\text{g}$,代入式(6.1),则

$$T = \exp(-M_c CL) = \exp(-3.64 \times 0.8 \times 3) = 1.6 \times 10^{-4}$$
$$\varphi = 1 - T = 99.98\%$$

结果表明,激光通过3m厚的烟幕,接收到的激光能量只有发射能量的1.6×10^{-4},获得的用于制导的激光能量极为微弱,使航弹命中率大为下降。美国侵越战争期间,美国空军用激光制导航弹轰炸河内安富发电厂,越军民用水雾进行烟幕保护,烟幕厚度3~4m,面积为厂区的2~3倍,结果几十枚航弹无一命中目标,只有一枚落在工厂围墙附近。

激光照射目标并测量回波信号时,激光将双程通过烟幕,激光能量双程透射率T_d为单程透射率的平方,即

$$T_d = \exp(-M_c C 2L) = T^2 \tag{6.3}$$

显然,激光等电磁波双程通过烟幕后衰减程度将显著增强,烟幕的防护效果也更加突出。表6.6所列为几种常见波长的电磁波单程通过几种具有一定厚度的烟幕后的透过率。

表6.6 几种电磁波通过烟幕时的单程穿透率(浓度为 $1g/m^3$)

烟型	波长/μm	光学距离(L_s)/m							
		0.5	1.0	1.5	2	3	5	10	15
油雾	可见光	0.2	4×10^{-2}	8×10^{-3}	1.7×10^{-3}	6.8×10^{-5}	1.1×10^{-7}	1.4×10^{-14}	1.4×10^{-21}
	1.06	0.16	2.6×10^{-2}	4.3×10^{-3}	6.9×10^{-4}	1.8×10^{-5}	1.2×10^{-8}	1.6×10^{-16}	1.9×10^{-24}
	3.39	0.62	0.38	0.24	0.15	5.6×10^{-2}	8.2×10^{-3}	6.8×10^{-5}	5.6×10^{-7}
	10.6	0.98	0.95	0.93	0.91	0.87	0.79	0.63	0.49
	3~5	0.84	0.70	0.58	0.49	0.34	0.17	2.7×10^{-2}	4.5×10^{-3}
	8~12	0.95	0.90	0.86	0.82	0.74	0.61	0.37	0.22
红磷	可见光	0.19	3.5×10^{-2}	6×10^{-3}	1.2×10^{-3}	4.2×10^{-5}	5.1×10^{-7}	2.6×10^{-14}	1.3×10^{-22}
	1.06	0.38	0.15	5.5×10^{-2}	2×10^{-2}	3.1×10^{-3}	6.4×10^{-5}	4.2×10^{-9}	2.7×10^{-13}
	3.39	0.84	0.71	0.60	0.51	0.36	0.16	3.3×10^{-2}	6.1×10^{-3}
	10.6	0.79	0.63	0.49	0.39	0.24	9.5×10^{-2}	9×10^{-3}	8.7×10^{-4}
	3~5	0.87	0.75	0.65	0.56	0.42	0.23	5.5×10^{-2}	1.3×10^{-2}
	8~12	0.87	0.76	0.67	0.58	0.44	0.26	6.7×10^{-2}	1.7×10^{-2}
酸雾	可见光	0.15	2×10^{-2}	3×10^{-3}	4.5×10^{-3}	9.6×10^{-6}	4.4×10^{-9}	1.9×10^{-17}	8.3×10^{-26}
	1.06	0.33	0.11	3.7×10^{-2}	1.3×10^{-2}	1.4×10^{-3}	1.8×10^{-5}	3.1×10^{-10}	5.4×10^{-15}
	3.39	0.86	0.73	0.63	0.54	0.39	0.21	4.5×10^{-2}	9.6×10^{-3}
	10.6	0.93	0.86	0.80	0.74	0.64	0.47	0.22	0.11
	3~5	0.92	0.84	0.77	0.71	0.6	0.43	0.18	0.078
	8~12	0.89	0.79	0.71	0.63	0.50	0.32	0.10	0.032
六氯乙烷	可见光	0.30	9×10^{-2}	2.8×10^{-3}	8.6×10^{-3}	7.9×10^{-4}	6.8×10^{-6}	4.6×10^{-11}	3.1×10^{-16}
	1.06	—	—	—	—	—	—	—	—
	3.39	0.84	0.70	0.59	0.50	0.35	0.17	3×10^{-2}	5.2×10^{-3}
	10.6	0.67	0.45	0.31	0.21	0.093	0.019	3.7×10^{-4}	7.1×10^{-6}
	3~5	0.90	0.82	0.74	0.67	0.55	0.37	0.14	0.05
	8~12	0.77	0.59	0.45	0.35	0.20	0.071	0.005	3.5×10^{-4}

如果已知烟幕的种类、使用浓度和烟幕使用后预期达到的衰减率,还可以根据 Lambert – beer 定律计算完成任务所需要的烟幕厚度,进而计算发烟装备器材的消耗或者需求量:

$$L = \frac{1}{M_c C}\ln\left(\frac{1}{T}\right) \qquad (6.4)$$

6.2.3 大气窗口与烟幕遮蔽原理

大气对电磁波有选择性吸收,即电磁波在大气中传播时,大气对某些波长的电磁波吸收强烈,使这些波段的电磁波难以透过大气,而对有些波段的电磁波吸收较弱,大气对这些电磁波透过率较高,形成大气窗口。正因为这几个波段能够透过大气,因而在军事上用的观察、探测器材和制导武器都工作在这几个大气窗口。

红外辐射在大气中传播要受到大气中水汽、二氧化碳等物质的吸收而使辐射的能量被衰减,但大气和各种气溶胶对红外辐射的吸收程度与红外辐射的波长有关,特别对波长范围在 $1\sim3\mu m$、$3\sim5\mu m$ 及 $8\sim14\mu m$ 的三个区域吸收很弱,在此区域红外线穿透能力较强,透明度较高,通常将这三个频段区域称为红外辐射的"大气窗口",如图 6.25 所示。"大气窗口"以外的红外辐射在传播过程中由于大气和各种烟云中存在的二氧化碳(CO_2)臭氧(O_3)和水蒸气(H_2O)等物质的分子具有强烈吸收作用而被迅速衰减。

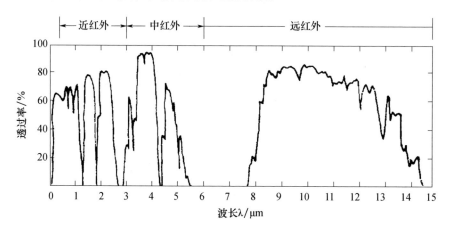

图 6.25 红外大气透过光谱

电磁辐射波谱由波长 $1\times10^{-11}\sim3\times10^{10}\,cm$ 的电磁波组成,这么宽频段的电磁波中,人眼能够感受到的光谱波段却很窄,分布在 $0.4\sim0.76\mu m$ 之间。随着波长的增加,人眼的感知能力变差,但相应电磁波在大气中的传输能力却不断增强,如近红外线的传输能力优于可见光,中红外线优于近红外,而远红外线的传输能力优于中红外等。军事目标与其他物体一样,每时每刻都在向外发射热辐射,利用红外辐射中"大气窗口"的特性,使红外辐射具备了夜视功能,并能实现全天候对目标的搜索和观察。图 6.26 和图 6.27 所示分别为夜幕下同一目标物的可见光成像与红外热成像,显然,工作在大气窗口波段的红外探测系统在黑夜里能够更加清晰地发现和识别目标。

图 6.26　夜幕下目标的可见光成像　　图 6.27　夜幕下目标的红外热成像

毫米波位于微波与远红外波相交叠的波长范围,因而兼有两种波谱的特点。毫米波在大气中传播时,由于气体分子谐振吸收会产生衰减,此外,尘埃、烟雾、砂粒,尤其是雨滴等大气成分除谐振吸收外,还有散射效应引起的传播衰减,但波长为 3mm、8mm 的电磁波在大气中的衰减极少,适合于通信、雷达等应用,称为毫米波传播的"大气窗口"。

由于大气窗口在军事上广泛用于侦察制导武器系统,所以军用烟幕的主要任务就是削弱或者干扰电磁辐射在大气窗口中的有效传输,或者使其通过烟幕后的透过率有效下降到某种临界水平从而难以发现或者无法识别目标。

在现代战场,只能遮蔽可见光的普通烟幕已远远不能适应战场需要,烟幕必须遮蔽军事上常用的几个红外与毫米波波段的大气窗口。有资料认为,如果利用烟幕使红外辐射能的透过率小于 15%,即衰减率大于 85%,则可使光电武器的红外制导和热成像系统无法识别目标而失去作用。

6.3　烟幕估算基本原理

烟幕估算方程是基于湍流扩散理论对烟幕使用条件和烟幕使用效果之间

数学关系的定量描述,而从根本上影响烟幕使用条件和烟幕使用效果之间数学关系的因素主要包括气象条件、装备器材的种类与数量和烟幕自身的光学性能。因此,为了建立烟幕估算方程,首先应对影响烟幕使用估算的主要参数进行研究。

6.3.1 烟幕估算的主要参数

影响烟幕使用估算的主要参数包括烟幕的遮蔽质量、气象条件和发烟装备器材的源强。

1. 烟幕遮蔽质量

1) 烟幕遮蔽质量定义

烟幕气溶胶粒子对电磁波具有比较显著的散射、折射、吸收等作用从而可使入射光强度削弱,此外,气溶胶粒子的多次散射使烟幕的亮度增加,从而使被观察的目标与背景亮度和色度对比下降,变得模糊不清,在一定条件下目标的影像在探测器或人眼中消失了。这种"消失"的临界状态,可用物理量烟幕遮蔽质量来表示。

烟幕遮蔽质量是一个能够反映烟幕性能和探测器性能综合作用特性的重要参数,它的意义(图 6.28)是:在观察者(探测器)和被观察目标之间施放烟幕,当观察者恰好辨别不了目标的形状和位置时,两者之间的烟幕浓度和烟幕厚度(在数值上等于电磁波在烟幕中通过的距离)的乘积。烟幕遮蔽质量用符号 M_b 表示,单位为 g/m^2。

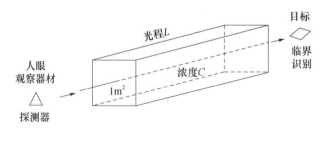

图 6.28 M_b 意义图解

烟幕遮蔽质量表明了烟幕对目标的遮蔽达到临界状态时所需要的烟量。

2）烟幕遮蔽质量的性质

M_b 的主要性质如下：

（1）M_b 与烟幕的消光性能有关，对光的削弱能力越强，M_b 越小，也就是需要的烟量越少。

（2）M_b 与探测器的灵敏度有关，当灵敏度高时，需要的烟量越大，即 M_b 大。

（3）M_b 与目标的大小、颜色、亮度及背景颜色、亮度有关，当目标大，目标与背景的颜色亮度反差大时，M_b 大，目标较难遮蔽。

（4）M_b 与目标的运动状态有关，运动物体易发现。

（5）红外探测器的 M_b 与目标及背景的温度分布有关，当温度高、温差大时易发现，M_b 大。

烟幕 M_b 的大小对烟幕使用估算结果具有非常显著的影响，M_b 越小表示同等条件下烟幕的遮蔽能力越强，完成相同遮蔽任务需要的烟幕质量越少。烟幕遮蔽可见光目标、红外目标的过程及其临界状态分别如图 6.29 和图 6.30 所示。

 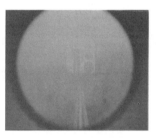 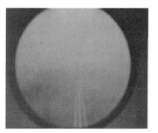

(a) 完全暴露的目标　　(b) 烟幕遮蔽的临界状态　　(c) 目标被烟幕完全遮蔽

图 6.29　烟幕对可见光目标的遮蔽过程

(a) 完全暴露的黑体　　(b) 黑体的红外辐射被严重衰减　　(c) 黑体被红外烟幕完全遮蔽

图 6.30　烟幕对红外目标（黑体）的遮蔽过程

3）烟幕遮蔽质量的测试

烟幕遮蔽质量通常在配备有摄像仪、红外热成像等光电测试系统和烟幕浓度分析系统的大型烟幕试验柜中进行测试,如图 6.31 所示。

图 6.31　烟幕试验柜

通常条件下,在烟幕试验柜中测试得到的烟幕遮蔽质量,在数值上等于烟幕对目标的遮蔽达到临界状态时沿观察路径上的观测距离 L 与烟幕浓度 C 的乘积,即

$$M_b = CL \tag{6.5}$$

（1）普通烟幕 M_b 的测定。普通发烟剂包括蒽混合发烟剂（A－12）、HC 发烟剂、雾油发烟剂及黄磷、红磷发烟剂。利用 ZDS－10 型数字式照度计测试了蒽、HC 发烟剂的 M_b 值,其中 M_b 与相对湿度、目标/背景颜色的关系如表 6.7、表 6.8 所列。

表 6.7　蒽混合烟幕的 M_b 值

颜色	白/绿			黑/绿		迷彩/绿		黑/白	
相对湿度/%	58	67	82	63	80	63	81	70	80
$M_b/(g \cdot m^{-2})$	0.58	0.589	0.28	0.51	0.28	0.49	0.25	0.88	0.49

表 6.8　HC 烟幕的 M_b 值

颜色	白/绿			黑/绿		迷彩/绿		黑/白	
相对湿/%	62	67	81	62	79	62	82	67	81
$M_b/(g \cdot m^{-2})$	0.41	0.55	0.31	0.43	0.27	0.32	0.27	0.48	0.54

第 6 章 烟幕气溶胶

通过分析实验结果,可以认为:①这两种发烟剂在发烟时形成的气溶胶粒子易吸水增大,因此,M_b 随相对湿度增大而下降;②目标与背景黑白分明的,M_b 大。

表6.9 所列为资料上介绍的几种烟幕在中等湿度条件下的遮蔽质量。

表6.9 几种烟幕的遮蔽质量

发烟剂	硫酸酐	四氯化钛	氯磺酸	HC	雾油
$M_b/(g/m^2)$	0.35	0.73	3.15	0.96	0.88

蒽(A-12)、硫酸酐(S-4)和黄磷烟幕的成烟效果都与空气的相对湿度关系密切,表6.10 所列为这几种发烟剂形成的烟幕的遮蔽质量随空气相对湿度变化情况。

表6.10 M_b 随空气相对湿度的变化 (g/m^2)

空气相对湿度/%	<25	40	50	60	70	80	90	100
蒽混合发烟剂	1.5	1.5	1.5	1.5	1.3	1.0	0.75	0.5
硫酸酐发烟剂	2.2	2.0	1.8	1.6	1.3	1.0	0.8	0.6
黄磷发烟剂	0.4	0.36	0.33	0.31	0.28	0.26	0.21	0.18

从表6.10 中可见,蒽烟幕、硫酸酐烟幕和磷烟幕的遮蔽质量都随空气相对湿度增加逐渐减小,表明烟幕的遮蔽性能随空气相对湿度增加迅速提高。

(2)红外烟幕 M_b。复合石墨为性能良好的抗红外发烟材料。利用红外热像仪在烟幕柜中测定了复合石墨烟幕对红外的 M_b 值,测定结果见表6.11。

表6.11 复合石墨抗红外发烟剂的 M_b 测定值

波长/μm	序号	$C/(g/m^3)$	目标黑体温度/℃	背景温度/℃	温差 Δt/℃	$M_b/(g/m^2)$
3~5	1	0.46	20	16.4	3.6	1.11
	2	1.03	36	16.4	19.6	2.48
	3	1.29	60	16.4	43.6	3.11
8~14	4	0.70	20	16.4	3.6	1.69
	5	1.22	36	16.4	19.6	2.94
	6	1.40	60	16.4	43.6	3.37

表6.11 中可见,复合石墨烟幕的 M_b 与目标温度背景温度差有关,拟合的结果为

$3\sim5\mu m$: $\qquad M_b = 0.634\Delta t^{0.434} \qquad R = 0.993 \qquad (6.6)$

$8\sim14\mu m$: $\qquad M_b = 1.1944\Delta t^{0.2845} \qquad R = 0.991 \qquad (6.7)$

2. 气象条件

1) 常规气象要素

常规气象要素包括风速、风向、气温、湿度。

风速一般指2m高处平均风速,可通过风速仪测定。风速影响烟幕云团扩散、稀释和传播的速度。根据发烟试验的结果,施放烟幕最有利的风速为3~5m/s。以六氯乙烷及四氯化钛为例,当风速在2~7m/s时能够形成有效遮蔽烟幕,而风速小于2m/s时烟幕云团出现上升趋势,风速大于7m/s时则烟幕很容易被扩散稀释。

风向主要影响烟幕云团传播或者向下风飘移的方向。若风向突然改变,则原来被烟幕遮蔽的目标可能重新暴露,因此在进行烟幕估算时应充分考虑风向的稳定性,若风向不稳定则应考虑增大发烟点布设数量并相应增加发烟装备器材的数量。

气温越高,液体烟幕的蒸发速度越快,气化率越大,进入大气的烟幕量越多,烟幕浓度越大,烟幕遮蔽长度、遮蔽宽度越大。同时,气温较高时大气湍流扩散速度比较剧烈,因此在某种程度上能增加烟幕的扩散速度,特别是有利于液体烟幕的气化并减少冷凝引起的团聚和沉降。

空气相对湿度对于烟幕在大气中的传播与遮蔽效应也有一定影响,尤其是对于蒽烟幕、磷烟幕、硫酸酐等具有吸湿性的烟幕,随着空气相对湿度的增加,烟幕施放效果会显著增强,烟幕的遮蔽质量将显著下降,完成同样的保障任务,需要的发烟装备或者发烟剂用量将会减少。相反,对于复合石墨等忌讳水分的发烟剂,湿度大了会加剧烟幕粒子的凝聚,保管时要注意密封和干燥,否则会影响使用效果。

2) 大气垂直稳定度

研究表明,大气垂直稳定度对烟幕使用效果具有非常显著的影响。通常认为逆温和等温条件对于形成稳定、有效遮蔽长度大的地面遮蔽烟幕比较有利。

(1) 逆温。逆温时,气温随着高度增加而增加,此时大气处于稳定状态,烟幕沿地面散开,并可较长地滞留地面,因此,逆温条件下形成的地面遮蔽烟幕比较稳定,而且具有较大的有效遮蔽纵深和宽度。图 6.32 所示为逆温条件下典型的烟幕扩散景象。

图 6.32　逆温条件下烟幕扩散

（2）对流。对流时气温随高度增加而降低。此时,大气处于不稳定状态,烟幕云团很容易脱离地面并向天空扩散,因此不利于施放地面遮蔽烟幕,但若用于形成对空遮蔽的水平烟幕仍具有较好的效果。图 6.33 所示为对流条件下的烟幕扩散景象,与逆温条件相比,烟幕云团出现了非常显著的抬升现象,同时地面水平遮蔽长度显著减小。

图 6.33　对流条件下烟幕扩散

(3)等温。等温时,地表面的低层气温与高层气温大体相等,大气比较稳定。等温通常出现在阴天、有云层的夜晚,以及早晨向中午过渡,中午向傍晚过渡的时间段。

等温时,大气的垂直稳定性介于逆温与对流之间。烟幕比在对流条件下有比较平稳的方向和较小的上升趋势,比在逆温条件下趋向于较快地扩散和上升。接近于对流的等温利于施放垂直烟幕,接近于逆温的等温利于施放水平毯状烟幕,总之,大多数情况下等温有利于施放烟幕。

3. 发烟源强

1)源强的定义

发烟源强为单位时间施放烟幕的质量,对于发烟罐、发烟车等连续源,又称为发烟速率。以地面施放烟幕形成的连续点源的高斯浓度方程为例:

$$C(x,y,z,0) = \frac{Q_p K_u}{\pi u \sigma_y \sigma_z} \exp\left[-\left(\frac{y^2}{2\sigma_y^2} + \frac{z^2}{2\sigma_z^2}\right)\right] \quad (6.8)$$

式中:Q_p 为源强,单位时间施放发烟剂的质量(g/s);u 为平均风速(m/s);K_u 为发烟剂的有效利用率或成烟率(%);σ_y 为 y 方向大气扩散系数(m);σ_z 为 z 方向大气扩散系数(m)。

可见,下风任意位置处的烟幕浓度与源强都成正比关系,因此发烟源强的大小对烟幕扩散范围和有效遮蔽区域的影响非常显著。

对于爆炸施放的发烟炮弹、发烟火箭弹等烟幕器材,发烟源强通常指弹药中装填的发烟剂总量。以瞬时体源为例,发烟剂在爆炸作用下分散在大气中的浓度分布方程为

$$C(x,y,z) = \frac{QK_u}{\pi(4K_0 t + r^2)(K_1 n^2 z_1^{n-2} t + h^n)^{1/n} \Gamma(1+1/n)} \exp\left(-\frac{x^2+y^2}{4K_0 t + r^2} - \frac{z^n}{K_1 n^2 z_1^{n-2} t + h^n}\right)$$

(6.9)

式中:Q 为源强,发烟弹药中装填的发烟剂质量(g);K_u 为发烟剂的有效利用率;Z_1 为参考高度(m);u_1 为参考高度 Z_1 处的平均风速(m/s);n 为拉赫特曼的大气垂直稳定度判据;t 为经过的时间(s);K_0 为水平方向大气湍流扩散系数(m²/s);K_1 为参考高度 Z_1 处的垂直方向大气湍流扩散系数(m²/s)。r、h 分别为爆炸云团的起始半径和高度(m)。

根据式(6.9)可知,对于发烟炮弹、发烟航弹、发烟火箭弹等弹药器材爆炸形成的烟幕云团,在下风任意位置处的烟幕浓度也与源强成正比关系,因此,源强的大小对烟幕使用效果具有非常重要的影响。

2)发烟能力

发烟剂可以通过爆炸、燃烧或者气压分散形成烟幕起到遮蔽干扰作用,分散方式取决于烟幕的种类和使用场合,如红磷烟幕既可以爆炸分散也可以燃烧分散,而雾油烟幕主要利用高温、高压进行分散。相同质量的不同发烟剂形成的分散相烟幕质量差别很大,从而表现为不同种类的发烟剂具有不同的发烟能力。定义发烟能力为发烟剂质量与其生成的烟幕分散相的质量之比并用 C_s 表示,则

$$C_s = \frac{M_s}{M_0} \tag{6.10}$$

式中: M_s 为烟幕分散相的质量(kg); M_0 为发烟剂质量(kg)。

显然,发烟能力可以作为衡量发烟剂成烟性能的基本指标之一。对于石墨发烟剂,若忽略超细粒子的团聚引起的沉降,则气压分散形成烟幕的发烟能力近似等于1.0,实际发烟能力小于1.0。定义固体烟幕粒子在烟幕的有效作用期内落地的量与粒子总量之比为固体烟幕粒子的落地率,用 K_d 表示, K_d 可以通过试验测定。固体超细粒子通常为了防止出现粒子团聚等现象而影响分散特性,大多不具备吸湿特性,因此其分散相的质量一般不会超过发烟剂自身的重量,扣除分散过程中落地的质量之后,石墨等固体发烟剂的发烟能力可以表示为

$$C_s = \frac{M_s}{M_0} \approx \frac{M_0}{M_0}(1 - K_d) = 1 - K_d \tag{6.11}$$

油雾、四氯化钛等液体发烟剂的发烟能力取决于发生烟幕的设备的压力、喷嘴形状和尺寸以及液体发烟剂自身的黏度等理化性质,在数值上等于设备的雾化率 K_v,即

$$C_s = \frac{M_s}{M_0} \approx \frac{M_0}{M_0} K_v = K_v \tag{6.12}$$

红磷烟幕的形成过程比较复杂,其发烟反应属于负氧平衡燃烧反应。红磷与空气中的氧反应生成磷酸酐,磷酸酐具有很强的吸湿性,如图6.34所示,在

湿度大的情况下其吸湿量(用吸湿倍率 K_n 表示:1 份磷酸酐吸湿 K_n 份水)急剧上升,二者反应生成大量低蒸气压的正磷酸。

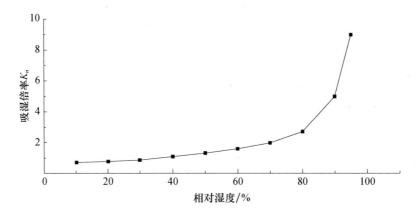

图 6.34　磷酸酐的吸湿曲线

红磷烟幕发烟过程非常迅速,燃烧生成的正磷酸同样具有很强的吸水性,吸湿后能在很短的时间内达到空间饱和并凝聚成大量小雾滴,形成以正磷酸为主的浓雾。空气中水分越多,相应的红磷烟幕的粒子直径就变得越大。同样,空气湿度越大,形成的红磷烟幕就越浓密。

例 6.2　根据红磷发烟反应机理和图 6.34 所示的磷酸酐吸湿曲线计算红磷发烟剂的发烟能力。

解:设有质量为 M_0 的红磷,根据红磷发烟的基本反应方程式:

$$4P + 5O_2 \longrightarrow P_4O_{10}$$

质量为 M_0 的红磷完全反应生成 P_4O_{10} 的质量为

$$\frac{M_0 \times 2 \times 141.95}{4 \times 30.97} = 2.29 M_0 (\mathrm{g})$$

以相对湿度 70% 为例,根据图 6.34 查得 1 份 P_4O_{10} 能够吸湿 2.0 份空气中的水分($K_n = 2.0$),则分散相的总质量为

$$M_s = 2.29 M_0 + 2.29 M_0 \times 2.0$$
$$= 6.87 M_0 (\mathrm{g})$$

所以相对湿度为 70% 时红磷发烟剂的发烟能力为

第 6 章 烟幕气溶胶

$$C_s = \frac{M_s}{M_0} = \frac{6.87 M_0}{M_0} = 6.87$$

同理可以求出其他湿度条件下红磷的发烟能力,如表 6.12 所列。

表 6.12 红磷发烟剂的发烟能力与空气相对湿度的关系

相对湿度	10	20	30	40	50	60	70	80	90	95
C_s	3.89	4.12	4.35	4.81	5.27	5.95	6.87	8.47	13.74	22.90

由表 6.12 可知,红磷的发烟能力远远大于 1.0,在常见湿度条件下红磷的发烟能力分布在 3.9~22.9 之间。

比较上述几种发烟剂的发烟能力可知,红磷的发烟能力最大,而且受湿度影响非常显著,而石墨和雾油的发烟能力通常条件下小于 1.0,在数值上等于其利用率。

由于烟幕成分、成烟过程的复杂性,在计算烟幕浓度分布时可用发烟能力代替式(6.8)、式(6.9)中的 K_u 以便更加科学地反映烟幕气溶胶的浓度分布。

3)源强的确定

施放烟幕的源强主要根据发烟装备器材的性能、种类进行确定。一般情况下,发烟手榴弹、发烟罐、发烟桶、发烟车等连续施放烟幕的发烟装备器材的源强用单位时间施放的发烟剂的质量来表示,单位为 g/min、kg/min、kg/h 等。

对于各种型号的发烟炮弹、发烟航弹、发烟火箭弹等爆炸型弹药,其源强的大小取决于发烟弹药中装填的发烟剂质量,单位为 g、kg 等。

表 6.13 所列为美军的几种连续施放烟幕的发烟装备、器材使用的发烟剂种类和发烟源强。

表 6.14 所列为俄军的几种常见发烟弹药装填的发烟剂种类和发烟剂装填量。

表 6.13 美军部分发烟罐源强

类 别	ABC-M5,30 磅 HC	AN-M7/M7A1 SGF2 漂浮发烟罐	M4A2,HC 漂浮发烟罐	M1,10 磅 HC 发烟罐
发烟剂	六氯乙烷,Zn 等	雾油	六氯乙烷,Zn	六氯乙烷,Zn 或 Al
发烟速率/(kg/min)	0.64~1.2	1.4~2.2	0.83~1.25	1.9~1.2

表6.14 俄军部分发烟弹药发烟剂装填情况

型号	发烟剂种类	弹总质量/kg	发烟剂质量/kg
122mm 榴弹炮弹	黄磷	22.3	3.6
120mm 迫击炮弹	黄磷	16.5	1.97
82mm 迫击炮弹	黄磷	3.67	0.41
76mm 加农炮弹	黄磷	6.45	0.4

显然,不同种类、不同型号的发烟装备装填的发烟剂种类和质量不尽相同,即使同一类发烟装备其发烟源强也存在一定差距,因此形成烟幕的长度、宽度、高度也差别很大,致使烟幕的遮蔽效果也有所不同。表6.15所列为本书在计算中设定的发烟装备器材的源强。

表6.15 几种发烟装备器材的源强

发烟器材	装料种类	发烟源强
小型发烟罐	蒽	380g/min
中型发烟罐	HC	750g/min
F型发烟车	雾油	600kg/h
F型发烟车	石墨	400kg/h

6.3.2 烟幕估算基本方程

根据 M_b 的定义可以建立烟幕有效遮蔽目标的必要条件:

(1)当浓度不变时,有

$$M_b = \overline{C}L \tag{6.13}$$

式中:L 为电磁辐射通过烟幕的"光程"。

(2)当浓度变化时,有

$$M_b = \int_0^L C(l)\,\mathrm{d}l \tag{6.14}$$

式中:$C(l)$ 为烟幕在下风任意位置的浓度分布方程,主要考察烟幕浓度在光程方向上的变化,具有多种数学形式,取决于烟幕施放源的形状、源强、气象地形条件、大气扩散规律等。例如,式(6.9)、式(6.10)分别为连续施放烟幕和爆炸施放烟幕的浓度分布方程。

式(6.13)和式(6.14)是烟幕估算最基本的数学原理和依据,通常称为烟幕使用估算的基本方程,也是一切复杂烟幕使用样式估算的理论基础。

6.3.3 烟幕遮蔽长度

如图 6.35 所示,设在发烟点下风某 X 处水平方向从烟幕云团的一个侧面 A 垂直透过烟幕观察另一侧面 B 的物体,若正好分辨不清该物体,则这一距离称为烟幕的遮蔽长度 X_p。显然 X_p 与该发烟剂施放后在 AB 间的烟量有关。

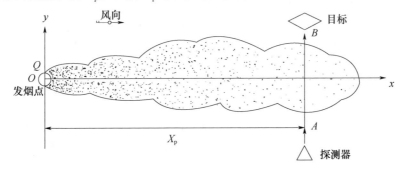

图 6.35 单点连续施放 X_p 图解

根据烟幕遮蔽质量的定义,将烟幕扩散方程式(6.8)或式(6.9)中的烟幕浓度沿 y 方向积分,如果 AB 间每平方米截面上的烟量(积分值)等于 M_b,对应的下风距离 X 即为该条件下烟幕的有效遮蔽距离 X_p。

6.4 单点施放烟幕估算

掌握了烟幕使用估算的基本原理和影响烟幕估算的各种因素之后,就可以深入研究烟幕使用时的一系列估算问题,如烟幕的遮蔽长度、多点排列施放烟幕时发烟罐之间的最佳间隔、发烟器材的消耗量等问题或者参数的求解。

单点施放烟幕在实际采用的烟幕使用样式中非常少见,但却是构成多点施放、多线施放和其他复杂烟幕使用样式的基础。

6.4.1 梯度理论估算原理

1. 表算法估算

以下设每个发烟点的发烟速率(源强)为 Q,单个发烟罐(器材)的发烟速率

为 Q_p,研究它的遮蔽长度和发烟剂消耗量估算方法,其估算原理也是复杂烟幕使用估算的主要依据。

1)烟幕扩散方程

根据湍流扩散的梯度输送理论,对于连续施放的点源,烟幕浓度分布服从下列方程:

$$C(x,y,z) = \frac{Q\left(\frac{u_1 z_1^2}{K_1 n^2}\right)^{1/n}}{2\sqrt{\pi K_0 u_1} z_1 \Gamma[1+(1/n)] x^{(1/2)+(1/n)}} \exp\left\{-\frac{u}{4x}\left[\frac{x^2+y^2}{K_0} + \frac{4\left(\frac{z}{z_1}\right)^n z_1^2}{K_1 n^2}\right]\right\}$$

(6.15)

式中:$C(x,y,z)$ 为点 (x,y,z) 处的烟幕浓度(g/m³);Q 为连续点源源强(g/s);z_1 为参考高度(m);K_1 为参考高度 z_1 处的垂直扩散系数(m²/s),通常取 $z_1=1$m;K_0 为参考高度 z_1 处的水平扩散系数(m²/s),通常取 $z_1=1$m;n 为拉赫特曼稳定度系数;u_1 为参考高度 z_1 处的平均风速,m/s,通常取 $z_1=1$m。

2)烟幕估算公式

由式(6.15)可知,上述积分计算过程非常复杂,尤其是在临界遮蔽条件下必须通过多次试差求解的方法才能确立有效遮蔽距离 X_p。为此,有必要对求解过程进行简化。

设发烟点源强为 $Q(\text{kg/min})$,平均风速为 u,取参考高度 $z_1=1$m,并引入数群参数 ψ,之后假设可将式(6.15)转化为

$$C(x,y,1) = \frac{\psi Q}{u}\exp\left(-\frac{u_1 y^2}{4K_0 x}\right) \quad (6.16)$$

显然,ψ 是 x 和稳定度 n 的函数,见表 6.16。则式(6.16)沿 Y 方向积分后可转化为

$$M_b = \frac{\psi Q}{u}\sqrt{\frac{\pi \times 4K_0 x}{u_1}} \quad (6.17)$$

令

$$\psi\sqrt{\frac{\pi \times 4K_0 x}{u_1}} = F \quad (6.18)$$

F 仍然是 x 和稳定度的函数,可事先进行计算,见表 6.16。则式(6.17)变为

第 6 章 烟幕气溶胶

$$M_b = \frac{FQ}{u} \tag{6.19}$$

或

$$F = \frac{M_b u}{Q} \tag{6.20}$$

给定发烟源强并确定 M_b 后,可以估算 F,然后根据表 6.16 查对应的距离为遮蔽长度 X_p。

例 6.3 装填 A-12 发烟剂的某型发烟桶,装料重 $W = 50$ kg,发烟时间 15 min,$K_u = 0.8$,风速 3 m/s,等温,相对湿度 90%,估算 X_p。

解: 由于是一个发烟桶连续发烟,因此 $Q = Q_p$,由

$$F = \frac{M_b u}{Q_p}$$

M_b 可由表 6.10 查得:$M_b = 0.75$ g/m²,则

$$Q_p = \frac{WK_u}{t} = \frac{50 \times 0.8}{15} = 2.67 \, (\text{kg/min})$$

$$F = \frac{0.75 \times 3}{2.67} = 0.84$$

根据稳定度条件由表 6.16 查得 $X_p = 425$ m。

例 6.4 某型 S-4 烟幕施放器的发烟速率为 9.85 kg/min,求定点发烟时烟幕的最大遮蔽长度。已知 $u = 4$ m/s,等温,相对湿度 60%。

解: $Q_p = 9.85$,$M_b = 1.6$ g/m²,则

$$F = \frac{1.6 \times 4}{9.85} = 0.65$$

查表 6.16 得,$X_p = 550$ m。

表 6.16 ψ、F 值

下风距离 x/m	逆温		等温		对流	
	ψ	F	ψ	F	ψ	F
50	0.297	5.57	0.240	5.09	0.195	4.69
100	0.132	3.50	0.103	3.09	0.080	2.72
150	0.0778	2.53	0.0596	2.19	0.045	1.87
200	0.0529	1.98	0.0399	1.69	0.030	1.44

(续)

下风距离 x/m	逆温		等温		对流	
	ψ	F	ψ	F	ψ	F
250	0.0390	1.64	0.0291	1.38	0.021	1.13
300	0.0303	1.39	0.0224	1.16	0.0163	0.96
350	0.0245	1.22	0.0180	1.01	0.0130	0.83
400	0.0203	1.08	0.0148	0.89	10.6×10^{-3}	0.72
450	0.0172	0.97	0.0125	0.80	8.89×10^{-3}	0.64
500	0.0148	0.88	0.0107	0.72	7.59×10^{-3}	0.58
550	0.0129	0.80	9.29×10^{-3}	0.65	6.56×10^{-3}	0.52
600	0.0114	0.74	8.18×10^{-3}	0.60	5.80×10^{-3}	0.48
700	9.19×10^{-3}	0.65	6.52×10^{-3}	0.52	4.55×10^{-3}	0.41
800	7.59×10^{-3}	0.57	5.35×10^{-3}	0.45	3.71×10^{-3}	0.36
900	6.42×10^{-3}	0.51	4.50×10^{-3}	0.41	3.10×10^{-3}	0.32
1000	5.17×10^{-3}	0.43	3.85×10^{-3}	0.37	2.63×10^{-3}	0.28
1100	4.81×10^{-3}	0.42	3.34×10^{-3}	0.33	2.28×10^{-3}	0.26
1200	4.25×10^{-3}	0.39	2.94×10^{-3}	0.31	2.00×10^{-3}	0.24
1300	3.79×10^{-3}	0.36	2.61×10^{-3}	0.28	1.76×10^{-3}	0.22
1400	3.40×10^{-3}	0.34	2.34×10^{-3}	0.26	1.56×10^{-3}	0.20
1500	3.08×10^{-3}	0.32	2.11×10^{-3}	0.25	1.40×10^{-3}	0.18
1600	2.81×10^{-3}	0.30	1.91×10^{-3}	0.23	1.28×10^{-3}	0.17
1700	2.57×10^{-3}	0.28	1.75×10^{-3}	0.22	1.16×10^{-3}	0.16
1800	2.37×10^{-3}	0.27	1.61×10^{-3}	0.20	1.07×10^{-3}	0.154
1900	2.19×10^{-3}	0.25	1.48×10^{-3}	0.19	0.98×10^{-3}	0.145
2000	2.04×10^{-3}	0.24	1.37×10^{-3}	0.18	0.91×10^{-3}	0.138
2100	1.90×10^{-3}	0.23	1.28×10^{-3}	0.176	0.84×10^{-3}	0.131
2200	1.77×10^{-3}	0.22	1.19×10^{-3}	0.167	0.78×10^{-3}	0.124
2300	1.66×10^{-3}	0.21	1.12×10^{-3}	0.160	0.73×10^{-3}	0.120
2400	1.56×10^{-3}	0.20	1.05×10^{-3}	0.154	0.68×10^{-3}	0.114
2500	1.47×10^{-3}	0.19	9.85×10^{-4}	0.148	0.64×10^{-3}	0.110
2600	1.39×10^{-3}	0.185	9.20×10^{-4}	0.142	0.60×10^{-3}	0.104
2700	1.32×10^{-3}	0.180	8.78×10^{-4}	0.137	0.57×10^{-3}	0.100
2800	1.25×10^{-3}	0.174	8.31×10^{-4}	0.132	0.54×10^{-3}	0.097

第 6 章 烟幕气溶胶

（续）

下风距离 x/m	逆温		等温		对流	
	Ψ	F	Ψ	F	ψ	F
2900	1.19×10^{-3}	0.168	7.89×10^{-4}	0.127	0.51×10^{-3}	0.094
3000	1.13×10^{-3}	0.161	7.50×10^{-4}	0.122	0.48×10^{-3}	0.091
4000	7.47×10^{-4}	0.130	4.88×10^{-4}	0.099	0.31×10^{-3}	0.070
5000	5.41×10^{-4}	0.099	3.49×10^{-4}	0.074	0.22×10^{-3}	0.051

2. 简化公式估算方法

1）连续点源浓度

分析表明，$K_0 \approx 0.67 u_1$，且在不同稳定度下，有

$$\frac{\left(\dfrac{u_1}{K_1 n^2}\right)^{\frac{1}{n}}}{\Gamma\left(1+\dfrac{1}{n}\right)} \approx 20 \tag{6.21}$$

Q 以 kg/min 为单位，存在 $u = 1.2 u_1$，代入连续点源方程，化简得下风轴线某处 1m 高位置的浓度方程为

$$C = \frac{Q 138 \times 2.9}{u x^{1.5}} \frac{1}{2.9 x^{((1/n)-1)}} \exp\left(-\frac{u}{K_1 n^2 x}\right) \tag{6.22}$$

再令

$$K = 2.9 x^{(1/n - 1)} \exp\left(-\frac{u}{K_1 n^2 x}\right) \tag{6.23}$$

其值在 $u = 2 \sim 5 \text{m/s}$ 和 $x = 300 \sim 5000 \text{m}$ 范围内为稳定度的函数，逆温时 $K = 2$，等温时 $K = 3$，对流时 $K = 4$，误差在 10% 以内，则式（6.22）可简化为

$$C = \frac{400 Q}{K u x^{1.5}} \quad (\text{g/m}^3) \tag{6.24}$$

2）烟幕遮蔽长度

由

$$M_b = \int_{-\infty}^{+\infty} C(y) \mathrm{d}y$$

得到 M_b 的表达式，化简的方法除与前面同样的假设外，令

$$x^{1/n} = x x^{1/n - 1} \tag{6.25}$$

得

$$M_b = \frac{1160Q}{Kux} \quad (6.26)$$

令 $k = 1160/K$，于是式(6.26)变为

$$M_b = \frac{kQ}{ux} \quad (6.27)$$

逆温、等温、对流时 k 分别为 580、387、290。

将前例用简化法估算为

$$X_p = x = \frac{kQ}{uM_b} = \frac{387 \times \dfrac{50 \times 0.8}{15}}{3 \times 0.75} = 459(\text{m})$$

相对误差为 7%，表明两种方法估算结果基本一致。

3) 发烟剂发烟速率

为达到规定的遮蔽长度，可以利用式(6.27)估算单点施放的发烟速率及所需的发烟罐数：

$$Q = \frac{M_b u X_p}{k} \quad (6.28)$$

$$n = \frac{Q}{Q_p} \quad (6.29)$$

例 6.5 在某点使用小型发烟罐使其能造成 240m 长的遮蔽烟幕，需同时施放几个该型发烟罐？已知风速为 3m/s，逆温，相对湿度为 60%。

解：查表知，小型发烟罐源强为 0.38kg/min，由式(6.28)、式(6.29)得

$$n_1 = \frac{240 \times 3 \times 1.5}{580 \times 0.38} = 4.9(\text{个}) \approx 5(\text{个})$$

需在一点同时施放 5 个小型发烟罐，可以造成 240m 长的有效遮蔽烟幕。如果要求持续发烟时间 T，已知每个发烟罐有效时间为 t，则总消耗量为

$$N = n_1 \frac{T}{t}$$

3. 对空遮蔽烟幕估算

来袭的敌机、导弹使用光学或电子瞄准制导设备，从空中向地面发射电磁波和接受回波信号，从而准确摧毁目标或获取目标的准确情报。当使用烟幕干

第6章 烟幕气溶胶

扰这种信号时,就要研究烟幕的对空遮蔽问题,研究烟幕浓度的垂直分布。设烟幕的遮蔽质量为 M_b,则地面上低矮目标对空遮蔽方程为

$$M_b = \int_0^\infty C(z) \, dz \qquad (6.30)$$

式中:$C(z)$ 为烟幕浓度的垂直分布,由扩散方程给出。

下面讨论从空中观察时,单点施放构成的烟幕严密遮蔽地面低矮目标的烟幕长度和宽度及相应的发烟剂消耗量的估算问题。根据连续作用点源浓度方程和式(6.30)可以求出最大对空遮蔽长度 X_m 和最大对空遮蔽宽度 $2Y_m$ 及出现最大遮蔽宽度时的 x 值(用 X_{ym} 表示)。

大量计算表明,最大对空遮蔽半宽度 Y_m 实际上是气象条件和 $\dfrac{Q}{uM_b}$ 的函数。

用于烟幕估算的对流、等温、逆温条件下的最大遮蔽长度 X_m,最大遮蔽宽度 $2Y_m$ 及出现最大遮蔽宽度的距离 X_{ym} 之间的数学关系列于表 6.17 中。

利用表 6.17 可方便地完成一些烟幕估算。

例 6.6 仍然采用上述小型发烟罐单点施放烟幕,每次同时施放 5 个发烟罐,求对流、等温和逆温条件下烟幕的最大对空遮蔽长度及宽度。已知 $u = 1.9 \text{m/s}$,相对湿度 80%。

解: 已知 $M_b = 1 \text{g/m}^2$,$Q = 5 \times 0.38 \text{kg/min} = 1.9 \text{kg/min}$。计算 $Q/uM_b = 1.0$,查表 6.17,其结果如表 6.18 所列。

表 6.17 X_m、X_{ym}、$2Y_m$

$\dfrac{Q}{uM_b}$	对流			等温			逆温		
	X_m	X_{ym}	$2Y_m$	X_m	X_{ym}	$2Y_m$	X_m	X_{ym}	$2Y_m$
0.1	0.48	0.18	1.21	0.44	0.16	0.96	0.41	0.15	0.78
0.2	1.69	0.62	2.26	1.75	0.64	1.93	1.89	0.70	1.68
0.3	3.51	1.29	3.26	3.95	1.45	2.89	4.62	1.70	2.62
0.4	5.91	2.17	4.23	7.02	2.58	3.86	8.73	3.21	3.61
0.5	8.85	3.26	5.17	10.96	4.03	4.82	14.29	5.26	4.62
0.6	12.31	4.53	6.10	15.78	5.81	5.78	21.38	7.87	5.65
0.7	16.27	5.99	7.01	21.40	7.90	6.75	30.06	11.06	6.70
0.8	20.71	7.62	7.92	28.06	10.32	7.71	40.38	14.85	7.76
0.9	25.63	9.43	8.81	35.51	13.06	8.67	52.39	19.27	8.84

(续)

$\dfrac{Q}{uM_b}$	对流			等温			逆温		
	X_m	X_{ym}	$2Y_m$	X_m	X_{ym}	$2Y_m$	X_m	X_{ym}	$2Y_m$
1.0	31.01	11.41	9.69	43.85	16.13	9.64	66.14	24.33	9.93
1.1	36.85	13.56	10.56	53.05	19.52	10.60	81.65	30.04	11.03
1.2	43.14	15.87	11.42	63.14	23.23	11.57	98.96	36.41	12.15
1.3	49.86	18.34	12.28	74.10	27.26	12.53	118.12	43.45	13.27
1.4	57.01	20.97	13.13	85.94	31.62	13.49	139.14	51.19	14.40
1.5	64.59	23.76	13.98	98.65	36.29	14.46	162.07	59.62	15.55
1.6	72.60	26.71	14.82	112.2	41.29	15.42	186.92	68.76	16.69
1.7	81.01	29.80	15.65	126.7	46.61	16.39	213.72	78.62	17.85
1.8	89.84	33.05	16.49	142.1	52.26	17.35	242.51	89.21	19.02
1.9	99.08	36.45	17.31	158.3	58.23	18.31	273.29	100.54	20.19
2.0	108.71	39.99	18.13	175.4	64.52	19.28	306.11	112.61	21.36
2.1	118.75	43.69	18.95	193.4	71.13	20.24	340.97	125.44	22.55
2.2	129.17	47.52	19.77	212.2	78.07	21.21	377.89	139.02	23.74
2.3	139.99	51.50	20.50	231.9	85.33	22.17	416.91	153.37	24.93
2.4	151.20	55.62	21.39	252.6	92.91	23.13	458.04	168.50	26.13
2.5	162.79	59.89	22.19	274.0	100.81	24.10	501.29	184.41	27.34
2.6	174.77	64.29	22.99	296.4	109.04	25.06	546.70	201.12	28.55

表6.18 例题6.6 计算结果

项目	X_m/m	X_{ym}/m	$2Y_m/m$
对流	31.01	11.41	9.69
等温	43.85	16.13	9.64
逆温	66.14	24.33	9.93

例6.7 为使对空烟幕遮蔽长度为线目标长度的5倍,求需要同时施放几个中型发烟罐。假设风速为2.3m/s,等温,相对湿度60%,目标长度为35m。

解: 中型发烟罐装填HC发烟剂,$Q_p = 0.75$kg/min。查表6.9知,烟幕遮蔽质量为0.96g/m²。

已知需要遮蔽长度 $X_m = 5 \times 35 = 175$m

根据等温及 $X_m = 175$m 可在表6.17中查得 $Q/uM_b = 2.0$,则

$$Q = 2.0 \times 2.3 \times 0.96 = 4.42 (\text{kg/min})$$

因此

$$N = Q/Q_p = 4.42/0.75 \approx 6(个)$$

利用表 6.17 还可计算对空遮蔽烟幕的发烟速率。

例 6.8 目标的直径为 12m,施放蒽烟幕对其达到有效对空遮蔽,最少需多大发烟速率? 发烟点离开目标中心的最合适距离为多大? 假设风速 2m/s,逆温,相对湿度 80%。

解: 根据遮蔽要求,当 $2y_m > 12$m,并且发烟点离目标中心上风 X_{ym} 距离时,形成的烟幕才能遮蔽目标,如图 6.36 所示。

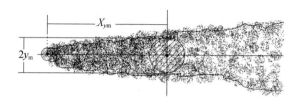

图 6.36 对空遮蔽计算上风发烟点位置计算原理示意图

由 $2y_m > 12$m,逆温,查表 6.17 得 $\dfrac{Q}{uM_b} = 1.2$,$X_{ym} = 36.4$m,则 $Q = 1.2 \times 2 \times 1.0 = 2.4$ kg/min。

可见,以 2.4kg/min 的发烟速率,在离目标中心 36.4m 处施放烟幕才能有效遮蔽目标。

6.4.2 统计理论估算原理

梯度输送理论的扩散方程在形式上比较复杂,即使采用计算机进行编程计算也面临着复杂、烦琐的计算步骤和过程,因此,很多学者开始逐步采用在形式上更为简单的基于统计理论的高斯扩散方程进行烟幕使用估算。

1. 单点施放水平遮蔽

1) 估算水平遮蔽长度 X_p

在稳定和均匀的气象场和地形上,基于统计理论的地面连续点源高斯扩散方程为

$$C(x,y,z) = \frac{QK_u}{\pi u \sigma_y \sigma_z} \exp\left(-\frac{1}{2}\left(\frac{y^2}{\sigma_y^2} + \frac{z^2}{\sigma_z^2}\right)\right) \tag{6.31}$$

式中：Q 为连续点源的发烟速率（g/s）；K_u 为发烟剂的有效利用率，$K_u < 1$；σ_y 为水平方向的大气扩散系数（m）；σ_z 为垂直方向的大气扩散系数（m）。

σ_y、σ_z 均为下风位置 x 和大气垂直稳定度的函数。

由烟幕遮蔽基本方程可知：

$$M_b = \int_{-\infty}^{+\infty} C_{(x,y,z)} \, \mathrm{d}y \tag{6.32}$$

解得

$$M_b = \sqrt{\frac{2}{\pi}} \frac{QK_u}{u\sigma_z} \exp\left(-\frac{z^2}{2\sigma_z^2}\right) \tag{6.33}$$

或者

$$\sqrt{\frac{\pi}{2}} \frac{M_b u}{QK_u} = \frac{1}{\sigma_z} \exp\left(-\frac{z^2}{2\sigma_z^2}\right) \tag{6.34}$$

由于 σ_z 为 x 的函数，因此可用迭代法由式（6.34）解出水平遮蔽的有效遮蔽长度 X_p。

2）估算发烟器材的消耗量

若给定需要的遮蔽长度 X_p 及遮蔽时间 T，则可以反求发烟器材的消耗量 N 及施放的批次。

设单个发烟罐的发烟速率为 Q_p（g/s），有效发烟时间为 t_1（s），由 X_p 计算 σ_z，代入式（6.34）计算 Q，则

$$N = \mathrm{INT}\left(\frac{Q}{Q_p} + 1\right) \times \mathrm{INT}\left(\frac{T}{t_1} + 1\right) \tag{6.35}$$

式中：" +1 "是为了保证发烟效果；INT 为取整函数。

若发烟设备的源强可以调控，则发烟剂的消耗量为

$$\sum G = QT \quad (\text{g}) \tag{6.36}$$

2. 单点施放对空遮蔽

1）估算原理

保证对空（z 方向）遮蔽的条件为

$$M_b = \int_0^\infty C(x,y,z)\,dz \tag{6.37}$$

利用连续点源浓度方程解得

$$M_b = \frac{QK_u}{\sqrt{2\pi}\,u\sigma_y}\exp\left(-\frac{y^2}{2\sigma_y^2}\right) \tag{6.38}$$

2)估算最大对空遮蔽长度 X_m

令:$y=0$,则式(6.38)为

$$\sigma_y = \frac{QK_u}{\sqrt{2\pi}\,uM_b} \tag{6.39}$$

又

$$\sigma_y = r_1 x^{\alpha_1} \tag{6.40}$$

于是得

$$X_m = \left(\frac{QK_u}{\sqrt{2\pi}\,uM_b r_1}\right)^{\frac{1}{\alpha_1}} \tag{6.41}$$

3)估算最大遮蔽宽度及出现最大宽度的 x 值

由式(6.38)得

$$y = \pm\sqrt{2}\,\sigma_y\left(\ln\frac{QK_u}{\sqrt{2\pi}\,u\sigma_y M_b}\right)^{\frac{1}{2}} \tag{6.42}$$

由洛必塔法则:$\frac{dy}{dx}=0$,可解出出现最大遮蔽宽度的 x(用 X_{ym} 表示)值为

$$X_{ym} = \left(\frac{QK_u}{\sqrt{2\pi}\,uM_b r_1}\right)^{\frac{1}{\alpha_1}}\exp\left(-\frac{0.5}{\alpha_1}\right) \tag{6.43}$$

对空遮蔽的最大半宽度为

$$Y_m = 0.24\frac{QK_u}{uM_b} \tag{6.44}$$

4)估算对空遮蔽区形状

由式(6.44)解得

$$y = \pm\left(2r_1^2 x^{2\alpha_1}\ln\frac{QK_u}{\sqrt{2\pi}\,ur_1 x^{\alpha_1} M_b}\right)^{0.5}$$
$$= \pm\sqrt{2}\,r_1 x^{\alpha_1}\left(\ln\frac{QK_u}{\sqrt{2\pi}\,ur_1 x^{\alpha_1} M_b}\right)^{0.5} \tag{6.45}$$

给定一个 x 值,可得 $\pm y$ 值,画出一个封闭椭圆曲线,如图 6.37 所示。

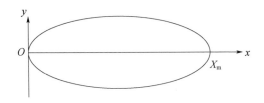

图 6.37　对空遮蔽区域形状

5)估算发烟器材消耗量

由式(6.38)得

$$QK_u = \sqrt{2\pi} u\sigma_y M_b \exp\left(\frac{y^2}{2\sigma_y^2}\right) \tag{6.46}$$

(1)对空遮蔽轴线上的长度为 x 的目标,求消耗量 N。

令 $y = 0$,则

$$\begin{cases} QK_u = \sqrt{2\pi} u\sigma_y M_b = \sqrt{2\pi} ur_1 x^{\alpha_1} M_b \\ N = \text{INT}\left(\dfrac{Q}{Q_p} + 1\right)\text{INT}\left(\dfrac{T}{t_1} + 1\right) \\ \sum G = QT \end{cases} \tag{6.47}$$

(2)对空遮蔽某 x 处宽度为 y 的目标,求消耗量 N:

$$\begin{cases} Q = \sqrt{2\pi} ur_1 x^{\alpha_1} M_b \exp\left(\dfrac{y^2}{2r_1^2 x^{2\alpha_1}}\right) \\ N = \text{INT}\left(\dfrac{Q}{Q_p} + 1\right)\text{INT}\left(\dfrac{T}{t_1} + 1\right) \\ \sum G = QT \end{cases} \tag{6.48}$$

6.5　多点顺风施放烟幕估算

实际战场防护中,通常使用大量发烟装备器材完成保障任务。这就涉及很多发烟装备器材如何根据战场情况进行布设应用。对于地面烟幕保障行动,最常用的两种烟幕使用样式为多点顺风施放和多点正面风施放烟幕。多点顺风施放又称侧风施放,是指在沿风向的轴线上,每隔一定距离设置一发烟点,同时施放,则可以构成首尾相连的大纵深遮蔽烟幕,如图 6.38 所示。多点正面风施放烟幕,又称横风施放,是指发烟点的排列方向与风向垂直,通常用于形成大面积对抗遮蔽烟幕。本节以多点顺风施放烟幕为例,分为等源强不等间距施放烟幕和等间距不等源强施放烟幕两种情况来讨论每一施放点的遮蔽长度和每一点必需的发烟剂发烟速率(源强)或发烟器材消耗量的估算问题。

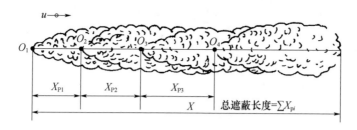

图 6.38　多点顺风施放烟幕示意图

6.5.1　各发烟点等源强不等间距

1. 估算原理

如图 6.47 所示,设第一施放点 O_1 的遮蔽长度为 X_{p1},由于第 O_i 个施放点施放的烟幕有前面 $O_1 \sim O_{i-1}$ 各个施放点烟幕的叠加,因此,第二个施放点形成的烟幕遮蔽长度 $X_{p2} > X_{p1}$。同理可知,$X_{p3} > X_{p2}$,即 $X_{pi} > X_{pi-1} > X_{pi-2} \cdots > X_{pi-n}$。研究表明,在一定范围内,由多个发烟点首尾相接顺风布设施放烟幕时,后面各个发烟点的遮蔽长度均是第一个发烟点遮蔽长度的某个倍数,用符号 G_i 表示。设

$$\frac{X_{p1}}{X_{p1}} = G_1 = 1.00$$

$$\frac{X_{p2}}{X_{p1}} = G_2$$

各种稳定度条件下的 G_2 为

逆温 $G_2 = 1.68$

等温 $G_2 = 1.62$

对流 $G_2 = 1.55$

同理

$$逆温\ G_3 = 2.09$$

$$等温\ G_3 = 2.0$$

$$对流\ G_3 = 1.83$$

显然,只要计算出第一个发烟点的遮蔽长度,就可以方便地估算后续各发烟点的遮蔽长度:

$$X_{p2} = G_2 X_{p1} \tag{6.49}$$

$$X_{p3} = G_3 X_{p1} \tag{6.50}$$

$$X_{pi} = G_i X_{p1} \tag{6.51}$$

不难推导,总遮蔽长度为

$$X_p = X_{p1} + X_{p2} + X_{p3} + \cdots + X_{pi} \tag{6.52}$$

$$X_p = G_1 X_{p1} + G_2 X_{p1} + G_3 X_{p1} + \cdots + G_i X_{p1} \tag{6.53}$$

$$X_p = X_{p1} \sum_1^i G_i \tag{6.54}$$

各发烟点的 G_i 和 $\sum_1^i G_i$ 列于表 6.19 中。

表 6.19 各发烟点的 G_i 和 $\sum G_i$

序号 i	逆温		等温		对流	
	G_i	$\sum G_i$	G_i	$\sum G_i$	G_i	$\sum G_i$
1	1	1	1	1	1	1
2	1.68	2.68	1.62	2.62	1.56	2.56
3	2.09	4.77	1.98	4.60	1.87	4.43
4	2.41	7.18	2.24	6.84	2.09	6.52
5	2.65	9.83	2.45	9.29	2.26	8.78
6	2.86	12.69	2.61	11.90	2.40	11.18
7	3.03	15.72	2.76	14.66	2.51	13.69
8	3.19	18.92	2.88	17.54	2.61	16.30
9	3.33	22.24	2.99	20.53	2.70	19.00
10	3.45	25.69	3.10	23.63	2.78	21.78
11	3.56	29.25	3.18	26.81	2.85	24.63

(续)

序号 i	逆温		等温		对流	
	G_i	$\sum G_i$	G_i	$\sum G_i$	G_i	$\sum G_i$
12	3.67	32.92	3.27	30.08	2.91	27.54
13	3.77	36.69	3.34	33.42	2.97	30.51
14	3.86	40.55	3.41	36.83	3.02	33.53
15	3.94	44.49	3.47	40.30	3.08	36.61
16	4.02	48.51	3.54	43.84	3.13	39.74
17	4.09	52.60	3.60	47.44	3.17	42.91
18	4.17	56.77	3.65	51.09	3.21	46.12
19	4.23	61.00	3.70	54.79	3.25	49.37
20	4.30	65.30	3.75	58.54	3.29	52.66
21	4.36	69.66	3.80	62.34	3.32	55.98

2. 估算科目和方法

1) 已知发烟点数估算总遮蔽长度,求出每一个发烟点的遮蔽长度,相加为总遮蔽长度

例 6.9 利用小型发烟罐在某施放线上设置 3 个发烟点,每点同时施放 4 个发烟罐,风速 3.3m/s,等温,相对湿度 80%,求发烟点的间隔及总遮蔽长度。

解: 发烟速率为 $Q = 4 \times Q_p = 4 \times 0.38 = 1.52 \text{kg/min}$

小型发烟罐装填的是蒽发烟剂,由表 6.10 中查得 $M_b = 1.0 \text{g/m}^2$,则

$$F = \frac{M_b u}{Q} = \frac{1.0 \times 3.3}{1.52} = 2.17$$

查表 6.16 得 $X_{p1} = 150\text{m}$。又查表 6.18 得:$G_2 = 1.62, G_3 = 1.98$,于是

$$X_{p2} = X_{p1} G_2 = 150 \times 1.62 = 243 (\text{m})$$

$$X_{p3} = X_{p1} G_3 = 150 \times 1.98 = 297 (\text{m})$$

$$X_m = X_{p1} + X_{p2} + X_{p3} = 150 + 243 + 297 = 690 (\text{m})$$

也可以查表 6.16 得 $\sum G_i = 4.60$。

因此总遮蔽长度 $X_m = X_{p1} \sum G_i = 150 \times 4.60 = 690\text{m}$。

2) 已知遮蔽总长度,求发烟点间隔

求出第一个发烟点的遮蔽长度 X_{p1},计算 $X/X_{p1} = \sum G_i$,从表 6.18 中查出

对应 $\sum G_i$ 值的发烟点数,然后计算每个发烟点间隔。

例 6.10 为了使 2km 距离上持续 60min 造成严密烟幕,需设置多少发烟点?各点间隔多大?消耗中型发烟罐共多少个?已知 $u=2.5\text{m/s}$,等温,相对湿度 70%,每点同时点燃 3 个发烟罐,侧风多点施放。

解:各施放点发烟源强 $Q = 3Q_p = 3 \times 0.75 = 2.25\text{kg/min}$。

查得 $M_b = 0.96\text{g/m}^2$, $k = 387$,计算

$$X_{p1} = \frac{kQ}{uM_b} = \frac{387 \times 2.25}{2.5 \times 0.96} = 363\text{m}$$

计算 $\sum G_i = X/X_{pi} = 2000/363 = 5.5$。

查表 6.18,等温时 $\sum G_i = 5.5$,对应的发烟点序号为 3~4,为保险起见取 4 个发烟点,则:

第 1 个发烟点,$X_{p1} = 363\text{m}$;

第 2 个发烟点,$X_{p2} = 363 \times 1.62 = 588\text{m}$;

第 3 个发烟点,$X_{p3} = 363 \times 1.98 = 719\text{m}$;

第 4 个发烟点,$X_{p4} = 363 \times 2.24 = 813\text{m}$。

总遮蔽长度为 2483m,满足要求。

总消耗量 = 4(个点) × 3(个/点) × 60(分)/10(分) = 72 个。

3)已知遮蔽总长度及发烟点数,估算每点消耗发烟罐数

由 $\sum G_i = X/X_{p1}$,得 $X_{p1} = X/\sum G$,由 X_{p1} 求一点发烟速率 Q,则发烟罐数 $= (Q/Q_p)(T/t_d)$,Q_p 为一个发烟罐的发烟速率,T 为要求严密遮蔽的时间,t_d 为一个发烟罐的持续有效施放时间。发烟车算法相同。

例 6.11 利用 F 型发烟车,分成 5 个点施放形成 5000m 的严密雾油烟幕,持续 10min,设该型发烟车单机发烟速率 450~550kg/h,双机发烟速率 900~1100kg/h,估算适宜的发烟速率、油料消耗总量及发烟车顺风排列间距。已知 $u=4\text{m/s}$,等温,相对湿度 60%。

解:对应 5 点 $\sum G_i = 9.29$,并查得 $M_b = 0.88\text{g/m}^2$,$t_d = 15\text{min}$,计算

$$X_{p1} = X/\sum G_i = 5000/9.29 = 538.2\text{m}$$

第 6 章 烟幕气溶胶

由 $\quad Q = \dfrac{X_{p1} u M_b}{\lambda} = 538.2 \times 4 \times 0.88/110 = 17.22 \text{kg/min} = 1033.3 \text{kg/h}$

可知每点只需 1 台发烟车即可满足要求，单台发烟车采取双机发烟模式，发烟总速率设为 $Q_p = 1100 \text{kg/h}$，发烟持续时间 $t_d = 10 \text{min}$。在此条件下：

油料消耗总量 $= 1100 \times 5 \times 10/60 = 917 (\text{kg})$

第 1 辆发烟车的实际遮蔽长度为

$$X_{p1} = \dfrac{\lambda Q}{u M_b} = \dfrac{110 \times 1100}{4 \times 0.88 \times 60} = 573 (\text{m})$$

等温条件下各发烟车间距：

第 2 辆车至第 1 辆车 $X_{p1} = 573 \text{m}$。

第 3 辆车至第 2 辆车 $G_2 X_{p1} = 1.62 \times 573 \text{m} = 928 \text{m}$。

第 4 辆车至第 3 辆车 $G_3 X_{p1} = 1.98 \times 573 \text{m} = 1135 \text{m}$。

第 5 辆车至第 4 辆车 $G_4 X_{p1} = 2.24 \times 573 \text{m} = 1284 \text{m}$。

总遮蔽长度 $X_p = X_{p1} \sum_{1}^{5} G_i = 573 \times 9.29 = 5323 \text{m}$。

6.5.2　各发烟点等间距不等源强

设 $O_1, O_2, \cdots, O_n$ 为各发烟点所在位置，且 $\overline{O_1 O_2} = \overline{O_2 O_3} = \overline{O_3 O_4} = \cdots = \overline{O_{n-1} O_n}$。显然第 2 个发烟点 O_2 应处于 O_1 发烟点下风 X_{p1} 的距离上，才能保证严密遮蔽，如果 $\overline{O_2 O_3} = X_{p1}$，则 O_2 点发烟剂消耗量要相应减少。依此类推，等间隔发烟点时最经济有效的发烟剂消耗量是逐点逐渐减少发烟源强的。

1. 估算原理

设：Q_1 为第 1 点发烟剂发烟速率 (kg/min)；

Q_i 为第 i 点发烟剂发烟速率 (kg/min)。

令

$$P_2 = \dfrac{Q_2}{Q_1} \tag{6.55}$$

依次同样可建立

$$P_i = \dfrac{Q_i}{Q_1} \tag{6.56}$$

这样可以依次计算出下风各点的发烟速率为第一点发烟速率的分数。

各点源强相加可得总的发烟源强：

$$Q = Q_1 + Q_2 + Q_3 + \cdots + Q_i \quad (6.57)$$

或者

$$Q = Q_1 \sum P_i \quad (6.58)$$

各发烟点的 P_i 和 $\sum P_i$ 列于表 6.20 中。

表 6.20　P_i 及 $\sum P_i$

序号 i	对流		等温		逆流	
	P_i	$\sum P_i$	P_i	$\sum P_i$	P_i	$\sum P_i$
1	1	1	1	1	1	1
2	0.518	1.518	0.500	1.50	0.483	1.48
3	0.436	1.954	0.417	1.92	0.399	1.88
4	0.395	2.350	0.375	2.29	0.357	2.24
5	0.369	2.720	0.349	2.64	0.330	2.57
6	0.350	3.07	0.330	2.97	0.311	2.88
7	0.336	3.40	0.316	3.29	0.297	3.17
8	0.325	3.73	0.304	3.59	0.286	3.46
9	0.316	4.05	0.295	3.89	0.276	3.74
10	0.308	4.35	0.287	4.17	0.268	4.00
11	0.301	4.65	0.280	4.45	0.261	4.27
12	0.295	4.95	0.274	4.73	0.255	4.52
13	0.290	5.24	0.269	5.00	0.250	4.77
14	0.286	5.53	0.264	5.26	0.245	5.02
15	0.281	5.81	0.260	5.52	0.241	5.26
16	0.278	6.08	0.256	5.73	0.237	5.49
17	0.274	6.36	0.253	6.03	0.234	5.73
18	0.271	6.63	0.250	6.28	0.230	5.96
19	0.268	6.90	0.247	6.53	0.227	6.18
20	0.265	7.16	0.244	6.77	0.225	6.41

2. 估算科目和方法

1) 已知施放线长，求各点消耗量

烟幕施放长度和发烟点数已知，则可求出发烟点间隔，作为单个施放点的

第 6 章 烟幕气溶胶

遮蔽长度,从而可以估算相应点的消耗量。

例 6.12 利用小型发烟罐在某施放线上等间隔设置 3 个发烟点,风速 4m/s,等温,相对湿度 80%,要求构成 450m 的严密遮蔽烟幕,求每个发烟点的发烟罐消耗量。

解:每个发烟点必须保证的遮蔽长度,即发烟点间隔应为 $450/3 = 150$m,第 1 点发烟剂的消耗率,根据

$$Q_1 = \frac{X_{p1} u M_b}{k}$$

进行估算。已知 $k = 387, u = 4$m/s, $X_{p1} = 150$m,查表 6.10 得知 $M_b = 1.0$g/m^2,则

$$Q_1 = \frac{150 \times 4 \times 1}{387} = 1.55 (\text{kg/min})$$

第 1 个发烟点,需 $1.55/0.38 = 4$ 个发烟罐。

又从表 6.19 中查得 $P_2 = 0.5, P_3 = 0.417$,则

第 2 个发烟点,$Q_2 = 0.5 \times 1.55 = 0.775$kg/min,需要 $0.775/0.38 = 2$ 个发烟罐。

第 3 个发烟点,$Q_3 = 0.417 \times 1.55 = 0.646$kg/min,需要 $0.646/0.38 = 1.7$ 个发烟罐,通常取整后按 2 个发烟罐计算。

2)已知发烟罐总数估算遮蔽长度

总发烟速率 $= Q_1 + Q_2 + Q_3 + \cdots + Q_n = Q_1 \sum P_i$

$\sum P_i$ 与发烟点数相对应,可以根据发烟点数利用表 6.19 查出,则 $Q_1 = $ 总消耗速率 $/\sum P_i$,由 Q_1 可以估算 X_{p1},总遮蔽长度 $X = X_{p1} \times$ 发烟点数。

例 6.13 现有中型发烟罐 50 多个,准备用 10 名战士完成 10 个发烟点的发烟任务,估算总遮蔽长度及各点发烟罐消耗量。已知 $u = 3$m/s,对流,相对湿度 60%。

解:对应 10 个发烟点,$\sum P_i = 4.35$(表 6.19)。又单个中型发烟罐的发烟速率 $Q_p = 0.75$kg/min。

$Q_1 = $ 总发烟速率$/\sum P_i = 50 \times 0.75/4.35 = 8.62$kg/min

遮蔽长度 $X_{p1} = \dfrac{kQ_1}{uM_b} = \dfrac{290 \times 8.62}{3 \times 0.96} = 868$m

总遮蔽长度 $X = 10 \times X_{p1} = 8680 \text{m}$

第 1 点发烟速率，$Q_1 = 8.62 \text{kg/min}, n_1 = 8.62/0.75 = 11.49$，需 12 个发烟罐；

第 2 点发烟速率，$Q_2 = 0.518 \times 8.62 = 4.47 \text{kg/min}, n_2 = 4.47/0.75 = 5.96$，需 6 个发烟罐；

第 3 点发烟速率，$Q_3 = 0.436 \times 8.62 = 3.76 \text{kg/min}, n_3 = 3.76/0.75 = 5.01$，需 5 个发烟罐；

第 4 点发烟速率，$Q_4 = 0.395 \times 8.62 = 3.40 \text{kg/min}, n_4 = 3.40/0.75 = 4.53$，需 5 个发烟罐；

第 5 点发烟速率，$Q_5 = 0.369 \times 8.62 = 3.18 \text{kg/min}, n_5 = 3.18/0.75 = 4.24$，需 4 个发烟罐；

第 6 点发烟速率，$Q_6 = 0.350 \times 8.62 = 3.02 \text{kg/min}, n_6 = 3.02/0.75 = 4.03$，需 4 个发烟罐；

第 7 点发烟速率，$Q_7 = 0.336 \times 8.62 = 2.90 \text{kg/min}, n_7 = 2.90/0.75 = 3.87$，需 4 个发烟罐；

第 8 点发烟速率，$Q_8 = 0.325 \times 8.62 = 2.80 \text{kg/min}, n_8 = 2.80/0.75 = 3.73$，需 4 个发烟罐；

第 9 点发烟速率，$Q_9 = 0.316 \times 8.62 = 2.72 \text{kg/min}, n_9 = 2.72/0.75 = 3.63$，需 4 个发烟罐；

第 10 点发烟速率，$Q_{10} = 0.308 \times 8.62 = 2.65 \text{kg/min}, n_{10} = 2.65/0.75 = 3.53$，需 4 个发烟罐。

烟幕在军事上主要用于隐身防护和干扰敌方光电侦察与精确制导武器，现阶段烟幕光电对抗性能已从可见光拓展至激光、红外线、毫米波以及复合光电侦察和制导武器系统，发烟装备也从地面使用的发烟罐、发烟车发展到对空烟幕施放系统，因此，只要及时确定了各种预警信息、气象条件和发烟保障要求，就可以根据烟幕的扩散规律确定烟幕的施放效果并进一步根据战术要求确定行动方案，从而抓住有利时机迅速形成光电对抗烟幕，实现遮蔽我方目标或者干扰敌方光电侦察与精确制导武器系统的战场防护目的。

第 7 章

气溶胶发生技术

气溶胶发生技术在日常生活、工业生产、生物医疗和污染防护等领域有广泛应用。例如：在民用生活中，通过使用气溶胶发生技术可以对家庭住宅和公共场所进行消毒灭菌；在工业生产中，通过发生特定浓度和分散度的气溶胶可以对计量仪器进行标定和校准；在生物制药中，通过发生气溶胶可以对微生物的生物特性和消杀效应进行研究；在污染防护和处理时，通过发生含有不同类型污染物颗粒的气溶胶，可以对特定气溶胶的危害进行定性分析，并试验对应的清除方法。同理，对特种气溶胶的研究离不开试验测试，而气溶胶试验的关键技术之一就是气溶胶发生技术。

在默认气溶胶颗粒的物理和化学性质统一不变的情况下，根据气溶胶颗粒的尺寸是否处于同一尺度，分为单分散系气溶胶和多分散系气溶胶。与此相应，可将各种气溶胶发生技术分别按照制备气溶胶的类别分为单分散系和多分散系气溶胶发生技术。

气溶胶发生技术根据气溶胶使用的场合还可区分为室内发生技术和外场发生技术，外场发生技术一般用于生成大通量、高浓度的气溶胶。

7.1 单分散系气溶胶发生技术

7.1.1 凝聚法

凝聚式单分散气溶胶发生器也称凝集式单分散气溶胶发生器，是利用蒸发冷凝法(凝聚法)来发生气溶胶的,其工作原理是通过加热液体使其蒸发或加热固体使其升华为气体,然后骤然降温冷却使蒸气冷凝,从而形成单分散气溶胶粒子。

冷凝法形成气溶胶并使之生长是自然界形成气溶胶的主要方法,也是实验室发生人工气溶胶的方法之一。蒸发冷凝技术分为同相凝结和异相凝结,前者在冷凝过程中没有另外提供凝结核,因此蒸气冷凝环境差异较大,单分散性也较差,又称为自凝结。后者有凝结核参与并供蒸气均匀地冷凝,能够发生单分散性更好的气溶胶,又称为异核凝结,得到广泛的应用。

凝聚式单分散气溶胶发生器的发生原理大多为异核凝结,凝结核源一般为固态氯化钠结晶粒子。以洁净氮气作为载气源,以一定的压力和流量通过装有无机盐溶液(一般为氯化钠溶液)的喷雾器,雾化出来的细小液滴经硅胶干燥后,结晶成固体氯化钠气溶胶粒子作为凝结核。凝结核粒子与有机蒸气混合后进入再热器加热,然后热混合物(含凝结核粒子、有机蒸气和氮气)在冷凝管中骤然冷却,其中有机蒸气凝结在凝结核上形成单分散气溶胶。通过蒸发-冷凝的原理来发生单分散系气溶胶的原理如图7.1所示。

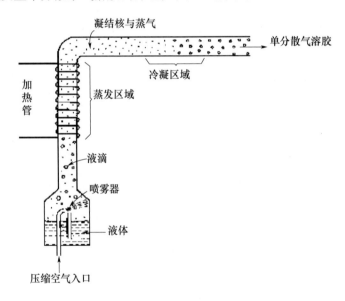

图7.1　凝聚法气溶胶发生原理

异核凝结的凝聚式单分散气溶胶发生器通常包含三个部分:晶核源、蒸发器、冷凝器。工作时首先通过一般的喷雾发生器产生晶核源,晶核经过装有气溶胶物质(如 DEHS、石蜡油等)的蒸发器时,周围充满气态气溶胶物质,晶核粒子与从饱和器中加热蒸发出来的气溶胶物质在再热器中被混合加热,然后将混合物通入冷凝管中冷却,在这一过程中,气态气溶胶物质在晶核表面冷凝长大,通过控制冷凝温度及流量,最终输出一定浓度的单分散气溶胶颗粒,颗粒浓度同晶核浓度相关。

凝聚法的优点是可以发生高浓度的单分散气溶胶粒子,且发生稳定;其缺点是受材料限制,只适用于容易气化或者升华的液体或固体材料,且发生器操作相对复杂,干燥剂还容易被携带进入气溶胶,有可能会影响气溶胶的制备效果。

德国 TOPAS SLG-250 凝聚式单分散气溶胶发生器以氮气为载气,可用于发生 DEHS(癸二酸二异辛酯,一种高效过滤器检漏尘源)、DOP(邻苯二甲酸二辛酯,一种高效过滤器检漏尘源)液体和巴西棕榈硬蜡、石蜡或硬脂酸、Emery 3004 等固体气溶胶粒子,发生的气溶胶粒子高度均匀分散、球形、几乎电中性,可用于荧光或放射性标记等试验,粒径范围为 $0.1 \sim 8\mu m$,其中 DEHS、DOP 为 $0.1 \sim 5\mu m$,巴西棕榈硬蜡为 $0.1 \sim 3\mu m$,硬脂酸为 $0.1 \sim 6\mu m$,粒数浓度可以超过 $1 \times 10^6 \text{ P/cm}^3$。能够满足任何要求产生高浓度均匀分散气溶胶的应用,如人体和动物暴露研究、滤料效率测试、颗粒物筛分仪器的评价和校准、烟气探测器的性能分析、为风洞产生粒子以及为激光多普勒速度计产生粒子等。

美国 TSI 3475-CMAG 凝聚式单分散气溶胶发生器是一种准确、快速、能提供高浓度的单分散性气溶胶的发生器。它可以产生高度均匀分散的固体或液体粒子(可用于荧光或放射性标记),粒数浓度可以超过 10^6P/cm^3,它可以产生球形的几乎电中性的气溶胶粒子,粒径范围为 $0.1 \sim 8\mu m$,颗粒尺寸和浓度易于人为控制,其中 DEHS、DOP 为 $0.1 \sim 8\mu m$,巴西棕榈硬蜡为 $0.1 \sim 4\mu m$,硬脂酸为 $0.1 \sim 9\mu m$,亦可满足人体和动物暴露研究、滤料效率测试等要求产生高浓度均匀分散气溶胶的应用。

7.1.2 流化床法

1. 工作原理

流化床法是通过输入压缩氮气使得气溶胶粉末物质与床料混合流化,在流化过程中床料将粉末从大颗粒聚合状态粉碎成小颗粒分散状态,随后被气流带出床层分离形成单分散气溶胶。典型发生装置如图 7.2 所示。

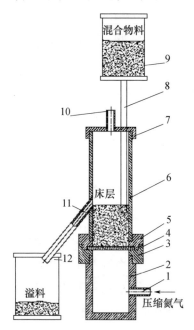

图 7.2　流化床气溶胶发生器

1—流化风入口管;2—风室;3—风室接头;4—布风板;5—床体接头;6—床体;7—床体盖板;
8—落料管;9—料仓;10—气溶胶出口管;11—溢料管;12—溢料收集器。

2. 具体方法

首先选择比将要进行气溶胶化的材料密度大的青铜珠(粒径范围 70～100μm)作为主床料,装置运行时将青铜珠和将要进行气溶胶化的粉末物质按照一定的质量配比加入床层内,并保持一定的床层高度。通过不断将压缩气体经过风室通入床层使床层膨胀,床层内待气溶胶化材料在床料青铜珠的摩擦作用下被分散成粒径较小的颗粒,同时在气流的作用下被夹带出床层进入上部空间,此时质量较大的青铜珠颗粒与粉末物质重新落入床层,小的颗粒形成稳定的气溶胶继续向上运动经气溶胶出口管引出。

流化床法的优点是能有效地将粉末物质分散产生粒径较小的单分散气溶胶颗粒物,且颗粒物的浓度分布较为稳定。缺点是这种方法制得的气溶胶颗粒的粒径大小不容易控制,粒径分布不均匀。

7.1.3 振动孔法

1. 工作原理

振动孔法是利用液态射流受到震动干扰后会断裂成均匀小滴的原理而发生单分散气溶胶的。典型发生装置如图 7.3 所示。

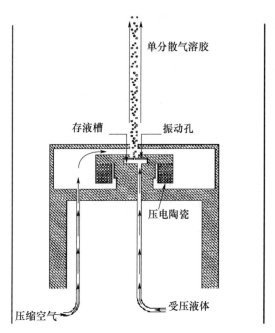

图 7.3 振动孔式气溶胶发生器

2. 具体方法

工作前,将压电陶瓷与信号线相连,当有信号加载到压电陶瓷上时,其厚度就会发生变化,这种变形的幅度和电信号有关,变形频率与电信号同步。工作时,首先通过用注射器针筒等速推进或提供固定的压力,使受压液体从微孔中喷出,形成射流。不断变形的压电陶瓷会对射流施加周期性的机械振动,振动在射流的表面形成表面张力波,当表面张力波迅速增长就会使得射流发生断裂,断裂过程随压电陶瓷的振动频率而规律性地重复发生,从而形成粒径均匀的单分散液态气溶胶。工作时通入洁净的压缩空气可以对从微孔喷射出来的射流起到干燥、稀释的作用。

振动孔法的优点在于其发生的气溶胶不仅是单分散的,而且是定量的,只要对其工作参数(电信号、供液量、供气量等)进行一定设置,就可以得到均匀的气溶胶颗粒粒径和稳定的浓度。缺点是其发生的气溶胶粒子浓度较低,粒子尺寸较大,在实际应用中很难避免相对大粒径粒子的沉降损失。

7.2 多分散系气溶胶发生技术

大多数气溶胶发生器都属于多分散系气溶胶发生装置,主要由气溶胶发生器和输送管道组成。依据气溶胶的类别又可分为雾化器、粉末气溶胶发生器等。

7.2.1 雾化气溶胶发生器

雾化气溶胶发生器主要用于对液体样品进行雾化以便形成需要的气溶胶,常见的雾化器包括气流式雾化器、压力式雾化器、旋转式雾化器、静电雾化器以及超声雾化器等,雾化机理包括滴状、丝状和膜状三种分裂过程。

1. 气流式雾化器

气流式雾化器主要利用气流式喷嘴将液体进行雾化,在实验室和工厂中比较常见。气流式雾化器种类较多,除了使用二流式雾化喷嘴还有三流式和四流式雾化喷嘴,图7.4为较为常见的二流体喷嘴的雾化机理示意图,通常采用中心管走料液,压缩空气经气体分布器后从环隙(气体通道或气体喷嘴)中喷出,当气液两相流在喷嘴出口端面接触时,由于气体从环隙喷出的速度很高,通常可达200~340m/s,甚至可以达到超声速,但液体流出的速度通常很小(一般不超过2m/s),因此在两流体之间存在着很大的相对速度,从而产生相当大的摩擦力,将料液雾化。喷雾用压缩空气的压力一般为0.3~0.7MPa,也可以利用过热蒸气雾化料液。

气流式雾化器以膜状分裂雾化为主,形成的雾滴比较细,对于低黏度、牛顿型流体,通过二流体喷嘴形成的雾滴尺寸分布范围如表7.1所列。气流式雾化液膜的形成过程如图7.4所示,当雾滴群离开喷嘴时,其形状是一个被空气心充满的锥形薄膜,因而也称为空心锥喷雾,空心锥的锥角一般称为喷雾角或雾

第 7 章　气溶胶发生技术

化角,而将整个锥形薄膜雾滴群称为雾炬或喷雾锥。

表 7.1　二流体雾化器形成的雾滴尺寸分布范围

空气/液体质量比	尺寸范围/μm
>5:1	5~20
(2.5:1)~(5:1)	20~30
(1.5:1)~(2.5:1)	30~50
(0.5:1)~(1.5:1)	50~200

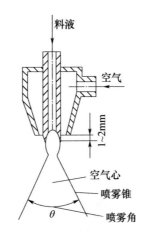

图 7.4　二流体喷嘴雾化机理

当气液相对速度足够大时,一个正常的雾化状态应是一个充满空气的锥形薄膜,该薄膜不断膨胀扩大,膨胀到一定程度后就分裂为很多个极细的雾滴,薄膜残余的周边部分则分裂为较大的雾滴。

气流式雾化器的优点是:喷嘴结构简单、磨损小;广泛适用于低黏度和高黏度料液,包括一些膏状或糊状物料;操作压力低,不需要高压泵;所得雾滴较细;操作弹性较大,通过改变气液两相流的比例亦可控制雾滴大小,便于严格控制雾化的粒度范围。主要缺点是对压缩空气的动力消耗较大,是压力式及旋转式雾化器的 5~8 倍。

2. 压力式雾化器

压力式雾化器一般利用机械式喷嘴将液体雾化,喷嘴类型包括旋转型、离心型及压力-气流型。一般的压力式雾化器主要由液体切向入口、液体旋转室、喷嘴孔等组成,如图7.5所示。工作时,利用高压泵使液体获得很高的压力(一般为2~20MPa),由切向入口进入喷嘴的旋转室中,液体在旋转室中形成旋转运动。根据旋转动量矩守恒定律,旋转速度与旋涡半径成反比。因此,越靠近轴心,旋转速度越大,其静压力越小,结果在喷嘴中央形成一股压力等于大气压的空气旋流,而液体则形成绕空气芯旋转的环形薄膜,在喷嘴处的液体静压能转变为向前运动的液膜的动能,并导致液膜从喷嘴高速喷出。喷出过程中液膜受惯性力作用拉长变薄,最后分裂为细小的雾滴。基于这种机理形成的雾滴群的分布形状为空心圆锥形,又称为空心锥喷雾,如图7.6所示。

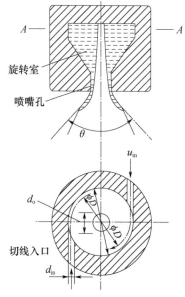

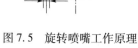

图7.5　旋转喷嘴工作原理　　　　图7.6　空心锥喷雾

压力式喷嘴所形成的液膜厚度为0.5~4μm,对于低黏度、牛顿型液体,压力式雾化器分散形成的雾滴尺寸分布范围如表7.2所列。

表7.2　压力式雾化器的雾滴尺寸分布

压力/MPa	平均尺寸/μm	压力/MPa	平均尺寸/μm
>10	15~30	2.5~5	50~150
5~10	30~50	1.5~2.5	150~350

压力式雾化器的优点:结构简单,制造成本低;全部零件维修简单,拆装方便;与气流式雾化器相比,对雾化动力的需求大大降低。主要缺点:必须有一台高压计量泵支撑;因为喷嘴孔径很小,必须有效严格地对料液进行过滤以防止堵塞喷嘴;喷嘴磨损较大,对于影响较大的物料喷嘴要采用耐磨材料加工;单个喷嘴的最佳雾化范围较窄;不适用于高黏度料液的雾化。

3. 旋转式雾化器

旋转式雾化器工作原理示意图如图 7.7 所示,当料液被送到高速旋转的转盘上时,由于旋转盘离心力的作用,导致料液在旋转盘表面上伸展为薄膜,并以不断增长的速度向转盘外边缘运动,一旦离开转盘边缘就会使液膜分裂为细小雾滴,这种分裂过程包含了滴状、丝状和膜状分裂,具体机制与旋转盘的形状、直径、转速、流量及料液的物化性质有关。图 7.8 所示为运行中的旋转雾化喷头。

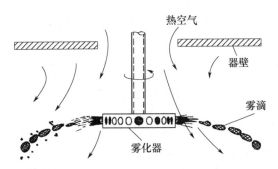

图 7.7 旋转式雾化器工作原理示意图

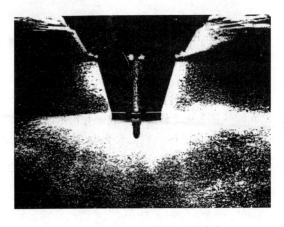

图 7.8 运行中的旋转雾化喷头

旋转雾化形成的雾滴尺寸受旋转盘圆周速度的影响较大,如表7.3所列。

表7.3 旋转雾化器产生的雾滴尺寸范围

旋转盘圆周速度/(m/s)	雾滴尺寸范围/μm
>180	20～30
150～180	30～75
125～150	75～150
75～125	150～275

旋转雾化器的雾滴大小和喷雾的均匀性主要取决于旋转盘的圆周速度和液膜厚度,而液膜厚度又与液体流量有关。

旋转雾化器的主要优点:喷雾能力弹性大,喷雾量一般分布在6kg/h～200t/h;在一定范围内可以调节雾滴尺寸。主要缺点是雾化器结构较为复杂,需要传动装置、液体分布装置和雾化轮,加工制造技术要求高,检修难度大。

除了上述三种雾化器,常见的雾化系统还包括静电雾化器、超声雾化器等。图7.9所示为两种室内使用的超声雾化器,该雾化器能够快速雾化纯净水和各种消毒液,气溶胶粒子的平均直径可控制在0.1～10μm之间。

图7.9 两种室内使用的超声雾化器

通过雾化器形成的气溶胶应用非常广泛:一方面,可用于酒店及公共场所的消毒灭菌,由于气溶胶能够长时间飘浮在空中,能够充分与空气中带有细菌的粉尘微粒结合,起到高效杀菌的效果,且由于是气溶胶状态,能够做到无死角消毒;另一方面,可用于养殖场及病人的吸入式治疗和免疫给药治疗,在吸入给药时,可直接进入畜禽呼吸系统,附着在鼻腔、喉头、气管、支气管、气囊、肺泡、粒膜,利于畜禽充分的吸收,从而发挥药效,同时减少药物浪费及剂量药物对禽畜产生的毒副作用,使药效提高 10~20 倍。

7.2.2 超高压射流旋转造雾技术

大部分造雾技术造雾通量较小,形成的雾滴粒度较大。为了形成更精细的雾化效果,利用超高压射流技术进行旋转造雾,不仅具有很大的造雾通量,而且通过调整流量、压力和喷嘴孔径,可以实现雾化效果的精确控制。图 7.10 为超高压射流造雾系统工作原理示意图。

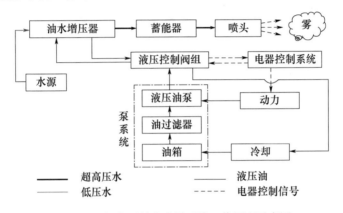

图 7.10 超高压射流造雾系统工作原理示意图

超高压射流旋转造雾效果与压力、流量、喷嘴直径以及旋转喷头的大小和结构有密切关系,图 7.11 所示为造雾效果,平均粒径 $8.1\mu m \leqslant D \leqslant 12.9\mu m$,粒度分布范围 $0.1\mu m \leqslant D \leqslant 36.5\mu m$,造雾通量 $\geqslant 25 L/min$。

图 7.11 超高压射流旋转造雾效果

超高压射流旋转造雾技术具有成雾速度快,造雾通量大,能够快速生成高浓度、雾滴粒度较细的气溶胶体系。

7.2.3 粉尘气溶胶发生器

对于烟尘、超细粉体则采用粉尘气溶胶发生器进行发生。

将粉末样品装入粉体样品存储器中,通过活塞或输送机构输送到旋转刷,旋转刷将准确输送一定量的样品到扩散头,在扩散头处通过喷嘴加速,气流将被加速到较高速度(如180m/s),高速度气流为粉末的充分分散提供必要的湍流和剪切力,团聚的颗粒最终被分散输出,形成的粉尘气溶胶呈多分散性分布。

粉尘气溶胶发生器大多用于发生微量的 0.1~100μm 粉末,所以对贵重、有毒性样品的扩散研究变得非常有效。通常可用来将粉尘引入颗粒度仪;散射出干的聚苯乙烯胶乳球体(PSLs)来标定测量仪器;将应用于环境监测直径滤膜上收集到的颗粒物进行再分散等。图7.12所示为德国 PALAS 公司的 BEG-1000 型气溶胶发生器,该发生器具有较宽的粒度分布范围,能够发生粒径范围 0.1~200μm 的粉尘气溶胶,质量流量 9~6000 g/h 可调。

图 7.12　BEG-1000 型气溶胶发生器

第 7 章　气溶胶发生技术

图 7.13 所示的国产 ZJSJ–012 型气溶胶发生器具有便携特性,适用于空气流量小于或等于 50000m³/h,可输出 $0.5 \sim 2 \times 10^{13}$ P/h 的多分散性气溶胶,能够满足从小型洁净单元到大型洁净室送风系统的高效粒子空气过滤器(HEPA)测试等试验要求。

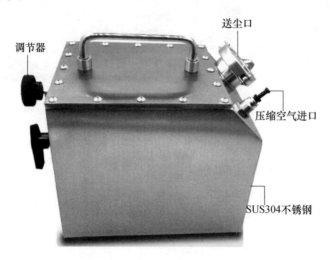

图 7.13　ZJSJ–012 型气溶胶发生器

图 7.14 所示的美国 TSI 3410 粉尘气溶胶发生器适用于需要连续稳定高精度生成气溶胶的应用。该型粉尘气溶胶发生器有两种型号,在向分散器输送粉末的方式上有所不同。3410U 型适用于低剂量(>50 mg/m³)下流动性差的粉末。粉末被连续不断地倒在金属环上,多余的物质从金属环的侧面落下,然后又回到储料罐中。3410L 型使用移动齿带输送粉末。齿间清晰的空间确保了粉末的稳定和可重复供应,能够实现 $0.5 \sim 160$ g/m³ 的质量浓度。两个型号都通过喷射器喷嘴分散粉末,喷射器喷嘴带有陶瓷镶嵌物更耐研磨。喷射器喷嘴中的剪切力分散粒子并使粒子脱聚,即使在潮湿环境中也能产生干燥粉末。

TSI 3410 粉尘气溶胶发生器发生的气溶胶可用于仪器校准和验证,使用示踪粒子进行激光测速、吸入和毒理学研究、过滤器检验、容尘能力测试等与气溶胶相关的研究。

如图 7.15 所示的德国 SAG 410/U 固态气溶胶发生器,主要用于生成规定的测试用气溶胶目的(过滤器测试、灰尘保持能力测试、产生示踪物粒子等)。

 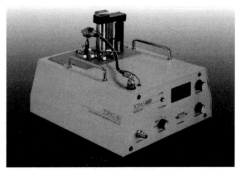

图 7.14　TSI 3410 粉尘气溶胶发生器　　图 7-15　德国 SAG 410/U 固态气溶胶发生器

该型气溶胶发生器可用于分散粒径小于 $100\mu m$ 的 ISO 12103 – A4（粗）、ISO 12103 – A2（精细）、纤维素、方解石、炉黑、二氧化钛、氧化铝等材料。体积流量为 $1.5\sim4\ m^3/h$。质量流量：二氧化钛为 $0.27\sim16.8\ g/h$；炉黑为 $0.072\sim6.84\ g/h$；ISO 12103 – A2 为 $0.5\sim8.8\ g/h$。图 7.16 所示为德国 SAG 410/U 粒子分散器结构。

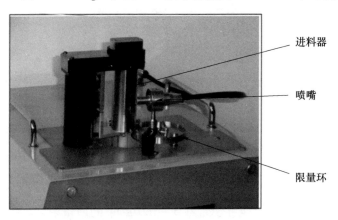

图 7.16　德国 SAG 410/U 粒子分散器结构

国产 HRH – DAG768 型粉尘气溶胶发生器采用旋转电刷原理，通过等面积渐变双曲面技术，产生高速气流边梢力，将粉末颗粒剪切打散成分布均匀的可吸入气溶胶，形成的粉尘气溶胶中位径分布在 $1\sim3\mu m$，粒度范围 $0\sim100\mu m$，质量流量 $10\sim40\ g/min$ 可调，主要适用于非黏性粉体材料的分散。

目前国内外有关气溶胶发生的技术已比较成熟，各种气溶胶发生器通常具有简单、便携的优点，但流量通常很小，每小时的雾化量或气溶胶发生量只有数百毫升或者数克。有些气溶胶试验需要发生较高的浓度,此时依靠一台气溶胶发生器无法满足要求,可以多台发生器同时作用,也可以采用电加热等更为直接、快速的发生技术。

7.3 特种气溶胶发生技术

特种气溶胶发生技术是指日常应用中比较少见或者具有核生化等特殊学科属性的气溶胶发生技术,如纳米气溶胶、微量气溶胶、放射性气溶胶、生物气溶胶等特种气溶胶发生技术。

7.3.1 纳米气溶胶发生器

气溶胶发生器颗粒大小和均匀性的控制是一个主要研究领域,特别是纳米尺寸范围内的颗粒。ANCON 公司的 Aerosoliser^{TM} 气溶胶发生器能够生成高度稳定、均一、持久的气溶胶,可以为需要稳定控制 1nm～10μm 范围内粒子的实验提供一体化解决方案。Ancon 已经使用 Aerosoliser 将一系列不同的"纳米粉末"变成气溶胶,包括二氧化钛、氧化锌、纳米金刚石、功能化二氧化钛和氧化锌、碳纳米管、聚苯乙烯乳胶球等。该技术已用于生态毒理学、通用气溶胶研究、计量与仪器校准、吸入和毒理学研究及纳米材料的制造和表征等方面研究。其工作原理是通过在粉末表面聚集高速的清洁空气射流干扰和分离颗粒,从而让粉末产生气溶胶。旋涡是由气溶胶化室内的相反气流形成的,它的作用是进一步分离气溶胶颗粒。然后气溶胶通过重力分离器,在重力沉降的基础上去除较大的颗粒。重力分离器也有助于稳定气溶胶浓度,可以通过调节提供给燃烧室的压力、流量计设置和喷嘴相对于雾化粉末表面的位置来控制气溶胶浓度。该气溶胶发生器内置压力计和流量计,用于调节输出的颗粒浓度和工作流速。喷嘴会自动下降,使之到粉末表面维持在一个恒定的高度,从而实现长期稳定。该系统以洁净干燥空气为载气,主要优点是用户可调的超细和主要颗粒浓度,低样品损耗(操作时仅需 0.5mg 材料),聚焦的高能量输入释放粉末样品中存在的粒子,在可吸入范围内稳定地输出高浓度气溶胶颗粒,能够释放小于 50nm 的颗粒,在数小时内产生浓度稳定的气溶胶,使用简便,包括设置、无人看管操作、清洗流速高达20L/min。

德国 Palas 公司提供的纳米气溶胶发生器分为 DSP3000 和 DSP3000H 两个型号。图 7.17 所示 DSP3000 是将选定的可燃气体引燃生成烟灰气溶胶。DSP3000 和 DSP3000H 均可以按要求调整空气与可燃气体比例来调节颗粒粒径和烟灰气溶胶流量。在计算机或笔记本上提供的软件可以快速并且再现性地完成操作参数的设置。伴随最高 3g/h 的烟灰流量,DSP3000 能够满足柴油机烟灰颗粒过滤器(DPF)过滤效率测试。

图 7.17　DSP3000 型纳米颗粒气溶胶发生器

德国 GRIMM 7.860 型纳米气溶胶发生器是一款钨材料气溶胶产生器,用来产生极小气溶胶颗粒,粒径范围 1.2~20nm,气溶胶浓度可调至 10^{10}P/L。其基本原理是使用可加热的钨丝,高温下钨丝可产生大量的细小氧化物颗粒。该装置是按照德国工程师协会标准 3491 来设计的,发生器的结构设计概念和技术解决方案是基于这样的事实:电流强度大小改变时,仪器所产生的氧化物颗粒浓度也会改变。为了提供可控的颗粒浓度,仪器内部使用了三种不同气流:①气流 1 用来传输钨丝所产生的钨氧化物颗粒;②气流 2 可用来稀释和稳定颗粒物浓度至某一确定流量;③气流 3 可用来进行附加稀释,从而可用纳米颗粒计数器,如 CPC 或 FCE 来进行测量。仪器工作时需要提供外部气体,压缩空气接口位于仪器的前部面板上。发生的气溶胶可用于测定凝聚颗粒计数器 CPC 的计数效率、光学颗粒计数器 OPC 的计数效率,可用于细过滤器效率测试、气溶胶的吸入和毒理学研究、混合和镀膜过程研究(如陶瓷工艺技术)等研究领域。

7.3.2 微量气溶胶发生器

北京慧荣和科技有限公司出品的微量粉尘气溶胶发生器,如图 7.18 所示。该微量粉尘气溶胶发生器是一款将微量(单次装载 500~2000mg)干燥粉末样品连续稳定地发生成气溶胶的仪器,通过声波流化和涡旋淘析技术,将样品雾化成连续稳定的粉尘气溶胶。该发生器适合微量和珍贵干粉样品的雾化,以及低浓度($<20\text{mg/m}^3$)干粉气溶胶的发生。样品发生量需求小,最低 0.5g 样品即可长时间连续稳

图 7.18 微量气溶胶发生器

定地发生气溶胶,可稳定产生低浓度气溶胶,气溶胶浓度 $100\mu\text{g/m}^3$ ~ 20mg/m^3,所发生的(ISO12103 - A2)空气动力学质量中值直径 MMAD = 1~3μm,几何标准差 GSD = 1.5~3。发生过程全封闭,无泄漏危险。颗粒大小 0~60μm,质量流量 0.8~20μg/min,体积流量 0~25L/min。主要应用领域包括吸入毒理试验、颗粒粒径分析、气溶胶仪器校准、过滤器测试和颗粒物流场示踪等。

有专利技术公开了一种微量粉尘气溶胶发生器,解决了现有气溶胶发生技术中所需样品量多、稳定性差等问题,其技术方案包括振动喇叭、与震动喇叭连接的震动片、漩涡气流发生装置、与漩涡气流发生装置连通的气溶胶发生舱。振动片朝向漩涡气流发生装置一侧放置粉尘颗粒;振动喇叭带动振动片振动;漩涡气流发生装置包括压膜和安装于压膜上的喷气头,压膜包括喷气腔室,喷气腔室配置成容纳震动片上的粉尘颗粒;喷气头设置为多个且多个喷气头绕喷气腔室周壁排列,多个喷气头通过通气管连通,多个喷气头喷气方向斜向下设置。该技术要点的设计达到了可通过喷气头喷出的气体形成涡旋气流使得振

动片上的样品向气溶胶发生舱内流通,产生气溶胶施放效果,可对微量粉尘进行操作,稳定性好。

7.3.3 放射性气溶胶发生技术

实验室中,常采用雾化法将含有微量放射性元素的溶液雾化产生气溶胶,或使用含贵金属、稀土元素的气溶胶以及同位素气溶胶进行模拟示踪,典型发生装置及原理如下。

1. 调压雾化法

基本原理:基于雾化原理,将含有微量人工放射性盐的 NaCl 溶液雾化成气溶胶。

具体方法:发生装置如图 7.19 所示。通过压缩机压缩进入装置的气体,将预先配置好的含有微量人工放射性盐的 NaCl 溶液带入经过特制的喷雾器雾化后,再让其经过撞击板除去大雾滴,然后带有放射性气溶胶颗粒的气体进入干燥器使雾滴的水分蒸发,最后在出口处就生成了亚微米级多分散放射性气溶胶。装置中调压阀的作用十分重要,它可以调节气体流通量,有助于控制、稳定放射性气溶胶发生的速率和浓度。

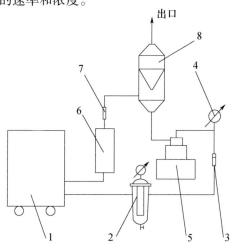

图 7.19 调压雾化法放射性气溶胶发生器

1—空气压缩机;2—调压阀;3—喷雾流量计;4—压力表;5—喷雾箱;
6—干燥器;7—干燥流量计;8—混合箱。

第 7 章 气溶胶发生技术

2. 超声振动雾化法

基本原理:利用雾化法,将含有微量人工放射性盐的 NaCl 溶液雾化成气溶胶。

具体方法:发生装置如图 7.20 所示。

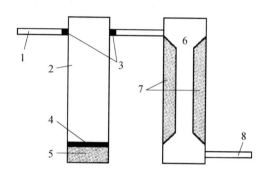

图 7.20　超声雾化放射性气溶胶发生器

1—进气口;2—雾滴收集腔;3—取样口;4—超声波微孔雾化片;5—盐溶液;
6—扩散干燥管;7—硅胶干燥剂;8—出气口。

超声波微孔雾化片由工作频率为 110kHz 或 165kHz 的超声波驱动板驱动产生高频振动,雾化片下是含有微量人工放射性盐的 NaCl 溶液,通过振动,溶液从雾化片微孔中喷出,弥散在雾滴收集腔内,载流气体将雾滴带入干燥管,液滴被蒸发后从出口流出,从而生成放射性气溶胶。通过改变超声波驱动板的工作频率和雾化片上的微孔数目,可以改变振动生成的雾滴的浓度和粒径,从而可以进一步调节放射性气溶胶发生的浓度和粒径。

3. 蒸发–冷凝法

基本原理:采用蒸发–冷凝原理研制出一种纳米气溶胶发生器,能够利用含低熔点物质(如氯化钠和硝酸银)的溶液,输出准单分散、较高数浓度的纳米气溶胶。

具体方法:气溶胶发生器主要包括雾化器、雾室、原子化器、冷却器和扩散干燥器,工作原理如图 7.21 所示。用雾化器发生多分散的气溶胶雾滴;用原子化器使雾滴在高温条件下蒸发原子化;在冷却器中利用壁面冷却方式使蒸气迅速均匀团聚,形成大小比较均一的纳米粒子。

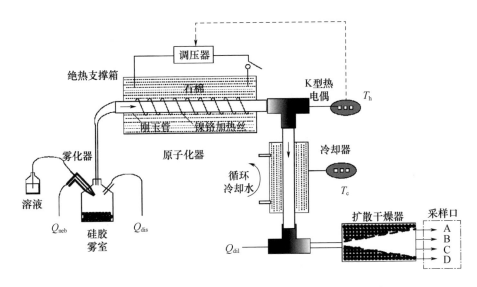

图 7.21 用于放射性纳米气溶胶模拟的发生器工作原理示意图

7.3.4 生物气溶胶发生技术

通常在实验室条件下使用的生物气溶胶多指微生物气溶胶,主要涉及将带有生物活性的物质分散为气溶胶,以液体样品居多,习惯上称为菌液的分散。

微生物气溶胶发生器适用于实验空气微生物学中的微生物气溶胶发生。常用于微生物气溶胶动物感染的剂量、微生物气溶胶存活的回收率、气溶胶示踪剂研究、人体气雾免疫的剂量、空气消毒剂和消毒器的灭菌效果、滤材和滤器的阻留效果等微生物气溶胶相关研究。

TK-3 微生物气溶胶发生器由发生器、主机及三脚架组成。发生器由盛有液体的雾化室、喷雾嘴、喷雾帽组成。在喷嘴上端有一微型喷孔,气流经此速度变快,利用喷射气流将液体喷射出,形成微生物气溶胶由上部的弯管向外散出。TK-3 微生物气溶胶发生器最大储液量 20 mL,最大雾化通量 0.3 mL/min,雾化颗粒的平均粒径 3.2 μm。TK-3 微生物气溶胶发生器主机采用最先进的活塞式压缩机,具有免维护、噪声低、寿命长、操作方便、雾化强劲、雾化微粒超细、气溶胶更容易扩散等特点。

ZR-C03 型微生物气溶胶发生器工作原理为在喷气口高速气流的作用下,

菌液喷出口形成负压,把发生器里的菌液吸至喷嘴处,又被喷气口高速气流碎裂或分散成无数的气溶胶粒子,经喷雾口喷出。该气溶胶发生器有两个外接口:一个是连接气源的供气接口;另一个是注液和喷雾两用接口。该发生器为玻璃材质,可配备专用的固定支架。ZR－C03型微生物气溶胶发生器喷雾流量 $8 \sim 12 L/min$,气溶胶喷射速率 $(0.5 \pm 0.05) m/s$,枯草芽孢杆菌芽孢喷出数量5min内释放出 $1 \times 10^8 \sim 8 \times 10^8$,单体芽孢能释放出不小于88%的单体芽孢,菌液容量 $5 \sim 55 mL$。

另外有资料介绍了一种专门的微生物雾化气溶胶发生器,如图7.22所示,该发生器具有低流速、低死角和样品使用少的特点。在微生物敏感性方面采用了独到的设计,能够增加样品的存活率和提升长时间暴露时气溶胶的稳定性。运用液体补给技术能在不改变气流流速时调整气溶胶浓度,而混合气流控制技术能精确控制气流流速。粒径 $0.7 \sim 2.5 \mu m$,流量 $2 \sim 6 L/min$。

图7.22 微生物雾化气溶胶发生器

7.4 外场条件下气溶胶的发生

外场条件下往往会因特殊原因、特殊目的涉及气溶胶发生问题,如突发化学事故会产生化学气溶胶,核电站事故或核爆炸会产生放射性气溶胶,军事演练会使用烟幕气溶胶,暴发疫情会面临生物气溶胶威胁。此外,特殊场合除尘降温会发生水雾,消毒防疫会利用气溶胶发生技术对受染空间进行空气消毒净化,更多的时候因为某种科学试验需要人为发生大规模的气溶胶云团进行气溶胶相关特性和扩散传播规律研究。

外场条件下气溶胶发生技术和室内形成气溶胶的原理基本一致,但通常会快速发生大通量的气溶胶,此外,除了机械布撒(洒)、加热雾化之外,还可能采取爆炸、燃烧施放等方式。

7.4.1 机械布撒(洒)

利用增压原理通过特制的喷嘴或出风口来布撒(洒)形成特种气溶胶。一般伴随使用高压泵、高压气体等高压动力源和各种高压喷管,图7.23所示为一种便携式人工操作的强力喷射雾化器。造雾能力更强的还有大型喷雾机,分为移动式和固定式两种,根据射程长短的不同,喷雾机的功率、覆盖面积、风量、耗水量等构造参数也不一样,图7.24所示为一种车载式风送喷雾机。车载式喷雾机工作原理是将压力水输送到喷雾器(喷嘴),在风力旋转或冲击的作用下使水流雾化成细微的水雾颗粒喷射到空气中形成细水雾。该类喷雾机行动灵活,喷雾机与车为一体,可以随车进行现场喷雾,通常功率大、射程远、覆盖范围广、可以实现精量喷雾,另外具有工作效率高、喷雾速度快,喷出的雾滴比较细小等特点。图7.25所示为一种移动型风送式喷雾机,该喷雾机以3kW汽油发电机组为动力,工作压力1.0~3.0MPa,射程(静风状态)水平15~20m、垂直10~13m,喷雾流量可达3~9L/min,雾滴粒谱范围50~150μm,图7.26所示为其喷雾效果。

图7.23 便携式强力喷射雾化器

图7.24 车载式风送喷雾机

图 7.25　移动型风送式喷雾机　　　　图 7.26　风送式喷雾效果

图 7.27 所示为多台喷雾车组合使用形成大面积施放效果，喷雾车自带高压水炮、大功率环保除尘风送式喷雾机和大容量储液容器，喷雾距离可达 40~80m。

图 7.27　多台喷雾车组合使用形成大面积施放效果

有些厂家将造雾设备划分为弥雾机和烟雾机。其中弥雾机是指利用小型二冲程或四冲程活塞连杆式汽油发动机做动力，驱动鼓风机产生风力将液体或粉状药物弥漫雾化吹散喷射出去。弥雾机利用有旋转摩擦件的内燃机做动力，因此需要润滑油散热、润滑。烟雾机也是利用汽油做燃料，但它是脉冲喷气式发动机做动力，汽油在燃烧室内燃烧做功，产生高温、高速气流，将液体烟化或雾化后从喷管喷出形成烟雾或水雾状，并迅速扩散弥漫到大气中形成特种气溶胶云团。

化工厂的高压容器或者管道损坏会产生大规模气溶胶云团，其形成机制是大量易挥发物质在高压作用下从容器或者管道中泄漏到大气环境中，有毒气体会导致下风广大地域面临中毒危害，图 7.28 所示为化工设施泄漏造成的气溶胶云团。

图 7.28　化工设施泄漏造成的气溶胶云团

日本福岛核电站(Fukushima Nuclear Power Plant)位于北纬 37°25′14″,东经 141°2′,地处日本福岛工业区。它是目前全世界最大的核电站,由福岛一站、福岛二站组成,共 10 台机组(一站 6 台,二站 4 台),均为沸水堆。日本经济产业省原子能安全和保安院 2011 年 3 月 12 日宣布,里氏 9.0 级地震导致福岛县两座核电站反应堆发生故障,其中第一核电站中一座反应堆震后发生异常导致核蒸气泄漏,如图 7.29 所示。3 月 14 日地震后再次发生爆炸。美国军方 3 月 15 日在驻日美军横须贺与厚木两处军事基地都检测到核泄漏辐射,据日本新闻网报道,原计划赶往日本东北地震灾区参加救灾活动的美国第七舰队的 3 艘舰船,15 日改变航向,驶往远离灾区的日本海。同时,里根号航空母舰也已经远离福岛县附近海域,驶往外海以确保安全。

图 7.29　日本福岛核电站泄漏产生的放射性烟云

7.4.2 燃烧施放

通过设计配比和按照一定工艺加工复配化合物,借助功能添加剂将一定量分散物质添加到氧化还原反应体系中去,利用氧化还原反应施放的热量使被分散物质受热升华形成特种气溶胶。最典型的是各种催泪弹燃烧施放形成反恐防暴气溶胶和发烟罐燃烧施放形成战场遮蔽烟幕。图 7.30 所示为发烟手榴弹燃烧施放形成的烟幕气溶胶。图 7.31 所示为通过燃烧反应产生的 HC 烟幕气溶胶。

图 7.30　发烟罐燃烧施放蒽烟幕

图 7.31　发烟罐燃烧施放 HC 烟幕气溶胶

化工厂或化工设施爆炸引发的燃烧事故也会产生有毒有害气溶胶,如图 7.32 所示,油轮爆炸燃烧会在海上形成高浓度化学气溶胶,燃烧产物中富含有毒有害物质,对海洋及周边环境构成严重威胁。

图 7.32　油轮发生火灾引发原油燃烧形成大尺度气溶胶云团

7.4.3　高温雾化

　　液体介质受热到一定程度就会蒸发为气体,高温气体进入周边空气之后会因温度降低而凝结形成雾滴,大量雾滴在空气中扩散构成气溶胶。高温雾化在军事和民用方面独有广泛应用,前文述及的烟雾机也是借助高温作用实现介质的雾化。军事上应用最典型的代表为发烟车施放雾油烟幕,通常是利用脉动喷气或涡轮喷气发动机为动力,通过燃油燃烧产生的热量将通过的雾油加热雾化,气化的雾油释放到大气中遇冷空气则凝结成白色烟幕,用于遮蔽大面积的地域。发烟车形成雾油烟幕的原理示意图如图 7.33 所示。

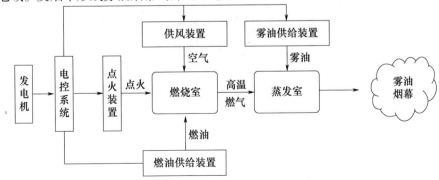

图 7.33　发烟车形成雾油烟幕的原理示意图

图 7.34 所示为利用发烟车的高温雾化并借助燃烧室产生的高温高压气流形成的雾油烟幕气溶胶。

图 7.34　发烟车外场施放雾油烟幕

高温雾化发生气溶胶的技术具有速度快、通量大、气溶胶浓度高、气溶胶云团尺寸大等许多优点,适合外场大规模试验采用。有些情况下,高温雾化既有高温作用,又伴随有明显的高压作用,因此,不仅可以使液体介质受热雾化,而且可以利用其高压作用产生的高速气流将固体微粒分散到大气中,如图 7.35 所示,美军发烟车借助高温高压燃气施放复合石墨抗红外烟幕取得非常好的分散效果。

图 7.35　美军发烟车外场施放复合石墨气溶胶

7.4.4　爆炸施放

除了上述方式方法之外,为了模拟瞬时源形成的气溶胶云团,还可采用爆炸施放的方式形成特种气溶胶云团并对其各种效应进行测试。图7.36所示为弹药爆炸瞬时形成的烟幕云团，图7.37所示为化工设施爆炸形成的化学气溶胶云团，该云团通常具有很高的浓度，在有利的气象条件下会形成很远的危害纵深。

图7.36　弹药爆炸瞬时形成的气溶胶云团

图7.37　化工设施爆炸形成的气溶胶云团

利用弹药爆炸分散一些特种物质形成气溶胶涉及火炸药、火工品等方面技术，需要对弹药结构进行事先设计，采用合适的炸药与分散药剂质量比例能够使生成的气溶胶具有合适的粒度分布等性能指标。

从安全生产的角度而言，应竭力避免化学爆炸事故的发生，从而减少事故对公众生命健康、公共生态环境及其对社会财富所造成的重大危害。

第 8 章

气溶胶采样分析技术

气溶胶的监测或测量是气溶胶科学技术的重要问题。要实现监测或测量,首先要进行采样,只有把气溶胶粒子采集在某种收集介质上,形成气溶胶样品以后,才能对气溶胶中人们所关心的各种物理特性和化学特性进行测量和分析。因此,了解气溶胶的采样技术和方法是极为重要的。

气溶胶的采样方法就是对空气中的气溶胶粒子进行收集的方法,在大气环境监测中又称为空气采样。气溶胶采样的方法很多,按照采样原理可以分为过滤法、重力沉降法、撞击法、冲击法、离心法、沉积法等。其中,过滤法是最广泛使用的一种方法,即在对空气进行抽气的过程中,将气溶胶粒子阻留在过滤介质上而加以收集的采样。重力沉降法是让粒子借助重力作用沉积在一个基片上,如沉积皿或涂了黏结剂的纸,该方法只适用于极限沉降速度较大的粒子。撞击法是指当携带粒子的气流突然转弯时,由于惯性,粒子撞击在不透气的收集片上而被捕获,空气则绕过收集片。为防止粒子撞击弹离和被气流带走,收集片表面常涂有黏性材料,且不同粒径大小的粒子所受的惯性作用不同,因此通过多级碰撞可采集粒子的粒径分布。冲击法与撞击法类似,主要的区别是粒子的收集不是发生在固体表面上,而是发生在液体内部。离心法是悬浮在气流中并以圆形轨道运动的气溶胶粒子,在沿径向向外运动趋势的作用下碰撞到收集基片上。沉积法是利用粒子的静电特性,可以使粒子带电实现静电沉积或利用粒子的热力学特性,使粒子在一个热梯度场中发生"热泳"现象以收集气溶胶粒子。选择哪种方法取决于气溶胶体系的组成和粒子大小、采样目的以及适用的采样流量,表 8.1 所列为常用气溶胶采样技术与颗粒粒径的一般关系。

表 8.1 常用气溶胶采样技术与颗粒粒径的一般关系

采样技术		适用的直径范围/μm
膜过滤法		>0.003
重力沉降法		≥10
撞击法		0.5~100
冲击法		0.1~50
离心法		0.1~10
沉积法	静电作用	0.05~5
	热力作用	0.005~2

采样方法按照采样介质的不同还可以分为固体介质采样和液体介质采样。常用的固体介质主要有各种滤膜、固体琼脂以及涂有黏性材料的基片；常用的液体介质主要有生理盐水、酒精、磷酸缓冲液或专用采样液，气溶胶粒子在采样液体中既可以是不溶解的，也可以是溶解的，主要取决于采样分析的目的。

对气溶胶样品的分析涉及很多方面，如气溶胶粒子的粒谱分布、质量浓度、放射性活度、微生物含量、化学组分等。本章主要研究广泛应用的滤膜过滤法采样、采样液采样以及对放射性气溶胶、生物气溶胶样品进行的采样分析。

8.1 滤膜采样分析

气溶胶采样方法中最简单、经济和广泛采用的采样技术是用滤膜收集空气中的粒子，即使大量的样品气体通过滤膜得到吸收或阻留，使原来浓度较小的气溶胶粒子得到浓缩，以利于分析测定，一般适用于采集大气中浓度较低的气溶胶样品。实际上，最新式的采样滤膜可以收集纳米尺度以上的所有粒子。收集在滤膜上的粒子可以通过多种方法分析。整个滤膜上的样品可用于重量分析、化学分析、生物分析或放射性分析，而对滤膜中的单个粒子可进行多种形式的显微分析和光谱分析等分析。

第 8 章 气溶胶采样分析技术

8.1.1 过滤收集技术

1. 基本原理

气溶胶过滤的核心内容是收集气溶胶粒子,即将具有代表性的样品从气相中收集到多孔介质或滤膜上。气溶胶粒子在空气中处于分散状态,过滤后就处于集中状态,这就使气溶胶样品便于储存、运输并为样品分析提供了前提条件。从空气流中采样时,采样探头的开口方向应与气流方向相反,即处于迎气流的方位。图8.1 所示为典型的滤膜收集系统。图8.2 所示为某型气溶胶采样装置,该装置具有采样头高度和方向调节、采样流量和采样时间控制等功能。

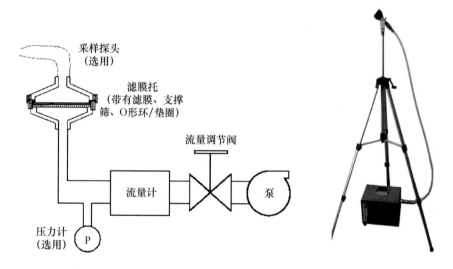

图 8.1 气溶胶的滤膜收集系统示意图   图 8.2 某型气溶胶采样装置

滤膜放在滤膜托上,滤膜托依具体应用而定,也可固定为采样头的一部分。一般的滤膜托固定过滤介质时是将介质放在粗糙的网状物上面,并将其固定在一个密封的位置以防止采样泵将滤膜抽坏或抽离,然后用 O 形环或者特定形状和材料的垫圈进行密封,保证不损伤到滤膜材料。滤膜托可以是敞口的、线形的或盒式的。一般敞口式滤膜托更能确保过滤均匀沉积和低采样损失,而线形滤膜托通常从入口到滤膜表面逐渐扩大,并顺流到达出口,以确保空气以一致的速度通过滤膜,这样就能在滤膜表面收集到均匀的气溶胶沉积物。图8.3所示为市场上销售的几种常见采样头。

图8.3 市场上销售的几种常见采样头

滤膜托最重要的功能是确保滤膜与周围环境隔离,从而避免或减少过滤采样的误差。使用时必须进行密封性测试以确保样品气体全部通过滤膜托中的滤膜:①在滤膜托组装好后,进行预采样正压力测试;②采样时,把滤膜托与泵连接,用压力计测量采样线路中的真空压力,如果真空压降低就表明有泄漏和破裂,如果真空压逐渐升高则正常;③应测试是否有特定尺寸的气溶胶粒子穿过过滤装置,如果滤膜高效收集了这些微粒,那么在滤膜下游观察到的任何微粒都能说明滤膜附近有泄漏。

2. 滤膜

用于气溶胶采样的滤膜根据其特征结构可以分为纤维滤膜、多孔滤膜、核孔滤膜和粒子床滤膜等。

1) 纤维滤膜

纤维滤膜可以使用纤维或木材(纸)、玻璃、石英及高聚物纤维,由一团独立的直径为 $0.1\mu m$ 到几百微米的纤维构成,滤膜中的各个纤维直径范围是变化的,但有些纤维滤膜由单一尺寸的纤维组成。滤膜的孔隙率非常大,为 $0.6 \sim 0.999$,厚度为 $0.15 \sim 0.5 mm$,待采的气溶胶粒子经过滤膜时通过拦截、冲击及扩散作用阻留在滤膜上。空气流速较低时,能高效收集粒子。

纤维素纤维(纸)滤膜曾一度在空气采样中普遍使用,其价格低廉、规格多样、机械张力大、压力较低。不足之处是对湿度的灵敏度高,收集亚微米级粒子的过滤效率相对较低。

玻璃纤维滤膜压力降高于纸滤膜,对直径大于 $0.3\mu m$ 粒子的过滤效率大于99%。这类滤膜比纸滤膜价格高。但是,玻璃纤维滤膜不易受湿度影响,在大流量气体采样中玻璃纤维滤膜是标准的滤膜。聚四氟乙烯包裹的玻璃纤维克服了玻璃纤维的内在不足,它不易发生化学催化转化,对湿度的灵敏度也较小。图8.4所示为玻璃纤维滤膜的微观结构,从中可以看出纤维滤膜材料的特征。

石英纤维滤膜的特点是污染低、惰性强、能在较高温度下除去痕量有机污染物,由于这一特点,石英纤维滤膜常用于大流量的气体采样,并可用于原子吸收、离子色谱和碳分析。

图8.4 电子显微镜显示玻璃纤维滤膜的微观结构

聚苯乙烯纤维滤膜只用于某种目的的采样。这类滤膜机械强度小于纤维素滤膜。但是,它们的过滤效率可以和玻璃纤维相媲美。滤膜中使用的其他塑料材料还包括聚氯乙烯和涤纶织物。特殊环境下的采样,包括高温和腐蚀性的环境,目前已经可以使用不锈钢纤维滤膜。

2)多孔滤膜

多孔滤膜的主要组成是纤维酯、聚氯乙烯、聚四氟乙烯等高分子聚合物,烧结金属及陶瓷微孔滤膜。多孔滤膜是由胶体溶液所形成的凝胶体,微结构比较复杂,尤其是小孔是弯曲的,使得气流路径变得扭曲和不规则。通常,多孔滤膜的空隙大小为$0.2\sim 10\mu m$,孔隙率小于85%,厚度为$0.05\sim 0.2mm$。图8.5、图8.6所示分别为硝酸纤维素微孔滤膜和PVDF(聚偏二氟乙烯)微孔滤膜的微观结构。

多孔滤膜的压力降和粒子收集效率都非常高,即使是直径远小于特征孔隙的粒子,滤膜对它们的收集效率仍很高。理论上,多孔滤膜是通过布朗运动和惯性冲击机制而捕获气溶胶粒子。

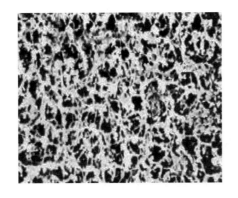
图8.5　硝酸纤维素微孔滤膜

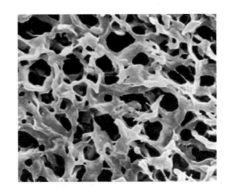
图8.6　PVDF微孔滤膜

3）核孔滤膜

核孔滤膜又名核径迹-蚀刻膜,是国外20世纪70年代发展起来的一种新型微孔滤膜。这种膜是利用核反应堆中的热中子使铀235裂变,裂变产生的碎片穿透有机高分子塑料薄膜,在裂变碎片经过的路径上留下一条狭窄的辐照损伤通道。通道经氧化后,用适当的化学试剂蚀刻,即可把薄膜上的通道变成圆柱状微孔,如图8.7所示。控制核反应堆的辐照条件和蚀刻条件,就可以得到不同孔密度和孔径的核孔膜。其中孔的数量由轰击时间控制,而孔径则取决于蚀刻时间。

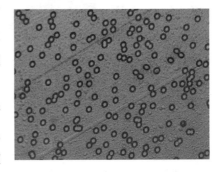
图8.7　核孔膜电镜照片

核孔膜大多是聚碳酸酯膜,膜上面是孔隙大小一致的直通孔,故又称为直通孔滤膜。与多孔滤膜相比,核孔滤膜的结构简单,包括一个非常平滑、半透明的表面,表面上的直通毛细孔穿透了膜结构且孔径一致。除核孔膜以外的微孔滤膜,其微孔结构多为海绵状迷宫结构。核孔膜广泛应用于表面分析技术中,如光学和电子显微镜分析。核孔膜的机械强度高、柔韧性好、不吸湿,能忍受反复洗涤,因此可以多次重复使用。缺点是压力降高,粒子负载能力较低,对某些粒度范围内的粒子收集效率低,较易积累静电荷。

核孔膜的孔隙直径为 0.1~8μm,孔隙率较低,仅为 5%~10%。通过孔隙附近的冲击和拦截及孔壁的扩散作用收集粒子。收集效率处于纤维滤膜与微孔滤膜之间。在相同的收集效率下,其压力降明显高于纤维滤膜,并与微孔滤膜相当或略高。

4) 粒子床滤膜

在特殊应用中,应当使用粒子床滤膜或填充层滤膜进行气溶胶采样。实现过滤的过程是:载带粒子的空气通过一个由粒子构成的床,然后通过提取法使气溶胶还原。粒子床采样的主要优点是选择合适的媒介床能够同时收集到微粒状污染物和气态污染物。而且这种方法可以在高温高压下使用,这是引人关注的特别之处。

活性炭、硅酸镁载体、玻璃、沙、石英、金属珠甚至蔗糖、萘等都可以用作粒子床,颗粒为 200μm 到几毫米,冲击、拦截、扩散和重力作用实现过滤。静态床滤膜孔隙率为 40%~60%。由于颗粒比较大,收集效率就比较低。为了提高扩散收集效率,就要降低气流,增加床的深度或使用较小的颗粒。通常,通过冲洗、挥发或溶解可使气溶胶还原以进行化学分析。

5) 多孔泡沫滤膜

粒子的渗透特征与其粒度有关。在非常紧密、简单的仪器中使用多孔泡沫滤膜,可以得到粒子的渗透特征。此类滤膜通常由网状的聚亚氨酯或聚乙烯形成,聚亚氨酯或聚乙烯包含发泡的基体,这些气泡在接触点处穿透形成开放的三维格子,这种格子就形成三角形截面的单个元素。描述这种泡沫结构的几何参数有:孔隙度(泡沫材料每英寸的孔数)、体积分数及纤维宽度的有效直径。孔隙度可能高达 0.97,孔直径一般为 10~50μm。图 8.8 为多孔泡沫滤膜电镜照片。

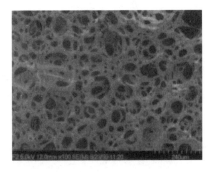

图 8.8 多孔泡沫滤膜电镜照片

3. 气溶胶采样器

为了便于采样,通常将收集器、气体流量计和抽气动力组装在一起形成专用的气溶胶采样器。根据采样工作需要,采样时可以选择不同的收集器。一般专用采样器选用转子流量计测量气体流量,以电动抽气机作为采样动力。不少采样器上还装有自动计时器,能方便、准确地控制采样时间。采样器多种多样,根据采样流量的大小可以分为以下三种。

1) 大流量采样器

大流量采样器如图 8.9 所示。其流量范围为 1000~1700L/min,滤料夹上可安装 200mm×250mm 的玻璃纤维滤纸,以电动抽气机为抽气动力。空气由山形防护顶盖下方狭缝处进入水平过滤面,采集颗粒物的粒径范围为 0.1~100μm,采样时间可持续 8~24h,利用压力计或自动电位差计连续记录采样流量。该采样器适用于大气中总悬浮颗粒物的采集。采样器在使用期间,一般每月应定期校准 1 次流量。

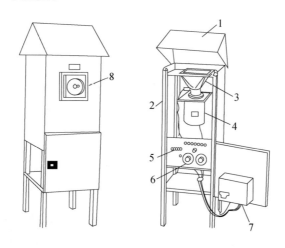

图 8.9 大流量采样器

1—防护盖;2—支架;3—滤料夹;4—大容量涡流风机;5—计时器;
6—计时程序控制器;7—流量控制器;8—流量记录器。

2) 中流量采样器

中流量采样器由空气入口防护罩、采样夹、转子流量计、吸尘器等组成,如图 8.10 所示。其工作原理与大流量采样器基本相同,但采气流量和集尘有效过滤面积较大流量采样器小,有效集尘面的直径可达 100mm,通常以 200~250L/min 流量采集大气中的总悬浮颗粒物。采样滤料常用玻璃纤维滤纸或有机纤维滤膜,采样时间为 8~24h。使用前,应校准其流量计在采样前后的流量。

第 8 章 气溶胶采样分析技术

3) 小流量采样器

小流量采样器的结构与中流量采样器相似。采样夹可装直径 40mm 左右的滤纸或滤膜,采气流量一般为 20~30L/min。由于采气量少,需要较长时间的采样才能获得足够量的样品,通常只适宜做单项组分的测定。例如,可吸入颗粒物采样器,采气流量为 13L/min,入口切割器上切割粒径为 30μm,$D_{50}=(10\pm1)\mu m$。

国产 BTPM-HS10 环境空气颗粒物采样器是一种高性能多滤膜 PM2.5 采样器,采样流量 16.67L/min,也属于小流量采样器,可配备多种采样头,如 TSP、PM10、PM2.5、PM1 等。该款采样器内部可同时放 10 个滤膜,适用于各种材质的直径为 47mm 的滤膜,如玻璃纤维、石英、特弗龙等,每个滤膜的采样时间可在 1~99h 内任意设置,采样结束后可以自动更换下一个滤膜。

随着采样技术的进步,新型智能化采样器已经开始淡化流量区间,可控范围也越来越大,如国产 JH-6130 型综合大气采样器(图 8.11),大气采样流量 0.1~1.0L/min,对颗粒物采样流量 10~130L/min。

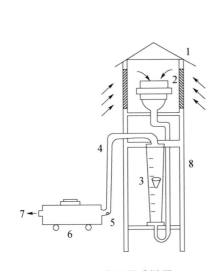

图 8.10 中流量采样器

图 8.11 JH-6130 型综合大气采样器

1—防护罩;2—采样夹;3—流量计;4—导气管;
5—流量调节孔;6—吸尘器;7—排气;8—支架。

该仪器采样时间可在 1min~99h59min 间设定,采用滤膜称重法采集环境空气中的颗粒物,也可用于环境空气自动监测站检测 PM10、PM2.5 等数据。

4)粉尘采样器

粉尘采样器是指在含尘空气中采集粉尘试样的便携式器具,如图 8.12、图 8.13 所示,主要用于测定空气中粉尘浓度、分散度,游离二氧化硅等化学有害物质和病原微生物。粉尘采样器的采样速度一般为 0.1~30L/min。它配有滤料采样夹,可用滤纸或滤膜采样。粉尘采样器又分为固定式和携带式两种。携带式粉尘采样器又称个体粉尘采样器,由滤料采样夹、流量计、抽气机等组成,流量为 0.1~2L/min。该采样器可由人员佩戴采样,也可用三脚支架支撑采样,采样高度为 0.7~1.5m。部分仪器还配有采样瓶架,用于采样液采样。

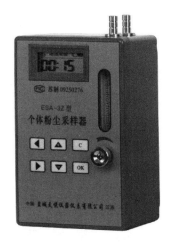 

图 8.12　个体粉尘采样器　　　　图 8.13　双气路粉尘采样器

粉尘采样器种类型号很多,流量分布范围较广,广泛运用于疾病预防、环境监测、劳动保护、安监、军事、科研教学、冶金、石油化工、铁路、建材等部门的卫生监测和评价,专用于测定生产班组工作场所内空气中粉尘平均浓度。

8.1.2　过滤理论

研究纤维过滤,首先要考虑单个纤维对粒子的捕获能力。单个纤维的效率 η 定义为冲击纤维的粒子数与气流不在纤维附近时撞击数的比值。如图 8.14 所示,如果半径为 R_f 的纤维俘获了厚度为 Y 层面的所有粒子,那么单个纤维的效率 η 就可以定义为

第 8 章 气溶胶采样分析技术

$$\eta = Y/R_f \tag{8.1}$$

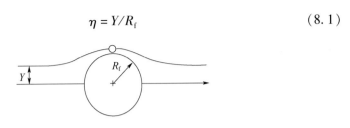

图 8.14 单纤维效率的定义

由多个纤维组成的滤膜的总体效率 E 与单个纤维效率 η 有以下关系：

$$E = 1 - \exp\left[\frac{-4\eta\alpha L}{\pi d_f(1-\alpha)}\right] \tag{8.2}$$

式中：α 为滤膜的紧实度（或者等于 $1-$孔隙度）；L 为滤膜深度或厚度；d_f 为纤维直径。

式(8.2)将滤膜的总体效率与单个纤维的效率联系起来，通常利用该公式从总体滤膜效率 E 中计算出单个纤维效率，E 可通过实验测定。

使用单个纤维效率的优点在于它与滤膜厚度 L 无关。比较两个不同厚度滤膜的总体效率没有意义，而应比较它们的单个纤维效率，这是因为通过增大厚度可以提高单个纤维效率较低的滤膜的总体效率。

1. 过滤机制

滤膜对气流中粒子的过滤主要包括截留和沉降两种机制。空气进入滤膜时，导致粒子与纤维表面碰撞而被纤维截留或沉降到纤维表面。其中，当粒子到纤维的距离小于粒子的半径时，流动过程中的粒子容易被纤维截获。很多因素可以使粒子的轨迹偏离气流主线，并在各种力的作用下发生沉降而被纤维捕获，这也是滤膜过滤粒子的主要原因。引起粒子沉降的重要因素是扩散力、惯性碰撞、拦截阻力和重力沉降。通常假设单个纤维效率 η 为几方面因素的单项效率（扩散力 η_{diff}、拦截阻力 η_{inter}、惯性撞击 η_{imp} 和重力沉降 η_{grav}）的算术和，即

$$\eta = \eta_{diff} + \eta_{inter} + \eta_{imp} + \eta_{grav} \tag{8.3}$$

此外，纤维表面上收集的粒子形成的枝状结晶形状也能够收集其他粒子。

1) 布朗运动扩散

在正常条件下，气溶胶粒子发生布朗运动。小粒子基本上不随气流前进，

而是不断地从气流中分散出来。可以认为纤维表面的起始粒子浓度为0,与气流之间的浓度梯度可认为是使粒子扩散的驱动力。一旦粒子收集在纤维表面,由于范德华力的作用可以吸附在上面。由于布朗运动随着粒度的减少而增加,因此粒子的扩散沉积随粒度的减少而增强,见图8.15。图8.15 也表明不同粒度范围过滤机制不同。

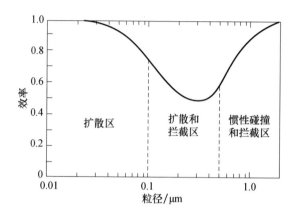

图8.15 滤膜效率与粒径的关系示意图

低流速时,粒子能在纤维表面附近停留较长的时间,因此可以提高扩散收集效率。这一过程的对流扩散与贝克来准数有关,用 Pe 表示,其定义如下:

$$Pe = \frac{d_c u}{D} \tag{8.4}$$

式中:d_c 为收集介质的特征长度(m);u 为过滤介质内部的平均空气流速(m/s);D 为粒子扩散系数(m^2/s)。

对于纯分子扩散,D 代表分子扩散系数。

根据图8.15 和式(8.4)可知,扩散收集随贝克来准数的增大而减少。

在考虑到邻近纤维对气流的干扰效应后,通过模拟滤膜中的气流情况得到了单个纤维扩散收集效率的计算公式:

$$\eta_{\text{diff}} = 2.58 \left(\frac{1-\alpha}{K}\right)^{1/3} (Pe)^{-2/3} \tag{8.5}$$

式中:α 为滤膜紧实度;K 为水力系数:

$$K = -\frac{1}{2}\ln\alpha - \frac{3}{4} + \alpha - \frac{\alpha^2}{4} \tag{8.6}$$

2) 阻力拦截

即使粒子的运动轨迹不偏离气流流线,当粒子与纤维表面的距离小于一个粒子半径时,仍有可能收集到粒子。此外,即使没有布朗运动和惯性碰撞,也仍能收集到粒子,上述事实说明了拦截阻力的重要性。对于特定纤维,拦截阻力与气流速度无关,这种特征与扩散碰撞和惯性碰撞相反,扩散碰撞和惯性碰撞均与气流速度有关。拦截参数 R 表示拦截效应,R 是一个无量纲参数,定义为粒子直径 d_p 和纤维直径 d_f 的比值:

$$R = \frac{d_p}{d_f} \tag{8.7}$$

定义 η_{inter} 为拦截阻力下的单个纤维效率,其值可以根据式(8.8)计算:

$$\eta_{inter} = \frac{1+R}{2K}\left[2\ln(1+R) - 1 + \alpha + \left(\frac{1}{1+R}\right)^2\left(1 - \frac{\alpha}{2}\right) - \frac{\alpha}{2}(1+R)^2\right] \tag{8.8}$$

更简单的近似表达式如下:

$$\eta_{inter} = \frac{1-\alpha}{K} \cdot \frac{R^2}{1+R} \tag{8.9}$$

3) 惯性碰撞

纤维附近的流体流线是曲折的。因此,考虑到惯性的原因,具有一定质量的随气流运动的粒子可能不会沿着原有流线方向运动。如果气流流线的曲率不够大,且粒子质量不够大,则粒子可能偏离流线足够大的距离而碰撞到介质表面。这种惯性碰撞随粒度的增加和空气速度的减少而增加。因此,增大空气速度对惯性碰撞的影响与其对扩散沉积的影响恰好相反。惯性碰撞机制可以用无量纲的斯托克斯数表示,定义如下:

$$Stk = \frac{Cd_p^2 \rho_p u}{18\mu d_f} \tag{8.10}$$

式中:ρ_p 为粒子密度(kg/m³);C 为肯宁汉修正系数;μ 为空气的黏度,Pa·S。

斯托克斯数是描述滤膜粒子收集的惯性碰撞机制的基本参数,它随气流速度和粒径的增大而增大,因此惯性作用与扩散作用性质相反。斯托克斯数大就表示碰撞的收集率大,斯托克斯数小就表示碰撞的收集率小。粒子的惯性碰撞过滤效率 η_{imp} 的表达式如下:

$$\eta_{\text{imp}} = \frac{Stk}{(2K)^2}\left[(29.6 - 28\alpha^{0.62})R^2 - 27.5R^{2.8}\right] \quad (8.11)$$

式(8.11)广泛用于计算惯性碰撞的贡献。

4) 重力沉降

具有一定速度的粒子可以在重力场中沉降。当沉降速度足够大时,粒子偏离气流流线。气流向下过滤时重力可以增加收集量。气流向上过滤时,重力可使粒子移出收集器而对过滤造成负值影响。引入控制重力沉降的无量纲参数:

$$Gr = \frac{V_{\text{g}}}{u} \quad (8.12)$$

式中: u 为气流流速; V_{g} 为粒子沉降速度。则在重力机制下的单个纤维过滤效率 η_{grav} 可近似表示为

$$\eta_{\text{grav}} = \frac{Gr}{1 + Gr} \quad (8.13)$$

在过滤理论中,通常假设上面讨论的单个过滤机制相互之间独立并可以相加。因此,式(8.1)定义的单个纤维过滤效率 η 能够写成不同机制作用下的单个过滤效率之和,如式(8.3)所示,并可依据这种近似关系预测纤维滤膜的总体收集效率 E,如式(8.2)所示。

例8.1 在293K,101.3kPa(1个标准大气压下),计算直径为 $0.35\mu m$ 的球形粒子因下列因素而引起的单纤维效率:

(1) 布朗扩散;

(2) 拦截阻力;

(3) 惯性撞击;

(4) 重力沉降。假设粒子密度为 1000kg/m^3,纤维直径为 $4\mu m$,滤膜紧实度为0.3,空气流速为 0.15m/s。

解: (1) 布朗扩散。标准条件下空气分子的平均自由程式 $\lambda = 0.0653\mu m$,肯宁汉滑动修正系数 C 通过式(1.70)计算:

$$C = 1 + 2.492\left(\frac{0.0653\mu m}{0.35\mu m}\right) + 0.84\left(\frac{0.0653\mu m}{0.35\mu m}\right)\exp\left(-0.435\frac{0.0653\mu m}{0.35\mu m}\right) = 1.609$$

扩散系数 D 为

$$D = \frac{kTC}{3\pi\mu d_{\text{p}}} = \frac{(1.381\times10^{-23}\text{N}\cdot\text{m/K})\times(293\text{K})\times(1.609)}{3\pi\times(1.81\times10^{-5}\text{Pa}\cdot\text{s})\times(0.35\times10^{-6}\text{m})} = 1.092\times10^{-10}\text{m}^2/\text{s}$$

式中:k 为玻耳兹曼常数(Boltzmann constant),$k=1.381\times10^{-23}$ N·m/K。

贝克来准数为

$$Pe = \frac{d_c u}{D} = \frac{(4\times10^{-6}\text{m})\times(0.15\text{m/s})}{1.092\times10^{-10}\text{m}^2/\text{s}} = 5.495\times10^3$$

水力常数为

$$K = -\frac{1}{2}\ln\alpha - \frac{3}{4} + \alpha - \frac{\alpha^2}{4} = -0.5\ln(0.3) - 0.75 + 0.3 - \frac{0.3^2}{4} = 0.129$$

单纤维扩散收集效率 η_{diff} 为

$$\eta_{\text{diff}} = 2.58\left(\frac{1-\alpha}{K}\right)^{1/3}(Pe)^{-2/3} = 2.58\times\left(\frac{1-0.3}{0.129}\right)^{1/3}\times(5.495\times10^3)^{-2/3} = 0.0146$$

(2)拦截阻力。

$$R = \frac{d_p}{d_f} = \frac{0.35\mu\text{m}}{4\mu\text{m}} = 0.0875$$

因此

$$\eta_{\text{inter}} = \frac{1-\alpha}{K}\cdot\frac{R^2}{1+R} = \frac{1-0.3}{0.129}\times\frac{0.0875^2}{1+0.0875} = 0.0382$$

(3)惯性撞击。

$$Stk = \frac{Cd_p^2\rho_p u}{18\mu d_f} = \frac{1.609\times((3.5\times10^{-7})^2\text{m}^2)\times(1000\text{ kg/m}^3)\times(0.15\text{m/s})}{18\times(1.81\times10^{-5}\text{Pa}\cdot\text{s})\times(4\times10^{-6}\text{m})}$$

$$= 2.269\times10^{-2}$$

单纤维效率取决于惯性撞击:

$$\eta_{\text{imp}} = \frac{1}{(2\times0.129)^2}((29.6-28\times0.3^{0.62})\times0.0875^2 - 27.5\times0.0875^{2.8})\times$$

$$2.269\times10^{-2} = 0.0324$$

(4)重力沉降。$0.35\mu\text{m}$ 的粒子属于细微颗粒,应在沉降速度计算中引入滑动修正系数(否则理论计算值的阻力比实际值偏小):

$$V_g = \frac{\rho_p d_p^2 gC}{18\mu} = \frac{1000\text{ kg/m}^3\times[(3.5\times10^{-7})^2\text{m}^2]\times(9.807\text{ m/s}^2)\times1.609}{18\times1.81\times10^{-5}\text{Pa}\cdot\text{s}}$$

$$= 5.933\times10^{-6}\text{m/s}$$

又

$$Gr = \frac{V_g}{u} = \frac{5.933 \times 10^{-6} \text{m/s}}{0.15 \text{m/s}} = 3.955 \times 10^{-5}$$

因此

$$\eta_{\text{grav}} = \frac{Gr}{1+Gr} = 3.955 \times 10^{-5}$$

对比表明,$0.35\mu m$ 粒子的收集效率受阻力拦截影响最大,其次为惯性碰撞和扩散作用,受重力沉降作用影响最小。

5) 负载作用

已证实,如果过滤时间较长,可以得到高浓度的粒子,而且粒子的收集效率和压力降也会增加。发生这种现象的原因是:粒子在过滤介质上堆积,沉积下来的粒子为进入的粒子提供了沉积面,粒子可以沉积在这些粒子表面上。这种机制本身与时间相关,因为粒子枝状结晶的尺度、形状和形态一直在不断变化。利用数值积分公式研究这种过滤机制,可以认为单个纤维的过滤效率 η 按以下方式增长:

$$\frac{\eta}{\eta_0} = 1 + \gamma m \tag{8.14}$$

式中:m 为纤维上累积的粒子质量;η 为与累积质量 m 对应的纤维过滤效率;η_0 为清洁纤维的过滤效率;γ 为效率增长系数,由实验测量。

2. 最多穿透粒度及最小效率

如上所述,粒度增长时,拦截阻力和惯性碰撞机制引起的过滤增强,而粒度减小时,布朗扩散机制引起的收集增强。结果,存在一个中间粒度区,在此区中,两种或多种机制同时作用但均不占据主导地位,粒子穿过滤膜的量最大而过滤效率最小。图 8.16 大致表示出了这一区域。当过滤效率最小时,此时的粒度被命名为"最多穿透粒度"。

随着纤维过滤理论的不断完善,在滤膜类型和过滤速度不断变化的同时,最多穿透粒度和相应的最小效率也在不断变化,可以根据式(8.15)预测最多穿透粒度:

$$d_{p,\min} = 0.885 \left[\left(\frac{K}{1-\alpha} \right) \left(\frac{\sqrt{\lambda} kT}{\mu} \right) \left(\frac{d_f^2}{u} \right) \right]^{2/9} \tag{8.15}$$

图 8.16 比较了式(8.15)计算的最多穿透粒度和实验得到的最多穿透粒度。

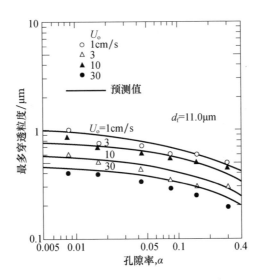

图 8.16　最多穿透粒度的理论直径值与实验值比较

例 8.2　对于例 8.1 中的滤膜,使它达到最小效率的粒子直径是多少?

解:根据式(8.15),得

$$d_{p,min} = 0.885 \times \left[\frac{0.129}{1-0.3} \times \frac{\sqrt{6.53 \times 10^{-8} m} \times (1.381 \times 10^{-23} N \cdot m/K) \times 293K}{1.81 \times 10^{-5} Pa \cdot s} \times \frac{(3.5 \times 10^{-6})^2 m^2}{0.15 m/s} \right]^{2/9}$$

$$= 2.083 \times 10^{-7} m$$

最多穿透粒度随气流流速的增加和滤膜紧实度的增加而减少,随滤膜纤维直径的增大而增加。相应的最小效率为

$$\eta_{min} = 1.44 \left[\left(\frac{1-\alpha}{K} \right)^5 \left(\frac{\sqrt{\lambda} kT}{\mu} \right)^4 \left(\frac{1}{u^4 d_f^{10}} \right) \right]^{1/9} \tag{8.16}$$

图 8.17 比较了这一公式计算的最小效率和实验得到的最小效率。

多孔滤膜的过滤机制与纤维滤膜相同。由于纤维过滤理论针对具有真实厚度和紧实度的滤膜,因此对多孔滤膜需要使用一个有效纤维直径来对滤膜结构进行修正。同样,试验证明多孔滤膜中也存在最大穿透粒度。因此,式(8.15)和式(8.16)也适用于这些具有合适有效直径的薄膜滤膜。

粒径小于滤膜孔径的粒子,滤膜对其收集效率低;在扩散收集显著的粒径范围内,粒子的收集效率较高(通常 $d_p > 0.1 \mu m$)。大于孔径的粒子,滤膜对其收集效率较高。

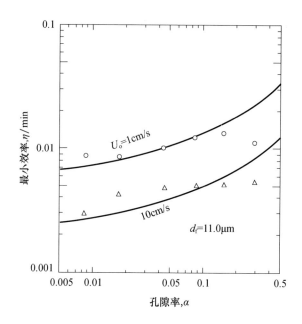

图 8.17 最小单纤维效率的理论值与实验值比较

3. 滤膜的压力降

随着空气通过过滤介质,滤膜结构产生抵抗力,这个力就是空气可渗透性和压力降的度量标准。选择滤膜类型时,有必要考虑滤膜介质上的压力降。压力降易于测量,且能够检测过滤机制的流动场。测量滤膜介质的压力降对于计算过滤效率也很重要。理想滤膜应该是压力降低、过滤效率高的滤膜。由于滤膜类型的多样性及滤膜结构的复杂性,很难准确地描述滤膜介质的几何形状和相应的气流类型。因此,预测真实滤膜(如多孔滤膜)的压力降并不容易。事实上,可以通过比较理想气流模型下得出的压力降与实验得到的真实压力降建立预测模型。

引入压力降因数并用 β 表示,定义为

$$\beta = \frac{\Delta P_{ex}}{\Delta P_{th}} \tag{8.17}$$

式中:ΔP_{ex}、ΔP_{th} 分别为实验测量的压力降和根据理论模型计算的压力降。把该压力降因数应用到过滤效率的理论计算中,即为

$$E_{ex} = \beta E_{th} \tag{8.18}$$

式中:E_{ex}、E_{th}分别为实验测量的过滤效率和根据模型理论计算的过滤效率。

纤维滤膜的压力降可以通过以下公式计算:

$$\Delta P_{th} = \frac{16\mu\alpha uL}{Kd_f^2} \tag{8.19}$$

式中:L 为纤维滤膜的厚度。已知有效纤维直径 d_f 时,计算出的滤膜压力降与前面的过滤效率理论得出的压力降比较接近,这一结论对由高度分散性纤维组成的纤维滤膜非常有用。

例8.3 例题8.1中给出的滤膜,若厚度为0.5mm,其过滤效率理论上能达到多少?假设测量得到的滤膜的压力降为 $300 mmH_2O$,则滤膜的效率为多少?

解:假设各种过滤机制相互独立并可以叠加,单个纤维效率为各单项效率之和:

$$\eta = 0.0146 + 0.0382 + 0.4768 + 0.0000396 = 0.5296$$

用式(8.2)计算滤膜效率:

$$E_{th} = 1 - \exp\left[\frac{-4\eta\alpha L}{\pi d_f(1-\alpha)}\right] = 1 - \exp\left[\frac{-4 \times 0.5296 \times 0.3 \times 0.0005m}{\pi \times (4 \times 10^{-6}m) \times (1-0.3)}\right]$$
$$= 0.9731 = 97.31\%$$

根据式(8.19),理论压力降为

$$\Delta P_{th} = \frac{16 \times (1.81 \times 10^{-5} Pa \cdot s) \times (0.3 \times 0.15 m/s) \times 0.0005m}{0.129 \times [(4 \times 10^{-6})^2 m^2]}$$
$$= 3157 Pa = 322 mmH_2O$$

$$\beta = \frac{\Delta P_{ex}}{\Delta P_{th}} = \frac{300}{322} = 0.9317$$

预测的滤膜效率为

$$E_{ex} = \beta E_{th} = 0.9317 \times 0.9713 = 0.9049 = 90.49\%$$

滤膜的种类多,性能和价格差别较大,选择滤膜应考虑的因素有很多,通常重点考虑以下几个方面:

(1)气溶胶粒子(希望采集的粒径范围内的)收集效率;

(2)特定气流下通过滤膜的压力降(决定能通过的气体体积);

(3)对采样环境(如温度、压力、湿度、酸碱性、腐蚀性等)及各个采样过程的适应性;

(4) 与所用分析方法的兼容性;

(5) 化学反应在滤膜表面形成的误差等干扰因素;

(6) 成本问题。

8.1.3 样品分析

用滤膜收集了气溶胶样品后可对其进行分析,常规分析主要包括重量分析、微观分析和微量化学分析三种类型,不同的分析技术对滤膜选择有各自要求。

1. 重量分析

测量滤膜在一段采样时间内的质量增量,是决定气溶胶质量浓度的最常用方法。该技术要求:滤膜高效(接近100%)收集气溶胶、滤膜的质量随采样增加,且增加的质量全部是收集到的气溶胶粒子,即滤膜质量不受其使用时间、温度和湿度条件的影响。事实上,在某些情况下质量过滤分析容易受到湿度效应及滤膜材料的静电效应的影响。

产生湿度效应的原因是滤膜材料吸收水蒸气,或气溶胶样品的吸湿作用。纤维素结构的滤膜最容易吸收水蒸气,而玻璃纤维和石英纤维滤膜则不易。最不易吸收水蒸气的是聚四氟乙烯膜。其次是一些聚碳酸酯滤膜和聚氯乙烯滤膜。

在重量分析中,最小化相对湿度的标准方法是:在采样前、后使滤膜在常温常湿度条件下保持24h使之平衡然后分析其重量变化。对于吸湿性气溶胶样品,湿度变化对分析结果具有更为显著的影响。此时,可以建立不同湿度条件下校准质量增量的关系,也可以尽量缩短采样作业与重量分析之间的时间间隔。

滤膜上静电荷的积累将给采样操作带来困难,会提高或减少粒子收集。滤膜的带电情况取决于滤膜材料及其制作过程,如聚碳酸酯膜和聚氯乙烯滤膜带电较为明显。

最小化静电影响的常用方法是:在采样前或重量分析前把这些滤膜暴露在一个产生双极离子的源处,如 ^{210}Po 或 ^{241}Am。此外,使用导体滤膜托更有利于减少静电影响。

2. 微观分析

用光学显微镜或电子显微镜分析粒子可获得气溶胶粒度、形态和成分等信息。微观分析要求采样时应考虑将粒子收集在平整的或尽量接近平整的滤膜表面,如微孔滤膜或直通孔滤膜。其他表面分析技术也对气溶胶收集介质有同样要求,其中包括 X 射线荧光(XRF)、X 射线衍射(XRD)以及质子引导的 X 射线放射(PIXE)分析,它们可以测量元素浓度、化学成分浓度及气溶胶放射性。实际应用中还应最小化气溶胶的收集表面区,最小化滤膜背景浓度或滤膜空白材料的影响。

在选择采集空气中传播的微生物(如病毒、细菌和真菌等生物因子)的滤膜时,滤膜采到的活体微生物或群落单元的微观数目应满足要求。在采样中,如果滤膜表面干燥,则可能损失一些活体微生物。因此,滤膜表面收集仅限于收集耐受性强的微生物,这些微生物要耐干燥并可被收集转移到合适的生长介质中。

3. 微量化学分析

多数化学分析均要求滤膜收集粒子的方式应便于粒子进入分析仪器。当需要做微量化学分析时,常用纤维素纤维滤膜、石英纤维滤膜采集气溶胶样品,因为它们的压力降低,可以实现高流量采样以确保获得有效样品。在烧弃、灰化等气溶胶提取过程中,可以使用纤维滤纸滤膜。但是,在粒子负载较低时,纤维滤纸滤膜的粒子收集效率较低。

玻璃纤维、聚四氟乙烯包裹的玻璃纤维及石英纤维滤膜对粒子的收集效率高,但采样后必须使用酸沥滤以还原或萃取气溶胶样品。在外界空气中采样时,玻璃纤维滤膜的微碱性可导致二氧化硫向硫酸盐转化,从而产生正的质量误差。玻璃纤维滤膜上也会形成引起误差的硝酸盐粒子,这取决于空气中气态硝酸的浓度。一般情况下,在外界空气中采样时,石英纤维和纸纤维不会产生导致明显误差的硝酸盐。

石英纤维滤膜具有低蒸气吸附性和低背景/空白元素浓度,因此,在微量化学分析中可以用它采集气溶胶样品。而且,作离子色谱分析时,如氯化物、硝酸盐、硫酸盐、钾元素和铵离子,也常用石英纤维滤膜。石英纤维滤膜还可用于粒子的有机碳和元素碳分析,其碳分析的方法是:燃烧和快速加热滤膜,将碳转换为可以测量的二氧化碳。

除了简单地收集所有进入采样设备的粒子之外，人们还设计了某些设备，可以将粒子分级成两个或更多粒度部分，最常用的是惯性分级装置，如旋风器和冲击式采样器。气旋引起空气的涡流运动，离心运动使较大的粒子沉积到表面，而冲击式采样器引起气流方向发生更急剧的变化，同样使较大的粒子沉积到表面或者基底上。

8.2 采样液采样

采样液采样，即利用空气中待测物能迅速溶解于吸收液，或能与吸收剂迅速发生化学反应而被采集，又称溶液吸收法采样，常用于采集空气中气态、蒸气态及某些气溶胶态的物质。

8.2.1 溶液吸收原理

采样时，用抽气装置将待测气体以一定流量抽入装有吸收液的吸收管（瓶）；采样结束后，倒出吸收液进行测定，根据测得结果及采样体积计算气溶胶的浓度。

溶液吸收的基本原理就是当空气样品呈气泡状通过吸收液时，气泡中待测检测物的浓度高于气-液界面上的浓度，由于气态分子的高速运动，又存在浓度梯度，待测物迅速扩散到气-液界面，被吸收液吸收（图8.18）；当吸收过程中还伴有化学反应时，扩散到气液界面上的待测气态分子立即与吸收液反应，被采集的检测物与空气分离。

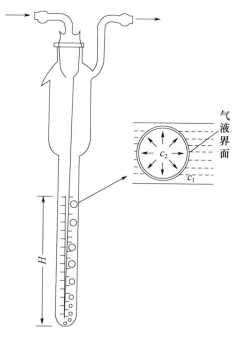

图 8.18 气溶胶在溶液中的吸收过程

待测气体在溶液中的吸收速度为

$$v = AD(c_g - c_i) \tag{8.20}$$

式中:v 为气体吸收速度;A 为气-液接触面积;D 为气体的扩散系数;c_g 为平衡时气相中待测组分的浓度;c_i 为达到平衡时液相中待测组分的浓度。

由于扩散到气-液界面的待测组分与吸收液迅速发生反应,或被吸收液溶解而被吸收,这时可认为 $c_i=0$。如果不考虑待测物在液相的扩散,而只受在气泡内气相扩散的影响,则式(8.20)可写成

$$v = ADc_g \tag{8.21}$$

可见,增大气-液接触面积可以提高吸收效率。

空气样品是以气泡状态通过吸收液的,气-液接触的总面积为

$$A = \frac{6QH}{dv_g} \tag{8.22}$$

式中:Q 为采气流量;H 为吸收管的液体高度;v_g 为气泡的速度;d 为气泡的平均直径。

所以,当采气流量一定时,要使气-液接触面积增加,以提高采样效率,应该增加吸收管中液体的高度、减小气泡的直径、气泡通过吸收液的速度要慢。

8.2.2 溶液选择

常用的吸收液有水、水溶液或有机溶剂等。采集酸性检测物时可选用碱性吸收液;采集碱性检测物时可选用酸性吸收液;有机蒸气易溶于有机溶剂,可选用加有一定量可与水互溶的有机溶剂作为吸收液。理想的吸收液不仅可以吸收空气中的待测物,而且可以用作显色液。

实际工作中应根据待测物质的理化性质和分析方法选择吸收液。待测物在吸收液中应有较大溶解度,发生化学反应速度快、稳定时间长;吸收液的成分对分析测定无影响;选用的吸收液还应价廉、易得、无毒害作用。

8.2.3 采样收集器

溶液吸收法常用的收集器主要有气泡吸收管、多孔筛板吸收管和冲击式吸收管,如图 8.19 所示。

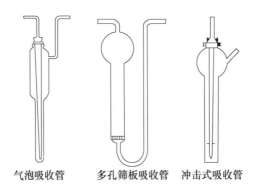

气泡吸收管　　多孔筛板吸收管　　冲击式吸收管

图 8.19　典型采样液吸收管示意图

1. 气泡吸收管

气泡吸收管有大型和小型气泡吸收管两种，如图 8.20 所示。大型气泡吸收管可盛 5～10mL 吸收液，采样速度一般为 0.5～1.5L/min；小型气泡吸收管可盛 1～3mL 吸收液，采样速度一般为 0.3L/min。气泡吸收管内管出气口的内径为 1mm，距管底距离为 5mm；外管直径上大下小，有利增加吸收液液柱高度，增加空气与吸收液的接触时间，提高待测物的采样效率；外管上部直径较大，可以避免吸收液随气泡溢出吸收管。

气泡吸收管常用于采集气体和蒸气状态物质。使用前应进行气密性检查，并作采样效率实验。通常要求单个气泡吸收管的采样效率大于 90%；若单管采样效率低，可将两个气泡吸收管串联采样。采样时应垂直放置，采样完毕，应该用管内的吸收液洗涤进气管内壁三次，再将吸收液倒出分析。

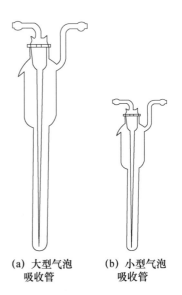

(a) 大型气泡吸收管　　(b) 小型气泡吸收管

图 8.20　气泡吸收管

2. 多孔筛板吸收管

有直型和 U 型两种，可盛 5～10mL 吸收液，采样速度 0.1～1.0L/min。采样时，空气流经多孔筛板的微孔进入吸收液，大气泡分散成许多小气泡，增大了气-液接触面积，同时又使气泡的运动速度减小，使采样效率较气泡吸收管明显提高。多孔筛板吸收管通常用单管采样,主要用于采集气体和蒸气状态的物质,也可以采集雾状和颗粒较小的气溶胶状的检测物。但颗粒较大的烟、尘容易堵塞多孔筛板的孔隙,不宜用多孔玻板吸收管采集。采样完毕,应该用管内的吸收液洗涤多孔筛板吸收管进气管内壁三次后,再取出分析。洗涤多孔筛板吸收管时,最好连接在抽气装置上,抽洗多孔筛板,防止孔板堵塞。

3. 冲击式吸收管

冲击式吸收管的外形与直型多孔玻板吸收管相同,内管与气泡吸收管相似,内管垂直于外管管底,出气口的内径为 1.0mm ± 0.1mm,管尖距外管底 5.0mm ± 0.1mm。吸收管可盛 5～10mL 吸收液,采样速度为 3L/min。冲击式吸收管主要用于采集烟、尘等气溶胶,由于采气流量大,待测物随气流以很快的速度冲出内管管口,因惯性作用冲击到吸收管的底部与吸收液作用而被吸收。管尖内径大小及其距管底的距离,对采样效率影响很大。使用前也应进行采样效率实验和气密性检查。

冲击式吸收管不适用采集气态物质,因为气体分子的惯性很小,在快速抽气情况下,容易随空气一起跑掉,只有在吸收液中溶解度很大或与吸收液反应速度很快的气体分子,才能吸收完全。

常用的采样液吸收管的适用条件及结构特点如表 8.2 所列。

表 8.2 典型采样液吸收管

吸收管	适用条件	结构特点
气泡吸收管	1. 气态物质 2. 蒸气态物质	待测气体形成气泡,增大了气体与吸收液的界面接触面积,但是气泡较大吸收效率较低
多孔筛板吸收管	1. 气态物质 2. 蒸汽态物质 3. 气溶胶态物质	待测气体一方面被分散成很小的气泡,增大了与吸收液的接触面积;另一方面被弯曲的孔道所阻留,然后被吸收液吸收
冲击式吸收管	1. 气溶胶态物质 2. 易溶解气体	进气管喷嘴孔径小,距瓶底很近,当被测气样快速从喷嘴喷出冲向管底时,气溶胶颗粒因惯性作用冲击到管底被分散,从而易被吸收液吸收

大部分粉尘滤膜采样器均配有液体采样瓶,可通过吸收液采集空气中的气溶胶样品。除此以外,采样液采样器通常为液体冲击式微生物气溶胶采样器,一般由液体撞击采样瓶、采样瓶支架、采样器主机组成。适用于实验室中空气

微生物的浓度测定,微生物气溶胶动物感染的剂量、微生物气溶胶存活的回收率、人体气雾免疫的剂量、空气消毒剂和消毒器的灭菌效果、超净台的性能检测等实验中的气溶胶采样。其工作原理为在采样过程中因气流冲击和采样液搅动,可以把微生物粒子团中的多个微生物释放出来,均匀分布在采样液中,做进一步的生物培养后能准确测出空气中的微生物数量。

8.3 放射性气溶胶检测与特殊分析

为了避免和减少放射性气溶胶对人体的危害,希望有能够截断危害途径的有效手段,因而判断放射性尘粒出现的时刻、地点、尘粒的多少、大小以及是由哪些放射性元素所形成,是极为重要的。这就需要对气溶胶的放射性及其浓度进行监测。

放射性物质气溶胶具有非放射性物质气溶胶的所有特征。同所有的空气采样和检测一样,放射性气溶胶的检测方式取决于采样的基本目的。采样目的可分为六种:基本性质和毒性测试、过程控制、健康保护、环境监测、事故响应、达标论证,这些目的不是相互独立的。除此之外,还有一些其他特殊目的。

8.3.1 样品采集分析

几乎所有的气溶胶采样方法都可用于采集放射性气溶胶。可能存在一些与放射性物质有关的限值,如放射性核子的质量可能低于压电质量检测系统或光监测设备的最低检出限。另外,如果收集的粒子具有放射性,那么用电子显微镜方法测量粒子时,就需要使用指定的严格仪器。

放射性物质可通过一系列方法识别,多数通过电离过程实现。在研究放射性气溶胶时主要考虑三种射线,即 α 射线、γ 射线和 β 射线。γ 射线电离或荷电粒子通过气体、液体或固体离子时,破坏物质的原子或电子。放射性识别方法可直接定量检测放射性气溶胶,或作为放射性物质安全处理的辅助工具。α 射线放射性核子需要直接或尽量直接地使放射性核子与识别器接触,穿透性强的

第 8 章 气溶胶采样分析技术

β射线和γ射线则对接近程度要求不高。实验员必须充分了解衰变。与母放射性核子相比,很多情况下,人们更关注的是放射出的子放射性核子。例如,尽管 ^{90}Sr 的半衰期较长(28.8a),以相对低的能量(0.54MeV)放射 β 射线,但它的子放射性核子 ^{90}Y 半衰期较短(64.2h),并且是高能量发射源(2.28MeV)。下面介绍几种放射性气溶胶采样分析的常见方法。

1. 过滤

过滤是一种广泛使用的放射性气溶胶样品收集方法。该方法涉及的仪器通常分为大流量采样器(采样流量达到约 1000L/min)和小流量采样器(采样流量为 1L/min 或更低)两大类。大流量采样器可用于高浓度短期样品采样。常用的滤膜是低压降纤维素滤膜,而且样品可以很容易地灰化或溶解,然后进行化学分析或放射化学分析。

粒子在滤膜基底中的渗透取决于滤膜、放射物类型以及所使用的辐射计数方法。使用 α 粒子分光镜时,薄膜滤膜要比纤维素膜更优越,因为它的表面收集特性较好。检测 γ 辐射时,不必考虑滤膜介质产生的屏蔽。^{238}Pu 等特征放射性较高的 α 释放放射性核子的滤膜样品,不适于长期储存,这是因为放射性物质可以辐射损坏滤膜、包装袋或塑料容器,从而造成放射性外泄。

2. 惯性采样

使用串级冲击式采样器、螺旋管离心机及旋风器进行的惯性采样已成为测量放射性气溶胶空气动力学粒度的主要方法。专门采集放射性气溶胶的此类仪器已快速发展起来。对这些仪器的特殊要求一般包括仪器体积小、易于组装和拆卸、在封闭的空间(如手套式操作箱)内带上外套、易于清洗。螺旋管离心机已广泛用于估算单个粒子的密度和形状,该仪器既可以测量放射性粒子,也可以测量非放射性粒子。粒子的沉积位置与其空气动力学直径有关,所以,可以用电子显微镜观察沉积位置上的粒子的物理粒度和形状,并计算出密度和形状因子。研究表明,实时惯性技术也适用于放射性气溶胶,如测量粒子加速通过喷嘴的飞行时间测量法。

3. 云室

当荷电粒子穿过过度冷却的气体(如干冰)时,富集堆在云室(Cloud Chamber)里出现。云室提供了有用的物理观察方式,使放射性识别设备得以工作。

一种普遍、简单、古老的方式是在云室中放置帐幕幻灯罩,在磷罩子上观察铀及其子系的自然放射轨迹。但人们对吸入罩子上的气溶胶提出风险预警,并建议罩子必须放置在明亮通风的地方,使用者要避免吸入挥发性气体。

4. 闪烁计数

磷光体是一种在电离过程中吸收能量并再次以闪光形式(放射闪烁)发射出一部分能量的物质。当电子上升到高能级时会发光,然后回到基态。光电二极管或光电倍增器装置可以识别、计量放射闪光脉冲而得出荷电粒子的数量或穿透物质的γ射线,还可以分析放射闪光的强度和持续时间,从而确定待测的辐射能量。

很多不同的磷光体都可用于放射性检测。从γ到低能量的β识别,最常用的是固态磷光体,如铊掺杂的碘化钠、碘化铯或碘化钾。铊催化剂在晶体结构中作为杂质,它改变晶体对光的能量吸收。硫化锌(通常掺杂银)是很好的α辐射识别器。α粒子与硫化锌作用产生的放射闪烁很亮,在暗室中足以被肉眼观察到。硫化锌必须是薄层,这是因为对可见光来说,它的穿透能力很弱。塑料或固态闪烁物也可以。含放射性物质的样品可以用甲苯等溶剂溶解在"鸡尾"闪烁液中,以此增强待测放射性核子和磷光体之间的接触。

5. 电离室设备

气体均衡计数器和其他电离室设备均能计数,而且,有时能测定辐射施放的能量。当γ射线和带电粒子穿过小室时,在气体中形成离子对,电场把这些离子对的脉冲引至带电感应器,并记录下离子数量和释放的能量。标准离子化设备中提供了能量识别的计数效率、保真度以及计数速率极限。

6. 固态检测

固态计数器采用特殊的半导体材料为粒子的产生提供平台。这些高效设备具有较高的能量分辨率,并可以与多渠道分析器联用以识别已测放射线的能谱。在锗化锂或者高纯锗等检测器中,它们的敏感区域延伸很远,直达表面,因此对γ射线十分敏感。散射交叉或表面挡板检测器具有薄的敏感层,特别适用于检测α和β辐射。用这些检测器分析α光谱时,如果把α射线发射物质直接置于检测器表面,或将α释放源与检测器之间的空气抽空,可使能量分辨率达到最高。

7. 自动放射线照相术、跟踪蚀刻及其他检测系统

辐射导致的电离能使诸如照相胶片的物质发生化学变化,这些胶片可以反映破坏轨迹的位置,此方法称作自动放射线照相术。在该方法中,放射性物质都有各自的胶片暴露。物质暴露在辐射中,其表面可以被化学蚀刻,以揭示破坏轨迹的位置、长度和直径。其他检测系统利用的是对离子化辐射有反应的物质,这些物质通过光强度变化、辐射光致发光、热致发光或传导率变化实现对离子化辐射的检测。

8. 分析化学技术

传统的分析化学技术,如红外分光光度法、火焰或熔炉原子吸收光谱法、能量色散 X 射线分析法、电子或中子衍射法以及电感耦合等离子体法,都能以足够高的灵敏度测量放射性气溶胶样品中的小粒子。需要注意的是,处理放射性气溶胶时,通常要求使用专用仪器以确保安全。

9. 校准问题

校准是保证检测质量的基本要求之一,也是检测过程中的基本环节。根据已知放射性的标准校准样品分析背景样品。一般地,校准程序中使用的未知源或静电源,其放射能必须达到国际标准技术的检出水平。所选择的放射能应符合待分析样品的需要,这就需要对非线性现象进行相应的校正。当仪器的计数速率非常低时,需要采用放射性较高的标准样品来校准,以得到有效的仪器统计效率。根据泊松统计学,可以算出仪器检测的不确定度,它与计数量的平方根成正比。因此,低能放射源或短时间计数时的相对不确定度比较高。此时背景干扰也应该予以考虑。对小于 1% 的误差,净计数一般应达到 10000 个。

8.3.2 放射性粒子分析

1. 利用放射能照相检测个体粒子

电离辐射与显影底片或核子轨道检测器箔片(如 CR-39)相互作用,可产生痕迹或材料缺陷,并可用照相技术冲洗或用化学方法蚀刻,然后用扫描电镜或光显微镜观察。根据痕迹的位置、数量和长度,确定个体放射性粒子的放射性位置并计算其放射能。放射能照相技术再结合显微镜,则可以确定吸入和沉积在体内的粒子是怎样辐射细胞或器官的。

2. 测定粒子的溶解性和生物学行为

对于所有种类的气溶胶,可以研究其粒子的溶解性和生物动力学行为,但对于放射性气溶胶,则可以更直接地研究不溶性物质。样品可以夹在滤膜中间,并放在循环流动的溶剂中(动态系统)或放在有溶剂的样品盒中(静态系统)。粒子也可以放在有溶剂的试管中,并周期性地进行离心分离,使粒子沉积在试管底部,不溶解物质样品进入上清液。放射性计数的检出限很低,足以准确地确定粒子的溶解性,尤其是高度不溶性物质。以该研究为基础,可以继续研究湿侵蚀和干侵蚀形成的环境效应对释放到生物圈中的粒子的影响。

3. 实时监测气溶胶的放射性核子

国际电工委员会(International Electricotechnical Commission, IEC)提出了连续监测气体中放射性的测量设备标准,其中包括一般要求和对某些设备的特殊要求。典型的仪器构造是在气溶胶收集滤膜放置一个辐射检测器。放射性的浓度信息可以从仪器本身存取,或各种仪器与中心检测室联网工作。在 β 和 γ 放射性检测系统中,需要对外部放射源进行辐射屏蔽并修正背景值,α 放射性检测系统中,要进行背景值修正、校准并考虑几何学因素。下面介绍一些重要的考虑因素,它们涉及检测 α 释放放射性核子的连续空气监测器(CAM)的设计、校准和运行。

1)降低氡衰变产物的干扰

氡衰变产物如 ^{238}Pu 和 ^{212}Bi(α 能量分别为 6.0 MeV 和 6.08 MeV)自发释放的 α 能量,与 ^{239}Pu(α 能 5.2 MeV)和 ^{238}Pu(α 能 5.5 MeV)释放的 α 能量相似,这样就可能影响钚气浓度并产生假-正性报告。处理氡衰变产物背景干扰的一种有效方法是采用冲击式采样器喷嘴,直接把气溶胶粒子喷射沉积到外面涂有 ZnS(Ag)薄层的光电倍增管上,这就消除了常吸附在环境气溶胶中小粒子(直径小于 0.3 μm)上的大多数氡衰变产物。

2)连续 α 空气监测的滤膜要求

固定检测器系统得到的 α 能量谱的质量好坏,主要取决于滤膜介质的种类。人们长期以来使用薄膜滤膜,其粒子收集效率较高,而且其表面收集特征符合 α 分光镜的要求。亚微米级孔滤膜的收集效率严重降低,但大孔滤膜则不会,除非其孔径显著超过 5 μm。因此,首选压力降较低的较大孔滤膜。聚四氟乙烯 FSLW

第8章 气溶胶采样分析技术

滤膜(Fluropore FSLW Filter)的性能高于其他所有滤膜,因为它的压力降非常低,是一种很好的表面收集滤膜。背面是聚丙烯的聚四氟乙烯(PTFE)膜非常粗糙,在它所得到的 α 能量谱图上,各放射性核子的能量峰可以很好地分离。

3)降低空气中的粉尘干扰

环境中的粉尘积累在 αCAM 滤膜上,会导致 α 能量的衰减,就如同滤膜上方的空气会降低 α 能量一样。当空气中粉尘浓度高于 $1mg/m^3$ 时,由于 α 能量的衰减而"埋葬"了钚,所以导致低估其在空气中的浓度,低估的范围为 10% ~ 100%。在滤膜上,用 $20\mu g/mm^2$ 的盐掩盖钚释放的 α 粒子可以阻止其到达检测器。这种方法并不能阻止 CAM 对大量迅速释放的放射性产生响应,但它确实提高了 CAM 对缓慢、连续释放的放射性的检出限。

4)滤膜/检测器几何性质对效率的影响

研究粉尘负载问题必须考虑滤膜大小与检测器大小之间的适配性。很多 CAM 使用直径为 25mm 的检测器和直径为 25mm 的滤膜,这种方法使整体检测效率接近 20%。不改变检测器直径,但把滤膜的收集面直径增加为 43mm,则检测效率降低 1/2(为 10%),但收集表面积大约增加了 4 倍。进一步研究发现,检测效率是滤膜直径的函数,滤膜边缘收集到样品对整体效率的贡献很小。这就要考虑立体角因素了,它们降低了检测器拦截 α 的效率以及 α 粒子能被检出时的能量。α 粒子从滤膜到达对面检测器,需要通过一段很长的空气路径,因此,能量损失很大,通常这时可将它们从钚能量区中扣除。

4. 远程检测放射性粒子

Los Alamos 国家实验室曾经发展了一项新技术,即远程检测仪器内表面的 α 放射性污染,或远程检测不能直接用放射性仪器检测的地方(Mac Arthur 和 Allander,1991)。该技术的原理是:带正电的 α 粒子在空气中运动,可以形成离子对并持续留在空气中。抽吸洁净空气使之通过污染表面,可以把离子对带入静电计并进行检测。该技术已广泛用于带有空气 α 释放气溶胶的设备中,并提高这些设备的污染识别程度。

5. 辐射检测仪

R - PD 型智能化 X - γ 辐射仪是一款用于监测各种放射性工作场所 X、γ 射线的便携式辐射检测仪器,它采用高灵敏的闪烁晶体作为探测器,反应速度快,具有良好的能量响应特性,广泛用于医疗、疾控、环保、冶金、石油、化工、放射性实验室、商检、工业探伤、辐射加工、矿山等各种需进行辐射环境与辐射防护检测的场合,如图8.21所示。

R-PD型智能化X-γ辐射仪采用高速微功耗微处理器单元。显示界面采用数字式LCD液晶显示,全中文菜单式操作,具有高亮背光功能,能够以数字及标尺显示剂量率状态。内置1000组剂量率储存数据,可随时查看,断电不丢失。剂量率、累

图8.21 R-PD型智能化X-γ辐射仪

计剂量均可测量和查询。还具有剂量率阈值报警、阻塞报警探测器故障报警等功能。灵敏度为$1\mu Sv/h \geqslant 350CPS$,能量阈为35keV,测量范围:剂量率0.01~200.00$\mu Sv/h$,累积剂量0.00μSv~9.99Sv;能量范围:38keV~3MeV;能量响应小于或等于±30%(相对于137Cs);相对误差小于或等于±10%;测量时间1~120s可编程;报警阈0.25$\mu Sv/h$、2.5$\mu Sv/h$、10$\mu Sv/h$、20$\mu Sv/h$、60$\mu Sv/h$;测量方式:在线测量和定时测量;可根据需要显示剂量率、累计剂量或计数率,重量尺寸为1.80kg(含电池),尺寸42cm×23cm×15cm,2节标准1号电池供电,采用全不锈钢壳体,适应野外作业。

RP6000型X-γ辐射剂量率仪采用高灵敏的闪烁晶体作为探测器,反应速度快,用于监测各种放射性工作场所的高、低能X射线和γ射线,如图8.22所示。该仪器选用彩色LCD液晶作为显示屏,具有背光亮度可调功能、超阈值报警功能和定时测量、记录查询等功能。

RP6000型X-γ辐射剂量率具有高灵敏度,良好的能量响应特性,剂量率/累积剂量测量,剂量率/累积剂量超阈值报警、

图8.22 RP6000系列智能化X-γ辐射仪

第 8 章 气溶胶采样分析技术

定时测量记录和查询等功能,探测器 $\varphi 30 \times 25\text{mm}$ NaI 闪烁晶体,测量范围:剂量率:$0.01 \sim 200.00\mu\text{Sv/h}$;累积剂量:$0.00\mu\text{Sv} \sim 9.99\text{Sv}$,灵敏度大于或等于 $350\text{CPS}/\mu\text{Sv/h}$,能量范围 $15\text{keV} \sim 3\text{MeV}$,相对误差小于或等于 $\pm 8\%$(在 $200.00\mu\text{Sv/h}$ 时),测量时间 $5 \sim 120\text{s}$ 可设置,累积剂量和剂量率报警阈值均可任意设置,支持实时测量和定时测量两种测量方式,显示单位可选当量剂量率、吸收剂量率、累计剂量和计数率,2 节标准 1 号电池供电,重量只有 1.30kg(含电池),尺寸 $42\text{cm} \times 18\text{cm} \times 8.8\text{cm}$,能够更好地满足野外测试需要。

8.3.3 采样实施

空气中气溶胶的放射性主要包括氡(Rn)、钍(Th)射气及其衰变子体等天然放射性核素、核爆炸产生的裂变产物和人类其他核与辐射活动所产生的人工放射性核素等。在执行每次具体的采样任务时,采样人员应根据上级下达采样任务的具体要求、实验室放射性沾染测量对样品的技术要求,结合现地监测结果,灵活合理地选择采集样品的类型和采样方法,依照样品采集流程,采集足够的样品,并确保样品及时、安全地送达指定地点。

1. 基本要求

在放射性沾染监测中,污染样品的采集及后续实验室检测与现地监测具有同样重要的作用。通过对样品的采集及后续移动实验室或后方实验室的检测、分析,能更准确地测量放射性沾染的水平和核素分析,得到的这些信息能为人员的受照剂量估算、医学的检伤分类与急救、放射性污染范围及程度的评估、放射性烟云模型有效性的验证,以及摄入限制措施的制定提供更加可靠的数据支持。为了确保采集样品的种类和数量能满足放射性沾染测量的技术要求,采集放射性沾染样品时,应满足以下基本要求:

(1)采样点。无特殊要求时,尽可能选择放射性烟云下风方向开阔、无地形地物影响、空气较为流通的地方作为采样点,最好周围约 30m 范围内无高大建筑物、无主要交通公路经过、无大中型晒谷场、无公共活动场所、无工矿企业高大烟囱和产生粉尘加工厂;不要在树林、灌木丛或附近有建筑物的地方采集气溶胶样品,也应避免在道路或者沟渠边采样,以保证样品能代表当地受放射性沾染的真实水平。

(2)采样时间。通常情况下,放射性气溶胶的采样量或持续时间由采样任务下达方给出。当未给出采样量或持续时间时,在核爆炸发生早期,单次采样时间较短,为 10~30min,中后期,单次采样量至少应大于 $1000m^3$。

(3)采样数量。根据监测任务要求,采集足够数量的样品,在确保容器无损条件下,尽可能将采样容器装满,以保证检测分析的准确性。

(4)采样器材。针对不同样品,应采用结实、具有密封性的适用样品容器和工具,且每完成一次样品的采集,要对采样器材和工具进行放射性去污处理,以避免样品受到交叉污染。

(5)采集包装。将空置样品容器装在干净的包装袋或包装盒中,防止待采集的样品受到污染;每完成一种样品的采集,要马上对样品进行包装和标识,并保证样品编号和标识的唯一性,确保样品与检测结果的一致;尽可能采用双层包装,以保证样品的完好性和安全性;对易腐烂变质的样品,要采取合适的保存措施,保证样品中关键组分不发生变化。

(6)采集记录。在采集样品同时,要准确完整的填写样品采集记录单,如果任务需要,要在采样地域做出标记,以便后续采样任务的实施。

(7)采样防护。为了保护采样人员的自身安全,采样人员除应采取必要的个人辐射防护措施外,在样品采集地域严禁吸烟、喝水、吃食物、使用化妆品以及其他可能造成增加吸入或摄入放射性污染物的行为。

2. 基本方法

放射性气溶胶采集的基本方法是利用过滤或吸附原理,将空气中的气溶胶积累在滤膜表面或滤盒内。

采集放射性气溶胶所用主要设备和器材有滤芯(如滤纸、滤膜和滤盒等)及其夹具和流量可调的抽气泵。采样设备放置位置应使抽气泵进气口高出地面约 1.5m。

采集放射性气溶胶的基本步骤如下:

(1)在滤纸(或滤膜)和滤盒进气口一侧做标记,将其平展放置于采样头内。

(2)启动空气采样器,采集气溶胶。

(3)当达到采样量或达到采样终止时间后,关闭采样器,记录流量和采样持续时间。

(4)取出滤膜和滤盒,将其分别装在两个样品容器中。

应注意,当采集放射性同位素碘(I)时,抽气流速控制在200L/min以内。

8.4 生物气溶胶采样与分析

生物气溶胶采样的目的通常有检验和量化分析生物气溶胶并以此进行暴露评价,识别它们的来源并加以控制,或是监测控制措施的有效性。目前还没有统一规定关于任何生物气溶胶的可接受暴露水平(ACGIH)。生物气溶胶浓度随时间而变化,浓度值可在几个数量级间波动。例如,浓度为 $10 \sim 10^3$ cfu/m³ 的细菌和真菌孢子可在居民家庭或有适度排放源的职业环境中(如烟草加工业、卫生填埋或生物技术工业)找到。cfu 代表 colony forming units,cfu/m³ 指的是每立方样品中含有的菌落总数,也有用 cfu/g 来表示的(对应固体培养基)。浓度小于等于 10^2 cfu/m³ 的细菌和真菌孢子可在通风好且没有明显生物气溶胶源的地方找到,如办公室、实验室、无尘室以及医院的手术室等。高浓度的细菌和真菌孢子,极值浓度为 $10^4 \sim 10^{10}$ cfu/m³,可在纺织厂、锯木厂、一些农业暴露环境以及污染严重的家里和办公室内找到。在多数这样的环境中,生物气溶胶的浓度随时间和空间会发生显著变化。一方面是由于生物气溶胶源并不是连续产生粒子;另一方面影响气溶胶特性的环境条件也在发生不断的变化。

一般而言,生物气溶胶和非生物气溶胶的收集都利用相同的采样原理,但是确保生物气溶胶粒子在收集中、收集后的存活或者保持生物活性非常重要,而且样品处理和保存以及对收集的生物气溶胶粒子的分析也与其他气溶胶采样方式有明显区别。

8.4.1 采样技术

1. 采样效率

生物气溶胶采样器的整体采样效率取决于以下三方面:

(1)采样口的采样效率。在不改变生物活性的情况下采样器采样口从周围空气中提取样品的能力,主要取决于要收集粒子的粒度、形状及其空气动力学性质。

（2）去除效率。在不改变生物活性的情况下采样器入口从空气流中去除粒子并把它们沉降到收集介质上或介质内的能力。

（3）生物有机体形成群体的条件或生物有机体的检出条件。

目前各种采样器之间的可比性不强，部分原因是采样器对采样流量和采样时间的控制精度不同，还有部分原因是采样器的操作原理和参数以及所使用的滤膜等收集介质不同。正因为如此，不同气溶胶采样器在收集活性生物气溶胶粒子时的效率存在明显差别。

采样口效率取决于粒度、风速风向和采样条件，所以能导致显著的浓度低估或浓度高估。例如，理论计算表明，便携式气体采样器在风速为 5m/s 水平放置并与风向平行时，将 $10\mu m$ 的气溶胶粒子浓度高估了 2.5 倍。如果采样器垂直放置，其他条件不变，大于 $5\mu m$ 的粒子根本不能进入采样器，而 $2\sim 5\mu m$ 的粒子浓度则被严重低估。为了以尽量小的偏差从周围空气中收集生物气溶胶粒子，尤其是要在较宽的粒度范围内产生较小的偏差，应使采样口等速采样，即采样口处的气体速度与环境空气速度相当，而且采样口要面对环境空气流。此外，采样口后的采样管道越长，粒子在管壁上的损失就越显著。

生物气溶胶采样器如果保留了待测生物粒子的生物特性，它就具有高的生物效率。例如，如果采样后要进行栽培分析，那么这个采样就不能改变微生物的可培养能力。在用显微镜分析时，采样不能改变粒子主要的形态特征。利用碰撞或冲击原理的生物气溶胶采样器，冲击速率为 $1\sim 265 m/s$，冲击速率越高对微生物样品的新陈代谢及其结构的损坏就越严重。当冲击速度提高时，以细菌为例，细菌的成活率下降，细菌的成活率还取决于将细菌植入收集介质的程度（特别是冲击式采样器）及采样时间。冲击速度较高时，机械冲击压力对样品的影响也更显著。干燥压力随采样时间而提高，当样品植入介质不充分时也会提高，生物气溶胶的成活率还取决于其内部特征。花粉粒子和微小的孢子通常比植物性细胞受环境的影响小，而且，细菌聚集可以提高其成活率。

2. 采样原理

生物气溶胶采样包括将粒子轨迹同空气轨迹分离开，为了达到这个目的，图 8.23 显示了所应用的不同物理动力。

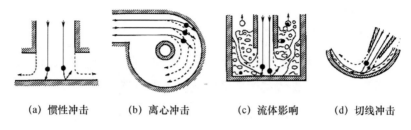

(a) 惯性冲击　　(b) 离心冲击　　(c) 流体影响　　(d) 切线冲击

图 8.23　不同惯性气溶胶采样器的收集机制的比较

在图 8.23(a)中,粒子的惯性促使其冲击到固体或半固体的冲击表面,该表面通常是可以用显微镜观测到的培养基或黏性表面。这个原理已应用于单级冲击式采样器以及有两次或多次冲击过程的串级冲击式采样器中。如果冲击阶段是一个或更多的狭缝而不是一个或多个环形孔,则这个冲击式采样器称为狭缝采样器,如培养基采样器大多属于狭缝采样器。图 8.23(b)介绍了离心力分离粒子的原理,它也利用粒子的惯性,但它是径向几何形状。粒子轨迹和图 8.23(a)中的惯性冲击的轨迹有显著区别。图 8.23(c)所示流体冲击主要利用惯性将粒子压入液体并使其在气泡作用下扩散。图 8.23(d)说明了切线冲击式采样器的采样原理,它通过惯性碰撞和离心力收集粒子。

通过施加外部力也能将粒子从空气中移动,如给带电粒子上施加电力,或给垂直方向上具有热梯度的气溶胶流施加热动力。静电采样器主要用于收集病毒样品,也尝试用于收集细菌等其他样品。

旋转棒采样器(SAM)广泛用于采集花粉。沉降板依靠重力将气体中微生物沉降到培养基上,粒子的重力沉降取决于粒子粒度,还受到室内空气运动的较大影响。同时,重力沉降方法适合鉴定空气环境中存在的较大微生物,因为它们在较短的时间内可以全部沉降。

在生物气溶胶冲击式采样器中,收集效率会因原始的柔软琼脂表面随时间变干而降低,因为这促进了粒子反弹,相应的措施是在冲击面上涂一薄层油脂以减弱反弹作用,从而增加收集效率。

上面提到的所有采样方法中,生物气溶胶粒子的收集和分析都分为两步:第一步,从空气中分离粒子;第二步,对样品粒子进行分析和鉴别。对于可直接读数的气溶胶采样设备往往只有第二步,即不用从空气中分离出粒子就能直接研究或分析它们。

3. 采样时间

采样策略中一个不可缺少的部分是确定采样时间,生物气溶胶的浓度随时间的变化非常大,通常,低浓度时期紧随在高浓度时期之后,反之亦然,可以用对数函数很好地反映这些浓度变化的规律。平均浓度 c_a 是 1000 个粒子/m³,这种数量级的生物气溶胶浓度是比较常见的。周围环境浓度很少在一个狭窄的浓度范围内维持稳定,除非时间段较短或气流没有被干扰,如在无通风、无人的封闭空间内,否则在小浓度范围内,周围浓度分布总会发生波动。

在浓度变化的时间段内采样,采样时间要是够长,或将短时间内采集的样品结合起来才能较为客观地反映环境中的平均浓度。图 8.24 所示的生物气溶胶采样程序中的第Ⅱ部分反映空气体积 V 中的浓度变化,V 代表从采样开始时间 t_s 到结束时间 t_f 的整个采样过程中的采样体积。

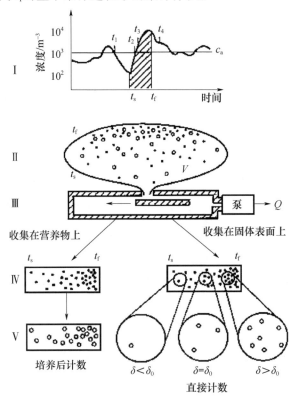

图 8.24 生物气溶胶采样程序

第 8 章 气溶胶采样分析技术

空气体积等于采样流量 Q 与采样时间 $t(t_f - t_s)$ 的乘积,即

$$V = Qt \tag{8.23}$$

于是,冲击面上收集的粒子数量 N 等于粒子平均浓度 c_a 与采样空气体积 V 的乘积,即

$$N = c_a V = c_a Qt \tag{8.24}$$

1) 被收集粒子的表面密度

根据所采集的空气体积中生物气溶胶粒子的浓度变化可以确定粒子数量的变化。在显微镜下,收集表面上每单位可视区内的粒子数量称为样品的表面密度。设 A 为收集表面的面积,则粒子表面密度为

$$\delta = \frac{N}{A} = \frac{c_a Qt}{A} \tag{8.25}$$

图 8.24 中的第 V 部分是收集的最后阶段,此时对收集的粒子进行分析。这个阶段可以是马上用显微镜直接观察采集的粒子样品,也可以将粒子培养一段时间后再进行分析,此时的粒子群已充分发育到可以观察和视觉鉴别的程度。如果表面密度是最佳密度 δ_0,那么观察、计算和鉴别样品中的粒子,无论是用光学方法还是其他方法都比较容易。如果样品的表面密度很低,即 $\delta \ll \delta_0$,则采样和计数误差将很大,计算的气溶胶浓度也不能准确反映真实浓度。如果样品表面密度很高,即 $\delta \gg \delta_0$,则粒子可能相互之间排列很紧,这样会给计数和鉴别带来困难。

2) 固体表面采样器的最佳采样时间

如式(8.25)所示,采集的微生物的表面密度与采样时间呈线性相关。式(8.25)中的其他参数 c_a、Q 和 A 一般不在研究者的控制之内。因此,只有通过调整采样时间才能避免样品负载不足($\delta \ll \delta_0$)和超载($\delta \gg \delta_0$)。

根据式(8.25)可以计算采样时间,每个采样器的采样时间可用表面密度的规定值与生物气溶胶浓度的假定值计算,即

$$t = \frac{\delta}{c_a} \cdot \frac{A}{Q} \tag{8.26}$$

对于生物气溶胶浓度,不同采样器的最佳采样时间不同,此时间取决于采样器的流量和收集表面的面积。当然,生物气溶胶浓度的假定值应尽量寻求与真实情况接近的数值,但这一数值很难确定。通过预先试验进行摸索是确定采

样器的流量和收集表面的面积等参数的途径之一。

3）冲击式采样器的最佳采样时间

冲击式采样器对超载或负载不足并不敏感,因为液体样品可以稀释或浓缩,这取决于液体中收集的生物气溶胶粒子的浓度。但是在多数冲击式采样器中,已收集粒子的二次气溶胶化和液体样品的蒸发会限制采样时间。

如果收集液的体积大于临界,大量液体就会从冲击式采样器中飞溅出来。另外,收集液的最小体积要与采样时间匹配。由于采样中收集效率的变化一般不超过10%,当气溶胶样品的粒度增大时,采样口的效率将会降低。另外,当采样时间超过某个上限时,后续采集的大部分粒子可能再次气溶胶化。因此,冲击式采样器的最佳采样时间应综合考虑采样液的体积和收集效率的变化等因素,根据其设计的工作范畴进行设定。

4. 选择采样器与校准

选择合适的生物气溶胶采样器取决于环境中待采生物气溶胶的类型,如选择培养型采样器时,必须考虑生物气溶胶粒子的脆弱性,因为一些采样器可能严重影响生物活性。

在很多研究工作中都用到了 Andersen 6 级采样器,如图 8.25 所示,该采样器可以描述特定粒度范围内的生物气溶胶。人们通常希望环境气溶胶的浓度足够低,因为当生物气溶胶浓度高时,一些生物气溶胶粒子可能会在采样结束时沉积在每个冲击喷嘴下面。

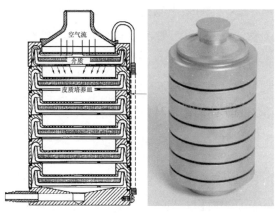

图 8.25 Andersen 6 级冲击式采样器

第8章 气溶胶采样分析技术

过滤采样器比较适合在重污染环境里使用。过滤是采集有活性的或显微镜下可鉴别的生物气溶胶的常用方法,使用合适的滤膜时,其收集效率会很高。例如,气孔大小为 $5\mu m$ 的多孔滤膜对 $0.3\mu m$ 粒子的收集效率为95%或更高,而毛细管孔渗透膜必须有 $0.6\mu m$ 的气孔才能达到相同的效率。但由于气流通过滤膜而造成收集的生物气溶胶粒子变干燥,从而死去或不可培养,所以这种方式不适合检测活的生物气溶胶物质,或者说与培养分析结合时,过滤并不是很合适的方法。

转动的培养基冲击式采样器可以有效地测定活性气溶胶浓度随时间的变化,在生物气溶胶源释放阶段的前、中、后期可利用这个特征揭示气溶胶来源。

冲击式采样器中的流体可用于持续稀释并用于随后的培养或显微镜分析中。流体中的收集物可用于测定内毒素,也可用于免疫、基因和病毒分析上。某些传统的冲击式采样器只能与水基流体一起使用,这些流体蒸发快,对于不易被水沾湿的粒子则无效,如真菌孢子和细菌孢子,原因是这些粒子发生反弹,而且已被收集粒子发生二次气溶胶化。生物采样可利用非蒸发性液体,如甘油的黏性比水大30倍,因此削弱了不易沾水粒子的二次气溶胶化潜力,矿物油保持了被收集的微生物的活性,因此可用于作培养分析。

液体冲击式采样器中空气样品通过一个含有合适介质的吸气瓶被抽取。经过规定采样时间后,溶液被连续稀释、培养、孵化和检测细菌菌落形成单位数。如果用低挥发液体代替水,它的采样效率很高且能长时间采样。液体冲击式采样器的优点是样品比较容易稀释。

离心式采样器分为电池驱动和手动两种,适合现场作业。空气被叶轮吸入采样头,使气溶胶吸附到在采样头四周的琼脂带上。采样速率可达 40 L/min。琼脂带被孵化,就可以统计菌落数,估计可存活菌落数。琼脂带包括选择性和非选择性培养基等。

不论采样器效率多高,只有恰当地校准通过设备的气体流量,才能准确地进行气溶胶定量测量。不恰当地调整气流速度不仅将改变冲击式采样器的切割粒度,还将改变它收集气体样品的能力。当用冲击式采样器采样时,采样口到收集介质表面的距离必须恰当。如果这类冲击式采样器中配有可移动设备,像狭缝-琼脂冲击式采样器,则很容易调整采样口到收集介质之间的距离。如果采样器配有调整设备或具有调整功能,那么要将营养介质倒入皮氏培养皿以预测深度。

如图 8.26 所示,国产 LB – 2111 六级筛孔撞击式气溶胶采样器可收集悬浮在空气中的活微生物粒子,通过专门的培养基,然后在适宜的生长条件下繁殖到可见的菌落数。采样流量 10～40L/min,工作点流量 28.3L/min,捕获率大于或等于 98%。采样时间可在 0～99h59min59s 内任意设置,各级粒子捕获范围如表 8.3 所列。

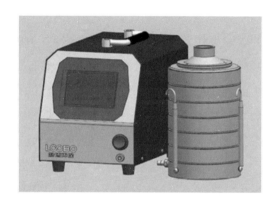

图 8.26　LB – 2111 六级筛孔撞击式气溶胶采样器

表 8.3　LB – 2111 六级筛孔撞击式气溶胶采样器捕获粒子范围

采样级	粒子范围/μm	孔径/mm
第一级	> 7.0	1.18
第二级	4.7～7.0	0.91
第三级	3.3～4.7	0.71
第四级	2.1～3.3	0.53
第五级	1.1～2.1	0.34
第六级	0.65～1.1	0.25

上述微生物采样器采用隔膜泵,负压高,闭环系统,自动调节,流量稳定不受电压波动等环境因素的影响,可连续长时间工作,使用寿命长。安德森采样头采用铝合金材质,无静电吸附,重量轻,不生锈,安装与携带方便。可单独进行微生物采样或者气溶胶采样,一机两用,具有噪声低、智能化程度高、流量稳定、运行可靠等特点。可广泛用于疾病预防控制、环境保护、制药、发酵工业、食品工业、生物洁净等环境的空气微生物数量及其大小分布的采样监测,以及有

关科研、教学部门作空气微生物的采样研究,为评价环境空气微生物污染的危害及其治理措施提供科学依据。

国产 GR-1353 型空气微生物采样器采样流量 5~30L/min,采样时间 1min~99h59min,捕获率大于或等于 98%,六级安德森采样头粒子采集范围同表 8.3。模拟人体呼吸道的解剖结构及其空气动力学特征,基于安德森撞击法原理,按一定流量抽取空气,将悬浮在空气中的微生物粒子,按大小等级分别加速撞击到含营养琼脂培养基的培养皿表面,经培养形成肉眼可见的菌落,对菌落进行计数并根据采样体积计算空气中活个体的浓度,用于监测细菌、真菌、病毒等的物理尺寸、形状、浓度、粒径分布及做进一步微生物分析。可选配二级、六级、八级分层级的安德森采样头,配撞击式吸收瓶采样,可用作液体撞击式微生物气溶胶采样器,用于浮游菌、真菌等生物气溶胶的采样。

TYK-3H 型液体撞击式采样器(恒流款)是由主机及全玻璃制造的采样瓶、进气弯管、喷嘴、抽气管和流量计组成,如图 8.27 所示。其结构是有一呈 90°弧型弯曲的进气管和一组采样液体的外瓶。进气管上部的弯管,是模拟人的上呼吸道对气溶胶粒子的阻拦。在管的末端有一微孔喷嘴,气流经此速度变快可达声速,利用喷射气流将空气中的微生物粒子采集于液体采样介质中。利用液体的黏附性捕获微生物粒子,尤其适用于实验空气微生物学中的浓度测定。常用于微生物气溶胶动物感染的剂量、微生物气溶胶存活的回收率、气溶胶示踪剂的研究,以及人体气雾免疫的剂量,空气消毒剂和消毒器的灭菌效果,滤材和滤器的阻留效果等实验中的气溶胶采样。

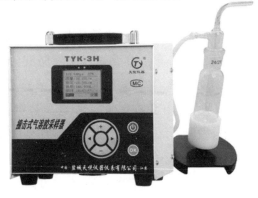

图 8.27　TYK-3H 型液体撞击式气溶胶采样器

该采样器采样流量7~12.5L/min,采样液量10~20mL,适用于高浓度微生物气溶胶的采样,可将采集的样品进行稀释,同时因气流冲击和采样液搅动,可以把微生物粒子团中的多个微生物释放出来,均匀分布在采样液中,从而准确测定出空气微生物粒子浓度。其捕获率高,对小粒子气溶胶尤为敏感,可捕获0.5μm的小粒子。对采样液有保护作用,对脆弱的微生物(如病毒、立克次氏体)也能采样。

8.4.2 样品分析

用不同的样品分析方法可以检测和量化收集的生物粒子。传统方法包括显微镜分析和培养分析,其中以培养为基础的化验可以鉴定细菌和真菌。新的方法也在不断出现并逐步成熟,如生物化学法、免疫学和分子生物学鉴定等。

1. 显微镜分析

在玻璃片或适当的滤膜上收集到生物气溶胶粒子后,可在显微镜下统计出粒子数,但这种方法无法区分可培养生物气溶胶粒子与不可培养粒子。在显微镜下容易统计出较大的生物气溶胶粒子,如花粉粒子和真菌孢子,并根据形态鉴别出花粉粒子,但真菌种类的鉴别则受到显微镜技术的限制。相反,较小的生物气溶胶粒子,如细菌细胞,易于被其他大粒子掩盖。此外,用光学显微镜很难观察到未做染色处理的细菌细胞。实践表明,用吖啶橙等对生物粒子的核酸进行荧光着色后就可以检测到这些粒子,并在落射式荧光显微镜下统计出它们的个数。加标记的抗体着色后还可用于鉴别某些微生物。

2. 其他分析方法

生物化学方法通常用在滤膜样品或流体样品上,可检测生物气溶胶粒子中的某些生物分子,如内毒素、毒枝菌素、β葡聚糖和脂肪酸。根据需要,其分析需要用到气相色谱仪、质谱分析法、高效液相色谱仪或分光光度测定法,有些情况下可能还需要几种方法联用。在免疫化验中,抗体要针对特征抗原,如螨虫、蟑螂、动物过敏源或真菌过敏源。免疫测定的主要局限性是很难确定微生物的特征抗原,也难将它们标准化。聚合酶链反应(PCR)是一种分子生物学鉴定法,PCR可以复制和检测气溶胶粒子中所选择的核酸序列,这种方法尤其适用于快速检测分枝杆菌、结核菌和结节组织菌等实验室无法培养或很难培养的微生物。

第 8 章 气溶胶采样分析技术

8.4.3 采样实施

采样是生物气溶胶监测与分析的关键环节,需要科学组织以确保安全和取得有效样品。

1. 采样策略

生物气溶胶的监测,需要收集代表性的样本、检测和分析该样本,解释结果并下结论。这个领域的检测是复杂的,需要专业理论知识和操作技能,样本收集应该在微生物学研究人员或其他相关专家指导下在健康安全条件下进行。采样人员必须进行无菌技术的培训,应该懂得样本是通过何种途径污染而失效的。

目前还没有哪个单一采样方法可以同时收集、鉴别和量化存在于特定环境中的所有生物气溶胶。因此,判定生物气溶胶的来源清单是重要和有用的,如据此可能初步分析蓄水容器中的微生物以及从假定有真菌生长的表面采集的样品。在工业暴露环境中,生物气溶胶来源的类型和位置非常明显,但在非工业环境中,来源并不明显,因此需要复杂的采样策略。

一般来说,现有生物气溶胶的常规监测设备体积较大,不适合个体采样。采样过程中,微生物被置于高压下,如果分析过程要求生物样品保持活性,通常的做法是缩短采样时间,使其不得超过 20min,一般 1~2min。短时间采样的另一个原因是避免采样介质的超载,超载将导致无法准确估计收集的气溶胶的总量。

通常事先预测工作场所空气中生物因子的浓度是困难的,因此,对于采样者来说,选择能使目标微生物有效生长的培养基比较困难。收集后样本储存条件也是很严格的。只有样本保持合适的温度和湿度,才能保持微生物活性。不同实验室间或同一实验室不同分析者之间分析结果可能存在差异。适当的实验室质量控制程序是得到可靠结果的关键。

空气中的微生物可能是活性的也可能是非活性的,通过采样分析可评估微生物是否存活、可否培养以及微生物的总量。并不是所有生物性气溶胶中的微生物细胞都能被培养的,它们有可能是完整的死亡细胞,也有可能是"存活但不能培养"的。例如,活细胞因为处于冬眠期或培养基不合适不能培养。因为完整(死亡)细胞仍可能损伤人体健康,在一些人体健康影响研究中它们会被检测,但多数生物气溶胶采样主要关注培养基分析评估。

所有在空气中传播的粒子,其在空气中运动和去除的物理原理都一样,因此,可以将此物理原理应用于生物气溶胶采样中。这些原理决定了采集的样品量和适合分析的采样时间。

2. 预防污染

为了避免污染,应严格遵守无菌技术的有关原则。无菌技术的目的是利用系统的操作以防止不期望的微生物和孢子污染样品,如在采集周围环境空气时,人类皮肤上的微生物和呼吸系统内的微生物都可能形成干扰粒子。所有表面,包括洁净的手,都有微生物和孢子,除非经过特殊消毒处理。所有的微生物培养介质在使用之前也都要经过消毒。

消毒是通过破坏细胞和孢子达到去除微生物活性的目的,但并不是所有的物体都能进行消毒。用氧化剂或医用酒精消毒可破坏病原体微生物和大多数植物细胞。经过消毒的采样设备虽不能破坏所有孢子,但足够防止空气样品受到严重污染。

多数采样器可以重新使用,应该在使用前进行彻底清洁和排除污染,或用高压灭菌器或用化学肥皂消毒。当在采样器中使用营养介质盘或滑片时,应避免用手或其他未消毒的物体接触营养面,这些物质还包括下落的水滴和沉降的粉尘。在采样的同时,规定使用一套营养控制皿,并将它们与样品一起培养,以保持介质的无菌状态。一旦使用了皮氏培养皿,就应该将其密封且轻轻移动,通常采样表面朝下。

3. 生物战剂气溶胶采样

生物样品的采集大致分为取样,包装密封,标志,样品的运输、接收、保存几个环节。

生物战剂气溶胶采样与平时致病微生物、环境污染物监测中的采样具有一定的相同之处。例如:都要对整个污染地区进行多点采样;采集的样品要防止污染;避免生物样品的死亡或丧失活性等。然而,生物战剂气溶胶采样和普通微生物采样又具有一些不同特点,具体表现如下:

(1)生物战剂气溶胶种类多,事先很难预测,因此采样技术要适应各类战剂

第 8 章　气溶胶采样分析技术

的要求。

（2）采样主要在野外环境中进行，采样技术要适于在不同地区、不同温湿度下使用。

（3）由于空气扩散较快，采样必须及时，采样技术需要简便快速。

（4）生物战剂气溶胶污染的范围较广，要采集的样品种类多，采样的任务紧迫，必须动员和组织有关方面的技术力量共同进行。

为做好生物战剂气溶胶采样，行动中应遵循以下基本要求：

（1）采集样品应根据实战需要，穿戴防护器材，不准用手摸或用鼻嗅样品。

（2）采样时，应选择污染密度大、浓度高、干扰少的地点或在指定位置取样。样品的采集必须有选择、有重点。选择生物战剂气溶胶施放点下风方向地点作为采样的重点区域。例如，应注意选择空气流动较小，气溶胶容易滞留的地方，如战壕、洼地、森林、房屋拐角处等。

（3）样品的采集应在现场消毒处理之前，尽早进行。先采空气和水样，而后其他。先室外后室内。

（4）采样的样品数量要充分，特别对污染浓度低、密度小的地点更应多取样。在战剂密度大、浓度高的地点取样时，应多点取样防干扰。若袭击征候异常，怀疑是新型战剂时样品采集量应增大。当发现生物弹片及施放器材等应设法取回。

（5）样品采集后密封。贴上标签，并在卡片上注明取样时间、地点、样品种类、敌人生物袭击企图、施放生物战剂的手段（布撒、空投、炮击、烟幕）、污染征候、感染症状（包括人、动物）、采样人姓名、采样面积、采样数量，送检原因、目的，送检者意见等。

（6）采样完毕后，必须对受染的工具、防护器材进行彻底消毒。

除了制式的生物战剂采样器之外，大多数生物气溶胶采样装置也能完成一些生物战剂气溶胶的采样任务。基于生物战剂气溶胶的浓度、粒径、活性等具有不确定性和不稳定性，不同的生物成分对采样过程的耐受力差异很大，生物成分的分析方法也不相同。因此，在充分考虑生物气溶胶上述特点外，应结合采样环境和采样目的，决定采样方法和选用采样器种类。同时，在生物气溶胶采样过程中应使用无菌采样介质。其中固体采样介质包括各种固体营养琼脂、半固体营养琼脂和各种滤膜;液体采样介质包括生理盐水、磷酸盐缓冲液、营养液等各种液体。采样时若考虑生物气溶胶粒子中生物成分的活性,采用介质应选固体或半固体培养基、含有营养成分的液体、中性液体等;若不考虑生物气溶胶粒子中生物成分的活性,仅考虑生物气溶胶粒子采样效率,可选择多种采样介质,如固体或半固体培养基、含有营养成分的液体、中性液体、滤膜等。

第 9 章

气溶胶暴露试验技术

气溶胶是人类生产、生活以及军事活动中经常面临的环境,如化学爆炸、核电站泄漏、雾霾、扬尘以及战争中出现的一系列特种气溶胶,因此,通过专门的气溶胶暴露试验,研究人和武器装备在气溶胶环境中暴露一定时间的危害后果及相关规律,对于保护公众健康和提高武器装备综合性能具有重要意义。

9.1 气溶胶暴露试验目的和作用

9.1.1 气溶胶暴露试验的目的

开展气溶胶暴露试验的主要目的可以概括为三个方面:①关注气溶胶环境对人体(或试验动物)健康的影响,如放射性气溶胶、化学气溶胶、生物气溶胶等特种气溶胶对人体健康的危害;②研究气溶胶环境对武器装备所产生的不良影响,如酸雾、盐雾等气溶胶环境对武器装备的腐蚀性影响后果;③研究武器装备暴露在气溶胶环境中各方面性能的可靠性,如防护面具、防毒衣等防护器材或车辆三防系统等安全装备或安全系统在化学气溶胶环境中的防护性能变化等可靠性研究。随着科学技术、工业生产的发展和核生化军事威胁的加剧,气溶胶环境与人类及社会安全环境关系越来越密切,这就凸显了进行气溶胶暴露试验的重要性。特别是对武器装备而言,气溶胶环境暴露试验应该贯穿于产品研制、生产和使用的各个环节,这对于提高产品的可靠性具有重要的作用。

9.1.2 气溶胶暴露试验的作用

1. 用于产品研究性试验

研究性试验主要用于产品的设计、研制阶段,用于考核所选用的元器件、零部件、材料、设计结构,采用的工艺能否满足产品实际使用的气溶胶环境需要,发现存在的问题,一般采用加速腐蚀试验的方法。

金属腐蚀是一种自发氧化的过程,在盐雾环境下,由于盐雾液体作为电解液存在,增加了金属内部构成微电池的机会,加速了电化学腐蚀过程,使金属或涂层腐蚀生锈、起泡,从而产生构件、紧固件腐蚀破坏,机械部件、组件活动部位的阻塞或黏结,使运动部件卡死、失灵,出现微细导线、印制线路板断路或短路,元件腿断裂等情形。同时,盐溶液的导电性大大地降低了绝缘体表面电阻和体积电阻,其盐雾腐蚀物与盐溶液的干燥结晶(盐粒)间的电阻会比原金属高,会增加该部位电阻和电压降,影响触电动作,从而严重地影响产品电性能。因此,对电工电子产品进行盐雾试验是考察产品抗腐蚀能力的一个重要方法。

2. 用于产品定型试验

定型试验是用来确定产品能否在预定的气溶胶环境条件下达到规定设计技术指标和安全要求。防毒面具主要设计用来防化学毒剂和生物战剂,因此,在定型时检验其生物气溶胶和化学气溶胶吸入防护能力,就显得至关重要。

3. 用于生产检查试验

生产检查试验主要用于检查产品的工艺质量及工艺变更时的质量稳定性。同样的材料和结构采用不同的工艺,也会造成产品的密封性、防腐蚀性等性能发生变化,对产品进行必要的气溶胶暴露试验能够及时发现产品工艺上的缺陷并加以改正。

4. 用于产品的验收试验

验收试验是指产品在出厂时,为了保证产品质量必须进行的一些项目的试验,验收试验通常是抽样进行的。某些产品对密封性、防水性、防腐蚀性、工作环境具有明确的指标参数,为了确保产品的性能达到要求,需要抽样对产品进行极端恶劣条件下的试验。例如,防毒面具在出厂时要抽检其气密性,用于多风沙地区工作的仪器设备在出厂时要进行沙尘防护试验,轮船上使用的仪器设

第 9 章 气溶胶暴露试验技术

备在出厂时要进行盐雾腐蚀试验,潮湿多雨地区使用的仪器设备在出厂时要进行霉菌腐蚀试验;等等。

5. 用于安全性试验

用气溶胶暴露试验可以检查产品是否危害健康及生命,通常采用较正常试验更严酷的试验等级进行。例如:对食品可以进行湿热试验和霉菌试验,观察其变质的规律,确保食品安全;对轮船的船体进行加速盐雾腐蚀试验,确定其维护的方法和周期,确保轮船的安全;等等。

6. 用于可靠性试验

气溶胶暴露试验是可靠性试验的重要组成部分,也是提高产品可靠性的重要手段。通过气溶胶暴露试验,能够获取不同的气溶胶环境对产品材料、工艺、结构等产生的腐蚀、长霉、降低性能等影响,获取基本的试验数据,为产品的使用、维护、改进提供支持,进而提高其可靠性。

9.2 气溶胶暴露试验种类

气溶胶暴露试验按照试验对象的属性一般分为动物暴露试验和装备暴露试验两大类。动物暴露在气溶胶环境中通过吸入气溶胶和皮肤接触等途径会使其健康状态发生变化,研究变化的过程和规律有助于帮助人类减轻或避免遭受气溶胶的危害。对防护装备、车辆或者武器等装备类试验对象,主要考察其功能和性能在海上的盐雾环境、有毒有害气溶胶环境等特种气溶胶环境中的变化,从而对其可靠性做出更全面的评价。

装备类暴露试验通常是指将试件暴露在某种特定的气溶胶环境下,测试该试件对特定气溶胶环境的承受能力及该气溶胶环境对其性能影响的一种试验。主要用来测试仪器、设备、电子元件、金属材料、化工产品、生物制品等不同种类的试件暴露在不同的气溶胶环境下,对试件本身的力学性能、电子性能、物理结构、化学组成、使用效能、使用寿命等所造成的影响,也可用来检测试件某一方面的性能是否达到设计指标。

装备暴露试验根据其暴露的气溶胶环境可分为气溶胶腐蚀试验和气溶胶防护试验,具体试验类别如图 9.1 所示。

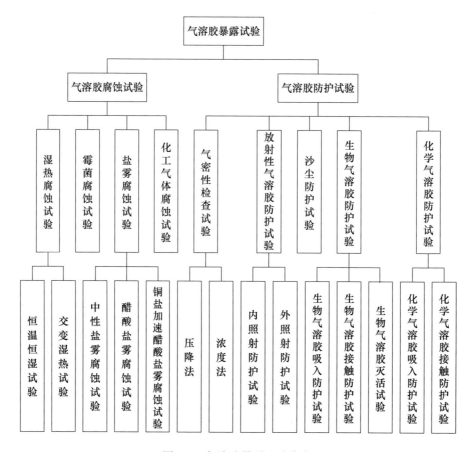

图 9.1 气溶胶暴露试验分类

9.2.1 气溶胶腐蚀试验

气溶胶腐蚀是指试件仅与气溶胶腐蚀剂接触所发生的腐蚀。气溶胶腐蚀试验用于确定试件在某种气溶胶环境下工作、储存的适应性,特别是接触件与连接件。影响腐蚀的主要因素有温湿度、气溶胶成分等。试验的严苛程度取决于腐蚀性气溶胶的种类和暴露持续时间。可进行单一组分气溶胶腐蚀试验,也可进行多种混合气溶胶的腐蚀试验。在一定的温度和相对湿度的环境下对试件进行加速腐蚀,重现试件在一定时间范围内所遭受的破坏程度,以及试件的防护层在气溶胶中的防腐蚀能力。

第 9 章　气溶胶暴露试验技术

按气溶胶成分的不同,气溶胶腐蚀试验又可分为湿热腐蚀试验、霉菌腐蚀试验、盐雾腐蚀试验和化工气体腐蚀试验。

1. 湿热腐蚀试验

湿热腐蚀试验是一种加速试验,是为了在短时间内判断受试件在高相对湿度环境条件下,即水分子气溶胶相对浓度较大,温度又有变化,既使用又存放时的适应能力。其试验目的是测试在高温高湿条件下材料的防腐蚀能力,特别是金属材料的防锈性能,可用来评价防锈油脂、涂层的性能。从试验方法上又可分为恒温恒湿试验和交变湿热试验。恒温恒湿试验是评定电工电子产品、元件、材料等在恒定(稳态)湿热条件下使用和储存的适应性。试验样品连续暴露在高温高湿下可以构成水汽吸附、吸收和扩散等作用,许多材料在吸潮后力学性能及电性能下降,金属材料会发生锈蚀。交变湿热试验是在高湿条件下,利用温度循环引起的反复"凝露"和"呼吸"作用来评定元器件及材料在高温和炎热条件下抗衰变作用的能力。交变湿热试验会加速水汽进入样品的内部,从而使腐蚀过程加速。

2. 霉菌腐蚀试验

霉菌腐蚀试验是用来检测试件的抗霉能力和在有利于霉菌生长的条件(高湿温暖环境和有无机盐存在的条件)下霉菌生长现象对产品及材料性能的影响程度。

霉菌种类繁多,分布广泛,在自然界中有 10 万多种,能侵蚀工业材料的霉菌也有约 4 万种。霉菌繁殖靠霉菌孢子,它体积很小,大多数直径在 $1 \sim 10\mu m$ 之间,从形态上也是一种气溶胶,凡是空气可达之处都可以受到霉菌孢子的污染。霉菌在适宜的温度、湿度和必要的偏酸性营养物质的条件下,极易生长繁殖。产品(包括零部件和材料)长霉将导致产品霉变,甚至引起重大事故的发生,因此研究霉菌对产品的危害,从而采取有效措施具有重要意义。

3. 盐雾腐蚀试验

盐雾腐蚀试验是用于对材料、表面薄膜或表面处理工艺进行评价、筛选对比的环境试验。通过盐雾腐蚀试验可以评价产品及其材料保护性覆盖层和装饰层的质量与有效性,定位潜在的问题区域,发现质量不足,暴露设计缺陷等,可以用来优选材料和评价产品,主要应用于暴露在含盐量高的大气环境(如海洋周边)中的产品。盐雾腐蚀试验主要分为两大类,一类为天然环境暴露试验,另一类为人工加速模拟盐雾环境试验。

在人工加速盐雾试验中,利用盐雾试验箱模拟海洋大气中的盐雾环境进行人工加速试验,加载条件为自然环境盐雾含量的几倍或几十倍,使腐蚀速度大大提高,可在短时间(几天)内得到(1年或更长时间)试验结果。

从盐雾的成分上区分,人工模拟盐雾试验又包括中性盐雾试验(NSS 试验)、醋酸盐雾试验(ASS 试验)和铜盐加速醋酸盐雾试验(CASS 试验),其中应用最广的是中性盐雾试验。中性盐雾试验主要用来对金属材料,以及金属上的金属镀层或非金属有机镀层进行检验,也可用来检验涂覆系统。与此相反,醋酸盐雾和铜盐加速醋酸盐雾一般只用于金属镀层的检验而不用于有机镀层的检验。盐雾腐蚀试验的基本内容是在35℃下利用5%的氯化钠水溶液在试验箱内喷雾构造盐雾气溶胶环境,进而模拟海水环境的加速腐蚀方法,其耐受时间的长短决定耐腐蚀性能的好坏。

1)中性盐雾腐蚀试验

中性盐雾试验(NSS 试验)是出现最早、目前应用领域最广的一种加速腐蚀试验方法。它采用5%的氯化钠盐水溶液,溶液 pH 值调在中性范围(6.5 ~ 7.2)作为喷雾用的溶液。试验温度均取35℃,要求盐雾的沉降率在 $1.0 \sim 2.0$ mL/($80\ cm^2 \cdot h$)之间。

2)醋酸盐雾腐蚀试验

醋酸盐雾试验(ASS 试验)是在中性盐雾试验的基础上发展起来的。它是在5%氯化钠溶液中加入一些冰醋酸,使溶液的 pH 值降为3左右,溶液变成酸性,最后形成的盐雾也由中性盐雾变成酸性。它的腐蚀速度要比 NSS 试验快3倍左右。

3)铜盐加速醋酸盐雾腐蚀试验

铜盐加速醋酸盐雾试验(CASS 试验)是国外新近发展起来的一种快速盐雾腐蚀试验,试验温度为50℃,盐溶液中加入少量的铜盐 - 氯化铜,强烈地诱发腐蚀。它的腐蚀速度大约是 NSS 试验的8倍。

从盐雾腐蚀试验的方法上区分,人工模拟盐雾试验又可分为恒定盐雾试验、循环盐雾试验和交变盐雾试验。恒定盐雾试验是用来比较相同或相类似的不同批量的产品耐盐雾腐蚀的能力。可以用来检查材料或防护层的质量和均匀性。恒定盐雾试验不能用于评价产品在盐雾大气条件下储存或使用的适应性。循环盐雾试验的目的是确定元器件或设备在盐雾大气条件下储存和使用的适应性。交变盐雾试验是一种综合盐雾试验,它实际上是中性盐雾试验加恒定湿热试验,主要用于空腔型的整机产品,通过潮湿环境的渗透,使盐雾腐蚀不但在产品表面产生,也在产品内部产生,通过将产品在盐雾和湿热两种环境条件下交替转换,最后考核整机产品的电性能和力学性能有无变化。

4. 化工气体腐蚀试验

在工业区或燃烧设备的废气附近的产品受酸性大气的影响日趋严重。酸性大气环境可能导致产品表面涂覆层和非金属材料的化学侵蚀,导致金属材料的腐蚀,使陶瓷和光学仪器产生点蚀,造成产品故障或性能下降。

化工气体腐蚀试验主要是利用 NO_2、SO_2、H_2S、Cl_2 等各种腐蚀性气体,在一定的温度和相对湿度条件下,对材料或产品进行加速腐蚀,重现材料或产品在一定时间范围内所遭受的破坏程度,以及相似防护层的工艺质量比较,用于确定零部件、电工电子元件、金属材料等产品的防护层及工业产品在单一或多种混合化工气体中的抗腐蚀能力。本试验主要应用于可能在腐蚀性化工气体特别是酸性大气环境下储存或使用的产品。

气体腐蚀试验主要应用于接触点和连接件,试验后的评定标准是接触电阻变化,其次是试件的外观腐蚀变化。其中:SO_2 和 H_2S 是主要的腐蚀气体,二氧化硫气体腐蚀试验是用来评价贵金属或有贵金属镀层(银和银合金等除外)的接触点和连接件产品的;硫化氢气体腐蚀试验是用来评价银或银合金,有保护层的银、镀银或镀银合金的接触点和连接件产品的。

9.2.2 气溶胶防护试验

气溶胶防护是指以物理隔绝或化学反应的方式阻断气溶胶的传播。气溶胶防护试验用于确定试件在某种气溶胶环境下正常工作的能力。影响防护能力的主要因素有温湿度、风速、气压、气溶胶成分和暴露持续时间等。可进行单一组分气溶胶防护试验,也可进行多种混合气溶胶的防护试验。通常用来判定试件本身对特定气溶胶的防护能力,关系到试件本身或试件内部操作人员在特定气溶胶环境下正常工作的时间。

按试验目的和气溶胶成分的不同，气溶胶防护试验又可分为气密性检查试验、沙尘防护试验、放射性气溶胶防护试验、生物气溶胶防护试验和化学气溶胶防护试验。

1. 气密性检查试验

气密性检查试验主要是用来对具有腔体的试件密封性进行检测的试验，如管路、水箱、油箱、防毒面具等对容腔有密封要求的产品。一般采用将压缩空气（或氨、氟利昂、氦、卤素气体等）压入容器，利用容器内外气体的压力差检查有无泄漏。也可采用具有一定刺激性或气味的气体（如氯化苦等），来检查防毒面具的气密性。气密性检查对于长时间在有毒有害气体环境下工作的设施、设备、器材，如防毒面具、防毒衣、集防工事等，显得尤为重要。根据试验方法的不同，气溶胶暴露试验中的气密性检查方法主要分为两类。

1) 压降法

压降法的原理是在密闭的工件腔体内通入一定压力一定体积的气体，静置一段时间使其压力稳定，然后断开部件的压缩空气供给，经过既定的测量时间后测量压力变化。如果存在泄漏，压力就会下降。

也可以在密闭的工件腔体内通入一定压力的气体，同时在一个标准罐体内通入同样压力的气体，静置一段时间，观察标准罐体内的压力与工件腔体内的压力，因泄漏而在差压传感器上产生微小压差，根据压差来定量计算被测物的漏气量。基准物的存在使外界环境及工作本身差异时测试的影响降到最小，提高了气密性测试的效率、精度及可靠性。

2) 浓度法

浓度法的原理是在密闭的工件腔体内外分别注入两种不同的气体，工件腔体外部的气体压力可大于或等于工件腔体内部的气体压力，静置一段时间后，测量工件腔体内气体成分的变化，如果存在泄漏，工件腔体内会存在一定浓度的腔体外部气体成分。一般采用这种方法来检测防毒面具等防护装备的气密性，在密闭的空间内施放一定浓度的刺激性气体，如果面具的气密性不好，佩戴者会吸入刺激性气体而感知。

在气溶胶暴露环境中进行气密性检查一般采用的是浓度法，通过把试件放

第 9 章 气溶胶暴露试验技术

置在特定的气溶胶环境中,或者在气溶胶环境中进行工作,测试外界的气溶胶是否进入试件的内部。

2. 沙尘防护试验

沙尘防护试验是气候环境模拟试验的一种。由于产品在储存、运输和使用过程中可能会遇到沙尘的恶劣环境,影响产品的正常工作能力,因此,对产品进行沙尘试验,可以检验和考核其承受沙尘环境的能力。通过模拟自然界中风沙气候对产品的破坏性,可以检测产品的外壳密封性能和可靠性,检验电子电工产品、机械零部件、密封件在沙尘环境中的使用、储存、运输中的性能。

沙尘影响产品正常工作能力主要表现为:沙尘覆盖在产品的传热表面上,使其散热恶化;沉积在产品的绝缘表面上,会因沙尘的吸附及所带的静电荷而使电气绝缘性能下降,造成漏电或短路;沙尘阻塞在机械的可动部分,使其磨损或者动作不灵活,甚至使可动部分卡死,不能正常运动而产生故障;在自动控制元件中,电气触点有沙尘沉积时,其接触电阻增大,控制失灵,严重时会烧坏触头等。

3. 放射性气溶胶防护试验

放射性气溶胶防护试验是用来检测试件隔断放射性气溶胶接触或进入人体能力的试验。一定量的放射性物质进入人体后,既具有生物化学毒性,又能以它的辐射作用造成人体损伤,这种作用称为内照射;体外接触放射性物质,其电离辐射照射人体也会造成损伤,这种作用称为外照射。因此,放射性气溶胶防护又可分为内照射防护和外照射防护。

内照射防护试验主要用来检测试件隔断放射性气溶胶进入人体的能力,可以通过一段时间的过滤除尘后,检测通过试件的空气中放射性气溶胶的浓度变化来评定试件的防护能力。也可以通过动物毒性试验来检测动物吸入的放射性物质的浓度。

外照射防护试验主要用来检测试件隔断放射性气溶胶接触人体或者将外照射剂量减少到人体容许水平以下的能力,通过检测试件内、外辐射剂量率的衰减来评定试件的防护能力。

4. 生物气溶胶防护试验

生物气溶胶防护试验是用来检测试件隔断生物气溶胶接触或进入人体能

力的试验。主要包括生物气溶胶吸入防护试验和生物气溶胶接触防护试验等。其中,生物气溶胶吸入防护试验主要用来评价试件对生物气溶胶的过滤能力,一般通过测量一定浓度生物气溶胶经试件的吸附和过滤后穿透试件的浓度残留来确定防护能力的大小,也可以通过动物吸入毒性试验来评价试件的防护能力,通常用来评价呼吸道防护器材的性能。生物气溶胶接触防护试验主要用来评价试件对生物气溶胶的隔绝能力,通常与试件的材料、厚度、温度、内外压力等因素有关。将试件静置于一定浓度生物气溶胶的环境下,通过测量一段时间后透过试件的生物气溶胶浓度来评价试件对生物气溶胶的隔绝能力。生物气溶胶灭活试验主要用来评价试件(如紫外线杀菌灯)对生物气溶胶的灭杀能力,通常与试件的光强、光谱、温度等因素有关。将试件放置于一定浓度生物气溶胶的环境下,使其工作一段时间后评价其对生物气溶胶的灭杀效果。

5. 化学气溶胶防护试验

化学气溶胶防护试验是用来检测试件隔断化学气溶胶接触或者进入人体或试件内能力的试验。主要包括化学气溶胶吸入防护试验和化学气溶胶接触防护试验。其中,化学气溶胶吸入防护试验主要用来评价试件对化学气溶胶的过滤能力,一般通过测量一定浓度化学气溶胶经试件的吸附和过滤后穿透试件的浓度残留来确定防护能力的大小,也可以通过动物吸入毒性试验来评价试件的防护能力,通常用来评价呼吸道防护器材的性能。化学气溶胶接触防护试验主要用来评价试件对化学气溶胶的隔绝能力,通常与试件的材料、厚度、温度、内外压力等因素有关系。将试件静置于一定浓度化学气溶胶的环境下,通过测量一段时间后透过试件的化学气溶胶浓度来评价试件对化学气溶胶的隔绝能力。

9.3 气溶胶暴露试验方法

气溶胶暴露试验包括湿热腐蚀试验、霉菌腐蚀试验、盐雾腐蚀试验、化工气体腐蚀试验、气密性检查试验、沙尘防护试验、放射性气溶胶防护试验、生物气溶胶防护试验、化学气溶胶防护试验等十多种试验,本书重点围绕与核生化气溶胶密切相关的几类气溶胶暴露试验进行论述。

第 9 章 气溶胶暴露试验技术

9.3.1 盐雾腐蚀试验

1. 确定试验条件

选定所用的试验条件和试验技术。确定盐溶液浓度和 pH 值、试验持续时间、盐雾的沉降率、试验温度等试验参数和试件的技术状态。

1) 盐溶液

盐溶液的浓度为 5%±1%。所用的水在 25℃下,水的 pH 值为 6.5~7.2;推荐使用电阻率为 1500~2500Ω·m 的水,避免带来污染或酸碱条件的变化从而影响试验结果。

2) 试验持续时间

推荐使用交替进行的 24h 喷盐雾和 24h 干燥两种状态共 96h(2 个喷雾湿润阶段和 2 个干燥阶段)的试验程序。经验证明,这种交变方式和试验时间,能提供比连续喷雾 96h 更接近真实暴露情况的盐雾试验结果,并具有更大的潜在破坏性,因为在从湿润状态到干燥状态的转变过程中,腐蚀速率更高。如果需要比较多次试验之间的腐蚀水平,为了保证试验的重复性,要严格控制每次试验干燥过程的速率。为了对试件耐受腐蚀环境的能力给出更高置信度的评价,可以增加试验的循环次数,也可采用 48h 喷盐雾和 48h 干燥的试验程序。

3) 温度

喷雾阶段的试验温度为 (35±2)℃,此温度并不模拟实际暴露温度。如果合适或有其他特殊要求,也可以使用其他温度。

4) 风速

试验过程中应保证试验箱内的风速尽可能为 0。

5) 沉降率

调节盐雾的沉降率,使每个收集器在 80cm² 的水平收集区内(直径 10cm)的收集量为 1~3mL/h 溶液。

6) 试件的技术状态

试件在盐雾试验中的技术状态和取向是确定环境对试件影响的重要参数。除另有说明外,试件应按其预期的储存、运输或使用中的技术状态和取向来放置。

2. 确定试验需要的信息

1)试验前需要的信息

试验前应收集下列信息:

(1)试验所要使用的设备和仪器。

(2)要求的试验程序。

(3)试件中关键的部件和组件(适用时)。

(4)试验持续时间。

(5)试件的技术状态。

(6)试验量值及其持续时间。

(7)仪器/传感器的安装位置。

(8)试件目视检测和性能检测的范围,以及包括和排除这些范围的说明。

(9)盐溶液的浓度(若不是5%时)。

(10)水的电阻率和水的类型。

2)试验中需要的信息

试验中的信息包括:

(1)性能检查结果。试件需在试验中工作时,则应进行适当的测试或分析,并与试验前的基线性能数据进行对比,以确定性能是否发生了变化。

(2)施加在试件上的环境条件的记录。

(3)试件对施加的环境作用的响应记录。

(4)试验箱的温度随时间变化的记录。

(5)盐溶液的沉降率($mL/(80cm^2 \cdot h)$)。

(6)盐雾的pH值。

3)试验后需要的信息

每次试验完成后,应按规范检验试件。试验后的记录中应包括下列信息:

(1)试件的标识。

(2)试验设备的标识。

(3)实际试验顺序。

(4)对试验大纲的偏离及其说明。

(5)所要监控的性能参数数据(含目视检查结果和照片)。

(6) 试验期间定期记录的室内环境条件。

(7) 暴露持续时间或试验循环的周期数。

(8) 试验中断的记录及其处理结果。

(9) 试件目视检测和性能检测的范围,以及包括和排除这些范围的说明。

(10) 试验变量,包括盐溶液的 pH 值,盐溶液的沉降率($mL/(80cm^2 \cdot h)$)。

(11) 腐蚀效应、电气效应和物理效应的检测结果。

(12) 用于失效分析的观察结果。

(13) 确认试验数据有效的人员签名及日期。

3. 试验要求

1) 试验箱要求

使用对盐雾特性没有影响的支撑架(样品架)。与试件接触的所有部件都不能引起电化学腐蚀。冷凝液不能滴落在试件上。任何与试验箱或试件接触过的试验溶液都不能返回到盐溶液槽中。试验箱应有排风口以防止试验空间内压力升高。应根据我国的有关法规对废液进行处理。

2) 盐溶液槽要求

使用不与盐溶液发生反应的材料制备盐溶液槽,如玻璃、硬质橡胶或塑料等。

3) 盐溶液注入系统要求

过滤盐溶液并输送到试验箱中。试验箱带有雾化器,能产生分散精细而湿润的浓雾。雾化喷嘴和管路系统应由不与盐溶液发生反应的材料制成。防止盐沉积堵塞喷嘴。

在下列条件下,在体积小于 $0.34m^3$ 的试验箱内能获得合适的盐雾:

(1) 喷嘴压力尽可能低到按所要求的速率喷雾。

(2) 喷嘴的孔径在 $0.5 \sim 0.76mm$ 之间。

(3) 在每 $0.28m^3$ 的试验箱内,每 24h 大约雾化 2.8L 的盐溶液。

当采用容积远大于 $0.34m^3$ 的试验箱时,上述的条件需要修改。

4) 盐雾收集器要求

用至少两个盐雾收集器来收集盐溶液样品。一个放置在试件的边缘最靠近喷嘴处,另一个也放置在试件的边缘但应离喷嘴最远。若使用多个喷嘴,此原则同样适用。收集器的安放位置不应彼此被试件遮蔽,也不能让收集器收集到从试件或其他地方滴落的盐水。

5)压缩空气要求

压缩空气除去油和污物后,应进行预热和加湿。预热的目的是弥补压缩空气膨胀到大气压时的降温效应。表9.1给出了推荐使用的压缩空气压力与相应的预热温度要求值。

表9.1 压缩空气压力与相应的预热温度要求

空气压力/kPa	预热温度(雾化前)/℃
83	46
96	47
110	48
124	49

6)试验中断要求

(1)允差内中断。若试验中断期间,试验条件仍保持在允差范围内不构成一次中断。因此,若在中断期间环境条件保持在正确的试验量值,则不需要修改试验持续时间。

(2)超允差中断。若在试验中出现超允差中断,应仔细分析中断情况。若要从中断点继续试验,则应从最后一个有效的试验循环重新开始试验,或用同一试件重做整个试验,在这种情况下若试件再发生失效,则应确定中断试验或延长试验时间对其产生的影响。

(3)欠试验中断。若发生了意外的试验中断,导致试验条件低于规定值,并超过了允差,应对试件进行全面的目视检查,做出试验中断对试验结果影响的技术评估。将试件稳定在试验条件下,从中断点重新开始试验。

(4)过试验中断。若发生了意外的试验中断,导致试验条件高于规定位,并超过了允差,应使试验条件稳定在允差内并保持这一水平,直到能够进行全面的外观检查和技术评价以确定试验中断对试验结果的影响为止。若对外观检查或技术评价得出试验中断并没有对最终试验结果带来不利影响,或者确认中断的影响可以忽略,则应重新稳定中断前的试验条件,并从超过允差的时刻点起继续试验。否则采用新的试件重新开始试验。

第 9 章　气溶胶暴露试验技术

7）试件的安装与调试要求

试件的安装应尽可能模拟实际使用状况,并按需要进行试件连接和测试仪器连接。

(1)为检测试件防护装置的有效性,应确保使用的插头、外罩和检测板处在便于测试的位置,且在操作时处于正常(防护或未加防护)方式。

(2)试件上的正常电气连接和机械连接,若试验中不需要(如试件不工作),则用模拟接头代替,以确保试验真实。

(3)若试件包括数个具有完整功能的独立单元,则可对各单元分别进行试验。若对各单元一并进行试验,且机械、电气和射频连接接口允许,则各单元间及单元与试验箱内壁间至少应保持15cm的距离,以确保空气能正常循环。

(4)保护试件不受无关的环境污染物影响。

(5)检查用于试验条件监测的传感器类型是否合适,安装位置是否正确以便获得所需要的试验数据。

(6)确保试验箱内沉降量收集器放置的位置不会收集到从试件上滴落的液滴。

4. 试验过程

1）试验准备

试验开始前,根据有关文件确定程序变量、试件的技术状态、循环次数、持续时间、储存/工作的参数量级等。

(1)试件预处理与技术状态。应对受污染的试件表面进行预处理,以确保试件表面没有污染物如油、脂或污物(灰尘)等,因为它们会导致表面水膜破裂。任何清洗方法均不能使用腐蚀性溶剂,不应使用在试件表面形成腐蚀层或保护层的溶剂,不应使用除纯的氧化镁以外的磨料。对试件的预处理应尽可能少。

(2)试验溶液的配制。本试验所用的盐为氯化钠,这种氯化钠(干燥状态)含有的碘化钠不能多于0.1%,所含有的杂质总量不能超过0.5%。不应使用含有防结块剂的氯化钠,因为防结块剂会产生缓蚀剂的作用。

除另有规定外,5% ±1%的氯化钠溶液应按以下方法制备:

把5份重量的氯化钠溶解于95份重量的水中。通过调节温度和浓度,来调整和保持盐溶液的密度。若必要,盐溶液中可加入硼砂($Na_2B_4O_7 \cdot 10H_2O$)

作为 pH 缓冲剂,在 75L 盐溶液中加入的硼砂量不超过 0.7g。应保持盐溶液的 pH 值,使在试验箱中收集到的沉降盐溶液的 pH 值,在温度为 (35 ± 2) ℃时保持在 6.5~7.2 之间。只能使用稀的化学纯的盐酸或氢氧化钠来调整 pH 值。pH 值的测量可采用电化学法或比色法。

(3)试验箱的运行检查。若试验箱在实验前 5 天内没有使用过或者喷嘴未被堵塞,则应在试验开始前,在空载条件下调整试验箱所有的试验参数,以达到本试验的要求。保持此试验条件至少 24h,或保持试验条件直至正常的运行状况和盐雾沉降率被确认为止。为确保试验箱工作正常,24h 后仍要监测盐雾的沉降率。应连续监测和记录试验箱的温度,或每隔 2h 监测一次直至试验开始。

2)初始检测

试验前所有试件均应在标准大气条件下进行检测,以取得基线数据。检测应按以下步骤进行:

(1)记录实验室内的大气条件。

(2)对试件进行全面的目视检查,注意以下内容:

① 高应力区。

② 不同类金属接触的部位。

③ 电气和电子部件,特别是相互靠近、没有涂覆或裸露的电路元件。

④ 金属表面。

⑤ 已经出现或可能出现冷凝的封闭区域。

⑥ 带有覆盖层或经过表面防腐处理的表面或部件。

⑦ 阴极防护系统。

⑧ 由于盐沉积物的阻塞或覆盖而发生故障的机械系统。

⑨ 电和热的绝缘体。

(3)记录检查结果(若需要,可拍照)。

(4)将试件安装在试验箱内,并符合所要求的技术状态。

(5)根据有关文件要求进行运行检测,记录试验结果。

(6)若试件工作不正常,则应解决问题,并从上面最适当的步骤开始,重新进行试验前标准大气条件下的检测。

3）试验程序

试验程序的步骤如下：

(1)调节试验箱温度为 35℃，并在喷雾前将试件保持在这种条件下至少 2h。

(2)喷盐雾 24h 或有关文件规定的时间。在整个喷雾期间，盐雾沉降率和沉降溶液的 pH 值至少每隔 24h 测量一次，保证盐溶液的沉降率为 $1\sim3\text{mL}/(80\text{cm}^2\cdot\text{h})$。

(3)在标准大气条件温度(15~35℃)和相对湿度不高于 50% 的条件下干燥试件 24h 或有关文件规定的时间。在干燥期间，不能改变试件的技术状态或对其机械状态进行调节。

(4)干燥阶段结束时，除另有规定外，应将试件重置于盐雾试验箱内并重复(2)和(3)至少一次。

(5)进行物理和电气性能检测，记录试验结果(若需要，可拍照)。若对此后的腐蚀检查有帮助，则可以在标准大气条件下用流动水轻柔冲洗试件，然后再进行检测并记录试验结果。

(6)对试件进行目视检查，并记录检查结果。

5. 试验结果分析

应按照试验大纲以及试验报告的要求进行试验结果分析，分析结果应包括下列内容：

(1)控制的环境条件(包括温度、湿度等)。

(2)试件的响应(包括温度、湿度等)。

(3)在环境条件作用下试件的腐蚀情况、功能或使用性能。

(4)施加环境与试件的响应、功能或使用性能之间的相关性分析，在相关性分析中，可能涉及试件的理论模型、腐蚀机理等。

(5)试验目的以及试验与试验目标之间的关系。

(6)允许的或可接受的试件性能下降。

(7)进行试验所需要的特定操作程序或专用装置可能导致的影响。

(8)从短期和潜在的长期影响角度，分析腐蚀对试件正常功能和结构完整性的影响，并要将由于盐沉积引起机械部件或组件的阻塞或粘接以及由于残留的潮气引起电路的短路等而导致的故障或性能下降区分开来。

6. 主要试验设备

盐雾腐蚀试验的主要试验设备是盐雾腐蚀试验箱。主要针对各种材质的表面处理,包含金属材料、电子零部件、化工涂料、磁性材料、有机及无机皮膜、阳极处理、防锈油等产品的质量检测,测试产品耐盐雾气溶胶的腐蚀性。图9.2所示为某型盐雾试验箱,试验温度范围10~55℃,湿度范围大于或等于93% R.H,雾沉降量 $1 \sim 2\text{mL}/(80\text{cm}^2 \cdot \text{h})$,喷雾方式为连续/周期任选,可开展中性盐雾试验(NSS试验)、醋酸盐雾试验(ASS试验)、盐雾试验(SS试验)、铜加速醋酸盐雾试验(CASS试验)等盐雾试验。

图9.2 某型盐雾试验箱

图9.3所示盐雾试验箱内部试验空间可达 $200\text{cm} \times 120\text{cm} \times 60\text{cm}$,氯化钠溶液浓度5%或在其中每升添加0.26g氯化铜($CuCl_2 \cdot 2H_2O$),喷雾量(包括连续式喷雾与间断式喷雾)$1.0 \sim 2.0\text{mL}/(80\text{cm}^2 \cdot \text{h})$(至少收集16h,取其平均值),pH值6.5~7.2/3.0~3.2,相对湿度可达85%以上。

盐雾试验箱一般由箱体、控制系统、喷雾系统和安全保护系统等部分组成。各部分结构特点如下。

1)箱体

盐雾试验箱整体为进口PVC增强硬质塑料板,表面光洁平整,并耐老化、耐腐蚀。摒弃玻璃钢材质(因时间而产生表面褪色纤维化),全塑结构盐雾试验箱

第 9 章 气溶胶暴露试验技术

更能满足长期强酸、强盐雾试验而不产生任何损伤。

箱盖为全透明进口耐冲击板材制造,便于试验时观测试验样品受试状况,箱盖与箱体采用水密封,从而防止盐雾外泄。

图 9.3　某型盐雾试验箱

2）控制系统

采用高精度控温仪,加热器件采用国外先进的钛合金护管,内置镍铬合金远红外发热芯体,升温快,温度分布均匀,误差为 ±0.1℃。

箱体内试验温度为水套式加热加湿,且比起玻璃钢箱体夹套式加热功耗节省约 1/2。

可以控制选择连续或周期喷雾。

3）喷雾系统

喷雾装置采用玻璃喷头,喷雾均匀分散后弥漫到整个试验箱内部。喷雾量大小可调节。

喷嘴所喷出的细雾,以自由落体方式沉降,内置一个或数个表面积 $80\,cm^2$ 的漏斗杯收集盐雾,凝结成水后由导管流至箱体外部的计量筒内。

4）安全保护装置

低水位时,自动切断电源装置。超温时,自动切断电源装置。附安全警示灯装置。

9.3.2　气密性检查试验

气密性检查试验又称密闭性检查试验,是检验试件制造质量、致密性常用的方法之一,是保证容器正常运行而不产生泄漏的重要手段,盛装危险性较大的介质或设计上不允许有微量泄漏的容器,或者不允许外界危险气体进入试件内部,都应做气密性检查试验。气溶胶暴露试验中的气密性检查试验主要针对的是需要在危险气溶胶环境下储存、工作或使用的产品,如防毒面具、隔绝式防护装具、矿用救生舱等。对于这类产品,常用的气密性检查方法有压降法和浓度法,压降法适用于内部要形成正压环境的试件,浓度法适用于内部与外部大气压力一致的试件,或者需要在运动中使用的试件。

1. 确定试验条件

1)温度

试验温度为(35 ± 2)℃。此温度并不模拟实际暴露温度。根据试验目的,也可以使用其他温度。

2)试验持续时间

试验持续时间可以根据试件的性能参数或者实际的使用要求进行确定,一般对于高压容器来说,可以从普通气压条件下逐步进行升压测试,容器内压力每升高$5 \sim 10$MPa,保持5min,直到达到测试的最高压力值后保持30min或其他要求的时间。

3)试验气体

除另有说明外,应使用空气或氦气等无毒副作用的惰性气体作为高压气体。对于需要进行感官测试的试件,可以在气体中加入氯化苦或苯氯乙酮等刺激性试剂,以便于感知气体的泄漏或渗入,加入的刺激剂浓度以相关文件规定为准。

4)试件的技术状态

试验期间应使试件处于预期储存或使用的状态。至少应考虑以下几方面:

(1)处于运输/储存容器内或运输箱内的状态。

(2)有保护或无保护的状态。

(3)正常使用状态。

(4)为特殊用途改装后的状态。

5)试件工作

在试验期间通常不要求试件工作,但在试验结束后可能要求试件工作。也

第 9 章　气溶胶暴露试验技术

有的试件需要检测其在工作或使用状态下的气密性,如防毒面具。

2. 确定试验需要的信息

1)试验前需要的信息

试验前应收集下列信息:

(1)试验所要使用的场所、设备和仪器。

(2)要求的试验程序。

(3)试件中关键的部件和组件(适用时)。

(4)试验持续时间。

(5)试件的技术状态。

(6)试验量值及其持续时间。

(7)仪器/传感器的安装位置。

(8)试验气体的组成、压力和浓度。

(9)试件外观和功能检查部位,以及对于检查与非检查部位的说明。

(10)本试验是试件的性能验证试验还是生存能力验证试验的说明。

(11)是否要求在试验后证明试件的安全性和性能的完好,或防护有毒气体气溶胶的能力。

(12)若要对工作性能进行评估,则明确试件工作和进行评估的试验阶段,以及要求的性能水平。

2)试验中需要的信息

试验中的信息包括以下方面:

(1)性能检查结果。试件需在试验中工作或使用时,应进行适当的测试或分析,并与试验前的基线性能数据进行对比,以确定性能是否发生了变化。

(2)施加在试件上的环境条件的记录。

(3)试件对施加的环境作用的响应记录。

(4)试验温度随时间变化的记录。

(5)单位时间试件内部气压的下降率(MPa/min)(针对高压容器)。

(6)单位时间试件内部气压的上升率(MPa/min)(针对常压或真空容器)。

(7)其他惰性气体或刺激性气体向试件内部的渗透情况,如有条件可测量浓度随试件的变化。

3）试验后需要的信息

每次试验完成后,应按规范检验试件。试验后的记录中应包括下列信息：

(1) 试件的标识。

(2) 试验设备的标识。

(3) 实际试验顺序。

(4) 对试验大纲的偏离及其说明。

(5) 所要监控的性能参数数据(含目视检查结果和照片)。

(6) 试验期间定期记录的室内环境条件。

(7) 暴露持续时间或试验循环的周期数。

(8) 试验中断的记录及其处理结果。

(9) 试件外观和功能检查的部位,以及对检查与非检查部位的说明。

(10) 试验变量,包括气体的压力变化、气体的浓度变化。

(11) 高压气体对试件外观、性能造成的影响。

(12) 用于失效分析的观察结果。

(13) 确认试验数据有效的人员签名及日期。

3. 试验要求

1）试验设备要求

(1) 总体设备要求。根据试验需要制造密闭室、试验箱、高压气体供气系统、压力测试系统、排气系统等。试验箱(室)密封性应良好；使用密闭室试验,要足够大,使得需要工作或使用的试件能够在密闭室内进行,占去的密闭室的横截面积(垂直于气流)不大于50%,占去的密闭室容积不大于30%；对试件周围的空气层进行除湿、加热和冷却所用的方法,不应改变密闭室试验空间内气体的化学成分。

(2) 压降法设备要求。采用的试验设备包括高压气体供气系统、压力测试系统和辅助设备。用经校准的压力测试仪器保持和检查试件内气体的压力。

(3) 浓度法设备要求。采用的试验设备包括密闭室或试验箱、气体供给装置、气体浓度采样装置、压力测试系统和辅助设备。用经校准的压力测试仪器保持和检查试件内气体的压力。用气体浓度采样装置采集试件内部不同位置的气体浓度。对于加入刺激剂的气体要有回收装置,避免直接排入大气造成污染。

2) 试验控制要求

(1) 高压气体。对已除油和除尘的高压气体进行预热(弥补压缩空气膨胀到大气压力时的降温效应)和预加湿,使得高压空气的温度为(35 ± 2)℃。

(2) 温度。试验区的温度应能够保持在(35 ± 2)℃,试验期间应能连续控制温度。

(3) 风速。对于不需要工作或使用的试件,密闭室或试验箱内风速应控制到最小(最好为0)。

对于需要工作或使用的试件,风速可以控制在其工作或使用时外界的最高风速,对于一些需要在行进中工作或使用的试件,也可以根据其行进速度推算其所承受的风速。

试验中断要求同前所述。

4. 试验过程

1) 试验准备

(1) 试验前准备。试验开始前,根据有关文件确定试验程序、试件的技术状态、循环数、持续时间、储存或工作的参数量值等。

① 根据技术文件确定要求的试验程序。

② 根据技术文件确定要用的具体试验变量。

③ 在无试件的情况下运行供气系统、排气系统、检测装置等,以确认其工作是否正常。

(2) 初始检测。试验前所有试件均要在标准大气条件下进行检测,以取得基线数据。检测按以下步骤进行:

① 试件要尽可能靠近密闭室或试验箱的中心安装,并要远离任何其他试件(若试件多于一个)。

② 以其工作状态或按技术文件中的规定准备试件。

③ 将试件的温度稳定到标准大气条件。

④ 对试件进行全面的目视检查,特别注意各个密封部件。

⑤ 记录检查结果。

⑥ 按技术文件进行工作检查并记录结果。

⑦ 若试件工作正常,则开始进行试验。若试件工作不正常,则应解决问题,

并重新开始检测。

2)试验程序

(1)压降法试验程序如下:

① 根据技术文件的规定,将试件与高压气体供气系统、压力测试系统、气体管路和辅助设备连接好,并做好密封,将试件的内部调到标准大气条件。

② 调节高压气体供气系统的控制装置,使试件内部气体压力逐步升高,测试其压力变化的速率。容器内压力每升高 5~10MPa,保持 5min,直到达到测试的最高压力值后保持 30min 或其他要求的时间。

③ 停止供气。保持试件的温度,监测试件内部压力随时间变化的情况。

④ 当试件内部压力下降到标准大气压力或其他规定的压力后,重复步骤②和③。

⑤ 如果需要试件在试验过程中工作或使用,在步骤③按照技术文件要求使试件工作或使用。按技术文件进行工作检查,并记录检查结果。

⑥ 按照循环的次数完成试验后,开启排气泄压装置使试件内部压力下降到标准大气条件。

(2)浓度法试验程序如下:

① 根据技术文件的规定,将试件放置在密闭室或试验箱内进行安装或使用,并与供气系统、压力测试系统、气体浓度采样系统、气体管路和辅助设备连接好,并做好密封(试件有过滤系统的,过滤系统不用密封),将试件的内部调到标准大气条件或技术文件要求的正压环境。

② 在密闭室或试验箱内充入一定量浓度的试验气体,调节密闭室或试验箱内气体的压力到标准大气条件,调节试验气体浓度到技术文件规定的值。调节密闭室或试验箱内的风速到试件工作或使用时的风速,无要求时最好不高于 0.2m/s。

③ 试验时间根据相关技术文件的要求确定。

④ 如果需要试件在试验过程中工作或使用,在步骤③按照技术文件要求使试件工作或使用。按技术文件进行工作检查,监测试件内部压力随时间变化的情况,并采集试件内部各位置的试验气体浓度数据。

⑤ 当需要重复试验时,如果试验过程对试验气体有消耗,需要对试验气体

进行补充,使初始试验条件一致。根据需要可以更换新的试件进行重复试验。

⑥ 按照循环的次数完成试验后,开启排气泄压装置使试件内部压力下降到标准大气条件。

5. 试验结果分析

应按照试验大纲以及试验报告的要求进行试验结果分析,分析结果应包括下列内容:

(1)控制的环境条件(包括气体压力,试验气体浓度、温度、湿度等)。

(2)试件的响应(包括气体压力,试验气体浓度、温度、湿度等)。

(3)在环境条件作用下试件的功能或使用性能。

(4)施加环境与试件的响应、功能或使用性能之间的相关性分析,在相关性分析中,可能涉及试件的理论模型等。

(5)试验目的以及试验与试验目标之间的关系。

(6)允许的或可接受的试件性能下降。

(7)进行试验所需要的特定操作程序或专用装置可能导致的影响。

(8)试验后试件工作正常不能作为通过该试验的唯一判据。

6. 安全注意事项

进行本试验时,应注意下列事项:

(1)刺激性气体。如果试验过程中采用的试验气体是刺激性气体,对人员的呼吸道有害。在试验过程中要严格按照相关标准控制试验气体的浓度,试验结束后要对废气进行处理,不能随意排放到大气中。

(2)高压气体。试验装置要有安全泄压装置,以防止高压气体压力过大发生爆炸。

7. 相关仪器设备

根据试验目的和应用场合的不同,用于密闭性检测的仪器可分为泄漏检测仪和气密性检测仪。装置的气密性(密封性能)是装置质量的重要因素之一。检查装置气密性的方法是:气密性测试仪把要测试泄漏值的装置放入相对密封的型腔里,然后打开气源,向型腔充入一定压力值的气体。之后关掉气源,稳压一定的时间,然后气密性检测系统开始测试型腔内的气压变化情况,得到压力差,后经过计算就可以得到泄漏值,并根据泄漏值判定装置的密封性。图 9.4

所示为一种压差式气体泄漏检测仪,测试压力范围 0~0.7MPa,可在工业自动化测试系统中单独使用或一拖多同时在线检测,量程 ±500Pa、±1000Pa、±2000Pa、±5000Pa、±10000Pa 可选,精度 ±0.25% F.S,分辨率1Pa,压力单位 kPa、MPa、kgf/cm^2、PSI,泄漏单位 Pa、mmH$_2$O、mL/min,传感器过载压力5MPa,充气时间设定范围 0~999.9s(分辨率0.1s),平衡时间设定范围 0~999.9s(分辨率0.1s),检测时间设定范围 0~999.9s(分辨率0.1s),测试压力 0~0.2MPa、0~0.7MPa、0~1.5MPa,需要配置 400~700kPa 的空气压源。

图9.5 所示气密封性检测仪分为负压低压(L)型、中压(M)型,采用压降法检测原理,以流量大、压力高的清洁空气为介质对产品检测,是一款无损检测仪器。检测压力:负压/低压型检测压力范围 -95~100kPa,中压型 -90~800kPa,传感器分辨率0.1kPa,使用时将压缩空气(负压)输入被测容器,然后切断充气回路。如果被测容器有泄漏,则容器内压力会降低,当压力低于设定压力时,仪器会报警。

图9.4 气体泄漏检测仪

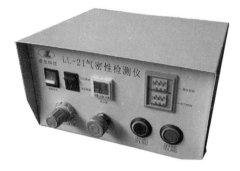

图9.5 气密性检测仪

9.3.3 放射性气溶胶防护试验

放射性气溶胶可经呼吸道吸入体内并形成放射性物质沉积,对人体形成内照射,故对呼吸道的防护多是采用防毒面具或口罩。放射性气溶胶还可吸附在人体表面,对人体形成外照射,故对外照射的防护多是采用辐射防护服。一些带有通风过滤系统的大型防护工事也可以达到同时对内照射和外照射的防护。放射性气溶胶防护试验主要包括内照射防护试验和外照射防护试验。内照射

第 9 章 气溶胶暴露试验技术

防护试验可以通过检测试件的空气中放射性气溶胶的浓度变化来评定试件的防护能力,也可以通过动物毒性试验来检测动物吸入的放射性物质的浓度。外照射防护试验主要通过检测试件内、外辐射剂量率的衰减来评定试件的防护能力。

1. 确定试验条件

1)温湿度

试验温湿度选择标准室内环境条件。此温湿度并不模拟实际暴露温湿度。如果合适,也可以使用其他温湿度。

2)试验持续时间

试验持续时间可以根据试件的性能参数或者实际的使用要求进行确定,进行动物吸入毒性试验时,一般在放射性气溶胶内一次暴露持续时间为 30min,可根据需要间隔 1h(或其他要求的间隔时间)后再暴露 30min,循环次数根据试验目的确定。

3)试验放射性气溶胶

可以选用贫铀(Depleted Uranium,DU)弹在爆炸中生成的氧化铀气溶胶,也称 DU 粉尘,粉尘浓度范围在 270~2400mg/m^3,对机体的作用时间长,但排出缓慢。也可以选用其他放射性物质,气溶胶浓度根据相关技术文件确定。

4)试件的技术状态

试验期间应使试件处于静止、工作或使用的状态。至少应考虑以下几方面:

(1)过滤式防护系统的过滤除尘装置处于工作时的状态。

(2)隔绝式防护系统处于工作时的状态。

(3)隔绝式防护系统处于静止时的状态。

2. 确定试验需要的信息

1)试验前需要的信息

试验前应收集下列信息:

(1)试验所要使用的场所、设备、仪器和动物。

(2)要求的试验程序。

(3)试件中关键的部件和组件(适用时)。

(4)试验持续时间和循环次数。

（5）试件的技术状态和试验动物的生理状态（如血液、尿液、内脏中的放射性物质浓度）。

（6）试验量值及其持续时间。

（7）仪器/传感器的安装位置。

（8）放射性气溶胶的组成、浓度和辐射剂量。

（9）试件外观和功能检查部位，以及对于检查与非检查部位的说明。

（10）本试验是试件的性能验证试验还是生存能力验证试验的说明。

2）试验中需要的信息

试验中的信息包括以下几方面：

（1）性能检查结果。试件需在试验中工作或使用时，则应进行适当的测试或分析，并与试验前的基线性能数据进行对比，以确定性能是否发生了变化；进行毒性试验时，要确定动物生理状态的变化。

（2）试件所处放射性气溶胶环境的记录。

（3）试件内部放射性气溶胶浓度、辐射剂量或者受试动物的变化记录。

（4）试件外部放射性气溶胶浓度随时间变化的记录。

3）试验后需要的信息

每次试验完成后，应按规范检验试件。试验后的记录中应包括下列信息：

（1）试件的标识。

（2）试验设备的标识。

（3）实际试验顺序。

（4）对试验大纲的偏离及其说明。

（5）所要监控的性能参数数据（含目视检查结果和照片）。

（6）试验期间定期记录的放射性气溶胶环境条件。

（7）暴露持续时间或试验循环的周期数。

（8）试验中断的记录及其处理结果。

（9）试验变量，包括放射性气溶胶浓度的变化、放射性气溶胶辐射剂量的变化。

（10）用于失效分析的观察结果。

（11）确认试验数据有效的人员签名及日期。

第 9 章 气溶胶暴露试验技术

3. 试验要求

1) 试验设备要求

(1) 总体设备要求。根据试验需要建造辐射隔离密闭室、隔离试验箱、气溶胶浓度采样器、辐射剂量检测仪、放射性物质消除系统等。试验箱(室)密封性应良好,且具有辐射隔离功能;使用密闭室试验,要足够大,使得试件能够在密闭室内进行工作或使用,占去的密闭室的横截面积(垂直于气流)不大于50%,占去的密闭室容积不大于30%。

(2) 内照射防护设备要求。进行内照射防护试验时,采用的试验设备主要包括过滤除尘系统和放射性气溶胶浓度采样系统。过滤除尘系统要能够过滤放射性气溶胶,过滤后的气体流速不大于3m/s,且在试件内部不形成涡流,并尽可能远离过滤除尘系统出风口。

(3) 外照射防护设备要求。进行外照射防护试验时,采用的试验设备主要包括放射性气溶胶分散装置、放射性气溶胶浓度采样系统和辐射剂量检测仪。试件内部的空气流速基本为0,放射性气溶胶浓度采样系统要根据试件内部的空间结构均匀布设,辐射剂量检测仪要分别测试试件气溶胶暴露面和隔离面的辐射剂量。

2) 试验动物要求

进行动物毒性试验可以选用雌性健康大鼠,6~8周龄,体重180~220g,大鼠进行试验分组,每组10只左右,按组饲养在不锈钢大鼠笼中,自由饮水和摄食。其中2组完全暴露在放射性气溶胶环境中,2组在试件防护条件下放置在放射性气溶胶环境中,1组作为对照组,放置在无放射性气溶胶的环境中。

3) 试验控制要求

(1) 温湿度。试验区的温湿度控制在标准室温环境下。

(2) 风速。辐射隔离密闭室或隔离试验箱内风速应控制到最小(不高于0.2m/s)。

(3) 放射性气溶胶浓度。能够控制放射性气溶胶浓度,在试验期间能够保持一定的浓度值。

试验中断要求同前所述。

4. 试验过程

1）试验准备

（1）试验前准备。试验开始前,根据有关文件确定试验程序、试件的技术状态、循环数、持续时间、储存或工作的参数量值等。

① 根据技术文件确定要求的试验程序。

② 根据技术文件确定要用的具体试验变量。

③ 将各试验装置和试件按照技术要求进行安装和连接,对安装好的仪器装置进行气密性检查。运行各试验设备和仪器,以确认其工作是否正常。

（2）初始检测。试验前所有试件和试验动物均要在标准大气条件下进行检测,以取得基线数据。检测按以下步骤进行：

① 试件和试验动物要尽可能靠近辐射隔离密闭室或隔离试验箱的中心安装,并要远离任何其他试件(若试件多于一个)。

② 以其工作状态或按技术文件中的规定准备试件。如果是动物试验,参试动物要提前进行分组。

③ 将试件和参试仪器设备的温湿度稳定到标准大气条件。

④ 对试件进行全面的目视检查,特别注意各个密封和过滤部件。对试验动物的生理状态进行目视检查,并确保各分组动物生理状态基本一致。记录检查结果。

⑤ 按技术文件进行工作检查并记录结果。

⑥ 若试件工作正常,则开始进行试验。若试件工作不正常,则应解决问题,并重新开始检测。

2）试验程序

（1）内照射防护试验步骤如下：

① 根据技术文件的规定,将试件放置在辐射隔离密闭室或隔离试验箱内,在试件内部和外部分别安置气溶胶浓度采样设备和辐射检测设备,若进行动物试验,则将两组动物放置在试件内部,两组动物放置在辐射隔离密闭室或隔离试验箱内,一组动物放置在外界,并使试件除尘过滤装置开始工作。

② 调节放射性气溶胶分散装置,使辐射隔离密闭室或隔离试验箱内部充满放射性气溶胶,检测放射性气溶胶浓度和辐射剂量。在进行动物试验时,一般在放射性气溶胶内一次暴露持续时间为30min,可根据需要间隔1h(或其他要

求的间隔时间）后再次释放一次放射性气溶胶，使其浓度与第一次释放一样，循环次数根据试验目的确定。

③ 试验结束后，对辐射隔离密闭室或隔离试验箱内部残余的放射性气溶胶进行消除处置，消除的废液要统一收集处理，不能随意排放。

④ 记录试验过程中试件外部和内部放射性气溶胶的浓度变化和辐射剂量变化数据。

⑤ 动物试验结束后，将参试动物取出，用加入洗涤剂的温水对动物体表进行洗消。分别采集对照组、完全暴露在放射性气溶胶环境中的试验组和试件内部有防护的试验组动物标本，包括血液、尿液和内脏等，按照相关文件要求测定其放射性物质的含量。标本检测方法参照相关标准执行。

(2) 外照射防护试验步骤如下：

① 根据技术文件的规定，将试件放置在辐射隔离密闭室或隔离试验箱内进行安装或使用，在试件内部和外部分别安置辐射检测设备。

② 调节放射性气溶胶分散装置，使辐射隔离密闭室或隔离试验箱内部充满放射性气溶胶，检测放射性气溶胶浓度和辐射剂量，使其稳定在某一数值。

③ 按照相关技术文件要求试验一段时间后，放射性气溶胶自然沉降或吸附在试件的外表面，测定试件内外表面辐射剂量随时间的变化情况。

④ 试验结束后，对辐射隔离密闭室或隔离试验箱内部残余的放射性气溶胶进行消除处置，消除的废液要统一收集处理，不能随意排放。

⑤ 记录试验过程中试件外部和内部放射性气溶胶的辐射剂量变化数据。

5. 试验结果分析

应按照试验大纲以及试验报告的要求进行试验结果分析，分析结果应包括下列内容：

(1) 控制的环境条件（包括放射性气溶胶浓度、辐射剂量、温度、湿度等）。

(2) 试件的响应（包括试件内部放射性气溶胶浓度、辐射剂量、温度、湿度等）；试验动物的响应（包括动物的表面状态、行动状态、呼吸状态、进食状态等）。

(3) 在环境条件作用下试件的功能或使用性能。

(4) 施加环境与试件的响应、功能或使用性能之间的相关性分析，在相关性分析中，可能涉及试件的理论模型等。

(5)试验目的以及试验与试验目标之间的关系。

(6)允许的或可接受的试件性能下降。

(7)进行试验所需要的特定操作程序或专用装置可能导致的影响。

(8)试验后动物存活正常不能作为通过该试验的唯一判据。

6. 安全注意事项

进行本试验时,应注意下列事项:

(1)放射性气溶胶。在试验过程中要严格按照相关标准控制放射性气溶胶的浓度,试验人员要做好充分的呼吸道和皮肤防护。试验结束后要对放射性气溶胶进行消除处置,废液和废气不能随意排放到环境中。

(2)试验动物。试验动物进行洗消后要对尸体进行焚烧处置,残余物要深埋处理,不能随意丢弃。

9.3.4 生物气溶胶防护试验

病毒、细菌等生物可以以气溶胶的形式在空气中传播,甚至通过通风系统进入室内,在传播过程中感染大量人员,对健康造成很大的影响,包括传染病、过敏性疾病和致癌突变等。生物气溶胶包括细菌、病毒、真菌、生物有机体等几大类,主要通过呼吸道吸入、与皮肤接触、消化道摄入等方式进入人体,损害易感人群的身体健康。因此,加强生物气溶胶的吸入和接触防护试验以及生物气溶胶的灭活试验,对于确保人员的健康尤为重要。

1. 确定试验条件

1)温湿度

不同的微生物适宜在不同的温湿度条件下生存,如流感病毒在相对湿度较低(20%~35%)时病毒感染性最高,相对湿度较高(80%~90%)时无感染性,而一定范围内温度越高,越利于微生物存活。因此试验温湿度根据具体的试验目的和生物种类确定。

2)光照

光照对空气微生物有杀灭作用,根据试验目的确定光强和光谱。

3)风速

风可以使微生物悬浮在空气中,风速越大空气微生物浓度越大,风可以增

第9章 气溶胶暴露试验技术

加空气中大粒子的比例,随着空气微生物粒径增大,微生物浓度也不断增大。根据需要模拟的室内或室外大气环境确定风速。

4)试验持续时间

试验持续时间可以根据试件的性能参数或者实际的使用要求进行确定,循环次数根据试验目的确定。

5)生物气溶胶

根据试验目的选择生物气溶胶的种类、浓度或效价。

6)试件的技术状态

试验期间应使试件处于静止、工作或使用的状态。至少应考虑以下几方面:

(1)过滤式防护系统的过滤装置处于工作时的状态。

(2)隔绝式防护系统处于工作时的状态。

(3)隔绝式防护系统处于静止时的状态。

(4)生物气溶胶灭杀系统处于工作时的状态。

2. 确定试验需要的信息

1)试验前需要的信息

试验前应收集下列信息:

(1)试验所要使用的场所、设备和仪器。

(2)要求的试验程序。

(3)试件中关键的部件和组件(适用时)。

(4)试验持续时间和循环次数。

(5)试件的技术状态。

(6)试验量值及其持续时间。

(7)仪器/传感器的安装位置。

(8)生物气溶胶的种类、浓度或效价。

(9)试件外观和功能检查部位,以及对于检查与非检查部位的说明。

(10)本试验是试件的性能验证试验还是生存能力验证试验的说明。

2)试验中需要的信息

试验中的信息包括以下几方面:

(1)性能检查结果。试件需在试验中工作或使用时,则应进行适当的测试或分析,并与试验前的基线性能数据进行对比,以确定性能是否发生了变化。

(2)试件所处生物气溶胶环境的记录。

(3)透过试件的生物气溶胶浓度或效价变化记录。

(4)生物气溶胶浓度或效价随时间变化的记录。

3)试验后需要的信息

每次试验完成后,应按规范检验试件。试验后的记录中应包括下列信息:

(1)试件的标识。

(2)试验设备的标识。

(3)实际试验顺序。

(4)对试验大纲的偏离及其说明。

(5)所要监控的性能参数数据(含目视检查结果和照片)。

(6)试验期间定期记录的生物气溶胶环境条件。

(7)暴露持续时间或试验循环的周期数。

(8)试验中断的记录及其处理结果。

(9)试验变量,包括生物气溶胶浓度或效价的变化。

(10)用于失效分析的观察结果。

(11)确认试验数据有效的人员签名及日期。

3. 试验要求

1)试验设备要求

(1)总体设备要求。根据试验需要建造生物试验舱或试验箱,生物气溶胶发生系统、生物气溶胶采样分析系统、生物气溶胶灭杀系统、温湿度控制系统等。

试验舱(箱)密封性应良好,可以单独控制开关和风速,有不同的通风模式可以模拟不同的微生物扩散。

生物气溶胶发生系统可以将微生物培养液转化为粒径很小的气溶胶,并按照设定的时间和流量发射到试验舱(箱)中,对于有特殊要求的试验,还能够生成多种微生物混合的气溶胶。

生物气溶胶采样分析系统能够按照试验要求采集特定空间内的生物气溶胶样本,并分析其浓度或效价。采样系统采集的样本要具有代表性。

生物气溶胶灭杀系统能够调节光谱和光强,能够在规定时间内完成对试验区域特定生物气溶胶的灭杀。

(2)生物气溶胶吸入防护设备要求。进行吸入防护试验时,采用的试验设备主要包括生物气溶胶发生系统、过滤式防护系统和生物气溶胶采样分析系统。过滤式防护系统要能够通过物理吸附的方法过滤生物气溶胶。

(3)生物气溶胶接触防护设备要求。进行接触防护试验时,采用的试验设备主要包括生物气溶胶发生系统、隔绝式防护系统(或隔绝式防护材料)和生物气溶胶采样分析系统。隔绝式防护系统(或隔绝式防护材料)要能够通过物理隔绝的方法隔绝生物气溶胶。

(4)生物气溶胶灭活设备要求。进行灭活试验时,采用的试验设备主要有生物气溶胶发生系统、生物气溶胶采样分析系统和生物气溶胶灭杀设备。生物气溶胶灭杀设备要能够调节光谱和光强。

3)试验控制要求

(1)温湿度。试验区的温湿度根据试验目的和生物气溶胶的种类确定。一般情况下控制在 17~30℃ 的室温环境下,空气相对湿度(50 ± 3)%。在对试验区进行加湿、除湿或升温、降温时,不能影响生物气溶胶的活性。

(2)风速。对过滤式试件进行测试时,通过试件的气体流量根据相关技术文件要求确定,对隔绝式防护系统(或材料)进行测试时,其表面和内部风速应控制到最小(不高于 $0.2 m/s$),对生物气溶胶灭活系统进行测试时,试验区风速应控制到最小(不高于 $0.2 m/s$)。

(3)生物气溶胶浓度或效价。能够控制生物气溶胶浓度或效价,在试验期间能够对浓度或效价进行调节。

试验中断要求同前所述。

4. 试验过程

1)试验准备

(1)试验前准备。试验开始前,根据有关文件确定试验程序、试件的技术状态、循环数、持续时间、储存或工作的参数量值等:

① 根据技术文件确定要求的试验程序。

② 根据技术文件确定要用的具体试验变量。

③ 将各试验装置和试件按照技术要求进行安装和连接,对安装好的仪器装

置进行气密性检查。运行各试验设备和仪器,以确认其工作是否正常。

(2)初始检测。试验前所有试件均要在设定条件下进行检测,以取得基线数据。检测按以下步骤进行:

① 以其工作状态或按技术文件中的规定准备试件。

② 对试件进行全面的目视检查,特别注意各个密封和过滤部件。记录检查结果。

③ 将试件和参试仪器设备的温湿度稳定到试验要求的温湿度。

④ 按技术文件对气溶胶发生系统、采样分析系统、灭杀系统进行工作检查并记录结果。

⑤ 若试件工作正常,则开始进行试验。若试件工作不正常,则应解决问题,并重新开始检测。

2)试验程序

(1)生物气溶胶吸入防护试验步骤如下:

① 根据技术文件的规定,选择合适的微生物进行培养,为生成生物气溶胶做好准备。

② 将试件放置在试验舱(箱)内,或者将试件和相关试验系统进行连接,并在生物气溶胶通过试件过滤装置前后分别安置采样分析装置。

③ 调节生物气溶胶发生装置,在试验时间内使试验舱(箱)内部充满一定浓度的生物气溶胶,或者使生物气溶胶以一定的流量通过试件的过滤装置。

④ 检测通过试件过滤装置前后生物气溶胶浓度或者效价,并记录数据随时间的变化。

⑤ 停止供气,对试验区残余生物气溶胶进行灭杀,灭杀时间以灭杀干净为止。

⑥ 更换试件,重复②~⑤。

⑦ 试验结束后,对试验区残余的生物气溶胶进行灭杀。

(2)生物气溶胶接触防护试验步骤如下:

① 根据技术文件的规定,将试件固定在特制的试验装置中,并进行密封处理。

② 调节生物气溶胶发生装置,使试件外表面暴露在充满一定浓度生物气溶

胶的环境中,检测生物气溶胶浓度或效价,使其稳定在某一数值。

③ 按照相关技术文件要求试验一段时间后,生物气溶胶自然沉降或吸附在试件的外表面,气溶胶由表及里向试件内部进行渗透扩散。

④ 停止供气,对试验区残余的生物气溶胶进行灭杀,将试件样本取下,注意不能使试件内外表面接触。

⑤ 更换试件,重复③和④。

⑥ 试验结束后,对试验区残余的生物气溶胶进行灭杀。

⑦ 采集试件标本,对试件内外表面微生物的效价进行检测,并记录相关试验数据。

(3) 生物气溶胶灭活试验步骤如下:

① 根据技术文件的规定,将试件固定在试验舱(箱)中。

② 调节生物气溶胶发生装置,使试验舱(箱)中充满一定浓度生物气溶胶,检测生物气溶胶浓度或效价,将其作为基线数据。

③ 停止供气,使试件开始工作,调节试件的光谱和光强,工作 30min 或者其他技术文件要求的时间,对生物气溶胶进行灭杀。

④ 试件停止工作,检测试验舱(箱)中生物气溶胶浓度或效价。

⑤ 如果试验舱(箱)中生物气溶胶浓度或效价不为 0,开启生物气溶胶灭杀系统,彻底灭杀试验舱(箱)中生物气溶胶。

⑥ 更换试件,重复步骤②~⑤。

5. 试验结果分析

应按照试验大纲以及试验报告的要求进行试验结果分析,分析结果应包括下列内容:

(1) 控制的环境条件(包括生物气溶胶种类、浓度、效价、温度、湿度等)。

(2) 试件的响应(包括通过试件后生物气溶胶浓度、效价、温度、湿度等)。

(3) 在环境条件作用下试件的功能或使用性能。

(4) 施加环境与试件的响应、功能或使用性能之间的相关性分析,在相关性分析中,可能涉及试件的理论模型等。

(5) 试验目的以及试验与试验目标之间的关系。

(6) 允许的或可接受的试件性能下降。

(7)进行试验所需要的特定操作程序或专用装置可能导致的影响。

6. 安全注意事项

进行本试验时,应注意下列事项:在试验过程中要严格按照相关标准控制生物气溶胶的浓度或效价,试验人员要做好充分的呼吸道和皮肤防护。试验结束后要使用紫外线灯等灭杀装置对生物气溶胶进行全面的灭杀。

7. 相关试验设备

生物防护试验包含很多试验项目,与气溶胶防护相关的试验设备主要是各种生物气溶胶试验箱和生物气溶胶暴露试验设备。主要用于模拟不同温度、湿度、照明、紫外线强度等气候与环境条件下人的室内生存环境,研究室内细菌及病毒等生物污染物在室内空气中的流动,开展在各种可控的通风模式下生物气溶胶如细菌、真菌、病毒、花粉及过敏源等空气中可扩散病原体的扩散动力学及浓度分布等方面的实验研究。图 9.6 所示 $30m^3$ 生物学试验舱为长 4m、宽 3m、高 2.5m 的长方体,采取玻璃结构,整个试验舱以不锈钢管为骨架。在试验舱体纵向侧面采用钢化玻璃结构以便于从舱体外部观察试验情况。横向侧面采用不锈钢板构成,以承载无级调速风机和进排风口管道等设备,横向侧面的一边安装密闭不锈钢门作为舱入口,钢板缝隙用硅胶填充使其密闭。顶部采用不锈钢结构来承载温度调节装置、紫外线及日光照射装置等设备。图 9.7 为该试验舱整体结构示意图。

图 9.6　$30m^3$ 可控通风生物试验舱外观

第 9 章 气溶胶暴露试验技术

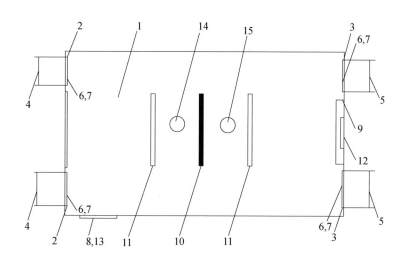

图 9.7 试验舱整体结构示意图

1—测试室;2—独立进风口;3—排风口;4—进风口空气过滤装置;5—排风口空气过滤装置;
6—鼓风及抽风装置的出口处有密闭窗;7—进风口独立的调速风机;8—无级调速开关控制;
9—温度控制装置;10—紫外线照射装置;11—日光照射装置;12—湿度调节装置;13—鼓风、抽风、
紫外线照射、日光照射装置的控制装置及总电源开关;14—气溶胶发生装置;15—气体采样器。

与一般试验舱不同的是,生物试验舱通常在舱一角隔层设立药液消毒装置。采样作业完成后,工作人员所穿防护器具可能受到病原微生物沾染,需经药液喷淋消毒后方可脱下。工作舱外部设防护服密闭柜,柜内备有消毒液,可将脱下的防护服浸入消毒液后关闭防护服密闭柜进行彻底消毒,舱体外表面通过手持式消毒喷雾器进行消毒,该装置具备高效灭菌、操作简单、方便等特点,集消毒、灭菌、除尘等功能于一身,可避免将沾染物带入清洁区。

工作舱内装有紫外线灯消毒。但由于紫外线消毒所需时间长且有照射不到的死角,故不能对工作舱彻底消毒。为此,在工作舱内可配备 84 消毒液。采用紫外线消毒和 84 消毒液消毒双重措施,可确保工作舱消毒彻底。此外,具有非常严格的排风净化装置。

生物气溶胶试验舱在工作时,含有细菌及病毒的气体首先通过气溶胶发生装置在测试室任何位置喷射出来,在紫外线照射及日光照射装置的照射条件及温度控制装置和湿度调节装置所设定的条件下,与洁净空气一同在测试室内进行流动,气体中的细菌或病毒就按不同的浓度分布在测试室不同的位置。测试舱外表面安装有鼓风、抽风、紫外线照射、日光照射装置的控制装置及总电源,可以开关控制测试室内的气流通量、紫外线及日光照射的强度等条件。测试室内不同位置气体中病毒的分布情况可通过气体采样器在室内不同位置进行采样,以获得不同位置病毒的浓度分布。测试完毕,开启强紫外线灯灭杀室内测试用细菌及病毒,并用鼓风及抽风装置使室内气体继续流通一段时间,以保证室内空气中不再含有测试用的细菌及病毒,及时清洁测试室内的地面及墙面。

生物气溶胶暴露系统配备专用生物气溶胶发生器,既可以无损伤地产生持续恒定的生物气溶胶(致病病毒、真菌、细菌等),进而用于生物气溶胶暴露评估、病原菌的致病性研究、病原的传播和致病机制研究、生物气溶胶形成的影响因素、疫苗效果评估等,也可用于其他粉尘气溶胶、液体气溶胶及特殊气体相关的吸入式暴露研究。生物气溶胶暴露系统一般包含空气压缩机、微生物气溶胶发生器、动物暴露舱、HEPA 高效过滤器、系统自动监测控制等组成部分。图 9.8 所示为一种多功能小型全身及口鼻暴露染毒装置,可将试验动物的呼吸系统暴露在被测试的物质中,研究其对动物生理性的影响。暴露的形式有全身暴露和口鼻暴露试验。与一般全身暴露染毒设备相比较,该暴露试验系统的每个笼具闸室装备独立式空气流量,可精确控制气溶胶浓度。配备综合型环境监测机制,包含通风流量、暴露笼内部压力、稀释流量、温度、湿度,试验环境相对舒适,对动物无压力。试验过程可视:环烯烃聚合物制笼的透明度非常高,可清楚地观察动物状态。该系统已广泛用于各种气溶胶、粉尘、雾化、香烟、汽车尾气等的暴露试验研究。

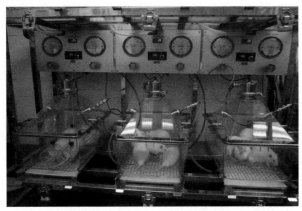

图9.8 多功能小型全身及口鼻暴露染毒装置

第 9 章 气溶胶暴露试验技术

此外,国产 ZR-1020A 型动物气溶胶暴露实验系统是专门为 CHT(病毒吸入染毒系统)试验设计的一套专业试验装置。暴露舱外部均匀分布鼠仓接口,可实现前后操作,简化试验过程,并可根据豚鼠大小,更换适配鼠仓。内部的负压环境为试验人员的安全提供保障,并集气溶胶发生、采样、气压补偿、含氧量检测等于一体。其中的专用气溶胶喷雾器流量大小可设定,雾化效果好;暴露装置为不锈钢材质,鼠仓为医用玻璃材质,便于消毒处理;双路采样设计,其中一路用作负压平衡,保证采样流量稳定;具有失压报警功能,保证实验人员安全。

9.3.5 化学气溶胶防护试验

在气体化学品的生产、使用、运输和应急反应中,人员会暴露在化学气溶胶的环境中,在敌人使用化学武器的战场环境中,士兵还会暴露在化学毒剂气溶胶云团中,通过人员的吸入或与身体接触导致伤害。这些化学品的有毒影响从剧烈的伤害,如呼吸道刺激、皮肤刺激和烧伤,到神经系统伤害、呼吸系统衰竭和慢性皮肤疾病,如癌症等。

化学气溶胶防护试验是用来检测试件隔断化学气溶胶接触或进入人体能力的试验。主要包括化学气溶胶吸入防护试验和化学气溶胶接触防护试验。化学气溶胶吸入防护试验主要用来评价试件对化学气溶胶的过滤能力,一般通过测量一定浓度化学气溶胶经试件的吸附和过滤后穿透试件的浓度残留来确定防护能力的大小,也可以通过动物吸入毒性试验来评价试件的防护能力。通常用来评价呼吸道防护器材的性能。化学气溶胶接触防护试验主要用来评价试件对化学气溶胶的隔绝能力,通常与试件的材料、厚度、温度、内外压力等因素有关。将试件静置于一定浓度化学气溶胶的环境下,通过测量一段时间后透过试件的化学气溶胶浓度来评价试件对化学气溶胶的隔绝能力。

1. 确定试验条件

1)温湿度

试验温度 17~30℃,空气相对湿度(50±3)%,此温湿度并不模拟实际暴露温湿度。如果合适,也可以使用其他极限温湿度。

2)试验持续时间

试验持续时间可以根据试件的性能参数或者实际的使用要求进行确定,进行动物吸入毒性试验时,一般在化学气溶胶内一次暴露持续时间为30min,可根据需要间隔1h(或其他要求的间隔时间)后再暴露30min,循环次数根据试验目的确定。

3)化学气溶胶

根据试验目的选择化学气溶胶的种类,化学气溶胶浓度和流量根据试件的性能参数确定。

4)试件的技术状态

试验期间应使试件处于静止、工作或使用的状态。至少应考虑以下几方面:

(1)过滤式防护系统的滤毒装置处于工作时的状态。

(2)隔绝式防护系统处于工作时的状态。

(3)隔绝式防护系统处于静止时的状态。

2. 确定试验需要的信息

1)试验前需要的信息

试验前应收集下列信息:

(1)试验所要使用的场所、设备、仪器和动物。

(2)要求的试验程序。

(3)试件中关键的部件和组件(适用时)。

(4)试验持续时间和循环次数。

(5)试件的技术状态和试验动物的生理状态(如血液、尿液、内脏中的有毒物质浓度)。

(6)试验量值及其持续时间。

(7)仪器/传感器的安装位置。

(8)化学气溶胶的种类和浓度。

(9)试件外观和功能检查部位,以及对于检查与非检查部位的说明。

(10)本试验是试件的性能验证试验还是生存能力验证试验的说明。

2)试验中需要的信息

试验中的信息包括以下几方面:

(1)性能检查结果。试件需在试验中工作或使用时,应进行适当的测试或分析,并与试验前的基线性能数据进行对比,以确定性能是否发生了变化。进行毒性试验时,要确定动物生理状态的变化。

(2)试件所处化学气溶胶环境的记录。

(3)试件内部化学气溶胶浓度或者受试动物的变化记录。

(4)试件外部化学气溶胶浓度随时间变化的记录。

3)试验后需要的信息

每次试验完成后,应按规范检验试件。试验后的记录中应包括下列信息:

(1)试件的标识。

(2)试验设备的标识。

(3)实际试验顺序。

(4)对试验大纲的偏离及其说明。

(5)所要监控的性能参数数据(含目视检查结果和照片)。

(6)试验期间定期记录的化学气溶胶环境条件。

(7)暴露持续时间或试验循环的周期数。

(8)试验中断的记录及其处理结果。

(9)试验变量,包括化学气溶胶浓度的变化。

(10)用于失效分析的观察结果。

(11)确认试验数据有效的人员签名及日期。

3. 试验要求

1)试验设备要求

(1)总体设备要求。根据试验需要建造密闭室、试验箱、化学气溶胶发生系统、化学气溶胶采样分析系统、废气回收消除系统、温湿度控制系统、吸入测试系统、渗透测试系统等。试验箱(室)密封性应良好。使用密闭室试验,要足够大,使得试件能够在密闭室内进行工作或使用,占去的密闭室的横截面积(垂直于气流)不大于50%,占去的密闭室容积不大于30%。

(2)化学气溶胶吸入防护设备要求。进行吸入防护试验时,采用的试验设备主要包括化学气溶胶发生系统、过滤式防护系统、化学气溶胶采样分析系统和吸入测试系统。过滤式防护系统要能够通过化学反应或物理吸附的方法过滤化学气溶胶。各部件间要能够紧密连接,不发生气体泄漏。

(3)化学气溶胶接触防护设备要求。进行接触防护试验时,采用的试验设备主要包括化学气溶胶发生系统、隔绝式防护系统(或隔绝式防护材料)、化学气溶胶采样分析系统和渗透测试系统。隔绝式防护系统(或隔绝式防护材料)要能够通过物理隔绝的方法隔绝化学气溶胶。各部件间要能够紧密连接,不发生气体泄漏。

2)试验动物要求

进行动物毒性试验可以选用雌性健康大鼠,6~8周龄,体重180~220g,大鼠进行试验分组,每组10只左右,按组饲养在不锈钢大鼠笼中,自由饮水和摄食。其中两组完全暴露在化学气溶胶环境中,两组在试件防护条件下放置在化学气溶胶环境中,一组作为对照组,放置在化学气溶胶的环境中。

3)试验控制要求

(1)温湿度。试验区的温湿度控制在标准室温环境下。试验温度17~30℃,空气相对湿度(50±3)%,此温湿度并不模拟实际暴露温湿度。如果合适,也可以使用其他极限温湿度。在对试验气体进行加湿、除湿或升温、降温时,采用的方法不能与化学气溶胶发生反应。

(2)风速。对过滤式试件进行测试时,通过试件的气体流量根据相关技术文件要求确定,对隔绝式防护系统(或材料)进行测试时,其表面和内部风速应控制到最小(不高于0.2m/s)。

(3)化学气溶胶浓度。能够控制化学气溶胶浓度,在试验期间能够保持一定的浓度值。

试验中断要求同前所述。

4. 试验过程

1)试验准备

(1)试验前准备。试验开始前,根据有关文件确定试验程序、试件的技术状态、循环数、持续时间、储存或工作的参数量值等:

① 根据技术文件确定要求的试验程序。

② 根据技术文件确定要用的具体试验变量。

③ 将各试验装置和试件按照技术要求进行安装和连接,对安装好的仪器装置进行气密性检查。运行各试验设备和仪器,以确认其工作是否正常。

第 9 章 气溶胶暴露试验技术

（2）初始检测。试验前所有试件和试验动物均要在标准大气条件下进行检测，以取得基线数据。检测按以下步骤进行：

① 以其工作状态或按技术文件中的规定准备试件。如果是动物试验，参试动物要提前进行分组。

② 对试件进行全面的目视检查，特别注意各个密封和过滤部件。对试验动物的生理状态进行目视检查，并确保各分组动物生理状态基本一致；记录检查结果。

③ 将试件和参试仪器设备的温湿度稳定到试验要求的温湿度。

④ 按技术文件对气溶胶发生系统、采样分析系统、废气回收消除系统进行工作检查并记录结果。

⑤ 若试件工作正常，则开始进行试验。若试件工作不正常，则应解决问题，并重新开始检测。

2）试验程序

（1）化学气溶胶吸入防护试验步骤如下：

① 根据技术文件的规定，将试件放置在密闭室或试验箱内，或者将试件和相关试验系统进行连接，并在化学气溶胶通过试件前后分别安置采样分析装置。如果进行动物试验，则将两组动物放置在有防护的试件内部，两组动物放置在无试件防护的密闭室或试验箱内，一组动物放置在外界。

② 调节化学气溶胶发生装置，使密闭室或试验箱内部充满一定浓度的化学气溶胶，或者使化学气溶胶以一定的流量通过试件的过滤装置。

③ 检测通过试件过滤装置前后化学气溶胶浓度或者其他数值，并记录数据随时间的变化。在进行动物试验时，一般在化学气溶胶内一次暴露持续时间为 30min，可根据需要间隔 1h（或其他要求的间隔时间）后再次释放一次化学气溶胶，使其浓度与第一次释放一样，循环次数根据试验目的确定。

④ 停止供气，对残余的化学气溶胶进行回收洗消处置，将试件样本取下。

⑤ 更换试件，重复③和④。

⑥ 试验结束后，对残余的化学气溶胶进行回收洗消处置，消除的废液要统一收集处理，不能随意排放。之后向密闭室、试验箱或试验仪器设备及各种管路中通入 20min 的清洁空气，以便于排净残余化学气溶胶。

⑦ 动物试验结束后,将参试动物取出,用适当的洗消剂对动物体表进行洗消。分别采集对照组、完全暴露在化学气溶胶环境中的试验组和试件内部有防护的试验组动物标本,包括血液、尿液和内脏等,按照相关文件要求测定其化学物质的含量。标本检测方法参照相关标准执行。

(2)化学气溶胶接触防护试验步骤如下:

① 根据技术文件的规定,将试件固定在特制的试验装置中,并进行密封处理。以化学防护服材料的气溶胶渗透试验为例,可以采用图9.9所示的试验装置。

② 调节化学气溶胶发生装置,使试件外表面暴露在充满一定浓度化学气溶胶的环境中,检测化学气溶胶浓度,使其稳定在某一数值。

③ 按照相关技术文件要求试验一段时间后,化学气溶胶自然沉降或吸附在试件的外表面,并由于分子运动和浓度梯度,气溶胶由表及里向试件内部进行渗透扩散。

④ 停止供气,对残余的化学气溶胶进行回收洗消处置,将试件样本取下,注意不能使试件内外表面接触。

⑤ 更换试件,重复③和④。

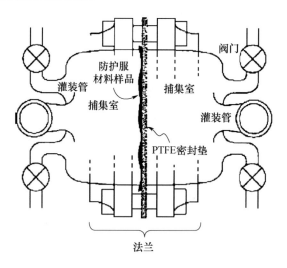

图9.9 化学气溶胶接触防护性能测试装置

⑥ 试验结束后,对残余的化学气溶胶进行回收洗消处置,消除的废液要统一收集处理,不能随意排放。

⑦ 采集试件标本,对试件内外表面化学物质的量进行检测,并记录相关试验数据。

5. 试验结果分析

应按照试验大纲以及试验报告的要求进行试验结果分析,分析结果应包括下列内容:

(1) 控制的环境条件(包括化学气溶胶种类、浓度、温度、湿度等)。

(2) 试件的响应(包括通过试件后化学气溶胶浓度、温度、湿度等);试验动物的响应(包括动物的表面状态、行动状态、呼吸状态、进食状态等)。

(3) 在环境条件作用下试件的功能或使用性能。

(4) 施加环境与试件的响应、功能或使用性能之间的相关性分析,在相关性分析中,可能涉及试件的理论模型等。

(5) 试验目的以及试验与试验目标之间的关系。

(6) 允许的或可接受的试件性能下降。

(7) 进行试验所需要的特定操作程序或专用装置可能导致的影响。

(8) 试验后动物存活正常不能作为通过该试验的唯一判据。

6. 安全注意事项

进行本试验时,应注意下列事项:

(1) 化学气溶胶。在试验过程中要严格按照相关标准控制化学气溶胶的浓度,试验人员要做好充分的呼吸道和皮肤防护。试验结束后要对化学气溶胶进行回收洗消处置,废液和废气不能随意排放到环境中。

(2) 试验动物。试验动物洗消后对尸体进行焚烧处置,残余物深埋处理,不能随意丢弃。

第 10 章

特种气溶胶性能测试技术

特种气溶胶通常存在于大气环境中,并在大气湍流扩散作用和风的平流输送作用下从上风向下风广大地域运动。特种气溶胶在空气中表现出的动力学行为和所产生的毒害效应、光学效应等方面性能可以通过试验进行测试评价,掌握其粒度分布、浓度分布、消光能力、影响作用幅员以及在山地、城市等复杂环境下的扩散运动规律对于做好相关防护或科学处置具有重要科学价值。

10.1 气溶胶云团物理特性测试

气溶胶云团常用的物理特性包括粒度分布规律、浓度分布规律以及云团表现出的几何尺寸,相关试验大多在外场条件下进行,能够通过试验获得与实际大气条件下比较接近的结果或者规律。

外场条件下的气溶胶试验结果与气象、地形、下垫面性质等因素有关,为取得预期的试验结果,需要事先对试验场地进行考察和筛选。

10.1.1 试验场地开设

1. 试验场地的选择

首先考虑实际试验地点海拔的均匀性。如果这一地域海拔高度的变化不到 10m,则试验地点可定义为"平坦";变化在 10~100m 之间则定义为"轻微起伏";变化超过 100m 将定义为"复杂"地形。地表上的植被或其他粗糙元素,会通过增加粗糙度从而增加表面剪切力来影响微气象。典型的粗糙元素包括 2~3cm 高的矮草,50~100cm 高的高草、灌木、树和建筑物等。利用上述局地和周围地形以及覆盖地形的粗糙元素的描述,把地形和微气象的交互作用分类为"简单地形/简单气象""简单地形/复杂气象"或"复杂地形/复杂气象"。

符合"简单地形/简单气象"情况的试验地点在水平各方向都是均匀平坦的。另外,它覆盖低的、相似的粗糙元素,如粗糙高度一律为 1cm 等。这一看上去比较极端的水平均匀程度只要求在单个地点测量气象就已经足够描述整个试验地区的微气象。美国大草原计划(Barad,1956)共进行了 70 次试验,是对大气扩散试验的第一次全面研究,试验地点位于内布拉斯加中北部的荒野,试验前实施了剪除干草的处置行动,试验区的粗糙元素主要是 5~6cm 的草茬,满足了"简单地形/简单气象"标准,这也正是其大气试验数据库长期被人们引用和研究的原因。

当地形或植被偏离以上讨论的标准时,微气象变得更复杂。如果实际试验地点保持平坦,但上风地形在海拔和植被上明显不同,可把这一地点分类为简单地形/复杂气象。在这一情况下,微气象在试验地点的变化可能并不显著(统计仍可认为是水平均匀的),但随着试验规模的扩大其影响会越发凸显。

为分析气溶胶云团性能进行扩散试验时,试验地点应选择"简单地形/简单气象"的情况,如果更多关注复杂环境的影响进行扩散试验,应视需要选择"简单地形/复杂气象"或"复杂地形/复杂气象"等情况开展试验。

2. 试验场地范围设定

近地面、小规模的气溶胶扩散属于微尺度的扩散现象,关心的试验区尺度局限于水平方向 2km,垂直方向为边界层厚度以内。

试验场地的最大纵深应按照逆增(很稳定)、有利的风速、湿度等条件用现有的扩散模式计算出气溶胶云团下风扩散距离并乘上保险系数得实际的下风试验范围 L_x。试验场地的正面宽度应考虑到风向波动范围,如果只按盛行风向进行试验,则试验场地的正面宽度 L_y 可以根据以 L_x 为半径、夹角为 22.5°绘制的扇形区域对应的最大宽度来确定。若风向极不稳定,则归属于复杂气象,需按全风向准备试验,此时试验场地范围等于 $2L_x \times 2L_y$。

3. 采样测试网

大多数大气扩散模式首先把气溶胶云团作为一个连续体进行预测,研究其在一些关注点处(采样点)的扩散特征和浓度。为评价这些模式或研究相关规律,在大量采样点处进行浓度采集测量是必不可少的。目前的许多研究中,通过合理规划试验区中的采样点分布形成采样测试网,然后在每个采样点处测量浓度来分析气溶胶云团扩散过程中的浓度分布或剂量分布等规律。

采样点的布置形式有矩形等间距分布、矩形疏密分布、圆弧疏密分布等多种形式。源点可设置一个(在采样弧中心)或多个(在采样网的上风一线,根据风向选择),采样器可固定设置或机动设置,图 10.1 为扇形布点示意图。

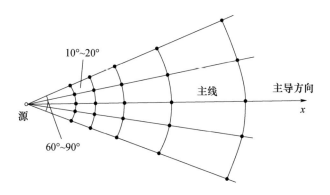

图 10.1　扇形布点示意图

在试验场地内及附近设置源参数测试点、浓度场(水平、垂直)采样测试网、粒度测试点、气象场测试点、摄影/摄像点等,可以为试验提供更全面的数据资料。

10.1.2　气溶胶云团粒度测试

气溶胶的物理性能测试最受关注的是气溶胶体系的粒度分布。为了得到真实的气溶胶粒度分布数据,应尽量采用分体式喷雾激光粒度仪或其他实时测量系统,这样可以避免采样引起粒子团聚等数据失真现象。图 10.2 所示为一种分体式喷雾激光粒度仪。

第 10 章 特种气溶胶性能测试技术

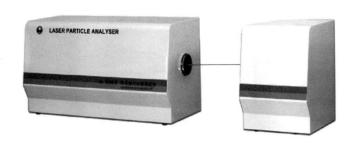

图 10.2 分体式喷雾激光粒度仪

图 10.3 所示的喷雾激光粒度仪采用 Mie 氏散射、夫琅禾费衍射原理和典型的平行光路设计,配合高性能大功率激光源,能够满足试验环境比较复杂(具有双气幕式镜头保护)、雾滴粒径分布范围较大的测试需要,量程 1~2000μm、最大开放式测距 10m,借助导向滑轨可以有效提高光源对正的效率。

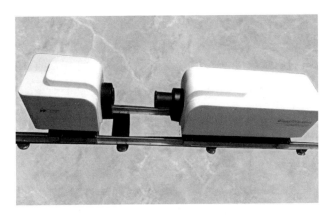

图 10.3 安装在导向滑轨上的喷雾激光粒度仪

新型超高速实时喷雾激光粒度仪采用最优化的高灵敏度检测和全息信号处理系统,并融合高浓度补偿技术,可确保在高达 90% 的遮光度下准确测量雾滴颗粒的粒度分布。例如,10kHz 的数据采集速率,能够完成 10000 次/s 喷雾粒径测量,从而动态捕捉到 0.1ms 时间间隔的颗粒物粒度分布。图 10.4 为一种超高速实时喷雾激光粒度分析仪。

气溶胶颗粒采样方法很多,激光粒度分析仪的型号种类也比较多,通过适当的采样液或其他采样介质对气溶胶粒子进行采样收集,然后输运到实验室可以有更多的分析方法可供选择进行气溶胶粒谱分析。

图 10.4　超高速喷雾粒度分析仪

10.1.3　气溶胶云团质量浓度测试

气溶胶云团的质量浓度反映了气溶胶物质在空间分布的规律和特性。对化学气溶胶,反映了危害规律分布;对烟幕气溶胶,反映了消光能力在空间的变化等。总之与很多现象都密切相关。所以,研究气溶胶特性通常离不开对气溶胶云团浓度的测试。在气溶胶云团毒效性评价、烟幕气溶胶云团对电磁波衰减效果评价等方面研究中,大多数采用质量浓度进行分析。

气溶胶的质量浓度可以基于多种原理进行测定,经常使用的方法有滤膜称重法、光散射法、压电晶体法、β射线吸收法及近些年发展起来的微量振荡天平法等。对气溶胶体系,采用较多的是滤膜称重法和光散射法。

1. 滤膜称重法

滤膜称重法是颗粒物质量浓度测定的基本方法,以规定的流量采样,将空气中的颗粒物捕集于高性能滤膜上,称量滤膜采样前后的质量,由其质量差求得捕集的气溶胶颗粒物的质量,其与采样空气量之比即为气溶胶的质量浓度 C。

实际测试时多采用负压采样器来分析气溶胶浓度:

$$C = \frac{m_2 - m_1}{Qt}(\text{g/m}^3) \tag{10.1}$$

式中：Q 为采样器采样流量（m^3/min）；t 为采样时间（min）；m_2 为采样后滤膜质量（g）；m_1 为采样前滤膜质量（g）。

滤膜称重法原理简单，测定数据可靠，测量不受颗粒物形状、大小、颜色等因素的影响，但在测定过程中存在操作比较烦琐、采样仪噪声大等缺点，尤其是对滤膜质量的分析要求精确，一般需要分析天平才能满足要求，并且不能即时给出测试结果。

2. 光散射式测量仪

光散射式测量仪测量质量浓度的原理和光散射式粒子计数器的原理类似，是建立在微粒的 Mie 散射理论基础上的。光通过颗粒物质时，对于颗粒大小的数量级与工作用光波的波长相当或较大的颗粒，光散射是光能衰减的主要形式。

光散射式测量仪可以实时在线监测空气中颗粒物的浓度，根据颗粒物性质预先设 K 值，可以现场即时显示质量浓度。K 值是光散射式测量仪测定气溶胶粒子的质量浓度时所用的质量浓度转换系数，需要根据滤纸（膜）采样－称重法和光散射式测量仪两者的测量结果进行比较来确定。

光散射式测量仪操作简便、噪声低、稳定性好，可即时给出质量浓度测定结果，可以存储以及输出电信号实现自动控制，适于公共场所卫生及生产现场粉尘监测等场合和大气质量监测中使用。缺点是测试结果的准确性依赖于 K 值的科学性，另外，仪器成本比较高，难以满足多点质量浓度同步测试要求。

3. 压电晶体法

压电晶体法（又称压电晶体频差法），采用石英谐振器为测量敏感元件，其工作原理是使空气以恒定流量通过切割器，进入由高压放电针和微量石英谐振器组成的静电采样器，在高压电晕放电的作用下，气流中的颗粒物全部沉降于测量谐振器的电极表面上，因电极上增加了颗粒物的质量，其振荡频率发生变化，根据频率变化测定可吸入颗粒物等气溶胶粒子的质量浓度，石英谐振器相当于一个超微量天平。

压电晶体法仪器可以实现实时在线检测。石英谐振器对其表面质量的变化十分敏感，使用一段时间后需要清洁。利用此原理的大气监测仪一般装备于环境监测自动站。

4. β射线吸收法

β射线吸收式测量仪工作时,射线在通过颗粒物时会被吸收,当能量恒定时,β射线的吸收量与颗粒物的质量成正比,据此测量气溶胶的质量浓度。测量时,经过切割器,将颗粒物捕集在滤膜上,通过测量β射线的透过强度,即可计算出空气中颗粒物浓度。仪器既可以间断测量,也可以进行自动连续测量,颗粒物对β射线的吸收与气溶胶的种类、粒径、形状、颜色和化学组成等无关,只与粒子的质量有关。β射线是由 ^{14}C 射线源产生的低能射线,半衰期可达数千年,安全稳定。

5. 微量振荡天平法

微量振荡天平法是在质量传感器内使用一个振荡空心锥形管,在其振荡端装有可更换的滤膜,振荡频率取决于锥形管的特征及其质量。借助于采样泵,当采样气流通过滤膜时,其中的颗粒物沉积在滤膜上,滤膜的质量变化会导致振荡频率发生变化,滤膜动态测量系统通过测量出一定时间间隔振荡频率的变化分析出沉积在滤膜上颗粒物的质量,再根据采样流量、现场环境温度和气压计算出采样时段内颗粒物的质量浓度。目前该方法已用于环境空气颗粒物连续监测。

6. 电荷法

电荷法主要用在烟气中颗粒物(粉尘)的监测,当烟道或烟囱内粉尘经过应用耦合技术的探头时,探头所接收到的电荷来自粉尘颗粒对探头的撞击、摩擦和静电感应。由于安装在烟道上探头的表面积与烟道的截面积相比非常小,大部分接收到的电荷是由粒子流经过探头附近所引起的静电感应而形成。排放浓度越高,感应、摩擦和撞击所产生的静电荷就越强,据此确定气溶胶中的颗粒物浓度。

上述气溶胶质量浓度的各种测量方法,根据的是颗粒物的不同性质与质量的直接或间接的关系,在某一方面有一定的长处,同时会带来其他方面的缺点,在选择测定方法时一定要注意扬长避短。颗粒物滤膜称重法比较经典、准确,但是一般需要较长的采样时间,很难适用于要求快速得到测量结果的场合,测量结果通常是一段时间内的平均值,操作也较复杂。相比较而言,其他浓度测量方法虽然存在一定误差,但在颗粒物自动在线连续检测方面是滤膜称重法所

第10章 特种气溶胶性能测试技术

无可比拟的,应根据不同的测定目的来选择。在需要实时在线测定的场合要用到相对质量浓度测量方法,而在大部分气溶胶外场试验中可选择滤膜称重法直接测量颗粒物的质量浓度,同时,滤膜称重法采集的颗粒物样品还可以用来进行其他分析。

图 10.5 所示便携式粉尘检测仪能准确及时地反映暴露人员吸入的呼吸性粉尘质量和不同粉尘作业场所中粉尘的污染状况,为准确评价作业场所的卫生状况提供监测数据,该仪器测量范围:总粉尘 $0.1 \sim 1000 \mathrm{mg/m^3}$,呼吸性粉尘 $0.1 \sim 100 \mathrm{mg/m^3}$。

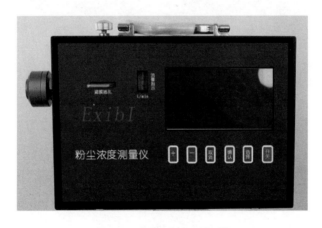

图 10.5 便携式粉尘检测仪

激光粉尘仪测试技术也渐趋成熟,一般指具有先进的在线采样器的微电脑粉尘仪,在连续监测粉尘浓度的同时,可收集到颗粒物样品以便对其成分进行分析,并求出质量浓度转换系数 K 值,可直读粉尘质量浓度,测量范围一般为 $0.01 \sim 100 \mathrm{mg/m^3}$。

10.1.4 气溶胶云团尺寸测定

外场条件下开展气溶胶云团相关研究,通常云团规模是可以通过源况设置和气象条件选择进行控制的。云团的几何尺寸反映了气溶胶有效作用的范围,尺寸越大,在一定程度上影响作用的范围就越大。

外场条件下气溶胶云团的高度、宽度、长度可以采用标杆法、激光雷达、激光测距仪等方式方法进行测定,有时可以多种方法并用。图 10.6 为标杆法测定气溶胶云团的高度。

除了标杆法之外,还可以通过对气溶胶云团照相的方法间接测量云团的三维尺寸,能够节省大量人力物力,但后期处理需要借助换算比例完成更多分析工作。

图 10.6　标杆法测试气溶胶云团的高度

10.2　特种弹气溶胶作用幅员测试

化学防暴弹的有效作用范围通常用其作用幅员表示,俗称有效作用面积的大小,并以此来衡量刺激性防暴弹药的使用效能。军事上广泛使用的发烟弹,其遮蔽范围也通常使用单发弹的遮蔽面积来进行表征,这些都属于特种弹药形成的气溶胶作用幅员测试所关注的问题。特种弹药形成的气溶胶作用幅员的大小与弹药结构和其中装填的物质种类有关,也与达到某种作用效果的化学刺激剂的临界剂量、阈值浓度或达到某种遮蔽干扰效果的遮蔽质量有关,当然,与试验现场的气象条件也有着直接关系。本节以国外广泛使用的催泪性化学防暴弹为例分析其有效作用幅员的测试原理及相关技术。

10.2.1　测试原理

使用催泪弹等化学防暴弹药产生的气溶胶作用范围取决于弹药中装填的刺激剂种类,如 CS、CR、OC 等刺激剂的骚扰浓度或有效刺激浓度,刺激剂的装填量等因素,通常指单发防暴弹使用后形成气溶胶云团被无防护人员通过呼吸道吸入后使其达到指定伤害(或刺激/或失能)程度的作用面积,习惯上用字母 A 表示,单位为 m^2。

作用幅员一般在外场条件下测定,大多选择中等气象条件和平坦开阔地按一定要求布设试验场地,特别是密集布设浓度采样点,依序编号,每个采样点代表一定大小的试验区域(面积微元),所有采样点上均安放一个质量浓度采样器或气溶胶采样器,采样器采用遥控或线控方式均可,但各采样器的采样流量和采样时间保持一致,并且在特种弹作用(如爆炸)后指定的同一时刻开始同步采样。

通过分析各采样点气溶胶云团的质量浓度就为评价催泪弹有效作用幅员奠定了基础。之后可以将浓度分布转化为剂量分布,再根据剂量数与产生不同程度刺激效应的作用率关系(T-P 关系)得到指定程度的作用率分布,统计达到刺激要求的采样点数并与其所代表的面积相乘,根据面积总和就可求得有效作用面积。常见的刺激剂中,苯氯乙酮的半致死剂量 $8mg \cdot min/L$,半失能剂量 $0.005 \sim 0.01\ mg \cdot min/L$,西埃斯的半致死剂量 $61.0\ mg \cdot min/L$,半失能剂量 $0.001 \sim 0.005\ mg \cdot min/L$,可见西埃斯作为防暴剂具有更高的安全比,相同条件下也会形成更大的有效作用幅员。

测试威力幅员既可以将采样点的浓度分布转化为作用率分布,也可以将各点浓度直接与该刺激剂的临界作用浓度(如有效刺激浓度)相比,统计出大于等于该临界浓度的采样点数并分别与其所代表的面积相乘后求和,即为该化学防暴弹的有效作用幅员。

10.2.2 场地划分设置

为便于统计有效作用幅员,需要根据气象、地形条件设置试验区和采样点,并对采样点依序编号,每个采样点代表一定大小的面积,分别以 $S_1, S_2, \cdots, S_n$ 表示。图 10.7 所示为矩形场地设置及采样点编码规则,图 10.8 所示为圆形场地设置及采样点编码规则。矩形场地设置一般是用于有主导风向的试验区,圆形场地设置一般适用于风向变化较大或主导风向不明显的试验区,通常圆形试验区采样点设置数量比较多,整个试验的器材消耗和工作量比较大。

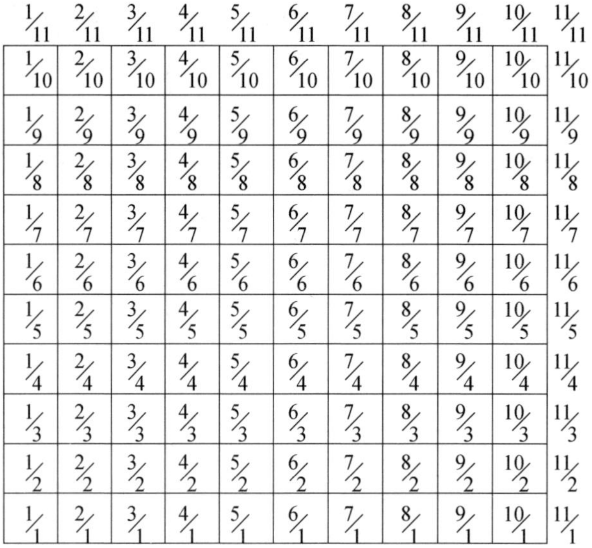

图 10.7 矩形场地划分

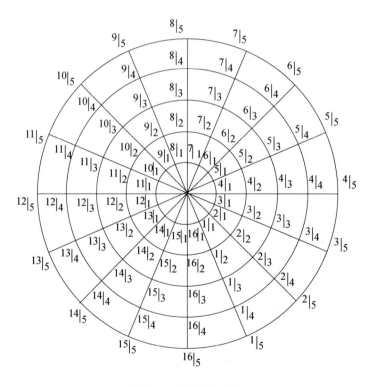

图 10.8 圆形场地划分

风向稳定时,亦可采用前面述及的扇形区域布设采样场地。在采样点代表的各个面积单元内安放有气溶胶采样器等取样器材,亦可安放效应动物等试验品进行验证。

10.2.3 试验测试

在风向稳定的情况下,一般在上风方向的适当位置上安放准备试验的弹药。起爆以后,在一定的时间(可以是15s、30s或60s等,一般选择60s,取决于采样区平均浓度的高低和采样器的采样能力)内抽取染毒空气样品,并测定其质量浓度,依据采样时间和染毒浓度相乘计算出经呼吸道吸入的气溶胶剂量 I_{ct} 和毒害剂量数 T,从而得到试验区各采样点的 T 分布图。然后根据毒害剂量数 T 和达到有效刺激的作用率 $(P,\%)$ 之间的对应关系,把 T 分布转换为 P 的分布。也就是说场地上的每一个小面积 S_i 都对应着一定的作用率 P_i。根据有效作用幅员的定义,其对应的总面积为

$$A = S_1 P_1 + S_2 P_2 + \cdots + S_n P_n = \sum_{i=1}^{n} S_i P_i \quad (\text{m}^2) \qquad (10.2)$$

若 $S_1 = S_2 = \cdots = S$(一般是用于矩形布设的采样场地),则

$$A = S(P_1 + P_2 + \cdots + P_n) = S \sum_{i=1}^{n} P_i \quad (\text{m}^2) \qquad (10.3)$$

利用苏军某型特种弹进行静爆试验,平坦开阔地,风向稳定,采用矩形场地布设采样点,试验测得剂量数 T 的分布如图10.9所示。根据 T-P 关系,把图10.9变换成作用率或杀伤率 (P_i) 分布,如图10.10所示。设每一方格的面积为 $10\text{m} \times 10\text{m}$,则该弹的有效作用幅员:

根据题设,$S_1 = S_2 = \cdots = S = 100(\text{m}^2)$

则根据式(10.3)可知:$A = 100 \times \sum_{i=1}^{n} P_i = 100 \times 21.26 = 2126(\text{m}^2)$

当然,如果事先知道达到有效刺激的剂量数标准,如剂量数不小于0.5均可对无防护人员达到有效刺激剂,在根据图10.9直接统计出达到有效刺激作用的采样点数后,与所代表的采样面积相乘就可获得相应的威力幅员。仍以图10.9所示数据为例,$n = 24$。

编号	1	2	3	4	5	6	7	8	9
1		0.66	2.18	1.89					
2	1.11	3.93	3.93	3.40	3.10				
3	0.53	2.90	4.62	2.30	0.80	0.43			
4	0.16	2.12	2.96	1.33	0.16				
5		1.27	2.28	0.64	0.11				
6	0.82	0.80	1.20	0.38					
7	0.34	0.84	0.76						
8		0.18	0.28						
9									
10									

图 10.9　T 分布

根据题设，$S_1 = S_2 = \cdots = S = 100 (\mathrm{m}^2)$

则根据式（10.3）可知：$A = nS = 24 \times 100 = 2400 (\mathrm{m}^2)$

编号	1	2	3	4	5	6	7	8	9
1		0.49	1	1					
2	0.97	1	1	1	1				
3	0.32	1	1	1	0.71	0.18			
4		1	1	1					
5		1	1	0.47					
6	0.73	0.70	0.99	0.12					
7	0.09	0.76	0.56						
8		0.05	0.12						
9									
10									

图 10.10　作用率 P 分布

因为浓度和无防护人员的吸入剂量成正比，所以也可以根据浓度分布直接判别达到有效刺激浓度的采样点数来统计有效作用幅员的大小。但因为浓度体现不了暴露一定时间所产生的累积效应，所以大多数情况仍然通过 T 分布或

P 分布的统计分析来评判威力幅员或作用范围的大小。

10.3 烟幕气溶胶消光性能试验技术

由于气溶胶粒子对光的散射和吸收效应,因此气溶胶的存在通常会引起大气能见度变化。图 10.11 所示为气溶胶引起大气能见度下降,图 10.12 所示为沙尘暴导致城市天空能见度严重下降,足以表明气溶胶对光的衰减效应。

图 10.11　气溶胶引起大气能见度下降　　　图 10.12　沙尘暴使城市能见度严重下降

几乎所有气溶胶都会对光产生衰减效应,但军用烟幕对光的衰减作用极为突出。普通气溶胶主要影响可见光,而军用烟幕对红外线、激光等各种光电信号都能产生良好的衰减作用。

气溶胶对光的衰减能力主要用消光系数表征,所以研究烟幕气溶胶的消光系数测试技术对其军事应用具有重要意义。

10.3.1　测试原理

气溶胶对光的消光系数分为线性消光系数(如大气衰减系数等参数)和质量消光系数。线性消光系数的测试依据是朗伯(Lambert)定律,即

$$I = I_0 \exp(-\eta S) \tag{10.4}$$

式中:η 为线性消光系数(1/m),η 越大表明气溶胶的透光性越差,对光强的衰减性能越强;S 为光在烟幕中穿透的距离(m)(图 10.13)。

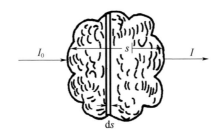

图 10.13　光线通过烟团

由式(10.4)可知：

$$T = \frac{I}{I_0} = \exp(-\eta S) \tag{10.5}$$

式(10.5)反映了某种波长的电磁波通过厚度为 S 的气溶胶云团后的透过率 T 随消光系数和穿透距离变化的规律。透过率越小代表烟幕的透光性越差，若通过试验测得电磁波穿透烟幕前后的强度 I、I_0 以及在烟幕中穿透的距离 S，则可以确定消光系数 η 的大小。

烟幕消光系数的测试需要构建稳定均匀的浓度场，故一般选择在烟幕试验箱中进行测试，根据光源设置及测试方法的差别又可区分为以下两种测试方法。以气溶胶对可见光的消光系数测定为例：

(1)利用光强与距离平方成反比的原理测定。主要试验器材为烟幕试验箱、照度计和两个灯泡(光源)。一个光源固定在烟幕试验箱内，距离烟箱壁的距离为 S，另一个放在烟箱外，距离烟箱壁的距离先后调整为 a、b。试验原理如图 10.14 所示。

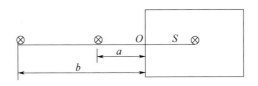

图 10.14　消光系数测定原理

试验箱中无烟时，移动箱外的灯，置于 a 处使箱内外的照度在 O 处相等，记下 a 值；箱中施放烟幕，若浓度为 C，箱外的灯移动到 b 处使箱内外的照度仍然在 O 处相等，记下 b 值。因为同一光源的光强与距离的平方成反比关系，存在以下规律：

无烟时 a 处测得光的强度为

$$I_0 = \frac{A}{a^2} \tag{10.6}$$

有烟时 b 处测得光的强度为

$$I = \frac{A}{b^2} \tag{10.7}$$

式中：A 为灯光的强度。两式相比得

$$\frac{I}{I_0} = \frac{a^2}{b^2} = \left(\frac{a}{b}\right)^2 \tag{10.8}$$

由式(10.5)可得

$$e^{-\eta S} = \frac{I}{I_0} = \left(\frac{a}{b}\right)^2 \tag{10.9}$$

解得

$$\eta = \frac{2\ln(b/a)}{S} \tag{10.10}$$

(2)移动烟幕试验箱内灯的位置并测定照度，作 $\ln(E/E_0) - S$ 图，斜率就代表消光系数 η 的值。如图10.15所示，试验要求有可控制烟箱内部灯泡距离的装置，即光源沿观察方向可通过移动调整灯泡至烟箱壁的距离 S，施放烟幕前在 O 点测定灯泡处于 S_1、S_2、S_3、S_4、$\cdots$、S_i 距离处的照度 E_{oi}，再测定相同位置施放烟幕后的照度 E_i，并同步测量各试验节点的烟幕浓度、湿度等条件。

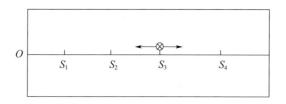

图10.15 消光系数测定原理2

因照度与光的强度成正比，故存在

$$\frac{I_i}{I_{oi}} = \frac{E_i}{E_{oi}} = \exp(-\eta S_i) \tag{10.11}$$

所以

$$\ln\left(\frac{E_i}{E_{oi}}\right) = -\eta S_i \tag{10.12}$$

或者

$$\ln\left(\frac{E_{oi}}{E_i}\right) = \eta S_i \tag{10.13}$$

以 $\ln\left(\frac{E_{oi}}{E_i}\right)$ 为纵坐标，S_i 为横坐标作图，将绘制一条直线，直线的斜率大小为 η 的值。

根据式(1.36)所示朗伯－比尔(Lambert－Beer)定律还可以测试烟幕的质量消光系数。朗伯－比尔定律的指数部分亦可变换为

$$M_c CS = \eta S \tag{10.14}$$

$$M_c C = \eta \tag{10.15}$$

式中：M_c 为烟幕的质量消光系数(m^2/g)；C 为烟幕的质量浓度(g/m^3)。

根据式(10.5)和式(10.15)可推得

$$M_c = \frac{1}{CS}\ln\left(\frac{1}{T}\right) \quad (m^2/g) \tag{10.16}$$

对于激光等可以直接用功率表征其光强的光电信号，质量消光系数可进一步表述为

$$M_c = \frac{1}{CS}\ln\left(\frac{P_0}{P}\right) \tag{10.17}$$

式中：P 为光电信号经过烟幕衰减后的功率(W)；P_0 为光电信号经过烟幕衰减前的功率(W)。

依据上述原理，气溶胶对光的衰减效应可以在气溶胶试验箱中进行定量测试。

10.3.2 试验设备

1. 气溶胶试验箱

气溶胶试验箱在功能上应该具有系统性，主要包括试验箱主体、气溶胶发生系统、湿度调节系统、温度调节系统、搅拌系统、排风系统、电制系统、采样系统、洗消系统、照明系统、密封系统和数据分析系统等多个子系统。其中舱体多为立方体结构，如图10.16所示，主要原因是该结构设计简便、容易加工和提高

室内空间的利用率。

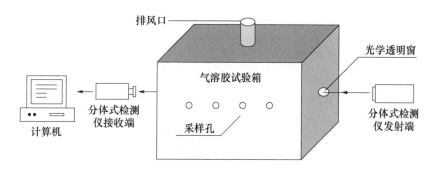

图 10.16　烟幕对激光的消光系数测定试验示意图

照明系统用于试验准备阶段为试验箱内提供照明服务,湿度调节系统和温度调节系统分别用于改变试验箱内的温度和湿度条件,以便模拟不同试验条件下的试验规律。搅拌系统通常功率可调,主要作用是在气溶胶发生之后进行搅拌以便形成相对均匀的气溶胶浓度场。

气溶胶试验箱周边的壁体上一般开有不同大小的圆形窗口以便安装相关仪器设备,观察试验现象、传输仪器分析信号和采集气溶胶场的浓度分布数据。常用的分析仪器包括分体式喷雾激光粒度仪、分体式红外光谱仪、红外热像仪、激光功率探测系统等。

气溶胶试验箱的控制系统非常重要,通常包括对气溶胶发生、照明、搅拌、湿控、温控和采样、排气、洗消等操作的自动化控制。为了在试验后安全彻底地洗消气溶胶箱体以便为下次试验做好准备,气溶胶的箱体结构应采用防水设计。鉴于某些气溶胶带有静电效应,因此气溶胶箱体的内表面还应做防静电处理以减少对气溶胶粒子的不良吸附。

如何将气溶胶粒子均匀地分散在气溶胶试验箱内是长期以来人们面临的一个难题,除了改变搅拌方式、消除静电等方法之外,在箱体的内部结构上还要设法进行改进,如所有长方体的顶角都采用消除死角的设计,使整个长方体具有多面体的圆滑感觉。

2. 光电探测设备

1) 成像类探测设备

测量烟幕气溶胶对可见光的消光系数时可以利用普通照相机拍摄施放烟

幕前后目标的图像,将图像进行灰化处理,然后将灰度值转化为光的强度进行分析。对红外,则必须采用红外热成像系统进行探测,通过热成像分别测试目标和背景的温度,然后根据红外辐射定律推算红外线穿过烟幕气溶胶后的透过率,进而分析烟幕的消光系数。图10.17为美国菲力尔公司(FLIR Systems, Inc.)出品的热成像仪。

图10.17　美国FLIR热成像仪

2)光强类探测设备

根据朗伯-比尔定律,测量消光系数最直接的参数是测量光的强度,可以根据光的强度变化直接计算透过率从而便于确定消光系数,因此可见光照度计、光谱辐射计和激光功率探测系统、毫米波功率探测系统在烟幕对相应波长的电磁波的消光系数测试中都有广泛应用,图10.18所示为1.06μm激光发射器和功率探测器组成的激光功率测试系统。

(a) 激光发射器

(b) 激光功率探测器

图10.18　1.06μm激光功率测试系统

第 10 章 特种气溶胶性能测试技术

3. 其他配套设备

气溶胶采样器用于分析气溶胶云团的浓度,分析天平用于准确分析样品浓度,湿度计、温度计用于现场试验条件监测。

此外,测试烟幕气溶胶对光电信号的消光系数主要涉及对可见光、红外线、激光和毫米波等信号的测试,除了各种光电信号探测系统之外,合理设置相应的信号源也非常重要。例如,对可见光可用白炽灯作为靶标,对红外线可用标准面黑体模拟不同温度的红外目标。毋庸置疑,所有的光电探测设备其信号源和信号探测器都应该是分体式的。

10.3.3 试验步骤

在气溶胶舱进行试验,应根据试验目的和内容科学设计试验方法与步骤,但必须遵循以下通用步骤:

(1)试验前认真准备。包括清理试验舱内的卫生,确实排除异性气溶胶对试验的影响。此外要检查各种电路、气溶胶舱的密封性能和控制系统,并将各种测试仪器设备布设到指定位置。

(2)调试仪器设备,按试验大纲设置仪器参数(包括光源强度、采样器采样流量和时间等),调整气溶胶舱内的温度、湿度等条件,做好气溶胶发生和采样准备。

(3)密封试验舱,在施放烟幕前首先做本底试验或者采集本底样品。以粒度测量为例,在正式发生气溶胶之前,通常要先测量本底空气的粒度样品以便参比。红外分析、消光性能分析均需要在发生气溶胶之前采集本底。图 10.19 所示为气溶胶对激光信号进行衰减的本底曲线,图 10.20 所示为相应样品曲线。如果测试气溶胶对红外、激光等电磁波的消光系数,则相应的光学通道还要采用专用的光学透过材料,如红外玻璃等。

(4)发生气溶胶,适当搅拌以形成相对均匀的气溶胶浓度场。之后同步采集浓度、粒度、光谱、光强等试验参数。采样时间通常设置为 1min,浓度采样点不少于 2 个,取平均值确定烟幕的质量浓度。根据试验要求,随着时间推移,气溶胶质量浓度由于大粒子沉降会逐渐下降,多次采样可以分析气溶胶特性随时间的变化规律。

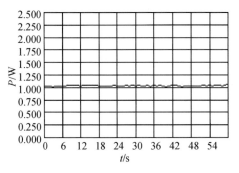
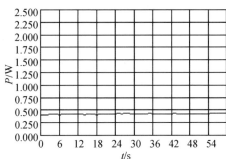

图 10.19　烟幕衰减激光本底曲线　　　图 10.20　烟幕衰减激光一次采样曲线

(5)取得有效数据后及时停止试验。关闭所有仪器设备,打开排风系统将残余气溶胶通过排气通道排除干净。

(6)撤出气溶胶舱内采样器材,开启洗消装置对气溶胶舱进行洗消,之后进行烘干或者晾干,防止积水或潮湿引起试验设备或设施损坏。

(7)设备归位,切断电源和总开关,结束全部试验。

10.4　气溶胶红外光谱测试

不同的气溶胶体系因为物质组分不同、红外发射率不同、粒谱分布存在差异、气溶胶体系温度变化等原因,会表现出不同的红外辐射特征。利用各种红外光谱测试系统可以准确探测气溶胶的红外光谱,从而分析其化学组成和红外消光能力。

10.4.1　试验目的

测试气溶胶云团的红外光谱是分析气溶胶云团化学组分和各种特性的重要手段。在军事上可用于侦察气溶胶的种类,在民用方面可用于化学污染遥感监测等目的。气溶胶对红外会表现出一定的吸收及散射效应,而这种消光效应的强弱主要与气溶胶组分的化学结构及其浓度、光学厚度有关。此外,通过测定施放烟幕气溶胶前后目标物红外光谱的变化情况还可以分析烟幕对不同波长红外辐射的消光能力。

气溶胶的红外光谱分析主要分为主动式气溶胶样品吸收池法和外场条件下的被动式红外光谱辐射探测法。

10.4.2 气溶胶样品吸收池法

气溶胶的主动式样品吸收池分析法是指利用气体池(又称气体吸收池)或专用的气溶胶样品池采集气溶胶样品,然后将装载气溶胶样品的气体池置入红外光谱分析系统的样品室中,当红外光源发射的标准红外辐射穿过样品池时就被气溶胶样品吸收,剩余的红外能量到达红外探测器,不同波长的红外吸收情况不同,绘制吸光度随红外波长的变化曲线即得到该气溶胶样品的红外光谱。图10.21所示为利用红外光谱仪分析气体样品用的气体样品吸收池的典型结构,它是一个可抽真空的玻璃或不锈钢腔体。

标准的气体池是长约10cm或5cm、两端安装红外玻璃(或其他红外透过材料)的管状池,如图10.22所示。

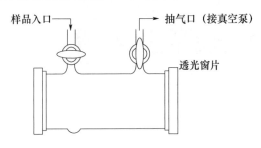

图10.21 气溶胶样品池基本结构　　图10.22 某型气溶胶样品池

对于低蒸气压或浓度低的试样,可采用光程加长的专用气体池,池内有一组反射镜,使红外辐射往返通过气体或气溶胶介质,从而使有效光程成倍增加。长光程样品池主要应用于空气污染研究、环境监测、气体纯度分析、工业生产过程监测、排放气体分析监测等领域。一般情况下,红外光经过待测样品后由光纤进入光谱仪分析,根据红外光谱吸收峰的位置和高低可以分析测量样品的组分和浓度。图10.23所示为苯酚的红外光谱。

测试红外光谱的主要仪器是各种型号的红外光谱分析仪。一般的红外光谱仪设有样品室,如图10.24所示,但标准配件多为分析固体压片试样的压片支座,若需分析气溶胶或气体样品,则需选购专门的气体池等配件。

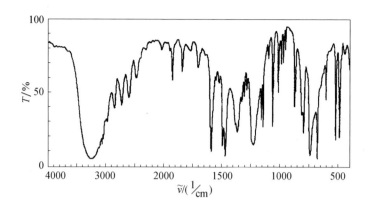

图 10.23　苯酚的红外光谱

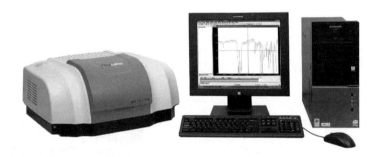

图 10.24　某型傅里叶变换红外光谱仪及数据处理系统

图 10.25 所示为中国发明专利 ZL201010211936.0 发明的一种红外分析用气溶胶样品分析池。该样品池具有专门设计的进料孔和微电机搅拌系统,可以分散微量粉体样品形成微小气溶胶环境,然后测试其红外光谱。

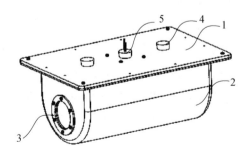

图 10.25　气溶胶样品池

1—端盖;2—样品池筒体;3—红外窗体;4—进样孔;5—搅拌轴。

有些情况下需要在比较大型的气溶胶试验舱中测试气溶胶的红外光谱,这种情况就需要对红外光谱仪进行改进。通常的做法是将标准红外光源从一体化主机中分离出来制作成分体式红外探测器-红外光源测试系统,红外光源和光谱仪主机之间采用延长的信号线路进行连接,同时主机部分需要进行红外光路开放式设计,使红外线能够透过机箱进入探测器,同时又能确保密封避免探测器受潮或受到其他污染。

10.4.3 光谱辐射探测法

红外光谱辐射探测法是一种被动式红外光谱分析技术,其自身没有红外辐射光源,而是被动接受来自被测目标物的红外辐射,通过测量其辐射能量数值、波长及时间响应,绘制出全部红外波段目标的辐射曲线。图 10.26 所示为 F-102 型红外光谱辐射计的分光方式为迈克尔逊干涉,视场角 84mrad,波长范围 625~5000cm^{-1},光谱分辨率 4cm^{-1},扫描速度为 1 次/s,属于液氮制冷现场数据采集分析系统,内置便携式计算机,可用于外场条件下气溶胶云团及各种目标物的红外辐射光谱探测。

图 10.26 红外光谱辐射计

以色列生产的 SR5000N 红外光谱辐射计具有宽广的红外光谱响应范围(0.2~25μm)和扫描速率(0.015~30 次/s),德国布鲁克公司生产的 BLUCK TENSOR27 红外光谱辐射计,光谱响应范围(1~25μm),扫描速率(9~12 次/s),都能够非常好地满足外场条件下的红外辐射光谱测试需求。

10.5 气溶胶风洞试验技术

10.5.1 风洞的定义与分类

1. 定义

风洞(wind tunnel)是指能人工产生和控制气流,以模拟飞行器或物体周围气体的流动,并可量度气流对物体的作用以及观察物理现象的一种管道状试验设备,其本质是一种用来产生人造气流(人造风)的试验管道,在这种管道中能造成一段气流均匀流动的区域,各种模拟试验就在这段风洞(称为试验段)中进行。风洞是进行空气动力试验最常用、最有效的工具,也是开展大气相关科学研究的重要试验手段。

世界上公认的第一个风洞是英国人 E. Mariotte1871 年建成的并测量了物体与空气相对运动时受到的阻力。美国的莱特兄弟于 1901 年建造了风速 12m/s 的风洞,其截面 40.6cm×40.6cm,长 1.8m,气流速度为 40~56.3km/h,在经历风洞试验之后发明了世界上第一架飞机。风洞的大量出现是在 20 世纪中叶。到目前为止,中国已经拥有低速、高速、超高速以及激波、电弧等多种风洞。

风洞试验是飞行器研制工作中的一个不可缺少的组成部分。例如,20 世纪 50 年代美国 B-52 型轰炸机的研制,曾进行了约 10000h 的风洞试验,而 80 年代第一架航天飞机的研制则进行了约 100000h 的风洞试验。随着工业空气动力学的发展,风洞不仅在航空航天工程的研究和发展中起着重要作用,而且在交通运输、房屋建筑、风能利用和环境保护等部门中也得到越来越广泛的应用。用风洞做试验的依据是运动的相对性原理和相似理论。试验时,常将模型或实物固定在风洞内,使气体流过模型。这种方法,流动条件容易控制,可重复地、经济地取得试验数据。图 10.27 所示为位于美国加利福尼亚州的原美国国家航空咨询委员会(NACA)建造的艾姆斯(Ames)航空实验室高速风洞设备俯瞰图。

图 10.27　美国加利福尼亚州原 NACA 艾姆斯航空实验室高速风洞设备俯瞰图

2. 分类

风洞种类繁多,有不同的分类方法。风洞中的气流速度一般用试验气流的马赫数 Ma 来衡量,如果按试验段气流速度大小来区分,可以分为低速、高速和高超声速风洞。

1) 低速风洞

试验段气流速度在 130m/s 以下(马赫数小于或等于 0.4)的风洞,这时气流中的空气密度几乎无变化。许多国家相继建造了不少较大尺寸的低速风洞。基本上有两种形式:一种是法国人 A.G. 埃菲尔设计的直流式风洞;另一种是德国人 L. 普朗特设计的回流式风洞。现在世界上最大的低速风洞是美国国家航空航天局(NASA)埃姆斯研究中心的 12.2m×24.4m 全尺寸低速风洞。这个风洞建成后又增加了一个 24.4m×36.6m 的新试验段,风扇电机功率也由原来 25MW 提高到 100MW。

低速风洞试验段有开口和闭口两种形式,截面形状有矩形、圆形、八角形和椭圆形等,长度视风洞类别和试验对象而定。20 世纪 60 年代以来,还发展出双试验段风洞,甚至三试验段风洞等新型风洞。大多数用于开展大气环境科学试验研究的环境风洞属于低速风洞。

2) 高速风洞

试验段内气流马赫数为 0.4~4.5 的风洞。按马赫数范围划分,高速风洞可分为亚声速风洞、跨声速风洞和超声速风洞。

(1) 亚声速风洞。风洞的马赫数为 0.4~0.7,这时气流的密度在流动中已有所变化。其结构形式和工作原理同低速风洞相仿,只是运转所需的功率比低速风洞大一些。

(2) 跨声速风洞。风洞的马赫数为 0.5~1.3。第一座跨声速风洞是美国航空咨询委员会在 1947 年建成的。

(3) 超声速风洞。气流马赫数为 1.5~4.5 的风洞。第一座超声速风洞是普朗特于 1905 年在德国格丁根建造的。

3) 高超声速风洞

高超声速风洞为马赫数大于 5 的超声速风洞。主要用于导弹、人造卫星、航天飞机的模型试验。试验项目通常有气动力、压力、传热测量和流场显示,还有动稳定性、低熔点模型烧蚀、质量引射和粒子侵蚀测量等。高超声速风洞主要有常规高超声速风洞、低密度风洞、激波风洞、热冲风洞等形式。

风洞的分类方式很多,也可按用途、结构形式、试验时间等分类。其中按气流结构可分为直流式和回流式风洞。

1)直流式风洞

直流式闭口试验段低速风洞是典型的低速风洞。在这种风洞中,风扇向右端鼓风而使空气从左端外界进入风洞的稳定段。稳定段的蜂窝器和阻尼网使气流得到梳理与均匀化,然后由收缩段使气流加速而在试验段中形成流动方向一致、速度分布均匀的稳定气流。在试验段中可进行飞机模型的吹风试验,以取得作用在模型上的空气动力试验数据。这种风洞的气流速度是靠改变风扇的转速来控制的。

2)回流式风洞

回流式风洞实际上是将直流式风洞首尾相接,形成封闭回路。气流在风洞中循环回流,既节省能量又不受外界的干扰。风洞也可以采用别的特殊气体或流体来代替空气,用压缩空气代替常压空气的是变密度风洞,用水代替空气的称为水洞。

为了满足各种特殊试验的需要,还可采用各种专用风洞。例如,冰风洞供研究飞机穿过云雾飞行时飞机表面局部结冰现象,尾旋风洞供研究飞机尾旋飞行特性之用等。全世界的风洞总数已达千余座,其发展趋势是进一步增加风洞的模拟能力和提高流场品质,消除跨声速下的洞壁干扰,发展自修正风洞等。

10.5.2 组成和功能

风洞主要由洞体、驱动系统和测量控制系统组成,各部分的形式因风洞类型不同而异。

1. 洞体

洞体有一个能对模型进行必要测量和观察的试验段。试验段上游有提高气流匀直度、降低湍流度的稳定段和使气流加速到所需流速的收缩段或喷管。试验段下游有降低流速、减少能量损失的扩压段和将气流引向风洞外的排出段或导回到风洞入口的回流段。有时为了降低风洞内外的噪声,在稳定段和排气

第10章 特种气溶胶性能测试技术

口等处装有消声器。

2. 驱动系统

驱动系统有两类：一类是由可控电机组和由它带动的风扇或轴流式压缩机组成，如图10.28所示。风扇旋转或压缩机转子转动使气流压力增高来维持管道内稳定的流动。通过改变风扇的转速或叶片安装角，或改变对气流的阻尼，可调节低速风洞气流的速度。直流电动机可由交直流电机组或可控硅整流设备供电，运转时间长、运转费用较低，多在低速风洞中使用。使用这类驱动系统的风洞称为连续式风洞，但随着气流速度增高所需的驱动功率会急剧加大。另一类是用小功率的压气机事先将空气增压储存在储气罐中，或用真空泵把与风洞出口管道相连的真空罐抽真空，试验时快速开启阀门，使高压空气直接或通过引射器进入洞体或由真空罐将空气吸入洞体，因而有吹气、引射、吸气以及它们相互组合的各种形式。使用这种驱动系统的风洞称为暂冲式风洞。暂冲式风洞建造周期短、投资少，一般雷诺数较高，它的工作时间可由几秒到几十秒，多用于跨声速、超声速和高超声速风洞。

图10.28 大型风洞的驱动系统

3. 测量控制系统

测量控制系统的作用是按预定的试验程序，控制各种阀门、活动部件、模型状态和仪器仪表，并通过天平、压力和温度等传感器，测量气流参量、模型状态和有关的物理量。随着电子技术和计算机的发展，20世纪40年代后期开始，风洞测控系统由早期利用简陋仪器手动和人工记录,发展到采用电子液压的控制系统、实时采集和处理的数据系统。

风洞试验的测量仪器种类繁多,但对于低速环境风洞而言,如果研究的重点是气溶胶的近地面扩散规律,则一般会应用到以下几类测风仪器。

1)热线风速仪

依据非电量电测法的原理测量气流速度、温度和密度的仪器,已有70多年的使用历史。它的传感器(俗称探头)是一条长度远大于直径的细金属丝,简称热丝,或是一片厚度非常薄的金属膜,简称热膜。测量时,将此热丝或热膜置于待测气流中,同时又连接于电桥的一臂,用电流加热,使热丝或热膜本身温度高于待测气流介质的温度。气流状态变化,引起热丝或热膜与气流介质之间的热传递发生变化,从而使热丝或热膜两端的电压发生变化,由此可测得气流的速度、温度或密度的平均值和瞬时值。

热线风速仪灵敏度高,传感器部分的风阻小,安装方位不受限制,在风洞试验中自身结构对流场的干扰少,因此广泛用于各种环境风洞的试验研究。

图10.29所示为德国德图Testo425型热线式风速仪,测风范围0~20m/s,分辨率0.01m/s。图10.30所示为法国凯茂KIMO VT110型热线风速仪,测风范围0.15~30m/s,分辨率同样为0.01m/s。

图10.29 Testo425型热线式风速仪

图10.30 VT110型热线风速仪

2)热球风速仪

热球风速仪又称热球风速计,是由热球式测杆探头和测量仪表两部分组成。探头有一个直径 0.6mm 的玻璃球,球内绕有加热玻璃球用的镍铬丝圈和两个串联的热电偶。热电偶的冷端连接在磷铜质的支柱上,直接暴露在气流中。当一定大小的电流通过加热圈后,玻璃球的温度升高。升高的程度和风速有关,风速小时升高的程度大;反之,升高的程度小。升高程度的大小通过热电偶在电表上指示出来。根据电表的读数,查校正曲线,即可查出所测的风速(m/s)。图 10.31 所示为某型热球风速计。与热线风速计类似,其探头受外力碰撞易损并且需要保持清洁,因此一般都处于保护状态,使用时需要从保护套中拉出或者拔掉保护帽才能够测风。

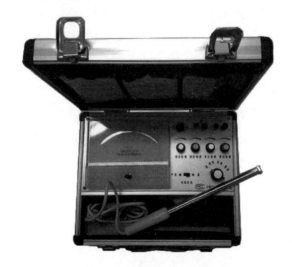

图 10.31 某型热球风速计

热球风速仪是一种便携式、智能化的低风速测量仪表,部分型号的热球风速仪最大测风范围可达 100m/s,在测量管道环境及采暖、空调制冷、环境保护、节能监测、气象、农业、冷藏、干燥、劳动卫生调查、洁净车间、化纤纺织,各种风速试验等方面有广泛用途,也适用于环境风洞试验中的风速测试。

3)激光多普勒测速计

激光多普勒测速计是利用光的多普勒频移效应,用激光作光源,测量气体、液体、固体速度的一种装置。1842 年奥地利物理学家 C. 多普勒发现了声波的多普勒效应。1905年A.爱因斯坦在狭义相对论中指出,多普勒效应也能在光波中发生。光照射到运动的粒子上发生散射时,散射光的频率相对入射光的频率发生变化。频率的偏移量与运动粒子的速度成正比。当流场中散射粒子的直径与入射光的波长为同一量级,且散射粒子的重量与周围流场粒子重量相近时,散射粒子的运动速度基本上代表流场的局部流速。美国Y.耶和H.卡明斯于1964年第一次报道利用激光多普勒频移效应进行流体速度测量。

激光多普勒测速计包括光学系统和信号处理系统。光学系统将激光束照射到跟随流体运动的粒子上,并使被测点(体积微元)的散射光会聚进入光电接收器。按接受散射光的方式光学系统可分为前向散射型、后向散射型和混合散射型。按光学结构可分为参考光型、双散射型、条纹型和偏振光型。光电接收器(光电倍增管、硅光二极管等)接收随时间变化的两束散射光波,经混频后输出信号的频率是两部分光波的频率差,与流速成正比。采用信号处理系统把反映流速的真正信息从各种噪声中检测出来,并转换成模拟量或数字量,做进一步处理或显示。从原理上讲,激光多普勒测速计是直接测量速度的唯一手段,测速范围大,可从 0.05 cm/s 到 2000 m/s。在风洞试验中可用它测量局部速度、平均速度、湍流强度、速度脉动等,适用于研究激波和边界层的分离干扰区、旋翼速度场、有引射的边界层以及高温流等。

10.5.3 环境风洞

用于大气扩散规律研究及大气污染评价试验研究的专用风洞,环境风洞大多属于低速风洞。与飞机风动、汽车风动最大的不同表现在两点:①主要模拟地面风速、平均风速较小。②以近地面层大气环境为模拟对象,因此在下垫面层的模拟上要求很高,如对地表、地貌的模拟具有很高的相似度。

图 10.32 所示为某大型环境风洞,主要构造可分为整流段、收缩段、试验段及动力段。整流段包括有蜂巢孔与四层整流细网,用以控制试验段入口处的流况,使其呈现低湍流强度的流况。风洞的收缩段为两个三次曲线相接而成,收缩比为 1:4,可于试验段内形成均匀流的风场。试验段长 18.5 m,宽 3.0 m,高 2.1 m,且其上壁可调整其高度,以便于从事较大模型试验,模型缩尺可在 1/100 ~ 1/1000 之间。在试验段内设置有两个试验转盘(直径分别为 2.0 m 与 2.8 m),可

第10章 特种气溶胶性能测试技术

轻易地旋转以改变对模型的有效风向。最高风速可达20m/s,相当于八级强风。试验段内设有涡流发生器及地表粗糙元,可模拟出适当的大气边界层。另外于试验段上壁设置有照明设备,且上壁及左右侧壁皆有大型透明窗,便于直接观测风洞中的流况。

图10.32 大型环境风洞

大型环境风洞主要用于模拟许多在大气边界层中所发生的高层结构与吊索桥的风力负载、建筑物周边环境风场影响评估、烟囱污染排放评价、城市空气污染扩散等问题的试验模拟与研究,通常配有热线风速仪、应变计、电子式压力计、多点压力扫描系统、五分量平衡仪、雷达测距仪及多频道数据记录系统等先进设备。中国很多高等院所都建有环境风洞,图10.33所示为兰州大学的多功能环境风洞。

图10.33 兰州大学的多功能环境风洞

兰州大学多功能环境风洞最大指示风速可达 40m/s，试验段为 1.3m × 1.45m × 20m，全长 55m，配置的测量仪器有 PIV 粒子动态分析仪、集沙仪、风沙电场实时数据采集系统、风场实时数据采集系统、高速摄影仪、六分力天平等，可支撑风沙治理等方面的环境试验研究。

10.5.4 风洞试验观察方法

风洞中流态观察方法大致为分两类：第一类是示踪方法；第二类是光学方法。

1. 示踪方法

在流场中添加物质，如有色液体、烟、丝线和固体粒子等，通过照相或肉眼观察添加物随流体运动的图形。只要添加物足够小，而且密度和流动介质接近，显示出来的添加物运动的图形就能表示出气流的运动，这是一种间接显示法，特别适合于显示定常流动。常用的有丝线法、烟流法、油流法、升华法、蒸汽屏法和液晶显示法等六种。

1）丝线法

将丝线、羊毛等纤维粘贴在要观察的模型表面或模型后的网格上，由丝线的运动（丝线转动、抖动或倒转）可以判明气流的方向和分离区的位置以及空间旋涡的位置、转向等。现在又发展到用比丝线更细的尼龙丝，有时细到连肉眼都看不清。将尼龙丝用荧光染料处理后再粘在模型上。这种丝线在紫外线照射下显示出来，并且可以拍摄下来。丝线很细，对模型没有影响，可同时进行测力试验。此法称为荧光丝线法。

2）烟流法

用风洞中特制烟管或模型上施放出的烟流显示气体绕模型的流动图形。这是一种很常用的观测方法。世界各国建设了不少烟风洞。通常是在风洞外把不易点燃的矿物油用金属丝通电加热而产生的烟引入风洞。也有将涂有油的不锈钢或钨丝放在模型前，试验通电时将钨丝加热，产生细密的烟雾用以显示流态。

3）油流法

在黏性的油中掺进适量指示剂（如炭黑）并滴入油酸，配制成糊状液态物，均匀地涂在模型表面。试验时通过指示剂颗粒沿流向形成的纹理结构，显示出模型表面的流动图形。如果油中加入少量荧光染料,则在紫外线照射下可以显现出荧光条纹图,称为荧光油流图。它可以显示模型表面气流流动方向、边界层过渡点位置、气流分离区、激波与边界层相互干扰等流动现象。美国宇航局兰利研究中心在研制飞机和航天器过程中使用各种工具与技术来研究气动力学。在图 10.34 中,Greg Gatlin 领导的团队在 $4.2m \times 6.6m$ 亚声速风洞试验期间,在混合翼 5.8% 模型上喷洒荧光油。这种挥发性油料有助于研究人员"观察"空气通过模型表面时的流动规律,对于确定重要的飞行特性(如升力和阻力)非常重要。

图 10.34　荧光油在模型表面显示的流动规律

4) 升华法

将挥发性的液体或容易升华的固体喷涂在模型表面,依据涂料从模型上散失的速度与边界层状态有关的原理(在湍流边界层内由于气流的不规则运动导致该处蒸发量或升华量大于层流处)来区分边界层状态,确定过渡点的位置。

5) 蒸气屏法

在风洞中形成过饱和的蒸气,在需要观察的截面,垂直气流方向射入一道平行光,气流经过光面时,由于离心力的作用,旋涡内外蒸气的含量是不同的,光的折射率因此不同,便能显示出涡核的位置。此法多用来观察大攻角脱体涡的位置。

6) 液晶显示法

利用液晶颜色随温度而改变的特性来识别层流、湍流边界层和激波。液晶是一种油状有机物,温度较低时无色透明,随着温度上升便以红、黄、绿、蓝、无色的顺序改变,能鉴别有微小温差的层流和湍流边界层流动以及激波前后的温差,适用于高速和超声速流态观察。

2. 光学方法

根据光束在气体中的折射率随气流密度不同而改变的原理制造出来的光学仪器,如阴影仪、纹影仪、干涉仪和全息照相装置等,都可用来观察气体流动图形。这种方法不在流场中添加其他物质,不会干扰气体流动,而且可以在短时间内采集大量的空间数据。它是一种直接显示方法,特别适合于观察可压缩流动和非定常流动,如激波、尾流和边界层过渡等。半导体激光器结合片光源能够清晰显示流场,如图 10.35 所示。

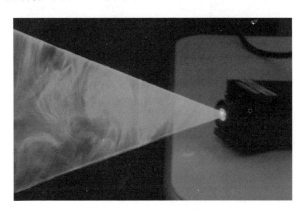

图 10.35　半导体激光器显示的流场

除了以上两大类方法外,还有一种向流场中注入能量的方法,如在低密度风洞中向气流发射电子束,使气体分子激发出荧光,荧光的光通量与气流密度大小有关。根据光通量的变化,就可以显示出气流密度的变化,这种方法可以显示高超声速稀薄气体流动的激波位置和形状以及用于定量测量流场密度。

10.5.5　风洞试验的主要优缺点

风洞试验主要有以下六方面优点:

(1)能比较准确地控制试验条件,如气流的速度、压力、温度等;

(2)试验在室内进行,受气候条件和时间的影响小,模型和测试仪器的安装、操作、使用比较方便；

(3) 试验项目和内容多种多样,试验结果的精确度较高;

(4) 试验比较安全,而且效率高、成本低。

(5) 能够模拟城市建筑群、山地、丘陵地等特殊下垫面或特殊地形甚至极端复杂条件下气溶胶云团扩散传播的规律,图 10.36 所示为风洞中试验模拟的建筑群,图 10.37 所示为风洞中模拟丘陵地气溶胶云团扩散的试验规律,能够清晰判断出地形对气溶胶云团扩散的影响。

图 10.36　风洞试验中模拟的建筑群

图 10.37　风洞中模拟丘陵地扩散试验

(6) 风洞试验具有良好的可重复性,这是其他试验方法难以比拟的。

风洞试验既然是一种模拟试验,就不可能完全准确。概括地说,风洞试验固有的模拟不足主要有边界干扰或称边界效应、模型支架干扰(图10.38)、相似准则难以满足等三个方面,克服这些不足或修正其影响的方法主要是增大试验段或减小模型,采用磁悬代替模型支架以及提高雷诺数等。

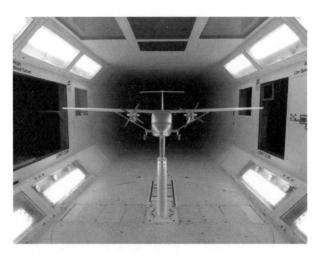

图10.38　风洞试验模型及固定支架

环境风洞试验是风工程与工业空气动力学的一种主要研究方法,具有现场测试方法的直观性,在人力、物力和时间上也比较节省。通过环境风洞试验,可以在可控条件下开展复杂自然环境的气溶胶科学规律研究,化学气溶胶、烟幕气溶胶等特种气溶胶在复杂地形和气象条件下扩散传播的行为和规律大多可以利用环境风洞进行模拟分析和试验测试。

参考文献

[1] 巴伦保罗 A,克劳斯·维勒克. 气溶胶测量原理、技术及应用[M]. 白志鹏,张灿,等译. 北京:化学工业出版社,2007.

[2] 孙聿峰. 气溶胶技术[M]. 哈尔滨:黑龙江科学技术出版社,1989.

[3] 卢正永. 气溶胶科学引论[M]. 北京:原子能出版社,1988.

[4] 理查特·丹尼斯. 气溶胶手册[M]. 北京:原子能出版社,1989.

[5] 蒋维楣. 空气污染气象学[M]. 南京:南京大学出版社,2003.

[6] 谷清. 大气环境模式计算方法[M]. 北京:气象出版社,2002.

[7] 张国权. 气溶胶力学——除尘净化理论基础[M]. 北京:中国环境科学出版社,1987.

[8] 李尉卿. 大气气溶胶污染化学基础[M]. 郑州:黄河水利出版社,2010.

[9] 尚爱国,过惠平,秦晋. 核武器防护技术基础[M]. 西安:西北工业大学出版社,2009.

[10] 刘翠红,张燕,郭秋菊,等. 氡室用冷凝式气溶胶发生器的研究[J]. 核电子学与探测技术,2012,32(11):1283-1288.

[11] 程金星,朱文凯,陈军. 核武器事故放射性气溶胶扩散预测与后果评估[J]. 核电子学与探测技术,2010,30(1)48-51.

[12] 宋妙发,强亦忠. 核环境学基础[M]. 北京:原子能出版社,1999.

[13] 符天保. 核武器[M]. 北京:解放军出版社,2005.

[14] 秦大唐,蔡博峰. 北京地区核辐射风险分析[J]. 环境保护,2004,5:47-50.

[15] 付广智,刘军峰,何彬,等. 核与辐射恐怖袭击事件源项估算[J]. 核电子与探测技术,2006,26(6):723-725.

[16] 石晓亮,钱公望. 放射性污染的危害及防护措施[J]. 工业安全与环保,2004,30(1):6-9.

[17] 陈万金,陈燕俐,蔡捷. 辐射及其安全防护技术[M]. 北京:化学工业出版社,2006.

[18] 杜新安,曹务春. 生物恐怖的应对与处置[M]. 北京:人民军医出版社,2005.

[19] 陈金周,陈海平,王玄玉,等. 化学武器效应及销毁[M]. 北京:兵器工业出版社,2002.

[20] 中国人民解放军军事医学科学院,上海市消防局. 化学事故应急救援[M]. 上海:上海科学技术出版社,2001.

[21] 陈海平,王玄玉. 化学事故毒云危害研究[J]. 防化学报,1995,7(1):35-41.

[22] 刘诗飞,詹予忠. 重大危险源辨识及危害后果分析[M]. 北京:化学工业出版社,2004.

[23] 总装备部电子信息基础部. 化学、生物武器与防化装备[M]. 北京:原子能出版社,航空工业出版社,兵器工业出版社,2003.

[24] 祁建华,高会旺. 生物气溶胶研究进展:环境与气候效应[J]. 生态环境,2006,15(4):854-861.

[25] 杜睿. 大气生物气溶胶的研究进展[J]. 气候与环境研究,2006,11(4):546-552.

[26] 杜喆华. 室内空气中微生物时空分布特性研究[J]. 洁净与空调技术,2012,6:21-24.

[27] 中国实验室国家认可委员会,军事医学科学院生物工程研究所. 实验室生物安全基础[M]. 北京:中国计量出版社,2004.

[28] 俞霆,李太华,董德祥. 生物安全实验室建设[M]. 北京:化学工业出版社,2006.

[29] 张松乐. 环境因素对空气中微生物存活的影响[J]. 中国公共卫生,1992,18(8):360-362.

[30] Zhang Z, Chen Q. Experimental measurements and numerical simulations of particle and distribution in ventilated rooms[J]. Atmospheric Environment,2006(40):3396-3408.

参考文献

[31] 马宗虎,南国良,杨坤. BSL-3 实验室气流组织的数值模拟与实验研究[J]. 医疗卫生装备,2006,27(9):32-33.

[32] 高立江,孙文华. 用 CFD 方法评价 P3 生物安全实验[J]. 建筑热能通风空调,2005,24(2):89-92.

[33] 吴德铭,郜冶. 实用计算流体力学基础[M]. 哈尔滨:哈尔滨工程大学出版社,2006.

[34] 陈海平. 烟幕技术基础[M]. 北京,兵器工业出版社,2002.

[35] 王玄玉,陈海平,诸雪征,等. 军用烟幕计算原理[M]. 北京,兵器工业出版社,2011.

[36] 王振亚,郝立庆,张为俊. 二次有机气溶胶的气体/粒子分配理论[J]. 化学进展,2007(01):93-100.

[37] 郝立庆,王振亚,黄明强,等. 种子气溶胶对甲苯光氧化生成二次有机气溶胶的生长影响[J]. 过程工程学报,2006,6(S2):119-122.

[38] 王峥崎,王会如,张雨晨. 检验设备气溶胶发生器研发分析[J]. 医疗装备,2014,27(05):24-25.

[39] 刘志坚,王晓妍,郭舒毓. 一种微生物气溶胶发生装置:中国,201510333090.0[P]. 2015-06-15.

[40] 胡永强. PM2.5 放射性气溶胶模拟测量平台[D]. 南昌:东华理工大学,2017.

[41] 李斌,梁珺成,杨志杰,等. 一种新型人工放射性气溶胶发生装置的研制[J]. 计量学报,2016,37(z1).

[42] 周金琴. 烟雾气溶胶技术及其在军事上的应用(上)[J]. 现代兵器,1991(11):41-43.

[43] 粟永阳,李志明,周国庆,等. 同位素气溶胶加入法 ICP-MS 在线分析单粒子中的铀总量[J]. 原子能科学技术,2010,44(3):272-277.

[44] 郝繁华,刘晓亚,肖成建,等. 爆轰条件下的气溶胶粒径分布及 Ag 质量分数与粒径的关系[J]. 核技术,2009,32(5):343-346.

[45] 粟永阳,李志明,周国庆,等. ICP-MS 在线定量分析气溶胶粒子的技术研究[J]. 分析测试学报,2009,28(4):436-439.

[46] Israel, G. W., Overcamp, T. J., Pringle, W. J. B., A Method to Measure Drift Deposition from Saline Natural Draft Cooling Towers[J]. Atmospheric Environment,1977,11(2):123-130.

[47] Overcamp,T. J., Fjeld, R. A., An Exact Solution to the Gaussian Cloud Approximation for Gamma Dose Due to a Ground – Level Release[J]. Health Physics,1983,44(4):367-372.

[48] 于玺华,车凤翔. 现代空气微生物学及采样[M]. 北京:军事医学科学出版社,1998.

[49] Cox, C S. Stability of Aiborne Microbes and Allergens: Bioaerosols Handbook[M]. Florida: The Chemical Rubber Company Press,1995:77-99.

[50] 白娟. 大气气溶胶采样和化学分析技术[J]. 资源与环境,2018,44(9):197-198.

[51] 国家市场监督管理总局. 颗粒生物气溶胶采样和分析通则[S]. 北京:中国标准出版社,2020.

[52] 张惠力,甄世祺,周明浩,等. 生物气溶胶采样技术研究进展[J]. 环境监测管理与技术,2011,23(4):18-21.

[53] 向延华,鲁亮,胡宇鹏. 基于海洋大气环境的盐雾参数分析[J]. 电子技术,2017,12:30-35.

[54] 陈鹏. 盐雾试验技术综述[J]. 电子产品可靠性与环境试验,2014,32(6):62-68.

[55] 孙茜,杨继红. 30立方米可控通风生物学实验舱的建设[J]. 广东化工,2012,39(5):191-192.

[56] 李护彬,杨光. 化学防护服渗透性试验方法比较研究[J]. 中国个体防护装备,2012(3):30-34.

[57] 王玄玉. 烟火技术基础[M]. 北京:清华大学出版社,2017.

[58] 姚禄玖,高钧麟,肖凯涛,等. 烟幕理论与测试技术[M]. 北京:国防工业出版社,2004.

[59] Liljegren J C,Dunn W E,DeVaull G E,et al. 艾登堡-87野外烟幕扩散研究与新随机扩散模式[M]. 龚有国,裴承新,于军玲,等译. 北京:国防工业

出版社,2014.

[60] 张守忠. 超临界法 PM2.5 气溶胶制备实验研究[D]. 青岛:青岛科技大学,2016.

[61] 李建生,刘炳光. 大气中二次无机气溶胶的形成反应和清除方法[J]. 无机盐工业,2018,50(10):1-6.

[62] 王振亚,郝立庆,张为俊. 二次有机气溶胶形成的化学过程[J]. 化学进展,2005(04):732-739.

[63] 刘志军. 高效空气过滤器测试用气溶胶发生器的研制及性能评价[D]. 天津:天津大学,2007.

[64] 王智超,宋灿华,刘志军. Laskin 喷嘴喷雾性能试验研究[J]. 暖通空调,2010,40(02):133-137.

[65] 刘志军,王智超. 凝聚式单分散气溶胶发生技术的探讨[J]. 中国粉体技术,2007(02):30-33.

[66] 赵国辉,陈海平,董汉昌. 化学武器[M]. 北京:兵器工业出版社,1991.

[67] 夏治强. 化学武器防御与销毁[M]. 北京:化学工业出版社,2014.

[68] 夏治强. 日本遗弃在华化学武器调查与销毁处理[M]. 北京:化学工业出版社,2015.

[69] 彭定一,林少宁. 大气污染及其控制[M]. 北京:中国环境科学出版社,1991.

[70] 陈敏恒,丛德兹,方图南,化工原理(上册)[M]. 北京:化学工业出版社,1989.

[71] 约翰 D. 安德森. 计算流体力学基础及其应用[M]. 吴颂平,刘赵淼,译. 北京:机械工业出版社,2007.

[72] 布德科. 自然条件下的蒸发[M]. 徐淑英,等译. 北京:科学出版社,1958.

[73] 裴步祥. 蒸发和蒸散的测定与计算[M]. 北京:气象出版社,1989.

[74] 俞詠霆,李太华,董德祥. 生物安全实验室建设[M]. 北京:化学工业出版社,2006.